超大型浮体结构水弹性理论及其应用

赵存宝 著

科学出版社
北京

内 容 简 介

本书系统深入地阐述了箱型超大型浮体结构水弹性响应基本概念及理论分析方法，主要内容包括：超大型浮体结构水弹性响应基本概念及简化模型，基于维纳-霍普夫方法和 Mindlin 厚板理论求解弹性浮板水弹性响应完整思路，水波激励下有限长二维弹性浮板的动响应分析，水深对有限长弹性浮板水波动响应的影响规律分析，在周期外载荷（浮体上集中荷载和分布荷载）激励下弹性浮板水弹性响应分析，考虑锚泊效应水波中带有端部弹性约束的有限长弹性浮板动力学特性，地震作用下超大型浮体结构的水动力学响应分析，水波作用下组合式浮体结构参数以及其连接的刚度对其水弹性响应的影响规律分析，组合式超大型浮体结构在不同周期外荷载作用下各项参数以及其连接刚度对其水弹性响应的影响规律分析等。

本书基本概念阐述清晰，公式推导详尽，算例全面，便于整个分析过程的重现。可供从事船舶和海洋工程技术研究、结构设计、教学人员参考，亦可作为相关专业本科生和研究生的参考书。

图书在版编目(CIP)数据

超大型浮体结构水弹性理论及其应用 / 赵存宝著. —北京：科学出版社，2015. 8

ISBN 978-7-03-045345-7

Ⅰ. ①超… Ⅱ. ①赵… Ⅲ. ①悬浮体-水弹性力学 Ⅳ. ①TV131. 2

中国版本图书馆 CIP 数据核字(2015)第 188414 号

责任编辑：刘凤娟　赵敬伟 / 责任校对：彭　涛
责任印制：徐晓晨 / 封面设计：耕者设计

科学出版社出版
北京东黄城根北街 16 号
邮政编码：100717
http://www.sciencep.com

北京建宏印刷有限公司印刷

科学出版社发行　各地新华书店经销

*

2015 年 8 月第　一　版　　开本：720×1000 B5
2018 年 1 月第三次印刷　　印张：15 1/8
字数：292 000

定价：88.00 元

（如有印装质量问题，我社负责调换）

前　言

大约公元 1920 年，当爱德华·阿姆斯特朗建起海上机场时，这个“垫脚石”使飞机飞越海洋成为可能，同时超大型浮体结构(Very Large Floating Structure or Platform，简称为 VLFS 或 VLFP)的概念被首次提出。在第二次世界大战期间，美国海军土木工程兵团基于军事需求，构造了 552m×83m×1.5m 浮动式飞行甲板，其吃水深度 0.5m，后交由英国军队使用。在冷战时期，美国海军又建起了移动式海上基地(MOB)，以拓展传统陆上基地的军事活动。这期间超大型浮体结构理论研究和应用技术发展处于停滞不前的状态，直到 20 世纪 70 年代，VLFS 研究的复兴是由日本人建造了一个浮动机场——关西国际机场开始的，从而使 VLFS 各方面研究得到进一步发展，如同期建造的冲绳国际海洋展览中的漂浮城市。虽然关西机场最终没有采用浮动机场设计，但是它的研究和开发为日本工程师和海军建筑师 1995 年在东京湾建造用作测试的浮动跑道 Mega-Float 做了技术准备。浮动跑道 Mega-Float 为研究 VLFS 水弹性响应、系泊系统、连接器系统、防腐系统及其对海浪、洋流、水质和海洋生态系统的影响规律等提供了一个极好的接近真实尺度的研究模型。借助 Mega-Float 项目，工程师们能够充分验证水弹性理论，同时对橡胶护舷系泊系统的性能、焊接连接的性能及波浪作用下浮动机场的动响应进行了研究。与传统土地复垦方案相比，超大型浮体结构具有明显优势：VLFS 具有良好的环保特点，如不会破坏海洋生态系统，不会淤积深水港口，扰乱洋流；同时，超大型浮体结构由于是模块式的，所以可以很快速构建，也很容易拆除和向外扩展，并且不受地震冲击影响等特点。

超大型浮体结构是人造海上陆地，它们像漂浮在海面上巨大的板块。超大型浮体结构大致可分为半潜式和浮箱式。半潜式超大型浮体结构就是使用列管、桩或其他支撑系统支撑在海洋平面上的平台，适合部署在有大浪的公海。相反，浮箱式超大型浮体结构漂浮在水面上，是为了部署在相对平静的海域上，例如海湾、环礁湖或者港湾，其稳定性高，制造成本低，便于维修和护理。浮箱式超大型浮体结构由于其结构厚度远小于水平方向的尺寸，故其弯曲刚度相对较小，因此弹性变形就成为一个需要考虑的重要因素。这时浮体的弹性变形响应成为主导，传统的刚性假设不再适用了，需要采用水弹性理论进行研究。

目前，在超大型浮体结构的水弹性响应问题理论研究方面主要有两大类方法，即频域法和时域法。在求解超大型浮体结构水弹性响应幅值时，通常用频域法来代替时域法，因为在稳态条件下，可以很好地捕捉相关的响应参数。在频域法中，求解浮体运动时，将满足 Laplace 方程的待求流场速度势转换为边值问题。边界条件分别是针对海底和浮体湿润表面的第二类边值条件或 Neumann 条件、线性自由面条件和无穷远辐射条件。John(1949，1950)最早解决了这类边值问题，利用格林函数通过求解边界积分方程的方法解决浮体结构中的波散射问题。Wehausen 和 Laiton(1960)发表了著名的综述性文章“表面波”，详细描述了线性水波理论，概述了波浪与结构之间相互作用问题的研究方案。然而，早期研究波-结构相互作用问题时，只是把浮动结构作为刚体处理。20 世纪 90 年代，随着国内外对 VLFS 研究兴趣的与日俱增，在海上建造支撑平台成为未来的解决方案之一，所以对浮动结构的水弹性分析成为一个新的研究领域。在 VLFS 水弹性理论研究方面做出突出工作的先驱有 Mamidipudi 和 Webster(1994)、Yago 和 Endo(1996)、Utsunomiy(1998)、Kashiwagi(1998)和 Ohmatsu(1999)等。

基于 VLFS 瞬态响应时域法研究水弹性响应问题，学者们也取得了大量成果。Watanabe 等(1998)、Ohmatsu(1998)和 Kashiwagi(2000)提出了基于傅里叶变换的直接时间积分法。在直接时间积分法中，结构和流场的控制方程是独立的。Kim、Webster(1998)，Watanabe 等(1998)和 Kashiwagi(2004)也用时域法研究了在超大型浮体表面上飞机着陆时的冲击问题。

计算流体动力学(CFD)方法中，涉及求解 Navier-Stokes 方程。当超大型浮体结构边缘锋利或其附件发生衍射时，需要具有分析涡形成的能力，这也成为一个目前热门的研究领域。例如，Lee 等(2003)用组合网格法研究了 VLFS 水下减振部件和 VLFS 水动力之间的耦合作用特性。研究发现潜水附加减振板随着海浪冲击生成的旋涡增加了 VLFS 的附加质量和阻尼力，从而明显降低了结构振动响应。

Diamantoulaki 和 Angelides(2010)推导了一种三维浮体结构水动力学公式，研究了阵列铰接浮式防波堤在单色水波作用下的整体动力性能。通过对各种形式铰接的浮式防波堤与单块防波堤(没有铰接)的水动力学响应情况进行对比，发现阵列式浮式防波堤中连接铰链对浮体结构水波响应有直接明显的影响。

但应该看到，目前理论研究尚处于发展阶段，需要进一步的完善和创新。作为浮体结构的控制方程一般采用经典薄板理论描述，求解过程相对简单。本书采用 Mindlin 厚板理论与 Wiener-Hopf 方法相结合来构建浮体结构水弹性问题的解析解，以期在应用数学方法方面得到一定的突破。与经典薄板理论相比，Mindlin 厚板理论中的平板运动控制方程由于考虑了转动惯量和横向剪切变形等因素，虽然其表达式较为复杂，但其动力学分析结果更接近工程实际。特别是，随着工程材料的研究发展，在工程中更多地采用复合材料制造大型浮桥、海洋平台，以及人造陆地等，对于材料剪切模量较小的结构，就更有必要采用考虑横向剪切和转动惯量因素影响的 Mindlin 厚板理论，以更好地刻画结构系统的动力学行为。

本书是作者在博士论文基础上，结合工作 8 年来后续相关拓展研究的一个总结，全书共分 8 章。

第 1 章：对超大型浮体结构水弹性问题的国内外研究现状进行了综述。

第 2 章：基于 Wiener-Hopf 方法和 Mindlin 厚板理论，研究了有限深水域中，有限长弹性浮板在水波激励下的动响应问题。

第 3 章：基于线性水波理论和 Mindlin 厚板动力学理论，构建了无限深水域中，有限长弹性浮板的水波响应问题的解析解。

第 4 章：研究了有限深水域中，有限长弹性浮板在周期外载荷的激励下的水弹性响应问题。

第 5 章：分析研究了水波中带有端部弹性约束的有限长弹性浮板动力学特性。

第 6 章：研究了 VLFS 在海底地震作用下的挠度幅值与震源位置、震区宽度的关系。

第 7 章：研究了有限深水域中，组合式超大型浮体结构在水波激励下的动力学响应问题。

第 8 章：以铰连接的两个箱式浮体结构物组合模型为例，研究了组合超大型浮体结构在不同周期外荷载作用下各项参数以及其连接刚度对其水弹性响应的影响规律。

值此成书之际，特别感谢我的博士指导老师张嘉钟教授、硕士指导老师胡超教授在我学术研究之路上的启蒙、启发、启明。研究生柴栋梁、郝晓晨、翟林娜参与部分内容的研究工作，研究生蒋中明参与文献整理、翻译等工作，在此表示感谢。

本书涉及的研究得到了河北省大型工程机械装备制造协同创新中心、河北省交通应急保障工程技术研究中心、河北省高等学校科学技术研究项目(ZD2015081)经费的支持。在此，特表示衷心的感谢。

由于作者水平有限，书中不足之处在所难免，欢迎读者批评指正。

赵存宝

2015 年 5 月

目 录

前言
第 1 章 绪论…… 1
1.1 超大型浮体结构水弹性问题的研究现状 …… 1
1.1.1 超大型浮体结构及水弹性力学等概念及其分类…… 1
1.1.2 分析浮箱型 VLFS 水弹性问题中的一些基本假设…… 4
1.1.3 VLFS 水弹性问题分析中的一般方法 …… 4
1.1.4 浮箱型 VLFS 水弹性问题研究现状 …… 7
1.2 本书主要研究内容…… 12
参考文献 …… 13
第 2 章 弹性浮板对水波的散射与动力学分析 …… 20
2.1 概述…… 20
2.2 控制方程与分析求解…… 21
2.2.1 控制方程及其边界条件 …… 21
2.2.2 水波的色散方程 …… 24
2.3 采用 Wiener-Hopf 方法求解 …… 25
2.4 未知常数 a_1,b_1 的求解 …… 28
2.5 未知常数 a_2,b_2 的求解 …… 34
2.6 无穷代数方程组…… 38
2.7 弹性平板的水波动响应及反射和透射系数…… 40
2.8 计算实例与分析讨论…… 41
2.9 本章总结…… 45
参考文献 …… 46
第 3 章 水深对水波中弹性浮板动响应的影响 …… 47
3.1 概述…… 47
3.2 控制方程及其边界条件…… 48
3.3 采用 Wiener-Hopf 方法求解 …… 50
3.4 弹性浮板的动响应、动弯矩、反射和透射系数…… 61
3.5 算例分析及讨论…… 62
3.6 本章总结…… 65

参考文献 …… 65
第 4 章 弹性浮板在周期外载荷作用下的动力学特性 …… 67
4.1 概述 …… 67
4.2 数学模型及控制方程 …… 68
4.2.1 控制方程 …… 68
4.2.2 边界条件 …… 69
4.3 受集中载荷作用下浮板水弹性问题的求解 …… 69
4.3.1 水波的色散方程 …… 70
4.3.2 问题的求解 …… 71
4.3.3 浮板内挠度和弯矩幅值分布 …… 83
4.4 受分布载荷作用下浮板水弹性响应 …… 85
4.5 计算实例及分析讨论 …… 86
4.6 本章总结 …… 90
参考文献 …… 90
第 5 章 端部弹性约束对水波中弹性浮板水弹性响应的影响 …… 92
5.1 概述 …… 92
5.2 控制方程与边界条件 …… 93
5.2.1 流场的边界条件 …… 94
5.2.2 流场的水波色散方程 …… 95
5.3 构造问题的解 …… 96
5.3.1 未知常数 a_1,b_1 的求解 …… 99
5.3.2 未知常数 a_2,b_2 的求解 …… 102
5.3.3 无穷代数方程组 …… 104
5.3.4 浮板的动响应、透射系数和反射系数 …… 106
5.4 计算实例及分析讨论 …… 108
5.5 本章总结 …… 112
参考文献 …… 112
第 6 章 地震作用下超大型浮体结构水弹性响应特性 …… 114
6.1 概述 …… 114
6.2 控制方程与分析求解 …… 115
6.2.1 控制方程及其边界条件 …… 115
6.2.2 采用 Wiener-Hopf 方法求解 …… 118
6.2.3 未知常数 a_1,b_1 的求解 …… 122
6.2.4 未知常数 a_2,b_2 的求解 …… 130
6.2.5 无穷代数方程组 …… 135

6.3　弹性浮板的水弹性动响应 …… 140
6.4　计算实例与分析讨论 …… 141
6.4.1　理论计算结果收敛性的验证 …… 141
6.4.2　Mindlin 厚板理论结果与经典薄板理论结果的对比与分析 …… 141
6.4.3　板厚对 VLFS 挠度幅值的影响 …… 142
6.4.4　地震震区半宽度对 VLFS 挠度幅值的影响 …… 143
6.4.5　震源中心 x_0 对 VLFS 挠度幅值的影响 …… 145
6.4.6　水深对 VLFS 挠度幅值的影响 …… 147
6.4.7　板厚对 VLFS 挠度幅值的影响 …… 148
6.5　本章总结 …… 150
参考文献 …… 150
第 7 章　组合式浮体结构的水弹性响应问题研究 …… 152
7.1　概述 …… 152
7.2　控制方程与分析求解 …… 153
7.2.1　流场速度势的控制方程及其边界条件 …… 153
7.2.2　无量纲化 …… 155
7.2.3　散射速度势的控制方程和边界条件 …… 156
7.3　应用 Wiener-Hopf 方法构建积分方程 …… 156
7.3.1　因式分解 …… 156
7.3.2　左板的解析域分离 …… 160
7.3.3　右板的解析域分离 …… 161
7.4　引入板端边界条件 …… 163
7.4.1　用第一组系数表达板端的弯矩和广义位移 …… 163
7.4.2　用第二组系数表达板端的弯矩和广义位移 …… 165
7.4.3　用第三组系数表达板端的弯矩和广义位移 …… 167
7.4.4　用第四组系数表达板端的弯矩和广义位移 …… 168
7.4.5　用四组系数表达板端边界条件 …… 170
7.5　无穷代数方程组 …… 172
7.5.1　第一个无穷代数方程 …… 172
7.5.2　第二个无穷代数方程 …… 178
7.5.3　第三个和第四个无穷代数方程 …… 180
7.5.4　第五个无穷代数方程 …… 181
7.5.5　第六个无穷代数方程 …… 183
7.5.6　第七个和第八个无穷代数方程 …… 184
7.5.7　无穷代数方程组的求解 …… 186

7.6 组合式弹性浮板的水波动响应 …… 187
7.7 计算实例与分析讨论 …… 188
7.7.1 本章计算结果与文献计算结果的对比与分析 …… 188
7.7.2 理论计算结果收敛性的验证 …… 189
7.7.3 铰连接的扭转刚度对 VLFS 挠度和弯矩幅值的影响 …… 191
7.7.4 铰连接的位置对 VLFS 挠度和弯矩幅值的影响 …… 193
7.8 本章总结 …… 198
参考文献 …… 198
第 8 章 组合式超大型浮体结构外荷载作用下水弹性响应分析 …… 200
8.1 概述 …… 200
8.2 数学模型及控制方程 …… 201
8.3 问题求解 …… 203
8.3.1 Wiener-Hopf 法求解 …… 203
8.3.2 组合式弹性浮板的水波动响应 …… 215
8.4 计算实例与分析讨论 …… 216
8.4.1 本章计算结果与文献计算结果的对比与分析 …… 216
8.4.2 理论计算结果收敛性的验证 …… 218
8.4.3 铰连接位置对 VLFS 挠度和弯矩幅值的影响 …… 220
8.4.4 集中荷载位置对 VLFS 挠度和弯矩幅值的影响 …… 222
8.4.5 铰连接刚度对 VLFS 挠度和弯矩幅值的影响 …… 224
8.4.6 铰连接刚度及其位置对组合式超大型浮体结构减振作用的优化分析 …… 226
8.5 本章总结 …… 230
参考文献 …… 230
索引 …… 232

第1章　绪　　论

1.1　超大型浮体结构水弹性问题的研究现状

1.1.1　超大型浮体结构及水弹性力学等概念及其分类

所谓超大型浮式海洋结构物(Very Large Floating Structure or Platform,简称 VLFS 或 VLFP)主要是指那些尺度以公里计的浮式海洋结构物,如飞机场、桥、储油基地、风力和太阳能电厂,还有用于军事目的的工业基地、应急基地、娱乐场所、再生公园、移动海上结构甚至居住场所等,区别于目前常见的尺度以百米计的大型船舶和海洋石油平台。一般来说,大型浮体结构的长度从 500m 到 5000m 不等,宽度从 100m 到 1000m 不等,但是它们的厚度仅为 2～10m。由于这些结构的厚度远小于水平方向的尺寸及其弯曲刚度相对较小,因此弹性变形就成为一个需要考虑的重要因素,而且浮体的弹性变形响应甚至比刚体运动响应更为重要,因此传统的刚性假设不再适用了,必须采用水弹性理论进行分析[1]。

与传统的填海造田方法相比,建造 VLFS 有如下有优点:

(1) 建造容易且建造速度快(组件由造船厂造好后运到现场组装即可)。因此,探索海洋空间的速度可以大大提高;

(2) VLFS 易重新部署(运输),移走或拓展;

(3) 建造 VLFS 不受水深,海底地貌等因素的影响;

(4) VLFS 的高度位置与水表面几乎是一致的。因此,可将 VLFS 作为机场、码头等设施使用;

(5) 与环境相和谐。不破坏水下生态环境,不淤塞水港,也不破坏洋流;

(6) 由于海水可以耗散能量,结构设施可以免于地震伤害。

水弹性的概念起初是从空气弹性学中引进的,水弹性力学是指研究结构内力和水动力之间相互作用的学科。结构的内力包括惯性力和弹性力。在水弹性作用过程中,流体动力作用于弹性系统,其大小取决于弹性系统振动的位移、速度和加速度;但流体动力作用又会改变弹性系统运动的位移、速度和加速度。这种相互作用的物理性质表现为液体与弹性系统在惯性、阻尼和弹性诸方面的耦合现象。

VLFS 可以被分为如下两大类:浮箱型和半潜水型,如图 1-1 所示,典型的浮箱型 VLFS 是 Mega-Float 机场测试模型,如图 1-1(a)所示。到目前为止,它是最大的海上浮箱型结构,长为 1000m,宽 60m,高 3m,吃水深度为 1m,位于东京湾,是测试浮式跑道模型。由于其结构是扁平箱型,特点是有较高的稳定性,较低的生产

(a) 东京湾Mega-Float浮式机场测试模型

(b) 冲绳岛水上城市

图 1-1　浮箱型(a)和半潜水型(b)

成本,易于维修和维护。但是,这类浮体结构仅适用于有自然免受风浪影响的海港静水中。为了进一步减小高水波对这类浮体结构的影响,需要在其附近构建挡浪堤、防动装置、锚泊系统等。另外,如作飞机场,还需增加控制系统以提高其稳定性。

在开阔水域,波浪相对较高处,就有必要采用半潜水型 VLFS 以保持恒定浮力作用,从而降低水波对其的影响。半潜水型 VLFS 常被用作海上油气资源勘探平台。它们通过圆柱、桩或其他支撑系统来支撑固定,如图 1-1(b)所示。相反的是,浮箱型 VLFS 只是漂浮在海表面。浮箱型 VLFS 与其他种类近海岸结构物相比具有良好的柔韧性,故此时分析其弹性变形就远比分析它们的刚体运动重要。这类 VLFS 就是人们所真正感兴趣的研究对象。

VLFS 还有其他应用,如当水深大或河床、海床很软时,它们是最经济的解决方案。新加坡已经建成了世界上最大的滨海湾浮动表演舞台(见图 1-2),为了满足储油能力不断增加的需求,正在规划建设一个大型的浮动燃料储存设施(FFSF,见图 1-3)。这种 FFSF 可能增加一倍燃料库兼船舶系泊系统,从而缓解交通拥堵和减少新加坡海港船舶的周转时间[3]。

图 1-2　浮动的表演舞台

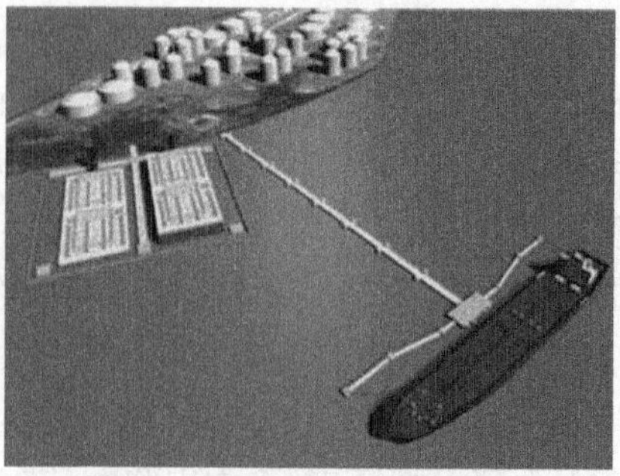

图 1-3　拟建浮动燃料储存设施

韩国也启动了一系列 VLFS 项目，如正在施工建设的三个汉江上的娱乐和会议浮岛（命名为 Viva，Vista 和 Terra）（参见图 1-4），三星重工 VLFS 团队的浮动巡航终端（图 1-5），设有酒店客房、出入境检验检疫局（海关、移民和检疫）以及一个浮动的移动码头系统。

图 1-4 汉江浮岛

图 1-5 拟建浮动巡航终端

超大型浮体在城市浮动农场方面也有应用，也可能成为一个为满足人口增长的食物需求的创新解决方案，同时其还能保持生态系统的完整性。纽约阳光工程中心在曼哈顿哈德逊河上构建的可持续的工程科学驳船（图 1-6），表明都市农业浮动结构等都成为可能，而且不会对环境造成损害。在鲑鱼生产国，如挪威、美国、加拿大、智利等国，构建海洋鲑鱼养殖场（图 1-7）可以保证新鲜鱼的连续供应。

图 1-6 哈德逊河可持续工程科学驳船

图 1-7 温哥华鲑鱼养殖场

VLFS 技术也使得未来人类居住在海洋表面上成为可能。由比利时建筑师 Vincent Callebaut 提出的 Lily Pad 漂浮生态城市（图 1-8），就是一个很有远见的例子，即一个巨大的浮动百合形岛屿来容纳城市人口。目前荷兰有一半以上的土地面积低于海平面，所以也提出了浮动小镇的概念（图 1-9），其中包括温室、商业中心和居民区。

图 1-8　Lily Pad 漂浮生态城市

图 1-9　荷兰浮动小镇

1.1.2　分析浮箱型 VLFS 水弹性问题中的一些基本假设

同其他问题研究过程相似，首先要将实际结构物的主要特征提取出来并逐步合理简化模型以便于分析，同时选取相应的分析方法，以得到感兴趣的可靠准确的分析结果。在分析浮箱型 VLFS 水弹性问题时，常采用如下假设：

- VLFS 常被看作是带有自由边界的弹性(各向同性/各向异性)平板；
- 流体是不可压缩、无黏性的，流场是无旋的，因此流场存在速度势；
- VLFS 和入射波的运动幅值均较小，仅考虑结构的垂直方向运动；
- VLFS 和自由流体表面之间无间隙。

1.1.3　VLFS 水弹性问题分析中的一般方法

流体-结构的耦合作用并不是一个新的水动力学问题。早在 20 世纪 60 年代以来，人们就对浮冰水弹性问题进行了大量的研究[2,3]。同时，绝大多数用于分析浮冰动力学问题的方法都可用来研究 VLFS 水弹性问题。因此，流体-结构的耦合作用的水弹性问题可分为两类：VLFS 与水波的相互作用；浮冰与水波的相互作用。

虽然 VLFS 水弹性问题在频域和时域内都可进行分析研究，但由于在频域中较简单一些，故大多数水弹性分析是在频域中处理。但是，对于瞬态响应和非线性运动方程来说，由于考虑锚泊系统或非线性水波因素，就有必要在时域内求解。下面，我们简要介绍频域和时域内进行水弹性分析时常用到的方法。

1. 频域内的模态展开法和直接法

在频域内，求解 VLFS 水弹性问题时，模态展开法和直接法是最常用的分析方法。模态展开法由水动力分析和浮板的动响应分析两部分组成。自由浮板的挠度可以分解为任意振动模态的叠加。在这点上，人们已经采用不同的模态函数进行了分析，如两端自由的梁的模态[4~10]、B-spline 函数[11,12]、Green 函数[13]、二维多项式函数[14]、自由振动板的有限元解法[15,16]。值得注意的是模态可能选取干模态型，也有可能选取湿模态型。由于干模态方法较简单且数值计算的有效性，大多数分析时采用干模态法[17,18]。Hamamoto 等采用湿模态法进行了研究[19~21]。接下来，水动力可以由每个模态的单位运动幅值来决定。由于采用 Galerkin 方法可以近似满足板的控制方程，故该方法常被用于计算模态幅值，同时，将模态响应叠加后就得到系统的总响应。

对于直接求解法，VLFS 的挠度可以不借助任何本征模而直接求解运动方程得到。1994 年，Mamidipudi 和 Webster 最先将直接求解法应用于 VLFS 水弹性问题研究的。在他们的求解过程中，首先建立了衍射和辐射问题的速度势，然后采用有限差分格式求解相关水弹性方程，从而得到 VLFS 的挠度分布[22]。1996 年，Yago 和 Endo 引入压力分布方法对该方法进行了改进，同时采用有限元方法求解了相关的运动方程[23]。

Ohkusu 和 Namba 提出了另外一种直接求解法，即采用两级模态展开法处理。他们的方法是将薄板作为水表面的一部分，但这部分表面的物理特性区别于自由水表面。这样，问题就可作为水动力学中的边值问题处理，而不直接求解浮体在水动力作用下的动响应[24]。Ohkusu 和 Namba 将 VLFS 作为一无限长平板处理，而且直接求解一组关于速度势的 6 阶水弹性微分方程。这个方法的优点是针对浅水情况，可得到封闭形式的解[25]。Meylan 和 Squire 曾借助这个方法分析了二维浮冰的水动力学问题。板挠度最后可由得到的速度势确定。这个方法的优点就是对于浅水波情况可得到闭合形式解[26]。在求解浅水波情况时，要借助 Stocker 近似理论[27]，Stocker 推导了流场内沿垂直界面的匹配条件。

在 Kashiwagi 的直接求解法中，也应用了压力分布方法，而且由结构的振动方程来求解挠度。针对短波区，为了达到用较少计算时间而得到高精度的解，他使用了双三次 B-spline 函数来表示未知压力分布，通过 Galerkin 方法来满足浮体的边界条件[28]。尽管其他研究人员提出的数值方法也采用了压力分布方法[29]，而这个方法更是一种重大的改进，即可在短波区得到较准确的结果。

Ohkusu 和 Namba 将短波的渐近理论成功地应用于 VLFS 水弹性问题的分析中，得到令人满意的结果[30]。Meylan 基于自由表面 Green 函数方法和受水波激励的薄板运动方程得到了一个变分方程，然后利用多项式基本函数来求解该变分方程[31]。

总之，模态叠加法和直接法在原理上的差别就在于确定辐射压力时处理辐射运动的方法上。例如，Takaki 和 Gu 使用了带有自由边界平板的干本征模的形状函数[32]，而 Yago 和 Endo 对于未知压力采用常面元的形状函数[33]。常面元法的缺点是很难处理短入射波情况，而这种情况在 VLFS 水弹性问题分析中又很重要。为了分析短入射波情况，Lin 和 Takaki 提出了基于高阶 B-spline 面元的求解方法[34]。

2. 频域内的 Wiener-Hopf 法

对于弹性浮板的水波衍射问题，其边界条件中出现高阶偏导数，并且出现混杂边值约束。对于混杂边值问题，Wiener-Hopf 求解方法具有许多优点，可方便地用于构造浮板的水波衍射问题的解析解，浮板的动响应可由求解一组线性代数方程组得到，大大降低了计算量。Balmforth 和 Craster 基于 Wiener-Hopf 方法，详细研究了海洋浮冰对表面重力波入射的散射问题。虽然过程推导中浮冰弯曲运动描述采用了 Timoshenko-Mindlin 方程，但在最后的计算时考虑到浮冰的剪切模量较大，剪切变形与转动惯量对其的影响很小，仍采用了经典薄板理论[35]。最近几年里，Tkacheva 采用 Wiener-Hopf 方法和经典薄板理论，将解析域延拓到整个复平面上，提出了一种新的求解两个未知常数的方法[36~40]。并针对有限大和半无限大弹性浮板研究了在几种不同激励源作用下的水弹性问题，如水波激励、外载荷激励等。

3. 频域内的其他方法

Hermans 利用几何光学法（GOA）和射线法（RM）分别求解了半无限大和条状弹性浮板的水波散射问题[41~43]。当采用上述两种方法分析水弹性问题时，浮板周围或内部的波场用波射线的总和来表示。采用射线理论时，VLFS（有限宽度）的拐角处是奇异点。拐角对响应的影响与距拐角处距离的平方根成反比。波幅值会在通过拐角处发生突变，后来 Takagi 等通过引入抛物线逼近法对射线法进行了改进，从而克服了原来射线法的这个缺陷。利用改进后的射线法分别研究了任意入射水波、任意形状平板等情况下的水弹性响应[44~46]。

Ohkusu 和 Namba 基于抛物线近似法，构建了浅水域水波中矩形薄板的水弹性问题[47]。Hermans 首先针对二维情况推导了关于水波中 VLFS 挠度的积分-微分方程，采用正交函数展开法进行了求解，发现解是不收敛的。然后采用有限差分法处理了这个含有四阶偏导的积分-微分方程，为将来研究三维问题打下理论基础[48]。Wang 和 Meylan 提出了一个高阶 BEM-FEM 法用于分析四种几何形状的弹性浮板水动力学特性，而且在 BEM 和 FEM 中采用了相同的未知节点和基本函数[49]。

4. 时域内的方法

近年来，对于在时域内研究 VLFS 的常用方法是直接时间积分法[50,51]和基于 Fourier 变换的方法[52]。对于直接时间积分法，流体域和结构的运动方程都需要进行离散。而对于 Fourier 变换方法，首先得到流体的频域解，然后对结果进行

Fourier 变换，代入到弹性板的运动微分方程。最后利用有限元方法或其他适当的方法在时域范围直接求解方程。

1.1.4 浮箱型 VLFS 水弹性问题研究现状

1. 水波作用力

绝大多数文献在进行 VLFS 水波响应分析时，一般都是在线性水波理论的框架内进行的。Wu 等基于本征函数展开—匹配法和线性水波理论于 1995 年较早地研究了弹性浮板的水波响应问题[53]。当波浪陡度很大或水深与波长相比是浅水时(如由地震引起的海啸等)，这种假设就是无效的。换句话说，当波高很大或水深很浅时，水波的非线性因素就变得很重要。Takagi 将描述弹性浮板受暴风或海啸引起的非线性长水波作用时的三维 Boussinesq 方程进行了修改。借助匹配渐近展开法推导出普通 Boussinesq 方程和改进的 Boussinesq 方程之间的连接条件，最后通过有限差分法进行了数值求解。结果显示，水波的非线性和 VLFS 的三维效应对浅水波中大型人工岛屿动响应的影响是巨大的[54]。

Sakai 等利用试验和数值方法研究了 VLFS(被作为浮梁处理)在海啸作用下的水弹性特性[55]。Masuda 和 Miyazaki 提出了一种预测 VLFS 在中等海啸水波作用下的动响应问题[56]。Ijima 和 Shiraishi 针对海岸附近或有礁石区域，提出了一种分析 VLFS 动响应的方法[57]。由于这种情况下存在地形影响，当水波破碎时，水波的变形是非线性的，故有必要考虑水波的变形。就收集到的文献而言，针对 VLFS(视为板处理)在受非线性水波作用时的动响应问题进行研究的很少。

2. 非水波作用力

非水波力主要有：水波漂移力(促使浮体结构水平运动)、外部载荷(如外界飞机起降时的冲击力和推力)等。

在浮体结构锚泊系统设计时，水波漂移力的准确估算具有重要意义。计算漂移力的传统方法主要基于远场法，该方法需要计算由浮体结构传播到远处辐射水波的幅值。Kashiwagi 借助远场法求解了 VLFS 的漂移力[58]，同样，Watanabe 等基于相同的方法计算了作用在低速向前移动(等价于均匀流)的 VLFS 上的漂移力和漂移阻尼[59]。但是，当挡浪堤非常靠近 VLFS 或 VLFS 附近的海底是变深度时，远场法仅能计算“总”的水波漂移力。Namba 等通过近场法研究了漂移力问题[60]。但他们忽略了吃水深度的影响，当漂移力在水平方向占主导地位时，是不应该忽略浮体结构吃水深度的影响的。Utsunomiya 等改进了 Namba 等的方法，主要考虑了吃水深度的影响，推导出了 VLFS 水平运动时所受漂移力的公式[61]。Namba 等通过实验对水波中 VLFS 模型的漂移力进行了测试，同时基于数值方法计算了漂移力的大小[62]。同时他们给出了一个用于计算漂移力的简化公式，求解时仅需对浮体周围水波相对高度进行线性积分。

当 VLFS 被用作机场或机场跑道时，就有必要考虑飞机的着陆和起飞施加给 VLFS 的外载荷因素。因此许多研究人员对受冲击和水平推力等外载荷作用下的 VLFS 水弹性问题进行了研究。Watanabe 和 Utsunomiya 利用有限元程序和时域法，针对受冲击载荷作用的圆形 VLFS 模型，模拟了弹性响应的数值结果[63]。Yueng 和 Kim 研究了无限长弹性跑道上的瞬态响应[64]。Watanabe 利用时域法研究了飞机着陆情况[65]。在建立浮体结构和流体的模型时，他们选用了最普通的计算模型。Endo 针对飞机起飞或着陆所产生的动载荷情况，对 VLFS 的瞬态响应做了非常详细的分析[66]。他的研究包括以下几个重要方面：①飞机使跑道呈一个 V 字形且处于其底部，同时拖动跑道；②对于水波激励情况，跑道的垂直位移幅值远大于飞机引起的幅值；③飞机在获得预定的速度过程中，飞机经历加速前冲过程；④对于水波激励情况，由跑道引起的飞机垂直运动速度是很小的；⑤浮体结构的波动在施加给飞机的阻力中扮演了重要角色，但阻力幅值很小。Kashiwagi 和 Higashimachi 选取波音 747-400 型喷气式飞机作为计算模型，采用数值方法模拟了浮动机场在飞机起落激励下的瞬态响应。结果显示，飞机在着陆早期速度远快于产生的水波速度，随着飞机减速到零，水波逐渐赶上[67]。

3. VLFS 模型

浮箱型 VLFS 模型研究中可采用的分析理论一般分为两大类：梁理论和薄板理论。梁理论又可分为：Euler 梁理论和 Timoshenko 梁理论（也称作 Timoshenko-Reissner 梁理论）。板理论也可分为：Kirchhoff 板理论（也称作 Gehring-Kirchoff 或 Kirchoff-Love 理论）和 Mindlin 厚板理论。

由于 VLFS 模型的厚度远小于其他尺寸以及入射水波的波长，所以绝大多数研究人员常采用 Kirchhoff 板理论和 Euler 梁理论分析各向同性薄板的水动力学行为。如对于二维 VLFS 模型的水弹性问题，Euler 梁理论与 Kirchhoff 板理论是等价的，Timoshenko 梁理论和 Mindlin 厚板理论是等价的。

平板既可为各向同性的，也可为各向异性的。前者各向同性常用于粗略分析。为了得到较准确的分析结果，例如浮动跑道等一些模型常采用变质量和变刚度假设，将 VLFS 模型作各向异性处理。为了得到准确结果，少数研究者采用了考虑一阶剪切变形影响的 Mindlin 板理论来分析[68]。Mindlin 厚板理论考虑了横向剪切变形和转动惯量的影响，适宜于高阶模态分析。Mindlin 厚板理论中应力仅由挠度和转角的一阶偏导来表示，而在经典薄板理论中，是由二阶和三阶偏导数来表示。

从便于制造、运输、安装角度出发，VLFS 通常采用多个标准浮体模块组合而成，模块之间通过联接器连接。Maeda等研究了由几个刚性浮体模块通过刚性轴和销连接而成的一维浮体结构的水波衍射问题[69]。Riggs和Ertekin采用有限元方法研究了规则水波激励下三维组合浮体结构的水弹性问题[70]。Takaki基于三维面元法研究了作用在组合浮体结构上的水波漂移力问题，其中组合浮体结构是由刚性轴和销连接[71]。Hamamoto和Fujita提出了一种三维BE-FE(边界元—有限元)混合求解法用于分析组合VLFS的水弹性问题[72]。浮体结构用八节点立方体和四节点四边形来离散，而结构与水的界面用常线性边界元离散。Hamamoto和Fujita通过使用八节点等参数元离散继续发展了BEM-FEM混合求解法，同时采用了Mindlin板理论将横向剪切变形因素考虑在内[73]。基于八节点等参数离散元来离散流体与结构之间的界面。

Fujikubo和Yao采用平面格栅模型和三明治格栅模型分别研究了水波中浮箱型VLFS的全局动响应情况[74]。共得到以下几项结论：①基于等效应变能概念，得到了平面格栅模型的扭转弹簧的刚度表达式；②平面格栅模型由于忽略了泊松比的影响，分析结果没有三明治格栅模型的准确；③三明治格栅模型可用来较准确地预测结构的动应力分布。

4. VLFS模型的形状

实际应用中，VLFS可以设计成各种各样的形式，具体形状主要取决于用途、洋流、水波特点等因素。在已有公开发表的文献中，我们会发现，大多数研究人员将浮箱型VLFS看作矩形平台处理。尽管已有的方法可以处理任意形状的VLFS，但大多数文献不作非矩形板处理。Hamamoto和Fujita曾将VLFS处理为L形、T形、C形和X形[75]。

在1994年日本钢结构学会出版的一份报告中，曾建议VLFS的形状建成六角形的，如图1-10所示。这种结构的优点是易于进一步扩展。

图1-10　六角形VLFS

5. 锚泊系统

一般来说，VLFS系统的组成部分如图1-11所示。

锚泊系统的作用是使VLFS保持在原处而不被水波漂移力或风力所推走，目前有多种用于浮体结构定位的锚泊系统，如悬链线系泊(catenary mooring)、悬链线锚腿系泊CALM（catenary anchor leg mooring)、单锚腿系泊SALM（single anchor leg mooring)、张力腿系泊(tension leg mooring)、系缆桩/缓冲系泊(dolphin/fender mooring)等。通常系泊方式的选择是根据系泊力的大小、水深、系索长度、是否配置中间浮体或沉箱、地形和海床等条件确定。对不同的超大型结构物，其用途不同，因而系泊方式各异。在锚泊系统里，水波中VLFS的动响应不仅包括水弹性的竖直运动，也包括锚泊系统的作用力。

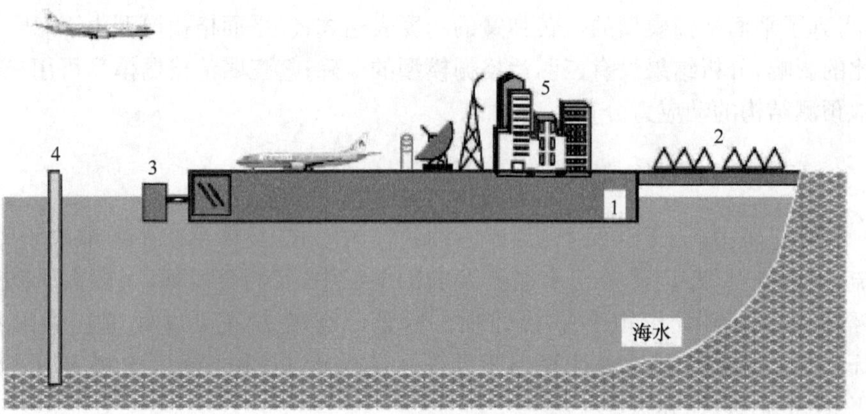

图1-11　VLFS系统示意图

图中：1-VLFS本身；2-由岸上到VLFS的浮式连接桥；3-锚泊设备；4-挡浪板；5-VLFS上的附属设施

付世晓等基于摄动理论，分别给出了锚泊浮体(同时包括弹性体和刚性体)和锚泊系统的一阶运动方程。分别用三维水弹性理论和Goodman-lance法求解浮体的动力响应和锚泊线的运动，并给出了两者之间的协调关系[76]。研究人员还分析了暗礁水域中的VLFS锚泊系统。Shiraishi等研究了有礁石水域中VLFS锚泊系统的响应情况[77]。他们利用水力模型测试近海岸礁石水域内VLFS锚泊系统的弹性响应和锚泊力情况。通过分析可得到一些结论，礁石水域内变形的非线性水波对弹性响应的影响很大，而且有必要针对这类系统进一步研究出更好的设计方法以改善上述不良情况。

6. 挡浪堤

为了减少水波对 VLFS 的冲击，在 VLFS 的周围安装挡浪堤，可有效减轻水波引起的振动。Nagata 等提出了一种解析方法来求解水波中带有挡浪堤装置的 VLFS 的水弹性响应[78]。他们将流场分成不同的区域来分析。研究结果显示，对长波情况，挡浪堤可有效地降低 VLFS 的响应，但对于短波情况，效果不是很明显。Utsunomiya 等基于高阶边界元方法（HOBEM）较好地分析了四周带有挡浪堤的 VLFS 的响应情况[79]。Ohmatsu 提出了一个可用于有效分析 VLFS 的水弹性响应问题的方法，该方法考虑了 VLFS 和挡浪板相互作用对其影响，其中还涉及了局部透射系数[80]。

上面的研究主要针对的是重力型挡浪堤（与水底固定）。尽管这些传统的挡浪板具有良好的减振效果，但由于切断了 VLFS 周围的海水流动，所以会使 VLFS 与生态和谐的优点退色。另外，当安装深度较深时，将挡浪板固定到水底的代价是很高的。基于经济和生态环境考虑，有些挡浪板在底部开了口子，以使海水流过。

7. 海底地貌

在大多数文献中都假设海底是一平面来分析了 VLFS 的水弹性响应问题。对于实际情况，海底不完全是等深的。当 VLFS 位于海岸线附近时，水深会沿着靠近海滩方向越来越浅。水深的变化和海底地貌主要影响水波的各个参数，如水波波长、波高、传播方向、水波的反射、水波的变形、辐射和散射力。

VLFS 的水弹性特性被看作是结构内部的波传播来分析。VLFS 周围以及内部的波场可以看作是所有波散射的总和。Kyoung 等提出一种数值方法来分析不平坦海底情况下 VLFS 水弹性响应[81]。在分析流体域时，采用了基于变分方法的有限元法。最后，应用模态叠加法得到动响应。另外，Utsunomiya 和 Watanabe 在研究中也考虑了变水深和海底变化因素。对于变化较大的海底地貌，尽管 VLFS 的分析中由于自由度多而带来分析上的复杂性，但可以借助快速边界元法（基于 Teng 和 Taylor 提出的积分方程）来快速求解，该方法使用了快速多极算法和八节点矩形元离散法[82]。

8. 防动装置

在分析 Mega-Float 的水弹性响应时，发现在薄板下水波传播时，浮板出现弹性振动，而且振动幅值比预期的都高。因此，研究人员设法设计出一种防动装置。常见的是箱型结构，工作时将其连接到 VLFS 的边缘。Takagi 针对这类系统进行了数值分析和实验研究[83]，结果显示，这类装置在设计的周期范围内，具有良好的防动效果，可以同时降低浮板内的变形、剪力和弯矩。

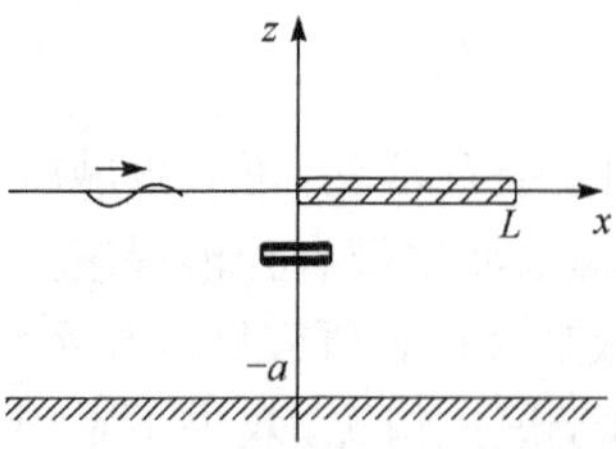

图 1-12　防动装置安装示意图

Ohta 等为了防止 VLFS 运动，在 VLFS 边缘下方安装了一块水平板，该板通过一竖直连接器连接[84]，如图 1-12 所示。通过实验研究发现，如果水平板从 VLFS 边缘伸出一些而且在水下的深度不要太大，这个方法是有效的。另一个方案是在 VLFS 边缘下方直接安装了一块竖直平板，通过试验，发现随着竖直板向下延伸深度及降低入射水波周期，阻止 VLFS 移动的效果会不断改善。他们也推断，对于锚泊系统，只要安装上面所提到的平板，而不必安装挡浪堤就能达到预期的防动效果。

1.2　本书主要研究内容

第 1 章：对超大型浮体结构水弹性问题的国内外研究现状进行了综述。重点介绍了超大型浮体结构水弹性概念及分类、计算模型及其各种分析方法、浮箱型 VLFS 水弹性问题的研究现状。

第 2 章：基于 Wiener-Hopf 方法和 Mindlin 厚板理论，研究了有限深水域中，有限长弹性浮板在水波激励下的动响应问题。对于弹性浮板的水波衍射问题，其边界条件中出现高阶偏导数，并且出现混杂边值约束。对于混杂边值问题，充分利用 Wiener-Hopf 法的求解优点，构造了浮板的水波衍射问题的解析解。采用 Wiener-Hopf 方法，可将解延拓到整个复平面上，两个未知的常数可由板的边界条件确定，最后构建了浮板水弹性问题的解析解。最后在算例中分析了浮板厚度对动响应的影响规律。

第 3 章：基于线性水波理论和 Mindlin 厚板动力学理论，构建了无限深水域中，有限长弹性浮板的水波响应问题的解析解。同时推导出了无穷线性代数方程组，并给出了透射系数和反射系数的解析表达式。针对几种入射水波情况，计算不同水深情况下弹性浮板的水弹性响应结果，并与无限深情况的结果进行了对比，揭示了水深对其水动力学特性的影响规律。

第 4 章：研究了有限深水域中，有限长弹性浮板在周期外载荷激励下的水弹性响应问题。当浮体结构上面有动力设备或其他激励源激励时，因为这些激励会对浮体的安全性和可靠性产生较大的影响，这时就需要研究在激励源的作用下，水波中浮体结构的水弹性响应问题。因此，基于 Mindlin 厚板理论和 Wienier-Hopf 方法，针对周期外载荷(集中载荷、分布载荷)激励下有限水深水面上二维有限长弹性浮板的动力学特性进行了研究。同时针对不同周期外载荷的作用位置和作用接触面宽度对浮板动响应影响进行了详细的研究。

第 5 章:分析研究了水波中带有端部弹性约束的有限长弹性浮板的动力学特性。虽然人们对超大型浮体结构的锚泊系统进行了大量的理论与实验研究,但很少有人将锚泊系统中的锚链处理为弹性体。基于上述的考虑,本文将锚泊系统中锚链看作是弹性体,来研究其对浮体结构水波动力学特性的影响。通过研究锚链刚度与浮板水弹性响应之间的关系,揭示了几种约束在减振方面的优缺点,从而为超大型浮体结构的锚泊系统设计提供理论支持。

第 6 章:超大型浮式结构物在海底地震作用下的响应问题异常复杂。地震作用难以真实模拟,本文将海底地震作用简化为海底周期性的区域振动。通过调整地震区域振动形状函数中的地震位置参数和震区宽度参数,研究了 VLFS 在海底地震作用下的挠度幅值与震源位置、震区宽度的关系。通过选取不同的流场深度和弹性浮板厚度,分析了 VLFS 在海底地震作用下的挠度幅值与震源深度、板厚的关系。

第 7 章:研究了有限深水域中,组合式超大型浮体结构在水波激励下的动力学响应问题。根据线弹性势流理论,流固耦合边界条件,Mindlin 厚板动力学理论,建立了组合式浮体结构的控制方程和边界条件,根据相应的理论知识以及适当的简化条件,建立简化的组合式浮体结构的计算模型。针对典型入射水波周期情况,研究了在铰连接位置不变的前提下,铰连接刚度取值对组合式浮体结构的动响应影响规律。同时,研究了在铰连接刚度不变的前提下,铰连接位置对组合式浮体结构的动响应影响规律。针对各种入射波周期情况,将迎着入射波的浮板作为副板,对副板各参数及连接刚度进行优化分析,以达到通过设置合理的副板减小主板动响应的目的。这个目的是从减振方面进行考虑的。

第 8 章:通过铰连接的两个箱式浮体结构物组合模型为例,研究了组合超大型浮体结构在不同周期外荷载作用下各项参数以及其连接刚度对其水弹性响应的影响规律。首先根据相应的理论知识,建立了简化的组合式超大型浮体结构的简化计算模型。针对不同周期荷载作用,研究了在铰连接位置固定的前提下,铰扭转刚度对组合式超大型浮体结构的水弹性响应的影响规律。另外研究了在铰扭转刚度不变情况下,铰连接位置对组合式浮体结构动响应的影响规律。从减振方面考虑,通过对载荷作用的模块各参数及连接刚度进行优化分析,得到合理的模块参数和铰扭转刚度,以达到最大程度降低其对无外载荷作用浮体模块的动响应幅值。

参 考 文 献

[1] Webster W C. Optimal structure for large-scale floating runways. Proc 2nd Hydroelasticity Marine Technology, Kyushu University, Fukuoka, Japan, 1998: 15-26.

[2] Linton C M, Chung H. Reflection and transmission at the ocean/sea-ice boundary. Wave Motion, 2003, 38:43-52.

[3] Balmforth N J, Craster R V. Ocean waves and ice sheets. Journal of Fluid Mechanics, 1999, 395: 89-124.

[4] Hermans A J. Interaction of free-surface waves with floating flexible strips. Journal of Engineering Mathematics, 2004, 49(2): 133-147.

[5] Wu C, Watanabe E, Utsunomiya T. An eigenfunction matching method for analyzing the wave induced responses of an elastic floating plate. Applied Ocean Research, 1995, 17: 301-310.

[6] Watanabe E, Utsunomiya T, Wang C M. Benchmark hydroelastic responses of a circular VLFS under wave action. Engineering Structures, 2006, 28: 423-430.

[7] 金晶哲，崔维成，刘应中．预报超大型浮体水弹性响应的模态函数展开方法和特征函数展开方法比较．船舶力学，2003，7(4)：86-98.

[8] Kashiwagi M. A Bspline galerkin scheme for calculating hydroelastic response of a very large floating structure in waves. Journal of Marine Science and Technology, 1998, 3(1): 37-49.

[9] Nagata S, Yoshida H, Fujita T, et al. Reduction of the motion of an elastic floating plate in waves by breakwaters. Proceedings of the 2nd International Conference on Hydroelasticity in Marine Technology, Fukuoka, Japan, 1998: 229-238.

[10] Utsunomiya T, Watanabe E, Taylor R E. Wave response analysis of a box-like VLFS close to a breakwater. Proceedings of the 17th International Conference on Off-shore Mechanics and Arctic Engineering, 1998: 1-8.

[11] Kashiwagi M. A Bspline galerkin scheme for calculating hydroelastic response of a very large floating structure in waves. Journal of Marine Science and Technology, 1998, 3(1): 37-49.

[12] Lin X, Takaki M. On Bspline element methods for predicting hydroelastic responses of a very large floating structure in waves. Proceeding 2nd Hydroelasticity Marine Technology, Kyushu University, Fukuoka, Japan, 1998: 219-228.

[13] Taylor R E, Ohkusu M. Green functions for hydroelastic analysis of vibrating free-free beams and plates. Applied Ocean Research, 2000, 22(5):295-314.

[14] Belibassakis K A, Athanassoulis G A. Three-dimensional green's function for harmonic water waves over a bottom topography with different depths at infinity. Journal of Fluid Mechanics, 2004, 510: 267-302.

[15] Belibassakis K A, Athanassoulis G A. A coupled-mode model for the hydroelastic analysis of large floating bodies over variable bathymetry regions. Journal of Fluid Mechanics, 2005, 531: 221-249.

[16] Meylan M H. A variational equation for the wave forcing of floating thin plates. Applied Ocean Research, 2001, 23(4): 195-206.

[17] Wu C, Utsunomiya T, Watanabe E. Harmonic wave response analysis of elastic floating plates by modal superposition method. Structure Engineering/ Earthquake Engineering, 1997, 14(1): 1-10.

[18] Cheung K F, Phadke A C, Smith D A, et al. Hydrodynamic response of a pneumatic floating platform. Ocean Engineering, 2000, 27(12): 1407-1440.

[19] Hamamoto T, Fujita K. Wet-mode superposition for evaluating the hydroelastic response of floating structures with arbitrary shape. Proceedings of the 12th International Off-shore and Polar Engineering Conference, Kitakyushu, Japan, 2002, 290-297.

[20] Hamamoto T, Hayashi T, Fujita K. 3D BEM-FEM coupled hydroelastic analysis of irregular shaped module-linked large floating structures. Proceedings of the 6th International Offshore and Polar Engineering Conference, 1996, 1: 362-369.

[21] Hamamoto T, Suzuki A, Fujita K. Hybrid dynamic analysis of module- linked large floating structures using plate elements. Proceedings of the 7th International Off-shore and Polar Engineering Conference, 1997, 1: 285-292.

[22] Mamidipudi P, Webster W C. The motions performance of a mat-like floating airport. Proceedings of the International Conference on Hydroelasticity in Marine Technology, Trondheim, Norway, 1994, 363-375.

[23] Yago K, Endo H. On the hydroelastic response of box-shaped floating structure with shallow draft. The Society of Naval Architects of Japan, 1996, 180: 341-352 (in Japanese).

[24] Ohkusu M, Namba Y. Analysis of hydroelastic behavior of a large floating platform of thin plate configuration in waves. Proceedings of the International Workshop on Very Large Floating Structures, Hayama, Japan, 1996: 143-148.

[25] Ohkusu M, Namba Y. Hydroelastic behaviour of a large floating platform of elongated form on head waves in shallow water. Proceedings of the 2nd International Conference on Hydroelasticity in Marine Technology, Fukuoka, Japan, 1998:177-183.

[26] Meylan M, Squire V A. The response of ice floes to ocean waves. Journal of Geophysical Research, 1994, 99(C1):891-900.

[27] Stoker J J. Water waves. New York: Interscience Publishers, 1957.

[28] Kashiwagi M. A bspline galerkin scheme for calculating hydroelastic response of a very large floating structure in waves. Journal of Marine Science and Technology, 1998, 3(1): 37-49.

[29] Yago K. Forced oscillation test of flexible of flexible floating structure and hydrodynamic pressure distributions. Proceedings of the 13th Ocean Engineering Symposium, The Society of Naval Architects of Japan, 1995: 313-320.

[30] Ohkusu M, Namba Y. Analysis of hydroelastic behavior of a large floating platform of thin plate configuration in waves. Proceedings of the International Workshop on Very Large Floating Structures, Hayama, Japan, 1996: 143-148.

[31] Meylan M H. A variational equation for the wave forcing of floating thin plates. Applied Ocean Research, 2001, 23(4): 195-206.

[32] Takaki M, Gu X. Motions of a floating elastic plate in waves. The Society of Naval Architects of Japan, 1996, 180: 331-339.

[33] Yago K, Endo H. On the hydroelastic response of box-shaped floating structure with shallow draft. The Society of Naval Architects of Japan, 1996, 180: 341-352 (in Japanese).

[34] Lin X, Takaki M. On Bspline element methods for predicting hydroelastic responses of a very large floating structure in waves. Proceeding 2nd Hydroelasticity Marine Technology, Kyushu University, Fukuoka, Japan, 1998: 219-228.

[35] Balmforth N J, Craster R V. Ocean waves and ice sheets. Journal of Fluid Mechanics, 1999, 395: 89-124.

[36] Tkacheva L A. Surface waves diffraction on a floating elastic plate. Fluid Dynamics, 2001, 36(5): 776-789.

[37] Tkacheva L A. Hydroelastic behavior of a floating plate in water. Journal of Applied Mechanics and Technical Physics, 2001, 42: 991-996.

[38] Tkacheva L A. Plane problem of surface wave diffraction on a floating elastic plate. Fluid Dynamics, 2003, 38(3): 465-481.

[39] Tkacheva L A. Plane problem of vibrations of an elastic floating plate under periodic external loading. Journal of Applied Mechanics and Technical Physics, 2004, 45(2): 420-427.

[40] Tkacheva L A. Action of a periodic load on an elastic floating plate. Fluid Dynamics, 2005, 40(2): 282-296.

[41] Hermans A J. A geometrical-optics approach for the deflection of a floating flexible platform. Proceedings of the 16th International Workshop on Water Waves and Floating Bodies, Hiroshima, Japan, 2001: 53-56.

[42] Hermans A J. A geometrical-optics approach for the deflection of a floating flexible platform. Applied Ocean Research, 2001, 23(5): 269-276.

[43] Hermans A J. The ray method for the deflection of a floating flexible platform in short waves. Journal of Fluids and Structures, 2003, 17(4):593-602.

[44] Takagi K. Parabolic approximation of the hydro-elastic behavior of a very large floating structure in oblique waves. Proceedings of the 16th International Workshop on Water Waves and Floating Bodies, Hiroshima, Japan, 2001: 153-156.

[45] Takagi K, Nagayasu M. Hydroelastic behavior of a mat-type very large floating structure of arbitrary geometry. Proceedings of the MTS/IEEE Conference and Exhibition Oceans 2001, Honolulu, USA, 2001, 3: 1923-1929.

[46] Takagi K. Hydroelastic response of a very large floating structure in waves-a simple representation by the parabolic approximation. Applied Ocean Research, 2002, 24:175-183.

[47] Ohkusu M, Namba Y. Hydroelastic analysis of a large floating structure. Journal of Fluids and Structures, 2004, 19(4): 543-555.

[48] Hermans A J. A boundary element method for the interaction of free-surface waves with a very large floating flexible platform. Journal of Fluids and Structures, 2000, 14(7): 943-956.

[49] Wang C D, Meylan M H. A higher-order-coupled boundary element method and finite ele-

ment method for the wave forcing of a floating elastic plate. Journal of Fluids and Structures, 2004, 19: 557-572.

[50] Watanabe E, Utsunomiya T. Transient response analysis of a VLFS at airplane landing. Proceedings of International Workshop on Very Large Floating Structures, Hayama, Kanagawa, Japan, 1996: 243-247.

[51] Watanabe E, Utsunomiya T, Tanigaki S. A transient response analysis of a very large floating structure by finite element method. Structural Engineering/Earthquake Engineering, JSCE, 1998, 15(2): 155-163.

[52] Endo H, Yago K, Chiaki S. Elastic responses of a floating platform stimulated by dynamic load. Proceedings of the 14th Ocean Engineering Symposium. The Society of Naval Architects of Japan, 1998: 411-416.

[53] Wu C, Watanabe E, Utsunomiya T. An eigenfunction matching method for analyzing the wave induced responses of an elastic floating plate. Applied Ocean Research, 1995, 17: 301-310.

[54] Takagi K. Interaction between tsunami and artificial floating island. International Journal of Off-shore and Polar Engineering, 1996, 6(3): 171-176.

[55] Sakai S, Lin X, Sasamoto M, et al. Experimental and numerical study on the hydroelastic behaviour of VLFS under tsunami. Proceedings of the 2nd International Conference on Hydroelasticity in Marine Technology, Kyushu University, Fukuoka, Japan, 1998: 385-391.

[56] Masuda K, Miyazaki T. A study on estimation of wave exciting forces on floating structure under tsunami. Proceedings of the 3rd International Workshop on Very Large Floating Structures, Honolulu, Hawaii, USA, 1999, I: 149-154.

[57] Ijima K, Shiraishi S. Response analysis method of VLFS in coastal area considering topographical effects on wave deformation. Proceedings of the 12th International Off-shore and Polar Engineering Conference, Kitakyushu, Japan, 2002: 342-349.

[58] Kashiwagi M. A new solution method for hydroelastic problems of a very large floating structure in waves. Proceedings of the 17th International Conference on Off-shore Mechanics and Arctic Engineering, ASME, Lisbon, Portugal, OMAE98-4332, 1998.

[59] Watanabe E, Utsunomiya T, Kubota A. Analysis of wave-drift damping of a VLFS with shallow draft. Marine Structures, 2000, 13: 383-397.

[60] Namba Y, Kato S, Saitoh M. Estimation method of slowly varying drift force acting on very large floating structures. The Society of Naval Architects of Japan, 1999, 186: 235-242.

[61] Utsunomiya T, Watanabe E, Nakamura N. Analysis of drift force on VLFS by the near-field approach. Proceedings of the 11th International Off-shore and Polar Engineering Conference, Stavanger, Norway, 2001: 217-221.

[62] Namba Y, Kato S, Saito M, et al. Estimation method of slowly varying drift force acting

on very large floating structures. The Society of Naval Architects of Japan, 2000, 187: 329-340.

[63] Watanabe E, Utsunomiya T. Transient response analysis of a VLFS at airplane landing. Proceedings of International Workshop on Very Large Floating Structures, Hayama, Kanagawa, Japan, 1996: 243-247.

[64] Yeung R W, Kim J W. Effects of a translating load on a floating plate-structural drag and plate deformation. Journal of Fluids and Structures, 2000, 14(7): 993-1011.

[65] Watanabe E, Utsunomiya T, Tanigaki S. A transient response analysis of a very large floating structure by finite element method. Structural Engineering/Earthquake Engineering, JSCE, 1998, 15(2): 155-163.

[66] Endo H. The behaviour a VLFS and an airplane during take off/landing run in wave condition. Marine Structures, 2000, 13(6): 477-491.

[67] Kashiwagi M, Higashimachi N. Numerical simulations of transient responses of VLFS during landing and take-off of an airplane. Proceedings International Symp Ocean Space Utilization Technology, National Maritime Research Institute, Tokyo, Japan, 2003: 83-97.

[68] Wang C M, Xiang Y, Watanabe E, et al. Mode shapes and stress-resultants of circular mindlin plates with free edges. Journal of Sound and Vibration, 2004, 276: 511-525.

[69] Maeda H, Maruyama S, Inoue R, et al. On the motion of a floating structure which consists of two or three blocks with rigid or pin joints. The Society of Naval Architects of Japan, 1979, 145:71-78.

[70] Riggs H R, Ertekin R C. Approximate methods for dynamic response of multi-module floating structures. Marine Structures, 1993, 6: 117-141.

[71] Takaki M, Gu X. Motions of a floating elastic plate in waves. The Society of Naval Architects of Japan, 1996, 180: 331-339.

[72] Hamamoto T, Hayashi T, Fujita K. 3D BEM-FEM coupled hydroelastic analysis of irregular shaped module-linked large floating structures. Proceedings of the 6th International Offshore and Polar Engineering Conference, 1996, 1: 362-369.

[73] Hamamoto T, Fujita K. Three-dimensional BEM-FEM coupled dynamic analysis of module-linked large floating structures. Proceedings of the 5th International Off-shore and Polar Engineering Conference, 1995, 3: 392-399.

[74] Fujikubo M, Yao T. Structural modeling for global response analysis of VLFS. Marine Structures, 2001, 14: 295-310.

[75] Hamamoto T, Fujita K. Wet-mode superposition for evaluating the hydroelastic response of floating structures with arbitrary shape. Proceedings of the 12th International Off-shore and Polar Engineering Conference, Kitakyushu, Japan, 2002, 290-297.

[76] 付世晓，范菊，陈徐均，等．考虑浮体弹性变形的锚泊系统分析方法．船舶力学，2004，8(2)：47-54.

[77] Shiraishi S, Iijima K, Yoneyama H, et al. Elastic response of a very large floating struc-

ture in waves moored inside a coastal reef. Proceedings of the 12th International Off-shore and Polar Engineering Conference, Kitakyushu, Japan, 2002: 327-334.

[78] Nagata S, Yoshida H, Niizato H, et al. Effects of breakwaters on motions of an elastic plate in waves. International Journal of Off-shore and Polar Engineering, 2003, 13(1): 43-51.

[79] Utsunomiya T, Watanabe E, Taylor R E. Wave response analysis of a box-like VLFS close to a breakwater. Proceedings of the 17th International Conference on Off-shore Mechanics and Arctic Engineering, 1998: 1-8.

[80] Ohmatsu S. Numerical calculation method for the hydroelastic response of a pontoon-type very large floating structure close to a breakwater. Journal of Marine Science and Technology, 2001, 5(4): 147-160.

[81] Kyoung J H, Hong S Y, Kim B W, et al. Hydroelastic response of a very large floating structure over a variable bottom topography. Ocean Engineering, 2005, 32: 2040-2052.

[82] Utsunomiya T, Watanabe E, Nishimura N. Fast multipole method for hydrodynamic analysis of very large floating structures. Proceedings of the 16th International Workshop on Water Waves and Floating Bodies, Hiroshima, Japan, 2001: 161-164.

[83] Takagi K. Parabolic approximation of the hydro-elastic behavior of a very large floating structure in oblique waves. Proceedings of the 16th International Workshop on Water Waves and Floating Bodies, Hiroshima, Japan, 2001: 153-156.

[84] Ohta H, Torii T, Hayashi N, et al. Effect of attachment of a horizontal/vertical plate on the wave response of a VLFS. Proceedings of the 3rd International Workshop on Very Large Floating Structures, University of Hawaii at Manoa, Honolulu, Hawaii, USA, 1999: 265-274.

第2章　弹性浮板对水波的散射与动力学分析

2.1　概　　述

箱型超大型浮体结构的长宽具有公里数量级，而其高度仅为几米或十几米，因此，它是一个非常扁平的海洋结构物，结构的相对刚度较小，进而结构的弹性变形会占据主导地位。因此传统上基于刚体运动假设的传统水动力学理论不再适用于超大型浮体结构，就有必要采用20世纪70年代末期发展起来的水弹性理论进行分析。另外，实际尺度或大比例模型的海上试验研究虽然重要，但由于所需的代价较大，进行这样的试验就具有较大的局限性。如果采用小模型在水池内试验，根据相似准则，需要造波机所产生的水波波长短、波高小，而这类波易碎，这就为试验增加了不小的难度，同时流体与结构的模拟条件遭到破坏，尺度效应严重。因此，理论研究其动力学特性就具有重要的意义。基于这样的原因，许多国内外学者采用各种方法从理论上对浮板的水波衍射动力学特性进行了研究。

Wang和Meylan提出了一种高阶FEM-BEM方法分析了任意形状弹性浮板在单色线性水波激励下的动响应问题[1]。这个方法的优点是在FEM和BEM中都采用相同的未知节点和基本模态函数。从结果上看，虽然这方法优于低阶FEM-BEM方法[2]，但仍避免不了大的计算量。Watanabe等人基于模态展开法在频域内研究了圆形浮箱型VLFS的水弹性问题[3]。Karmakar和Sahoo研究了无限深水域中铰接浮板的表面水波散射问题，利用浮板几何上的对称性，将半平面边值问题简化为两个四分之一平面问题，然后直接应用混合型Fourier变换和相对应的模态耦合关系来求解[4]。

Tkacheva采用经典薄板理论和Wienier-Hopf方法，研究了有限深水域表面半无限大弹性浮板对任意入射水波的衍射现象[5]。张淑华和韩满生探讨了浮舟桥型超大型浮体结构的水弹性响应分析问题。将超大型浮体结构简化成弹性平板模型，用压力分布法计算流体压力，用直接法计算流体-结构系统，给出了它们的数学计算模型。但在使用该方法过程中，需划分的单元数和计算时间都很巨大，所以难以实现[6]。

目前对浮板水波衍射的分析，平板运动的控制方程大都采用的是经典薄板理论。本章将采用Mindlin厚板动力学理论来描述弹性浮板的控制方程[7]。首先，虽然所研究的板的厚度远小于与其长度，但考虑到随着目前复合材料在海洋工程中的广泛应用，而一些复合材料平板横向剪切模量都比较小，这样剪切变形因素就起着不可忽视的作用，采用本文的方法能更好地描述这类系统的动力学行为；其次，采用 Mindlin 板理论，由于其分析结果可覆盖的振动频率范围较大，分析结果更接近工程实际。另外，在设计阶段，由于三维模型及其求解方法的复杂性，所以设计时都不采用三维模型分析，主要通过对二维问题的研究来预测整个系统的主要特征和特点。因此，本章采用 Wiener-Hopf 方法，对二维有限长度浮板在不同周期局部外载荷作用下的振动响应参数进行了系统地分析研究。同时本章采用了 Tkacheva 所提出的求解两个未知常数的方法[9~12]。

2.2　控制方程与分析求解

2.2.1　控制方程及其边界条件

假设流体是理想不可压的，流场有势，在线性理论框架内，研究等深度为 a 的流体波动中的浮板水弹性问题。取平板的左边界作为直角坐标系(x，y，z)的原点。设平板的厚度和长度分别为 h 和 L，吃水深度为 d。假设单色小幅入射水波沿 x 轴正向传播。由于假设浮板的厚度远小于入射水波的波长，这时水波主要集中在流体表面下的一薄层内，随着深度以指数形式衰减。薄层的厚度与入射波长是同阶的。当入射波长与浮板厚可比较时，就必须考虑浮板的吃水深度。在这种情况下，几乎所有表面波都将被反射。当波长远大于板厚时，表面波就能穿透浮板传播，所以本文将忽略平板的吃水深度，同时把边界条件移到水的表面，如图 2-1 所示。

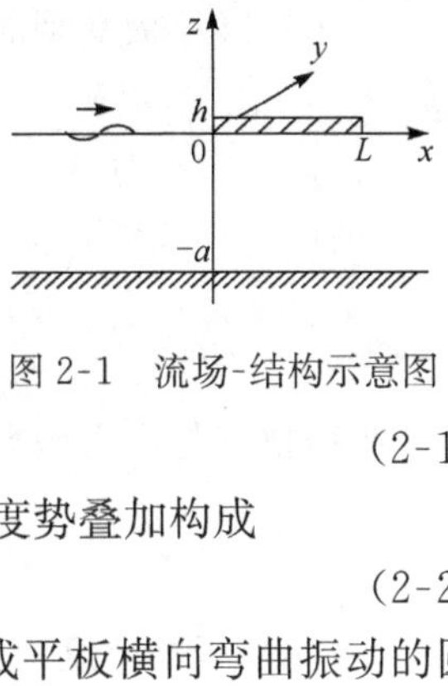

图 2-1　流场-结构示意图

流场速度势 φ 满足 Laplace 方程

$$\nabla^2\varphi=0 \quad (-a<z<0) \tag{2-1}$$

流体总波场的速度势应由入射波速度势和散射波速度势叠加构成

$$\varphi=[\varphi^{(i)}+\varphi^{(s)}]e^{-i\omega t} \tag{2-2}$$

式中，$\varphi^{(i)}$，$\varphi^{(s)}$ 分别是入射波和散射波速度势，ω 为水波或平板横向弯曲振动的圆频率。对于等深度的小幅水波，为满足边界条件，其入射波速度势可取为

$$\varphi^{(i)}=\frac{Age^{ikx}\cosh k(z+1)}{\omega\cosh k} \tag{2-3}$$

式中，A 是入射波的幅值；g 是重力加速度；k 是水波的入射波波数。这样，与时间有关的物理量都可表示为幅值与时间因子 $e^{-i\omega t}$ 的乘积。

根据 Mindlin 厚板动力学理论[7]，浮板中关于广义位移函数 F 的控制方程可描述为

$$D\nabla^2\nabla^2F-\rho_0 J\frac{\partial^2}{\partial t^2}\left(1+\frac{Dh}{JC}\right)\nabla^2F+\rho_0 h\frac{\partial^2}{\partial t^2}\left(1+\frac{\rho_0 J}{C}\frac{\partial^2}{\partial t^2}\right)F=p \tag{2-4}$$

式中,∇^2是 Laplace 算子,$D=Eh^3/12(1-\nu^2)$是浮板的弯曲刚度; E 和 ν 分别是平板的弹性模量和泊松比; $J=h^3/12$ 为平板的转动惯量; $C=\varepsilon Gh$ 是剪切刚度, $\varepsilon=\pi^2/12$是剪切折算因子,G 是剪切弹性模量;ρ_0 是平板的密度;p 是水的动压力; t 是时间。

板中各广义位移函数可表示为

$$\psi_x=\frac{\partial F}{\partial x}+\frac{\partial f}{\partial y},\quad \psi_y=\frac{\partial F}{\partial y}-\frac{\partial f}{\partial x} \tag{2-5}$$

式中,ψ_x,ψ_y 分别是板内 x,y 方向的转角,f 满足以下方程

$$\frac{1}{2}(1-\nu)D\nabla^2 f-Cf=\rho_0 J\frac{\partial^2 f}{\partial t^2} \tag{2-6}$$

板中广义内力的表达式为

$$M_x=-D\left(\frac{\partial\psi_x}{\partial x}+\nu\frac{\partial\psi_y}{\partial y}\right),\quad M_y=-D\left(\frac{\partial\psi_y}{\partial y}+\nu\frac{\partial\psi_x}{\partial x}\right),\quad M_{xy}=-\frac{1-\nu}{2}D\left(\frac{\partial\psi_x}{\partial y}+\nu\frac{\partial\psi_y}{\partial x}\right)$$

$$Q_x=C\left(\frac{\partial w}{\partial x}-\psi_x\right),\quad Q_y=C\left(\frac{\partial w}{\partial y}-\psi_y\right) \tag{2-7}$$

式中,M,Q 分别是板内弯矩和剪力,下标表示其方向。

对于二维浮板受平面水波作用下,方程(2-4)可化简为

$$D\frac{\partial^4 F}{\partial x^4}-\rho_0 J\left(1+\frac{Dh}{JC}\right)\frac{\partial^4 F}{\partial x^2\partial t^2}+\rho_0 h\frac{\partial^2 F}{\partial t^2}+\frac{\rho_0^2 Jh}{C}\frac{\partial^4 F}{\partial t^4}=p \tag{2-8}$$

同样,各广义量可简化为

$$\psi_x=\frac{\partial F}{\partial x},\quad M_x=-D\frac{\partial^2 F}{\partial x^2},\quad Q_x=C\left(\frac{\partial w}{\partial x}-\psi_x\right) \tag{2-9}$$

平板挠度与广义函数 F 有如下关系

$$w=\left(1+\frac{\rho_0 J}{C}\frac{\partial^2}{\partial t^2}-\frac{D}{C}\frac{\partial^2}{\partial x^2}\right)F \tag{2-10}$$

式中,w 是平板的挠度或表示水面的振动位移。微分方程(2-10)的解可以用 w 和上式的 Green 函数表示为

$$F=\frac{C}{D}\int_0^L G(x,x')w(x')\mathrm{d}x' \tag{2-11}$$

其中,γ 是平板剪切振动的波数,$\gamma=\sqrt{(C-\rho_0 J\omega^2)/D}$;$G(x,x')$是方程(2-10)的 Green 函数,其有限形式可写为

$$G(x,x')=\begin{cases}\dfrac{\sinh\gamma x}{\gamma\sinh\gamma L}\sinh\gamma(L-x') & 0\leqslant x<x'\\[2ex] \dfrac{\sinh\gamma(L-x)}{\gamma\sinh\gamma L}\sinh\gamma x' & x'\leqslant x<L\end{cases}$$

自由水面、平板与水的界面，以及水底的边界条件为如下形式

$$p=-\rho\left(\frac{\partial\varphi}{\partial t}+gw\right)\quad(z=0,\quad 0<x<L)\ (\text{Bernoulli 方程})\tag{2-12}$$

$$\rho\frac{\partial\varphi}{\partial t}+\rho g w=0,[z=0,x\in(-\infty,0)\cup(L,\infty)]\ (\text{自由表面的动力学边界条件})\tag{2-13}$$

$$\frac{\partial\varphi}{\partial z}=\frac{\partial w}{\partial t}\ (z=0,\quad 0<x<L)\ (\text{浮板与水界面的速度不分离条件})\tag{2-14}$$

$$\frac{\partial\varphi}{\partial z}=0\quad(z=-\mathrm{a})(\text{水与水底壁面的速度不穿透条件})\tag{2-15}$$

式中，ρ 是流体的密度。

对于散射和辐射速度势在无穷远处应满足如下辐射条件，

$$\lim_{r\to\infty}\sqrt{r}\left[\frac{\partial(\varphi-\varphi^{(i)})}{\partial r}+\mathrm{i}k(\varphi-\varphi^{(i)})\right]=0\tag{2-16}$$

式中，r 是以 VLFS 中心为原点的极坐标系中的半径坐标。

板的两端弯矩和剪力为零的情况下，可有如下表达式

$$\frac{\mathrm{d}^2F}{\mathrm{d}x^2}=0\quad(x=0,L)\quad(\text{板的两端弯矩为零})\tag{2-17}$$

$$\frac{\mathrm{d}}{\mathrm{d}x}[w(x)-F(x)]=0\quad(x=0,L)\quad(\text{板的两端剪力为零})\tag{2-18}$$

引进以下无量纲变量

$$\tilde{\varphi}=\frac{\varphi}{A\sqrt{\mathrm{g}l}},\tilde{x}=x/a,\tilde{z}=z/a,\tilde{p}=\frac{p}{\rho\mathrm{g}A},\tilde{t}=\omega t,\tilde{k}=ka,$$

$$\tilde{L}=L/a,\tilde{l}=l/a,\tilde{h}=h/a,\tilde{\rho}=\rho/\rho_0$$

其中，$l=\mathrm{g}/\omega^2$；g 是重力加速度，a 是特征尺度，在问题研究中取为水深。以下分析研究将采用无量纲形式。为书写方便，我们将略去变量上的符号($\tilde{\cdot}$)。

无量纲化后的流体总波场可以表示为

$$\varphi=[\varphi^{(i)}+\varphi^{(s)}]\mathrm{e}^{-\mathrm{i}t},\quad \varphi^{(i)}=\frac{\mathrm{e}^{\mathrm{i}kx}\cosh[k(z+1)]}{\cosh k}\tag{2-19}$$

根据浮板的控制方程(2-8)和(2-10)、边界条件(2-12)和(2-14)联解并进行无量纲化后，可得到散射波速度势 $\varphi^{(s)}$ 在($z=0,0<x<L$)处应满足的边界条件为

$$H(x,0)=B\mathrm{e}^{\mathrm{i}kx}\tag{2-20}$$

其中，

$$H(x,z)=\left\{\frac{\partial^4}{\partial x^4}+\left[\kappa^4h^2\left[\frac{1}{12}+\frac{2}{\pi^2(1-\nu)}\right]-\kappa^4\rho hl\,\frac{2}{\pi^2(1-\nu)}\right]\frac{\partial^2}{\partial x^2}-\kappa^4\left[1-\kappa^4\,\frac{h^4}{6\pi^2(1-\nu)}\right]\right.$$

$$+\kappa^4\frac{\rho l}{h}\left[1-\kappa^4\frac{h^4}{6\pi^2(1-\nu)}\right]\bigg\}\frac{\partial\varphi^{(s)}}{\partial z}-\kappa^4\frac{\rho}{h}\left[1-\kappa^4\frac{h^4}{6\pi^2(1-\nu)}-\frac{2h^2}{\pi^2(1-\nu)}\frac{\partial^2}{\partial x^2}\right]\varphi^{(s)}$$

$$B=-[\beta(k)+lb(k)]k\tanh(k)+b(k)$$

$$b(\alpha)=\kappa^4\frac{\rho}{h}\left[1-\frac{1}{6\pi^2(1-\nu)}\kappa^4h^4+\frac{2}{\pi^2}\frac{h^2}{(1-\nu)}\alpha^2\right]$$

$$\beta(\alpha)=\alpha^4-\kappa^4h^2\left[\frac{2}{\pi^2(1-\nu)}+\frac{1}{12}\right]\alpha^2-\left[1-\frac{1}{6\pi^2(1-\nu)}\kappa^4h^4\right]\kappa^4$$

式中，$\kappa_0=\left(\frac{\rho_0 h\omega^2}{D}\right)^{1/4}$；$\kappa=\kappa_0 a$。

同样，通过边界条件(2-13)和(2-14)联立求解，可得散射波速度势 $\varphi^{(s)}$ 在[$z=0$，$x\in(-\infty,0)\cup(L,\infty)$]处应满足的边界条件为

$$l\frac{\partial\varphi^{(s)}}{\partial z}-\varphi^{(s)}=0 \tag{2-21}$$

2.2.2　水波的色散方程

首先，研究流体中水波的传播特性，以确定流体中的导波模式。当没有被弹性浮板覆盖时，即水面为完全自由时水波的色散关系可描述为

$$K_1(\alpha)=\alpha l\tanh\alpha-1=0 \tag{2-22}$$

式中，α 表示水波传播波数。方程(2-22)有 2 个实根 $\pm k$ 和无穷个纯虚根 $\pm k_n$ ($n=1,2,\cdots,\infty$)。由于距原点愈近其影响愈大，因此虚根的排序满足 $|k_{n+1}|>|k_n|$。在复平面上这些纯虚根是关于实轴对称的。

当水面有弹性浮板时，流体表面水波的色散方程为

$$K_2(\alpha)=[\beta(\alpha)+lb(\alpha)]\alpha\tanh(\alpha)-b(\alpha)=0 \tag{2-23}$$

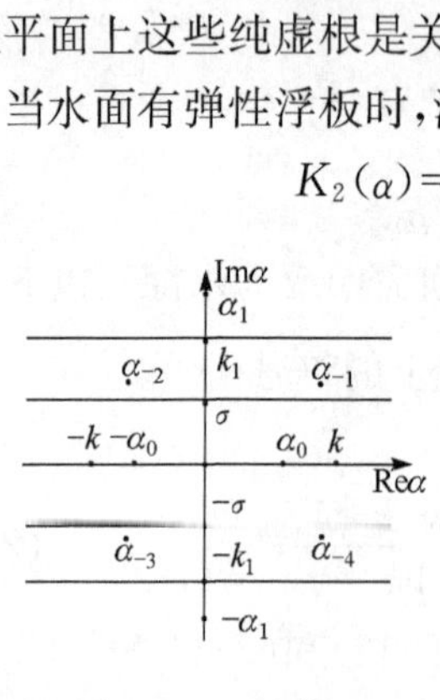

图 2-2　复平面上函数 $K_1(\alpha)=0$ 和 $K_2(\alpha)=0$ 的根位置

色散关系式(2-23)有两个实根 $\pm\alpha_0$ 及一系列纯虚根 $\pm\alpha_n$ ($n=1,2,\cdots$)，虚根的排序满足 $|\alpha_{n+1}|>|\alpha_n|$，在复平面上，这些纯虚根是关于实轴对称的。另外，还有关于实轴和虚轴是对称的 4 个复根，即满足关系 $\alpha_{-1}=-\bar{\alpha}_{-2}=-\alpha_{-3}=\bar{\alpha}_{-4}$。$\alpha_{-i}$ ($i=1,2,3,4$) 表示第 i 象限的根，如图 2-2 所示。

实根表示水波的传播波，纯虚根表示水中局部化振动，复根表示水波的衰减波。可以看到，色散关系式 $K_1(\alpha)$，$K_2(\alpha)$ 是偶函数。

2.3 采用 Wiener-Hopf 方法求解

采用 Wiener-Hopf 方法构造问题的解[5,10]。引进关于复变量(空间波数)α 的函数,将空间域问题转化为空间波数(周期性)问题,其形式如下

$$\Phi_-(\alpha,z)=\int_{-\infty}^{0}\mathrm{e}^{\mathrm{i}\alpha x}\varphi^{(s)}(x,z)\mathrm{d}x,\qquad \Phi_+(\alpha,z)=\int_{L}^{\infty}\mathrm{e}^{\mathrm{i}\alpha(x-L)}\varphi^{(s)}(x,z)\mathrm{d}x$$

$$\Phi_1(\alpha,z)=\int_{0}^{L}\mathrm{e}^{\mathrm{i}\alpha x}\varphi^{(s)}(x,z)\mathrm{d}x,\quad \Phi(\alpha,z)=\Phi_-(\alpha,z)+\Phi_1(\alpha,z)+\mathrm{e}^{\mathrm{i}\alpha L}\Phi_+(\alpha,z) \tag{2-24}$$

函数 $\Phi_+(\alpha,z)$ 和 $\Phi_-(\alpha,z)$ 分别定义在上半复平面和下半复平面上。利用解析延拓方法,可将函数的定义域扩展到整个复平面。

研究函数 $\Phi_\pm(\alpha,z)$ 的性质。当 $x\to-\infty$ 时,散射速度势是形式为 $R\mathrm{e}^{-\mathrm{i}kx}$ 的反射波、一些局部化振动和衰减波。最低阶局部化振动模式所对应的根为 k_1。因此,函数 $\Phi_-(\alpha,z)$ 除了在极点 $\alpha=k$ 外,在 $\mathrm{Im}\alpha<|k_1|$ 的半平面内是解析的。当 $x\to\infty$ 时,散射速度势是形式为 $T\mathrm{e}^{\mathrm{i}kx}$ 的透射波、一些局部化振动和衰减波。因此,函数 $\Phi_+(\alpha,z)$ 除了在极点 $\alpha=-k$ 外,在 $\mathrm{Im}\alpha>-|k_1|$ 的上半平面内是解析的。定义两个解析域 Ω_+ 和 Ω_-,其中 Ω_+ 是指 $\mathrm{Im}\alpha>-|k_1|$ 半平面剔除 $-\alpha_0$ 和 $-k$ 点的切缝的区域,Ω_- 是指 $\mathrm{Im}\alpha<|k_1|$ 半平面剔除 α_0 和 k 点的切缝的区域。

函数 $\Phi(\alpha,z)$ 是函数 $\varphi^{(s)}(x,z)$ 关于空间变量 x 的 Fourier 变换,且满足方程 $\partial^2\Phi/\partial z^2-\alpha^2\Phi=0$。此方程满足水底边界条件(2-15)的通解形式为

$$\Phi(\alpha,z)=Y(\alpha)\frac{\cosh[\alpha(z+1)]}{\cosh(\alpha)} \tag{2-25}$$

将边界条件表达式(2-20)的左端沿 x 轴正向积分,即做 Fourier 变换,并用 $J(\alpha)$ 来表示,通过运算可有

$$J(\alpha)=\int_{-\infty}^{\infty}H(x,0)\mathrm{e}^{\mathrm{i}\alpha x}\mathrm{d}x=[\beta(\alpha)+lb(\alpha)]\frac{\partial\Phi(\alpha,0)}{\partial z}-b(\alpha)\Phi(\alpha,0) \tag{2-26}$$

考虑式(2-25),上式可以简化为

$$J(\alpha)=[\beta(\alpha)+lb(\alpha)]Y(\alpha)\alpha\tanh(\alpha)-b(\alpha)Y(\alpha)=K_2(\alpha)Y(\alpha) \tag{2-27}$$

再将边界条件表达式(2-20)的左端进行分段积分可有

$$J(\alpha)=J_-(\alpha)+J_1(\alpha)+\mathrm{e}^{\mathrm{i}\alpha L}J_+(\alpha)=K_2(\alpha)Y(\alpha) \tag{2-28}$$

其中,

$$J_-(\alpha)=\int_{-\infty}^{0}H(x,0)\mathrm{e}^{\mathrm{i}\alpha x}\mathrm{d}x,J_+(\alpha)=\int_{L}^{\infty}H(x,0)\mathrm{e}^{\mathrm{i}\alpha(x-L)}\mathrm{d}x,$$

$$J_1(\alpha)=\int_{0}^{L}H(x,0)\mathrm{e}^{\mathrm{i}\alpha x}\mathrm{d}x。$$

根据边界条件(2-20)可得

$$J_1(\alpha)=\int_0^L H(x,0)\mathrm{e}^{\mathrm{i}\alpha x}\,\mathrm{d}x=\int_0^L B\mathrm{e}^{\mathrm{i}\alpha x}\mathrm{e}^{\mathrm{i}kx}\,\mathrm{d}x=\frac{B[\mathrm{e}^{\mathrm{i}(\alpha+k)L}-1]}{\mathrm{i}(\alpha+k)} \tag{2-29}$$

将其代入式(2-28)可得

$$J_-(\alpha)+\frac{B[\mathrm{e}^{\mathrm{i}(\alpha+k)L}-1]}{\mathrm{i}(\alpha+k)}+\mathrm{e}^{\mathrm{i}\alpha L}J_+(\alpha)=K_2(\alpha)Y(\alpha) \tag{2-30}$$

同样将边界条件表达式(2-21)的左端沿 x 轴正向积分，即做 Fourier 变换，并用 $X(\alpha)$来表示，

$$X(\alpha)=\int_{-\infty}^{\infty}\left[l\frac{\partial\varphi(x,0)}{\partial z}-\varphi(x,0)\right]\mathrm{e}^{\mathrm{i}\alpha x}\,\mathrm{d}x=K_1(\alpha)Y(\alpha) \tag{2-31}$$

同样再将边界条件表达式(2-20)的左端进行分段积分可有

$$X(\alpha)=X_-(\alpha)+X_1(\alpha)+\mathrm{e}^{-\mathrm{i}\alpha L}X_+(\alpha)=K_1(\alpha)Y(\alpha) \tag{2-32}$$

其中，

$$X_-(\alpha)=\int_{-\infty}^{0}\left(l\frac{\partial\varphi^{(s)}}{\partial z}-\varphi^{(s)}\right)\mathrm{e}^{\mathrm{i}\alpha x}\,\mathrm{d}x,\quad X_1(\alpha)=\int_0^L\left(l\frac{\partial\varphi^{(s)}}{\partial z}-\varphi^{(s)}\right)\mathrm{e}^{\mathrm{i}\alpha x}\,\mathrm{d}x,$$

$$X_+(\alpha)=\int_L^{\infty}\left(l\frac{\partial\varphi^{(s)}}{\partial z}-\varphi^{(s)}\right)\mathrm{e}^{\mathrm{i}\alpha(x-L)}\,\mathrm{d}x。$$

由边界条件(2-21)可知，$X_-(\alpha)=X_+(\alpha)=0$，于是表达式(2-30)简化为

$$X_1(\alpha)=Y(\alpha)K_1(\alpha) \tag{2-33}$$

由表达式(2-30)和(2-33)消去 $Y(\alpha)$，可得如下表达式

$$J_-(\alpha)+\frac{B[\mathrm{e}^{\mathrm{i}(\alpha+k)L}-1]}{\mathrm{i}(\alpha+k)}+\mathrm{e}^{\mathrm{i}\alpha L}J_+(\alpha)=X_1(\alpha)K(\alpha) \tag{2-34}$$

其中，$K(\alpha)=\dfrac{K_2(\alpha)}{K_1(\alpha)}$。

对函数 $K(\alpha)$进行因式分解[12]，也就是用下式来代替 $K(\alpha)$

$$K(\alpha)=K_+(\alpha)K_-(\alpha) \tag{2-35}$$

式中，$K_\pm(\alpha)$与函数 $\Phi_\pm(\alpha,z)$在相同区域内是正则的。

实轴上$\pm k$ 点和$\pm\alpha_0$ 点分别是函数 $K(\alpha)$的极点和零点。引进如下函数

$$g(\alpha)=\frac{K(\alpha)(\alpha^2-k^2)}{(\alpha^2-\alpha_0^2)(\alpha^2-\alpha_{-1}^2)(\alpha^2-\alpha_{-2}^2)} \tag{2-36}$$

函数 $g(\alpha)$是 $K(\alpha)$在条形域内($-|k_1|<\mathrm{Im}\alpha<|k_1|$)剔除零点和极点后对应的整函数。可以看到，在实轴上函数 $g(\alpha)$没有零点、有界，并在无穷远处趋于单位 1。可对解析函数 $g(\alpha)$进行乘积分解，即进行因式分解[12]

$$g(\alpha)=g_+(\alpha)g_-(\alpha),\quad g_\pm(\alpha)=\exp\left[\pm\frac{1}{2\pi\mathrm{i}}\int_{-\infty\mp\mathrm{i}\sigma}^{\infty\mp\mathrm{i}\sigma}\frac{\ln g(x)}{x-\alpha}\mathrm{d}x\right],\quad(\sigma<|k_1|) \tag{2-37}$$

根据文献[12]中的定理，计算时 $g(\alpha)$ 可展开为如下无穷乘积形式

$$g_{\pm}(\alpha)=\sqrt{g(0)}\prod_{n=1}^{\infty}\left[\left(1\pm\frac{\alpha}{\alpha_n}\right)\exp(\mp\mathrm{i}\alpha/\alpha_n\pm\mathrm{i}\alpha/k_n)/\left(1\pm\frac{\alpha}{k_n}\right)\right] \tag{2-38}$$

定义函数 $K_{\pm}(\alpha)$ 为如下形式

$$K_{\pm}(\alpha)=\frac{(\alpha\pm\alpha_0)(\alpha\pm\alpha_{-1})(\alpha\pm\alpha_{-2})}{\alpha\pm k}g_{\pm}(\alpha) \tag{2-39}$$

由上式可以得到，$K_{+}(\alpha)=K_{-}(-\alpha)$。将(2-33)乘以 $\mathrm{e}^{-\mathrm{i}\alpha L}[K_{+}(\alpha)]^{-1}$，可得到如下方程

$$\frac{J_{-}(\alpha)}{K_{+}(\alpha)}\mathrm{e}^{-\mathrm{i}\alpha L}+\frac{B(\mathrm{e}^{\mathrm{i}kL}-\mathrm{e}^{-\mathrm{i}\alpha L})}{\mathrm{i}(\alpha+k)K_{+}(\alpha)}+\frac{J_{+}(\alpha)}{K_{+}(\alpha)}=X_1(\alpha)K_{-}(\alpha)\mathrm{e}^{-\mathrm{i}\alpha L} \tag{2-40}$$

为了将方程中各项函数的解析域分开，定义如下函数

$$U_{+}(\alpha)+U_{-}(\alpha)=\frac{\mathrm{e}^{-\mathrm{i}\alpha L}J_{-}(\alpha)}{K_{+}(\alpha)},\quad V_{+}(\alpha)+V_{-}(\alpha)=\frac{B\mathrm{e}^{-\mathrm{i}\alpha L}}{\mathrm{i}(\alpha+k)K_{+}(\alpha)} \tag{2-41}$$

其中，函数 $U_{\pm}(\alpha)$ 和 $V_{\pm}(\alpha)$ 的分解表达式[12]为

$$U_{\pm}(\alpha)=\pm\frac{1}{2\pi\mathrm{i}}\int_{-\infty\mp\mathrm{i}\sigma}^{\infty\mp\mathrm{i}\sigma}\frac{\mathrm{e}^{-\mathrm{i}\zeta L}J_{-}(\zeta)}{K_{+}(\zeta)(\zeta-\alpha)}\mathrm{d}\zeta,$$

$$V_{\pm}(\alpha)=\mp\frac{B}{2\pi}\int_{-\infty\mp\mathrm{i}\sigma}^{\infty\mp\mathrm{i}\sigma}\frac{\mathrm{e}^{-\mathrm{i}\zeta L}}{K_{+}(\zeta)(\zeta+k)(\zeta-\alpha)}\mathrm{d}\zeta\quad(\sigma<\sigma_0) \tag{2-42}$$

式中，$\sigma_0=\min(|k_1|,|\alpha_{-1}|)$。

将(2-42)代入方程(2-40)整理后可得

$$\frac{J_{+}(\alpha)}{K_{+}(\alpha)}+\frac{B\mathrm{e}^{\mathrm{i}kL}}{\mathrm{i}(\alpha+k)K_{+}(\alpha)}+U_{+}(\alpha)-V_{+}(\alpha)=X_1(\alpha)K_{-}(\alpha)\mathrm{e}^{-\mathrm{i}\alpha L}-U_{-}(\alpha)+V_{-}(\alpha) \tag{2-43}$$

同理将方程(2-34)乘以 $[K_{-}(\alpha)]^{-1}$，可得到如下方程

$$\frac{J_{-}(\alpha)}{K_{-}(\alpha)}+R_{-}(\alpha)-S_{-}(\alpha)-\frac{B}{\mathrm{i}(\alpha+k)}\left[\frac{1}{K_{-}(\alpha)}-\frac{1}{K_{-}(-k)}\right]$$

$$=X_1(\alpha)K_{+}(\alpha)-R_{+}(\alpha)+S_{+}(\alpha)+\frac{B}{\mathrm{i}(\alpha+k)K_{+}(k)} \tag{2-44}$$

其中，

$$S_{+}(\alpha)+S_{-}(\alpha)=\frac{-B\mathrm{e}^{\mathrm{i}(\alpha+k)L}}{\mathrm{i}(\alpha+k)K_{-}(\alpha)},$$

$$S_{\pm}(\alpha)=\frac{\pm B}{2\pi}\int_{-\infty\mp\mathrm{i}\sigma}^{\infty\mp\mathrm{i}\sigma}\frac{\mathrm{e}^{\mathrm{i}(\zeta+k)L}J_{+}(\zeta)\mathrm{d}\zeta}{K_{-}(\zeta)(\zeta+k)(\zeta-\alpha)}\qquad(\sigma<\sigma_0)$$

方程(2-43)等号左边函数都是在区域 Ω_{+} 内是解析的，而等号另一边的函数都是在 Ω_{-} 内是解析的。通过分析表达式，利用解析延拓概念，可以在整个复平面上定义这个函数。

根据 Liouville 定理，对于在全平面解析的多项式函数，多项式的次数可由 $|\alpha|\to\infty$ 时函数的特性来确定。根据定义式可知，当 $|\alpha|\to\infty$ 时，函数 $J_\pm(\alpha)$ 不高于 $O(|\alpha|^{\lambda+3})(\lambda<1)$ 阶，$X_1(\alpha)$ 不高于 $O(|\alpha|^{\lambda-1})$ 阶。在无穷远处，当 $|\alpha|\to\infty$ 时，由于 $g_\pm(\alpha)\to 1$，故 $K_\pm(\alpha)$ 阶数为 $O(|\alpha|^2)$。可有如下表达式

$$\frac{J_+(\alpha)}{K_+(\alpha)}+\frac{B\mathrm{e}^{ikL}}{\mathrm{i}(\alpha+k)K_+(\alpha)}+U_+(\alpha)-V_+(\alpha)=a_1\alpha+b_1 \tag{2-45}$$

同理，由方程(2-44)可得

$$\frac{J_-(\alpha)}{K_-(\alpha)}+R_-(\alpha)-S_-(\alpha)-\frac{B}{\mathrm{i}(\alpha+k)}\left[\frac{1}{K_-(\alpha)}-\frac{1}{K_-(-k)}\right]=a_2\alpha+b_2 \tag{2-46}$$

式中，a_1, b_1, a_2, b_2 是未知常数。

在变换后空间，即波数域空间，引进新的未知函数

$$\Psi_+(\alpha)=J_+(\alpha)+\frac{B\mathrm{e}^{ikL}}{\mathrm{i}(\alpha+k)},\quad \Psi_-^*(\alpha)=J_-(\alpha)-\frac{B}{\mathrm{i}(\alpha+k)} \tag{2-47}$$

符号 * 表示：除了极点 $-k$ 外，函数 $\Psi_-^*(\alpha)$ 与 $J_-(\alpha)$ 的正则区域是一样的，即在区域 Ω_- 内是正则的。把式(2-47)代入式(2-45)和式(2-46)后，可得到下面方程组

$$\frac{\Psi_+(\alpha)}{K_+(\alpha)}+\frac{1}{2\pi\mathrm{i}}\int_{-\infty-\mathrm{i}\sigma}^{\infty-\mathrm{i}\sigma}\frac{\mathrm{e}^{-\mathrm{i}\zeta L}\Psi_-^*(\zeta)\mathrm{d}\zeta}{K_+(\zeta)(\zeta-\alpha)}=a_1\alpha+b_1 \qquad (\sigma<\sigma_0) \tag{2-48}$$

$$\frac{\Psi_-^*(\alpha)}{K_-(\alpha)}+\frac{B}{\mathrm{i}(\alpha+k)K_-(-k)}-\frac{1}{2\pi\mathrm{i}}\int_{-\infty+\mathrm{i}\sigma}^{\infty+\mathrm{i}\sigma}\frac{\mathrm{e}^{\mathrm{i}\zeta L}\Psi_+(\zeta)}{K_-(\zeta)(\zeta-\alpha)}\mathrm{d}\zeta=a_2\alpha+b_2 \qquad (\sigma<\sigma_0) \tag{2-49}$$

2.4 未知常数 a_1, b_1 的求解

为确定多项式的系数和常数项 a_1 和 b_1。由方程(2-43)和(2-48)，可得到下式

$$X_1(\alpha)K_-(\alpha)\mathrm{e}^{-\mathrm{i}\alpha L}+V_-(\alpha)-U_-(\alpha)=a_1\alpha+b_1 \tag{2-50}$$

将函数 $U_-(\alpha)$ 和 $V_-(\alpha)$ 的定义表达式代入上式，可得到如下表达式

$$X_1(\alpha)=\frac{\mathrm{e}^{\mathrm{i}\alpha L}}{K_-(\alpha)}\left[a_1\alpha+b_1-\frac{1}{2\pi\mathrm{i}}\int_{-\infty+\mathrm{i}\sigma}^{\infty+\mathrm{i}\sigma}\frac{\mathrm{e}^{-\mathrm{i}\zeta L}\Psi_-^*(\zeta)\mathrm{d}\zeta}{K_+(\zeta)(\zeta-\alpha)}\right] \tag{2-51}$$

根据式(2-25)、(2-33)和(2-51)，利用 Fourier 逆变换，可得到散射速度势的表达式

$$\varphi^{(s)}(x,z)=\frac{1}{2\pi}\int_{-\infty}^{\infty}\frac{\mathrm{e}^{-\mathrm{i}\alpha(x-L)}\cosh[\alpha(z+1)]}{K_-(\alpha)K_1(\alpha)\cosh(\alpha)}\left[a_1\alpha+b_1-\frac{1}{2\pi\mathrm{i}}\int_{-\infty+\mathrm{i}\sigma}^{\infty+\mathrm{i}\sigma}\frac{\mathrm{e}^{-\mathrm{i}\zeta L}\Psi_-^*(\zeta)\mathrm{d}\zeta}{K_+(\zeta)(\zeta-\alpha)}\right]\mathrm{d}\alpha \tag{2-52}$$

由式(2-52)可导出如下表达式

$$\frac{\partial\varphi^{(s)}}{\partial z}(x,0)=\frac{1}{2\pi}\int_{-\infty}^{\infty}\frac{\alpha\mathrm{e}^{-\mathrm{i}\alpha(x-L)}\tanh(\alpha)K_+(\alpha)}{K_2(\alpha)}\left[a_1\alpha+b_1-\frac{1}{2\pi\mathrm{i}}\int_{-\infty+\mathrm{i}\sigma}^{\infty+\mathrm{i}\sigma}\frac{\mathrm{e}^{-\mathrm{i}\zeta L}\Psi_-^*(\zeta)\mathrm{d}\zeta}{K_+(\zeta)(\zeta-\alpha)}\right]\mathrm{d}\alpha \tag{2-53}$$

在外部积分中，积分路线必须完全选在 Ω_+ 和 Ω_- 的交集内。在实轴上选择积分路线从下绕过点 α_0 和 k 及选择积分路线从上绕过点 $-\alpha_0$ 和 $-k$，如图 2-3 所示。对于内部积分，选择 $\mathrm{Im}\alpha<\sigma$ 的下半平面内选择如下封闭的积分路径，即以半径为 $R\to\infty$ 的半圆作为封闭路径，如图 2-4 所示。但是，这个积分可通过 α 函数在整个复平面上解析延拓来定义。可利用留数定理计算这个积分的值。

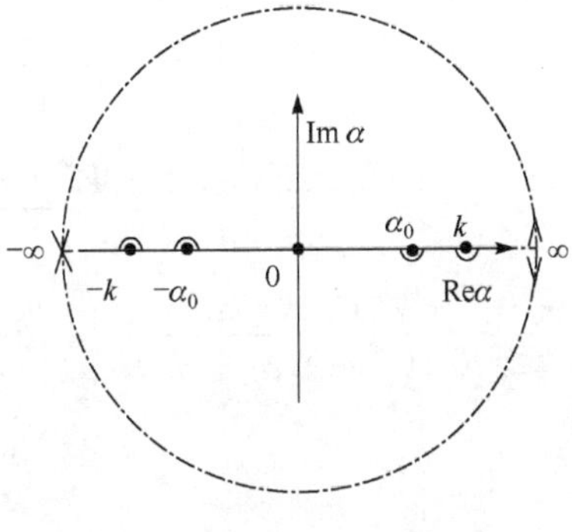

图 2-3　积分路径示意图

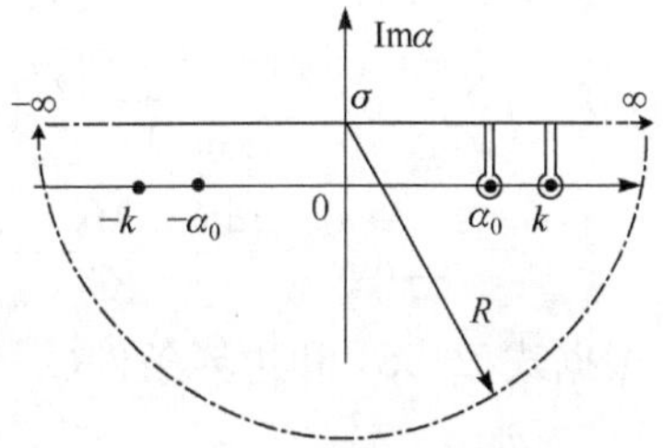

图 2-4　积分路径示意图

函数 $K_+(\zeta)$ 在点 $-\alpha_j(j=-2,-1,0,\cdots)$ 有零值，在点 $-k,-k_j(j=1,2,3,\cdots)$ 有极值。在点 $\zeta=-k$ 处，函数 $\Psi_-^*(\zeta)$ 的极点可以用函数 $K_+(\zeta)$ 来抵消。所以点 $\zeta=-\alpha_j(j=-2,-1,0,\cdots)$ 和 $\zeta=\alpha$ 是这个积分值的极点，且都是一阶极点。因此有

$$\frac{1}{2\pi\mathrm{i}}\int_{-\infty+\mathrm{i}\sigma}^{\infty+\mathrm{i}\sigma}\frac{\mathrm{e}^{-\mathrm{i}\zeta L}\Psi_-^*(\zeta)\mathrm{d}\zeta}{K_+(\zeta)(\zeta-\alpha)}=-\frac{\mathrm{e}^{-\mathrm{i}\alpha L}\Psi_-^*(\alpha)}{K_+(\alpha)}+\sum_{j=-2}^{\infty}\frac{\mathrm{e}^{\mathrm{i}\alpha_j L}\Psi_-^*(-\alpha_j)}{K'_+(-\alpha_j)(\alpha_j+\alpha)} \tag{2-54}$$

式(2-54)中 $K'_+(-\alpha_j)$ 是函数 $K_+(-\alpha_j)$ 在点 $-\alpha_j(j=-2,-1,0,\cdots)$ 处的导数。将式(2-54)代入(2-53)中，可得

$$\begin{aligned}\frac{\partial\varphi^{(s)}}{\partial z}(x,0)=&\frac{1}{2\pi}\int_{-\infty}^{\infty}\frac{\alpha\mathrm{e}^{-\mathrm{i}\alpha(x-L)}\tanh(\alpha)K_+(\alpha)}{K_2(\alpha)}(a_1\alpha+b_1)\mathrm{d}\alpha+\frac{1}{2\pi}\int_{-\infty}^{\infty}\frac{\alpha\mathrm{e}^{-\mathrm{i}\alpha x}\tanh(\alpha)\Psi_-^*(\alpha)}{K_2(\alpha)}\mathrm{d}\alpha\\&-\frac{1}{2\pi}\sum_{j=-2}^{\infty}\frac{\mathrm{e}^{\mathrm{i}\alpha_j L}\Psi_-^*(-\alpha_j)}{K'_+(-\alpha_j)}\int_{-\infty}^{\infty}\frac{\alpha\mathrm{e}^{-\mathrm{i}\alpha(x-L)}\tanh(\alpha)K_+(\alpha)}{K_2(\alpha)(\alpha_j+\alpha)}\mathrm{d}\alpha\end{aligned} \tag{2-55}$$

对于上式第二个积分，选择实轴以下半平面作为积分封闭回路，如图 2-3 所示，利用留数定理，可得到

$$\frac{1}{2\pi}\int_{-\infty}^{\infty}\frac{\alpha\mathrm{e}^{-\mathrm{i}\alpha x}\tanh(\alpha)\Psi_-^*(\alpha)}{K_2(\alpha)}\mathrm{d}\alpha=-\mathrm{e}^{\mathrm{i}kx}-\mathrm{i}\sum_{m=-2}^{\infty}\frac{\alpha_m\tanh(\alpha_m)\mathrm{e}^{\mathrm{i}\alpha_m x}\Psi_-^*(-\alpha_m)}{K'_2(-\alpha_m)} \tag{2-56}$$

在第一个和第三个积分中，选择上半平面封闭积分路径，其中沿实轴从下绕过点 k,α_0，从上绕过点 $-k,-\alpha_0$ 作为积分路径，如图 2-3 所示，利用留数定理，可得

到$\frac{\partial \varphi_s}{\partial z}(x,0)$的表达式

$$\frac{\partial \varphi^{(s)}}{\partial z}(x,0)=\mathrm{i}\sum_{m=-2}^{\infty}\frac{\alpha_m \tanh(\alpha_m)K_+(\alpha_m)}{K'_2(\alpha_m)}(a_1\alpha+b_1)\mathrm{e}^{-\mathrm{i}\alpha_m(x-L)}-\mathrm{i}\sum_{m=-2}^{\infty}\frac{\alpha_m \tanh(\alpha_m)\mathrm{e}^{\mathrm{i}\alpha_m x}\Psi_-^*(-\alpha_m)}{K'_2(-\alpha_m)}$$
$$-\mathrm{i}\sum_{m=-2}^{\infty}\frac{\alpha_m \tanh(\alpha_m)K_+(\alpha_m)\mathrm{e}^{-\mathrm{i}\alpha_m(x-L)}}{K'_2(\alpha_m)}\sum_{j=-2}^{\infty}\frac{\mathrm{e}^{\mathrm{i}\alpha_j L}\Psi_-^*(-\alpha_j)}{K'_+(-\alpha_j)(\alpha_j+\alpha_m)}-\mathrm{e}^{\mathrm{i}kx} \tag{2-57}$$

根据式(2-2)和(2-3),可得到

$$\frac{\partial \varphi}{\partial z}(x,0)=\mathrm{i}\sum_{m=-2}^{\infty}\frac{\alpha_m \tanh(\alpha_m)K_+(\alpha_m)}{K'_2(\alpha_m)}(a_1\alpha+b_1)\mathrm{e}^{-\mathrm{i}\alpha_m(x-L)}-\mathrm{i}\sum_{m=-2}^{\infty}\frac{\alpha_m \tanh(\alpha_m)\mathrm{e}^{\mathrm{i}\alpha_m x}\Psi_-^*(-\alpha_m)}{K'_2(-\alpha_m)}$$
$$-\mathrm{i}\sum_{m=-2}^{\infty}\frac{\alpha_m \tanh(\alpha_m)K_+(\alpha_m)\mathrm{e}^{-\mathrm{i}\alpha_m(x-L)}}{K'_2(\alpha_m)}\sum_{j=-2}^{\infty}\frac{\mathrm{e}^{\mathrm{i}\alpha_j L}\Psi_-^*(-\alpha_j)}{K'_+(-\alpha_j)(\alpha_j+\alpha_m)} \tag{2-58}$$

根据式(2-58) 和边界条件(2-14),可得到

$$w(x)=\mathrm{i}\frac{\partial \varphi}{\partial z}(x,0)$$
$$=-\sum_{m=-2}^{\infty}\frac{\alpha_m \tanh(\alpha_m)K_+(\alpha_m)}{K'_2(\alpha_m)}\left[a_1\alpha_m+b_1-\sum_{j=-2}^{\infty}\frac{\mathrm{e}^{\mathrm{i}\alpha_j L}\Psi_-^*(-\alpha_j)}{K'_+(-\alpha_j)(\alpha_j+\alpha_m)}\right]\mathrm{e}^{-\mathrm{i}\alpha_m(x-L)}$$
$$+\sum_{m=-2}^{\infty}\frac{\alpha_m \tanh(\alpha_m)\mathrm{e}^{\mathrm{i}\alpha_m x}\Psi_-^*(-\alpha_m)}{K'_2(-\alpha_m)} \tag{2-59}$$

根据式(2-11) 可得

$$F(x)=-\sum_{m=-2}^{\infty}\frac{\alpha_m \tanh(\alpha_m)K_+(\alpha_m)}{K'_2(\alpha_m)}\left[a_1\alpha_m+b_1-\sum_{j=-2}^{\infty}\frac{\mathrm{e}^{\mathrm{i}\alpha_j L}\Psi_-^*(-\alpha_j)}{K'_+(-\alpha_j)(\alpha_j+\alpha_m)}\right]\frac{Ca^2\mathrm{e}^{-\mathrm{i}\alpha_m(x-L)}}{D(\gamma^2+\alpha_m^2)}$$
$$+\sum_{m=-2}^{\infty}\frac{\alpha_m \tanh(\alpha_m)\Psi_-^*(-\alpha_m)}{K'_2(-\alpha_m)}\frac{Ca^2\mathrm{e}^{\mathrm{i}\alpha_m x}}{D(\gamma^2+\alpha_m^2)} \tag{2-60}$$

利用式(2-17)、(2-18) 中在点 $x=L$ 处的边界条件,即板两端弯矩和剪力为零,分别可得两个方程

$$\sum_{m=-2}^{\infty}\frac{\alpha_m^3 \tanh(\alpha_m)K_+(\alpha_m)N_1(\alpha_m)}{K'_2(\alpha_m)}\left[a_1\alpha_m+b_1-\sum_{j=-2}^{\infty}\frac{\mathrm{e}^{\mathrm{i}\alpha_j L}\Psi_-^*(-\alpha_j)}{K'_+(-\alpha_j)(\alpha_j+\alpha_m)}\right]$$
$$-\sum_{m=-2}^{\infty}\frac{\alpha_m^3 \tanh(\alpha_m)\Psi_-^*(-\alpha_m)\mathrm{e}^{\mathrm{i}\alpha_m L}N_1(\alpha_m)}{K'_2(-\alpha_m)}=0 \tag{2-61}$$

$$\sum_{m=-2}^{\infty}\frac{\alpha_m^2 \tanh(\alpha_m)K_+(\alpha_m)N_2(\alpha_m)}{K'_2(\alpha_m)}\left[a_1\alpha_m+b_1-\sum_{j=-2}^{\infty}\frac{\mathrm{e}^{\mathrm{i}\alpha_j L}\Psi_-^*(-\alpha_j)}{K'_+(-\alpha_j)(\alpha_j+\alpha_m)}\right]$$
$$+\sum_{m=-2}^{\infty}\frac{\alpha_m^2 \tanh(\alpha_m)\Psi_-^*(-\alpha_m)\mathrm{e}^{\mathrm{i}\alpha_m L}N_2(\alpha_m)}{K'_2(-\alpha_m)}=0 \tag{2-62}$$

其中,$N_1(\alpha_m)=\frac{1}{\alpha_m^2+\gamma^2}$;$N_2(\alpha_m)=\frac{q}{\gamma^2+\alpha_m^2}-1$;$q=\frac{Ca^2}{D}$。

根据色散方程(2-22) 和(2-23)，可得到

$$\alpha_m^n \tanh(\alpha_m) = -\frac{\alpha_m^{n-1} b(\alpha_m) K_1(\alpha_m)}{\beta(\alpha_m)}, \quad (n = 2,3) \tag{2-63}$$

将其代入式(2-61) 和(2-62)，可得

$$\sum_{m=-2}^{\infty} \frac{\alpha_m^2 b(\alpha_m) K_1(\alpha_m) K_+(\alpha_m) N_1(\alpha_m)}{\beta(\alpha_m) K'_2(\alpha_m)} \left[a_1 \alpha_m + b_1 - \sum_{j=-2}^{\infty} \frac{e^{i\alpha_j L} \Psi_-^*(-\alpha_j)}{K'_+(-\alpha_j)(\alpha_j + \alpha_m)} \right]$$
$$- \sum_{m=-2}^{\infty} \frac{\alpha_m^2 b(\alpha_m) K_1(\alpha_m) \Psi_-^*(-\alpha_m) e^{i\alpha_m L} N_1(\alpha_m)}{\beta(\alpha_m) K'_2(-\alpha_m)} = 0 \tag{2-64}$$

$$\sum_{m=-2}^{\infty} \frac{\alpha_m b(\alpha_m) K_1(\alpha_m) K_+(\alpha_m) N_2(\alpha_m)}{\beta(\alpha_m) K'_2(\alpha_m)} \left[a_1 \alpha_m + b_1 - \sum_{j=-2}^{\infty} \frac{e^{i\alpha_j L} \Psi_-^*(-\alpha_j)}{K'_+(-\alpha_j)(\alpha_j + \alpha_m)} \right]$$
$$+ \sum_{m=-2}^{\infty} \frac{\alpha_m b(\alpha_m) K_1(\alpha_m) \Psi_-^*(-\alpha_m) e^{i\alpha_m L} N_2(\alpha_m)}{\beta(\alpha_m) K'_2(-\alpha_m)} = 0 \tag{2-65}$$

选取积分路径用积分形式取代求和。积分路径沿实轴从$-\infty$到∞，以使其在区域Ω_+和Ω_-的交集内，如图 2-5 和图 2-6。C 的正负下标分别是指积分路径位于原点的上面和下面，C_+是沿着实轴从上面绕过点$-k$，$-\alpha_0$，$i\gamma$，χ_3，χ_2，χ_1，从下面绕过点 k，α_0；C_-是沿着实轴从下面绕过点 k，α_0，$-i\gamma$，χ_1，χ_3，χ_4，从上面绕过点$-k$，$-\alpha_0$，其中χ_1，χ_2，χ_3，χ_4 分别是 $\beta(\alpha)=0$ 的正实根、正虚根、负实根、负虚根。

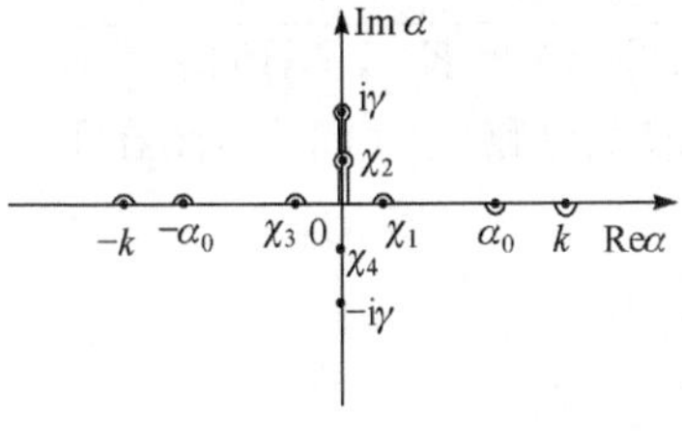

图 2-5　积分路径 C_+示意图

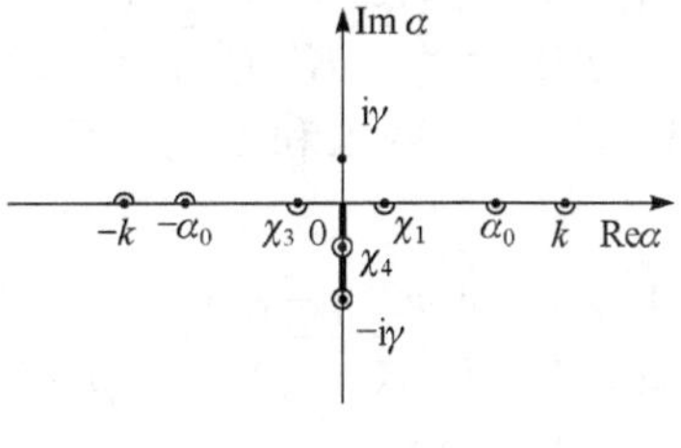

图 2-6　积分路径 C_-示意图

第一、二个求和项选取的积分路径为 C_+，封闭在上半平面；第三个求和项选取的积分路径为 C_-，封闭在下半平面，这样可得

$$\frac{1}{2\pi i}\int_{C_+} \frac{\alpha^2 b(\alpha) N_1(\alpha)}{\beta(\alpha) K_-(\alpha)} (a_1 \alpha + b_1) d\alpha + \frac{1}{2\pi i}\int_{C_-} \frac{e^{-i\alpha L} \alpha^2 b(\alpha) \Psi_-^*(\alpha) N_1(\alpha) d\alpha}{\beta(\alpha) K(\alpha)}$$
$$- \frac{1}{2\pi i} \sum_{j=-2}^{\infty} \frac{e^{i\alpha_j L} \Psi_-^*(-\alpha_j)}{K'_+(-\alpha_j)} \int_{C_+} \frac{\alpha^2 b(\alpha) N_1(\alpha) d\alpha}{\beta(\alpha) K_-(\alpha)(\alpha_j + \alpha)} = 0 \tag{2-66}$$

$$\frac{1}{2\pi i}\int_{C_+} \frac{\alpha b(\alpha) N_2(\alpha)}{\beta(\alpha) K_-(\alpha)} (a_1 \alpha + b_1) d\alpha + \frac{1}{2\pi i}\int_{C_-} \frac{\alpha e^{-i\alpha L} b(\alpha) \Psi_-^*(\alpha) N_2(\alpha) d\alpha}{\beta(\alpha) K(\alpha)}$$
$$- \frac{1}{2\pi i} \sum_{j=-2}^{\infty} \frac{e^{i\alpha_j L} \Psi_-^*(-\alpha_j)}{K'_+(-\alpha_j)} \int_{C_+} \frac{\alpha b(\alpha) N_2(\alpha) d\alpha}{\beta(\alpha) K_-(\alpha)(\alpha_j + \alpha)} = 0 \tag{2-67}$$

由于 $K(\alpha)=K_-(\alpha)K_+(\alpha)=\dfrac{K_2(\alpha)}{K_1(\alpha)}$,式(2-66),式(2-67)可化为如下形式

$$\frac{1}{2\pi i}\int_{C_+}\frac{\alpha^2 b(\alpha)N_1(\alpha)}{\beta(\alpha)K_-(\alpha)}(a_1\alpha+b_1)d\alpha+\frac{1}{2\pi i}\int_{C_-}\frac{e^{-i\alpha L}\alpha^2 b(\alpha)\Psi_-^*(\alpha)N_1(\alpha)d\alpha}{\beta(\alpha)K(\alpha)}$$
$$-\frac{1}{2\pi i}\sum_{j=-2}^{\infty}\frac{e^{i\alpha_j L}\Psi_-^*(-\alpha_j)}{K'_+(-\alpha_j)}\int_{C_+}\frac{\alpha^2 b(\alpha)N_1(\alpha)d\alpha}{\beta(\alpha)K_-(\alpha)(\alpha_j+\alpha)}=0 \tag{2-68}$$

$$\frac{1}{2\pi i}\int_{C_+}\frac{\alpha b(\alpha)N_2(\alpha)}{\beta(\alpha)K_-(\alpha)}(a_1\alpha+b_1)d\alpha+\frac{1}{2\pi i}\int_{C_-}\frac{\alpha e^{-i\alpha L}b(\alpha)\Psi_-^*(\alpha)N_2(\alpha)d\alpha}{\beta(\alpha)K(\alpha)}$$
$$-\frac{1}{2\pi i}\sum_{j=-2}^{\infty}\frac{e^{i\alpha_j L}\Psi_-^*(-\alpha_j)}{K'_+(-\alpha_j)}\int_{C_+}\frac{\alpha b(\alpha)N_2(\alpha)d\alpha}{\beta(\alpha)K_-(\alpha)(\alpha_j+\alpha)}=0 \tag{2-69}$$

首先来化简式(2-68),对于方程第三个积分,选取封闭区域为下半平面,即封闭区域包含 $\beta(\alpha)=0$ 四个根的情况,利用留数定理得

$$\frac{1}{2\pi i}\sum_{j=-2}^{\infty}\frac{e^{i\alpha_j L}\Psi_-^*(-\alpha_j)}{K'_+(-\alpha_j)}\int_{C_+}\frac{\alpha^2 b(\alpha)N_1(\alpha)d\alpha}{\beta(\alpha)K_-(\alpha)(\alpha_j+\alpha)}$$
$$=-\sum_{s=1}^{4}\frac{\chi_s^2 b(\chi_s)N_1(\chi_s)}{\beta'(\chi_s)K_-(\chi_s)}\sum_{j=-2}^{\infty}\frac{e^{i\alpha_j L}\Psi_-^*(-\alpha_j)}{K'_+(-\alpha_j)(\alpha_j+\chi_s)}$$
$$-\sum_{j=-2}^{\infty}\frac{e^{i\alpha_j L}\alpha_j^2 b(-\alpha_j)\Psi_-^*(-\alpha_j)N_1(-\alpha_j)}{K'_+(-\alpha_j)\beta(-\alpha_j)K_-(-\alpha_j)}$$
$$-\frac{i\gamma b(i\gamma)}{2\beta(i\gamma)}\sum_{j=-2}^{\infty}\frac{e^{i\alpha_j L}\Psi_-^*(-\alpha_j)}{K'_+(-\alpha_j)}\left[\frac{1}{K_-(i\gamma)(\alpha_j+i\gamma)}-\frac{1}{K_-(-i\gamma)(\alpha_j-i\gamma)}\right]$$

同样,对上式两求和项化为积分形式,选取积分路径为 C_-,封闭在下半平面,得到

$$\frac{1}{2\pi i}\sum_{j=-2}^{\infty}\frac{e^{i\alpha_j L}\Psi_-^*(-\alpha_j)}{K'_+(-\alpha_j)}\int_{C_+}\frac{\alpha^2 b(\alpha)N_1(\alpha)d\alpha}{\beta(\alpha)K_-(\alpha)(\alpha_j+\alpha)}$$
$$=\sum_{s=1}^{4}\frac{\chi_s^2 b(\chi_s)N_1(\chi_s)}{\beta'(\chi_s)K_-(\chi_s)}\frac{1}{2\pi i}\int_{C_-}\frac{e^{-i\alpha L}\Psi_-^*(\alpha)d\alpha}{K_+(\alpha)(-\alpha+\chi_s)}$$
$$+\frac{1}{2\pi i}\int_{C_-}\frac{e^{-i\alpha L}\Psi_-^*(\alpha)\alpha^2 b(\alpha)N_1(\alpha)d\alpha}{K(\alpha)\beta(\alpha)}$$
$$+\frac{i\gamma b(i\gamma)}{2\beta(i\gamma)}\frac{1}{2\pi i}\int_{C_-}\frac{c^{-i\alpha L}\Psi_-^*(\alpha)}{K_+(\alpha)}\left[\frac{1}{K_-(i\gamma)(-\alpha+i\gamma)}+\frac{1}{K_-(-i\gamma)(\alpha+i\gamma)}\right]d\alpha$$

将上面结果代入方程(2-67),可得

$$\frac{1}{2\pi i}\int_{C_+}\frac{\alpha^2 b(\alpha)N_1(\alpha)}{\beta(\alpha)K_-(\alpha)}(a_1\alpha+b_1)d\alpha-\sum_{s=1}^{4}\frac{\chi_s^2 b(\chi_s)N_1(\chi_s)}{\beta'(\chi_s)K_-(\chi_s)}\frac{1}{2\pi i}\int_{C_-}\frac{e^{-i\alpha L}\Psi_-^*(\alpha)d\alpha}{K_+(\alpha)(-\alpha+\chi_s)}$$
$$-\frac{i\gamma b(i\gamma)}{2\beta(i\gamma)}\frac{1}{2\pi i}\int_{C_-}\frac{e^{-i\alpha L}\Psi_-^*(\alpha)}{K_+(\alpha)}\left[\frac{1}{K_-(i\gamma)(-\alpha+i\gamma)}+\frac{1}{K_-(-i\gamma)(\alpha+i\gamma)}\right]d\alpha=0$$
$$\tag{2-70}$$

对式(2-69)进行化简,对于方程中第三个积分,我们选取封闭区域为下半平面,即封闭区域包含 $\beta(\alpha)=0$ 四个根的情况,利用留数定理得

$$
\begin{aligned}
&\frac{1}{2\pi\mathrm{i}}\sum_{j=-2}^{\infty}\frac{\mathrm{e}^{\mathrm{i}\alpha_j L}\Psi_-^*(-\alpha_j)}{K'_+(-\alpha_j)}\int_{C_+}\frac{\alpha b(\alpha)N_2(\alpha)\mathrm{d}\alpha}{\beta(\alpha)K_-(\alpha)(\alpha_j+\alpha)}\\
=&-\sum_{s=1}^{4}\frac{\chi_s b(\chi_s)N_2(\chi_s)}{\beta'(\chi_s)K_-(\chi_s)}\sum_{j=-2}^{\infty}\frac{\mathrm{e}^{\mathrm{i}\alpha_j L}\Psi_-^*(-\alpha_j)}{K'_+(-\alpha_j)(\alpha_j+\chi_s)}\\
&+\sum_{j=-2}^{\infty}\frac{\mathrm{e}^{\mathrm{i}\alpha_j L}\alpha_j b(-\alpha_j)\Psi_-^*(-\alpha_j)N_2(-\alpha_j)}{\beta(-\alpha_j)K_-(-\alpha_j)K'_+(-\alpha_j)}\\
&-\frac{qb(\mathrm{i}\gamma)}{2\beta(\mathrm{i}\gamma)}\sum_{j=-2}^{\infty}\frac{\mathrm{e}^{\mathrm{i}\alpha_j L}\Psi_-^*(-\alpha_j)}{K'_+(-\alpha_j)}\left[\frac{1}{K_-(\mathrm{i}\gamma)(\alpha_j+\mathrm{i}\gamma)}+\frac{1}{K_-(-\mathrm{i}\gamma)(\alpha_j-\mathrm{i}\gamma)}\right]
\end{aligned}
$$

同样,我们对上式两求和项选取积分路径为 C_-,封闭在下半平面,表示为积分形式,得到

$$
\begin{aligned}
&\frac{1}{2\pi\mathrm{i}}\sum_{j=-2}^{\infty}\frac{\mathrm{e}^{\mathrm{i}\alpha_j L}\Psi_-^*(-\alpha_j)}{K'_+(-\alpha_j)}\int_{C_+}\frac{\alpha b(\alpha)N_2(\alpha)\mathrm{d}\alpha}{\beta(\alpha)K_-(\alpha)(\alpha_j+\alpha)}\\
=&\sum_{s=1}^{4}\frac{\chi_s b(\chi_s)N_2(\chi_s)}{\beta'(\chi_s)K_-(\chi_s)}\frac{1}{2\pi\mathrm{i}}\int_{C_-}\frac{\mathrm{e}^{-\mathrm{i}\alpha L}\Psi_-^*(\alpha)\mathrm{d}\alpha}{K_+(\alpha)(-\alpha+\chi_s)}\\
&+\frac{1}{2\pi\mathrm{i}}\int_{C_-}\frac{\alpha\mathrm{e}^{-\mathrm{i}\alpha L}\Psi_-^*(\alpha)b(\alpha)N_2(\alpha)}{K(\alpha)\beta(\alpha)}\mathrm{d}\alpha\\
&+\frac{qb(\mathrm{i}\gamma)}{2\beta(\mathrm{i}\gamma)}\frac{1}{2\pi\mathrm{i}}\int_{C_-}\frac{\mathrm{e}^{-\mathrm{i}\alpha L}\Psi_-^*(\alpha)}{K_+(\alpha)}\left[\frac{1}{K_-(\mathrm{i}\gamma)(-\alpha+\mathrm{i}\gamma)}-\frac{1}{K_-(-\mathrm{i}\gamma)(\alpha+\mathrm{i}\gamma)}\right]\mathrm{d}\alpha
\end{aligned}
$$

将上式代入式(2-69),可得

$$
\begin{aligned}
&\frac{1}{2\pi\mathrm{i}}\int_{C_+}\frac{\alpha b(\alpha)N_2(\alpha)}{\beta(\alpha)K_-(\alpha)}(a_1\alpha+b_1)\mathrm{d}\alpha-\sum_{s=1}^{4}\frac{\chi_s b(\chi_s)N_2(\chi_s)}{\beta'(\chi_s)K_-(\chi_s)}\frac{1}{2\pi\mathrm{i}}\int_{C_-}\frac{\mathrm{e}^{-\mathrm{i}\alpha L}\Psi_-^*(\alpha)\mathrm{d}\alpha}{K_+(\alpha)(-\alpha+\chi_s)}\\
&-\frac{qb(\mathrm{i}\gamma)}{2\beta(\mathrm{i}\gamma)}\frac{1}{2\pi\mathrm{i}}\int_{C_-}\frac{\mathrm{e}^{-\mathrm{i}\alpha L}\Psi_-^*(\alpha)}{K_+(\alpha)}\left[\frac{1}{K_-(\mathrm{i}\gamma)(-\alpha+\mathrm{i}\gamma)}-\frac{1}{K_-(-\mathrm{i}\gamma)(\alpha+\mathrm{i}\gamma)}\right]\mathrm{d}\alpha=0
\end{aligned}
\tag{2-71}
$$

为了求解方便,引进如下变量,

$$
A_{11}=\frac{1}{2\pi\mathrm{i}}\int_{C_+}\frac{\alpha^3 b(\alpha)N_1(\alpha)}{\beta(\alpha)K_-(\alpha)}\mathrm{d}\alpha;\quad A_{12}=\frac{1}{2\pi\mathrm{i}}\int_{C_+}\frac{\alpha^2 b(\alpha)N_1(\alpha)}{\beta(\alpha)K_-(\alpha)}\mathrm{d}\alpha;
$$

$$
A_{21}=\frac{1}{2\pi\mathrm{i}}\int_{C_+}\frac{\alpha^2 b(\alpha)N_2(\alpha)}{\beta(\alpha)K_-(\alpha)}\mathrm{d}\alpha;\quad A_{22}=\frac{1}{2\pi\mathrm{i}}\int_{C_+}\frac{\alpha b(\alpha)N_2(\alpha)}{\beta(\alpha)K_-(\alpha)}\mathrm{d}\alpha。
$$

这样,就得到两个关于未知常数 a_1,b_1 的方程,

$$
\begin{aligned}
A_{11}a_1+A_{12}b_1=&\sum_{s=1}^{4}\frac{\chi_s^2 b(\chi_s)N_1(\chi_s)}{\beta'(\chi_s)K_-(\chi_s)}\frac{1}{2\pi\mathrm{i}}\int_{C_-}\frac{\mathrm{e}^{-\mathrm{i}\alpha L}\Psi_-^*(\alpha)\mathrm{d}\alpha}{K_+(\alpha)(-\alpha+\chi_s)}\\
&+\frac{\mathrm{i}\gamma b(\mathrm{i}\gamma)}{2\beta(\mathrm{i}\gamma)}\frac{1}{2\pi\mathrm{i}}\int_{C_-}\frac{\mathrm{e}^{-\mathrm{i}\alpha L}\Psi_-^*(\alpha)}{K_+(\alpha)}\left[\frac{1}{K_-(\mathrm{i}\gamma)(-\alpha+\mathrm{i}\gamma)}\right.
\end{aligned}
$$

$$+\frac{1}{K_-(-\mathrm{i}\gamma)(\alpha+\mathrm{i}\gamma)}\Bigg]\mathrm{d}\alpha \tag{2-72}$$

$$A_{21}a_1+A_{22}b_1=\sum_{s=1}^{4}\frac{\chi_s b(\chi_s)N_2(\chi_s)}{\beta'(\chi_s)K_-(\chi_s)}\frac{1}{2\pi\mathrm{i}}\int_{C_-}\frac{\mathrm{e}^{-\mathrm{i}\alpha L}\Psi_-^*(\alpha)\mathrm{d}\alpha}{K_+(\alpha)(-\alpha+\chi_s)}$$
$$+\frac{qb(\mathrm{i}\gamma)}{2\beta(\mathrm{i}\gamma)}\frac{1}{2\pi\mathrm{i}}\int_{C_-}\frac{\mathrm{e}^{-\mathrm{i}\alpha L}\Psi_-^*(\alpha)}{K_+(\alpha)}\Bigg[\frac{1}{K_-(\mathrm{i}\gamma)(-\alpha+\mathrm{i}\gamma)}$$
$$-\frac{1}{K_-(-\mathrm{i}\gamma)(\alpha+\mathrm{i}\gamma)}\Bigg]\mathrm{d}\alpha \tag{2-73}$$

求解上述方程组，可得到未知常数 a_1，b_1 的表达式

$$a_1=\sum_{s=1}^{4}\frac{\chi_s b(\chi_s)[\chi_s N_1(\chi_s)A_{22}-N_2(\chi_s)A_{12}]}{\beta'(\chi_s)K_-(\chi_s)(A_{11}A_{22}-A_{12}A_{21})}\frac{1}{2\pi\mathrm{i}}\int_{C_-}\frac{\mathrm{e}^{-\mathrm{i}\alpha L}\Psi_-^*(\alpha)\mathrm{d}\alpha}{K_+(\alpha)(-\alpha+\chi_s)}$$
$$+\frac{b(\mathrm{i}\gamma)(\mathrm{i}\gamma A_{22}-qA_{12})}{2\beta(\mathrm{i}\gamma)(A_{11}A_{22}-A_{12}A_{21})}\frac{1}{2\pi\mathrm{i}}\int_{C_-}\frac{\mathrm{e}^{-\mathrm{i}\alpha L}\Psi_-^*(\alpha)}{K_+(\alpha)K_-(\mathrm{i}\gamma)(-\alpha+\mathrm{i}\gamma)}\mathrm{d}\alpha$$
$$+\frac{b(\mathrm{i}\gamma)(\mathrm{i}\gamma A_{22}+qA_{12})}{2\beta(\mathrm{i}\gamma)(A_{11}A_{22}-A_{12}A_{21})}\frac{1}{2\pi\mathrm{i}}\int_{C_-}\frac{\mathrm{e}^{-\mathrm{i}\alpha L}\Psi_-^*(\alpha)}{K_+(\alpha)K_-(-\mathrm{i}\gamma)(\alpha+\mathrm{i}\gamma)}\mathrm{d}\alpha \tag{2-74}$$

$$b_1=\sum_{s=1}^{4}\frac{\chi_s b(\chi_s)[\chi_s N_1(\chi_s)A_{21}-N_2(\chi_s)A_{11})]}{\beta'(\chi_s)K_-(\chi_s)(A_{12}A_{21}-A_{11}A_{22})}\frac{1}{2\pi\mathrm{i}}\int_{C_-}\frac{\mathrm{e}^{-\mathrm{i}\alpha L}\Psi_-^*(\alpha)\mathrm{d}\alpha}{K_+(\alpha)(-\alpha+\chi_s)}$$
$$+\frac{b(\mathrm{i}\gamma)(\mathrm{i}\gamma A_{21}-qA_{11})}{2\beta(\mathrm{i}\gamma)(A_{12}A_{21}-A_{11}A_{22})}\frac{1}{2\pi\mathrm{i}}\int_{C_-}\frac{\mathrm{e}^{-\mathrm{i}\alpha L}\Psi_-^*(\alpha)}{K_+(\alpha)}\frac{1}{K_-(\mathrm{i}\gamma)(-\alpha+\mathrm{i}\gamma)}\mathrm{d}\alpha$$
$$+\frac{b(\mathrm{i}\gamma)(\mathrm{i}\gamma A_{21}+qA_{11})}{2\beta(\mathrm{i}\gamma)(A_{12}A_{21}-A_{11}A_{22})}\frac{1}{2\pi\mathrm{i}}\int_{C_-}\frac{\mathrm{e}^{-\mathrm{i}\alpha L}\Psi_-^*(\alpha)}{K_+(\alpha)}\frac{1}{K_-(-\mathrm{i}\gamma)(\alpha+\mathrm{i}\gamma)}\mathrm{d}\alpha \tag{2-75}$$

2.5 未知常数 a_2，b_2 的求解

由式(2-44) 和式(2-49)，可得

$$X_1(\alpha)K_+(\alpha)-R_+(\alpha)+S_+(\alpha)+\frac{B}{\mathrm{i}(\alpha+k)K_+(k)}=a_2\alpha+b_2 \tag{2-76}$$

同理，利用 Fourier 逆变换，对上式进行变换，得到散射速度势 $\varphi^{(s)}(x,z)$ 的如下表达式

$$\varphi^{(s)}(x,z)=\frac{1}{2\pi}\int_{-\infty}^{\infty}\frac{\mathrm{e}^{-\mathrm{i}\alpha x}\cosh[\alpha(z+1)]}{\cosh(\alpha)K_+(\alpha)K_1(\alpha)}\Bigg[a_2\alpha+b_2-\frac{B}{\mathrm{i}(\alpha+k)K_+(k)}$$
$$+\frac{1}{2\pi\mathrm{i}}\int_{-\infty-\mathrm{i}\sigma}^{\infty-\mathrm{i}\sigma}\frac{\mathrm{e}^{\mathrm{i}\zeta L}\Psi_+(\zeta)\mathrm{d}\zeta}{K_-(\zeta)(\zeta-\alpha)}\Bigg]\mathrm{d}\alpha \tag{2-77}$$

对上式关于 z 进行求偏导，得到

$$\frac{\partial \varphi^{(s)}}{\partial z}(x,0)=\frac{1}{2\pi}\int_{-\infty}^{\infty}\frac{\alpha e^{-i\alpha x}\tanh(\alpha)K_-(\alpha)}{K_2(\alpha)}\left[a_2\alpha+b_2-\frac{B}{i(\alpha+k)K_+(k)}\right.$$
$$\left.+\frac{1}{2\pi i}\int_{-\infty-i\sigma}^{\infty-i\sigma}\frac{e^{i\zeta L}\Psi_+(\zeta)d\zeta}{K_-(\zeta)(\zeta-\alpha)}\right]d\alpha \tag{2-78}$$

对于内部积分，选择 $\mathrm{Im}\alpha>-\sigma$ 的上半平面内选择如下封闭的积分路径，即以半径为 $R\rightarrow\infty$ 的半圆作为封闭路径，如图 2-7 所示。

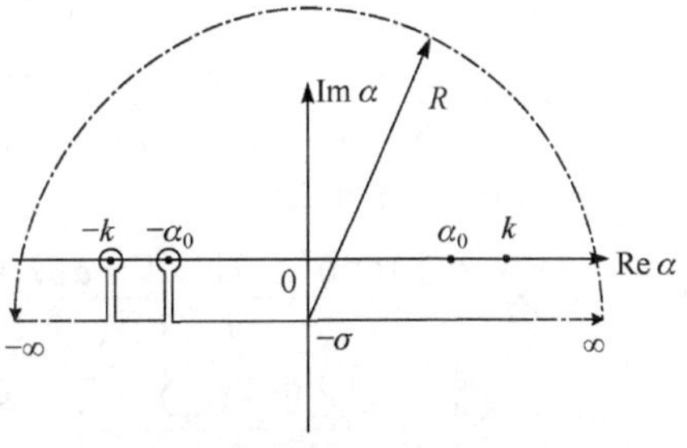

图 2-7　积分路径示意图

函数 $K_-(\zeta)$ 在点 $\alpha_j\,(j=-2,-1,0,\cdots)$ 有零值，在点 $k,k_j\,(j=1,2,3,\cdots)$ 有极值。所以这个积分值在点 $\zeta=\alpha_j\,(j=-2,-1,0,\cdots)$ 和 $\zeta=\alpha$ 有极点，且都是一阶极点。首先对内部积分进行化简，选择封闭区域为上半平面 Ω_+，利用留数定理可得

$$\frac{1}{2\pi i}\int_{-\infty-i\sigma}^{\infty-i\sigma}\frac{e^{i\zeta L}\Psi_+(\zeta)d\zeta}{K_-(\zeta)(\zeta-\alpha)}=\frac{e^{i\alpha L}\Psi_+(\alpha)}{K_-(\alpha)}+\sum_{j=-2}^{\infty}\frac{e^{i\alpha_j L}\Psi_+(\alpha_j)}{K'_-(\alpha_j)(\alpha_j-\alpha)} \tag{2-79}$$

将上式代入式(2-78)，可得

$$\frac{\partial \varphi^{(s)}}{\partial z}(x,0)=\frac{1}{2\pi}\int_{-\infty}^{\infty}\frac{\alpha e^{-i\alpha x}\tanh(\alpha)K_-(\alpha)}{K_2(\alpha)}\left[a_2\alpha+b_2-\frac{B}{i(\alpha+k)K_+(k)}\right]d\alpha$$
$$+\frac{1}{2\pi}\int_{-\infty}^{\infty}\frac{\alpha e^{-i\alpha(x-L)}\tanh(\alpha)\Psi_+(\alpha)}{K_2(\alpha)}d\alpha$$
$$+\frac{1}{2\pi}\sum_{j=-2}^{\infty}\frac{e^{i\alpha_j L}\Psi_+(\alpha_j)}{K'_-(\alpha_j)}\int_{-\infty}^{\infty}\frac{\alpha e^{-i\alpha x}\tanh(\alpha)K_-(\alpha)}{K_2(\alpha)(\alpha_j-\alpha)}d\alpha \tag{2-80}$$

对于第二个积分，选择实轴以上半平面作为积分封闭路径，对于第一个、第三个积分选择实轴以下半平面作为积分封闭路径，如图 2-3 所示，利用留数定理，得到 $\frac{\partial \varphi^{(s)}}{\partial z}(x,0)$ 的表达式

$$\frac{\partial \varphi^{(s)}}{\partial z}(x,0)=-i\sum_{m=-2}^{\infty}\frac{e^{i\alpha_m x}\alpha_m\tanh(\alpha_m)K_-(-\alpha_m)}{K'_2(-\alpha_m)}\left[-a_2\alpha_m+b_2-\frac{B}{i(k-\alpha_m)K_+(k)}\right.$$
$$\left.+\sum_{j=-2}^{\infty}\frac{e^{i\alpha_j L}\Psi_+(\alpha_j)}{K'_-(\alpha_j)(\alpha_j+\alpha_m)}\right]-e^{ikx}+i\sum_{m=-2}^{\infty}\frac{e^{-i\alpha_m(x-L)}\alpha_m\tanh(\alpha_m)\Psi_+(\alpha_m)}{K'_2(\alpha_m)}$$
$$\tag{2-81}$$

根据 $\varphi=\varphi^{(i)}+\varphi^{(s)}$，可以得到

$$\frac{\partial \varphi}{\partial z}(x,0)=-i\sum_{m=-2}^{\infty}\frac{e^{i\alpha_m x}\alpha_m\tanh(\alpha_m)K_-(-\alpha_m)}{K'_2(-\alpha_m)}\left[-a_2\alpha_m+b_2-\frac{B}{i(k-\alpha_m)K_+(k)}\right.$$

$$+\sum_{j=-2}^{\infty}\frac{\mathrm{e}^{\mathrm{i}\alpha_j L}\Psi_+(\alpha_j)}{K'_-(\alpha_j)(\alpha_j+\alpha_m)}\Bigg]+\mathrm{i}\sum_{m=-2}^{\infty}\frac{\mathrm{e}^{-\mathrm{i}\alpha_m(x-L)}\alpha_m\tanh(\alpha_m)\Psi_+(\alpha_m)}{K'_2(\alpha_m)} \tag{2-82}$$

根据式(2-81)和边界条件(2-14),可得到

$$w(x)=\mathrm{i}\frac{\partial\varphi}{\partial z}(x,0)=\sum_{m=-2}^{\infty}\frac{\mathrm{e}^{\mathrm{i}\alpha_m x}\alpha_m\tanh(\alpha_m)K_-(-\alpha_m)}{K'_2(-\alpha_m)}\Bigg[-a_2\alpha_m+b_2-\frac{B}{\mathrm{i}(k-\alpha_m)K_+(k)}$$
$$+\sum_{j=-2}^{\infty}\frac{\mathrm{e}^{\mathrm{i}\alpha_j L}\Psi_+(\alpha_j)}{K'_-(\alpha_j)(\alpha_j+\alpha_m)}\Bigg]-\sum_{m=-2}^{\infty}\frac{\mathrm{e}^{-\mathrm{i}\alpha_m(x-L)}\alpha_m\tanh(\alpha_m)\Psi_+(\alpha_m)}{K'_2(\alpha_m)} \tag{2-83}$$

根据式(2-11)可得

$$F(x)=\sum_{m=-2}^{\infty}\frac{q\alpha_m\tanh(\alpha_m)K_-(-\alpha_m)N_1(\alpha_m)\mathrm{e}^{\mathrm{i}\alpha_m x}}{K'_2(-\alpha_m)}\Bigg[-a_2\alpha_m+b_2-\frac{B}{\mathrm{i}(k-\alpha_m)K_+(k)}$$
$$+\sum_{j=-2}^{\infty}\frac{\mathrm{e}^{\mathrm{i}\alpha_j L}\Psi_+(\alpha_j)}{K'_-(\alpha_j)(\alpha_j+\alpha_m)}\Bigg]-\sum_{m=-2}^{\infty}\frac{q\alpha_m\tanh(\alpha_m)\Psi_+(\alpha_m)N_1(\alpha_m)\mathrm{e}^{-\mathrm{i}\alpha_m(x-L)}}{K'_2(\alpha_m)} \tag{2-84}$$

利用式(2-17)、式(2-18)中在点 $x=0$ 处的边界条件,即板两端弯矩和剪力为零,分别可得两个方程

$$\sum_{m=-2}^{\infty}\frac{\alpha_m^3\tanh(\alpha_m)K_-(-\alpha_m)N_1(\alpha_m)}{K'_2(-\alpha_m)}\Bigg[-a_2\alpha_m+b_2-\frac{B}{\mathrm{i}(k-\alpha_m)K_+(k)}$$
$$+\sum_{j=-2}^{\infty}\frac{\mathrm{e}^{\mathrm{i}\alpha_j L}\Psi_+(\alpha_j)}{K'_-(\alpha_j)(\alpha_j+\alpha_m)}\Bigg]-\sum_{m=-2}^{\infty}\frac{\mathrm{e}^{\mathrm{i}\alpha_m L}\alpha_m^3\tanh(\alpha_m)\Psi_+(\alpha_m)N_1(\alpha_m)}{K'_2(\alpha_m)}=0 \tag{2-85}$$

$$\sum_{m=-2}^{\infty}\frac{\alpha_m^2\tanh(\alpha_m)K_-(-\alpha_m)N_2(\alpha_m)}{K'_2(-\alpha_m)}\Bigg[-a_2\alpha_m+b_2-\frac{B}{\mathrm{i}(k-\alpha_m)K_+(k)}$$
$$+\sum_{j=-2}^{\infty}\frac{\mathrm{e}^{\mathrm{i}\alpha_j L}\Psi_+(\alpha_j)}{K'_-(\alpha_j)(\alpha_j+\alpha_m)}\Bigg]+\sum_{m=-2}^{\infty}\frac{\alpha_m^2\mathrm{e}^{\mathrm{i}\alpha_m L}\tanh(\alpha_m)\Psi_+(\alpha_m)N_2(\alpha_m)}{K'_2(\alpha_m)}=0 \tag{2-86}$$

同理,利用式(2-63),上式可化简为

$$\sum_{m=-2}^{\infty}\frac{\alpha_m^2 b(\alpha_m)K_1(\alpha_m)K_-(-\alpha_m)N_1(\alpha_m)}{\beta(\alpha_m)K'_2(-\alpha_m)}\Bigg[-a_2\alpha_m+b_2-\frac{B}{\mathrm{i}(k-\alpha_m)K_+(k)}$$
$$+\sum_{j=-2}^{\infty}\frac{\mathrm{e}^{\mathrm{i}\alpha_j L}\Psi_+(\alpha_j)}{K'_-(\alpha_j)(\alpha_j+\alpha_m)}\Bigg]-\sum_{m=-2}^{\infty}\frac{\alpha_m^2 b(\alpha_m)K_1(\alpha_m)\Psi_+(\alpha_m)\mathrm{e}^{\mathrm{i}\alpha_m L}N_1(\alpha_m)}{\beta(\alpha_m)K'_2(\alpha_m)}=0 \tag{2-87}$$

$$\sum_{m=-2}^{\infty}\frac{\alpha_m b(\alpha_m)K_1(\alpha_m)K_-(-\alpha_m)N_2(\alpha_m)}{\beta(\alpha_m)K'_2(-\alpha_m)}\Bigg[-a_2\alpha_m+b_2-\frac{B}{\mathrm{i}(k-\alpha_m)K_+(k)}$$
$$+\sum_{j=-2}^{\infty}\frac{\mathrm{e}^{\mathrm{i}\alpha_j L}\Psi_+(\alpha_j)}{K'_-(\alpha_j)(\alpha_j+\alpha_m)}\Bigg]+\sum_{m=-2}^{\infty}\frac{\alpha_m b(\alpha_m)K_1(\alpha_m)\Psi_+(\alpha_m)\mathrm{e}^{\mathrm{i}\alpha_m L}N_2(\alpha_m)}{\beta(\alpha_m)K'_2(\alpha_m)}=0 \tag{2-88}$$

同样选取积分路径用积分形式取代求和。两个方程的第一个求和项选取的积分路径为 C_-，封闭在下半平面；第二个求和项选取的积分路径为 C_+，封闭在上半平面，这样可得

$$\frac{1}{2\pi i}\int_{C_-}\frac{\alpha^2 b(\alpha)N_1(\alpha)(a_2\alpha+b_2)\mathrm{d}\alpha}{\beta(\alpha)K_+(\alpha)}-\frac{1}{2\pi i}\int_{C_-}\frac{\alpha^2 b(\alpha)BN_1(\alpha)\mathrm{d}\alpha}{i(k+\alpha)K_+(k)\beta(\alpha)K_+(\alpha)}$$
$$+\sum_{j=-2}^{\infty}\frac{e^{i\alpha_j L}\Psi_+(\alpha_j)}{K'_-(\alpha_j)}\frac{1}{2\pi i}\int_{C_-}\frac{\alpha^2 b(\alpha)N_1(\alpha)\mathrm{d}\alpha}{\beta(\alpha)K_+(\alpha)(\alpha_j-\alpha)}$$
$$+\frac{1}{2\pi i}\int_{C_+}\frac{\alpha^2 b(\alpha)\Psi_+(\alpha)e^{i\alpha L}N_1(\alpha)\mathrm{d}\alpha}{\beta(\alpha)K(\alpha)}=0 \tag{2-89}$$

$$\frac{1}{2\pi i}\int_{C_-}\frac{\alpha b(\alpha)N_2(\alpha)(a_2\alpha+b_2)}{\beta(\alpha)K_+(\alpha)}\mathrm{d}\alpha-\frac{1}{2\pi i}\int_{C_-}\frac{\alpha b(\alpha)BN_2(\alpha)}{i(k+\alpha)K_+(k)\beta(\alpha)K_+(\alpha)}\mathrm{d}\alpha$$
$$+\sum_{j=-2}^{\infty}\frac{e^{i\alpha_j L}\Psi_+(\alpha_j)}{K'_-(\alpha_j)}\frac{1}{2\pi i}\int_{C_-}\frac{\alpha b(\alpha)N_2(\alpha)}{\beta(\alpha)K_+(\alpha)(\alpha_j-\alpha)}\mathrm{d}\alpha$$
$$+\frac{1}{2\pi i}\int_{C_+}\frac{\alpha b(\alpha)\Psi_+(\alpha)e^{i\alpha L}N_2(\alpha)}{\beta(\alpha)K(\alpha)}\mathrm{d}\alpha=0 \tag{2-90}$$

采用与前面相似的方法，化简过程中，封闭区域选为上半平面，即封闭区域包含 $\beta(\alpha)=0$ 四个根的情况，利用留数定理可得关于 a_2，b_2 的两个方程，

$$P_{11}a_2+P_{12}b_2-Q_1=-\sum_{s=1}^{4}\frac{\chi_s^2 b(\chi_s)N_1(\chi_s)}{\beta'(\chi_s)K_+(\chi_s)}\frac{1}{2\pi i}\int_{C_+}\frac{e^{i\alpha L}\Psi_+(\alpha)\mathrm{d}\alpha}{K_-(\alpha)(\alpha-\chi_s)}$$
$$-\frac{i\gamma b(i\gamma)}{2\beta(i\gamma)}\frac{1}{2\pi i}\int_{C_+}\frac{e^{i\alpha L}\Psi_+(\alpha)}{K_-(\alpha)}\left[\frac{1}{K_+(i\gamma)(\alpha-i\gamma)}-\frac{1}{K_+(-i\gamma)(\alpha+i\gamma)}\right]\mathrm{d}\alpha \tag{2-91}$$

$$P_{21}a_2+P_{22}b_2-Q_2=-\sum_{s=1}^{4}\frac{\chi_s b(\chi_s)N_2(\chi_s)}{\beta'(\chi_s)K_+(\chi_s)}\frac{1}{2\pi i}\int_{C_+}\frac{e^{i\alpha L}\Psi_+(\alpha)\mathrm{d}\alpha}{K_-(\alpha)(\alpha-\chi_s)}$$
$$-\frac{qb(i\gamma)}{2\beta(i\gamma)}\frac{1}{2\pi i}\int_{C_+}\frac{e^{i\alpha L}\Psi_+(\alpha)}{K_-(\alpha)}\left[\frac{1}{K_+(i\gamma)(\alpha-i\gamma)}+\frac{1}{K_+(-i\gamma)(\alpha+i\gamma)}\right]\mathrm{d}\alpha \tag{2-92}$$

其中，

$$P_{11}=\frac{1}{2\pi i}\int_{C_-}\frac{\alpha^3 b(\alpha)N_1(\alpha)\mathrm{d}\alpha}{\beta(\alpha)K_+(\alpha)};P_{12}=\frac{1}{2\pi i}\int_{C_-}\frac{\alpha^2 b(\alpha)N_1(\alpha)\mathrm{d}\alpha}{\beta(\alpha)K_+(\alpha)};$$
$$P_{21}=\frac{1}{2\pi i}\int_{C_-}\frac{\alpha^2 b(\alpha)N_2(\alpha)\mathrm{d}\alpha}{\beta(\alpha)K_+(\alpha)};P_{22}=\frac{1}{2\pi i}\int_{C_-}\frac{\alpha b(\alpha)N_2(\alpha)\mathrm{d}\alpha}{\beta(\alpha)K_+(\alpha)};$$
$$Q_1=\frac{1}{2\pi i}\int_{C_-}\frac{\alpha^2 b(\alpha)BN_1(\alpha)\mathrm{d}\alpha}{i(k+\alpha)K_+(k)\beta(\alpha)K_+(\alpha)};Q_2=\frac{1}{2\pi i}\int_{C_-}\frac{\alpha b(\alpha)BN_2(\alpha)\mathrm{d}\alpha}{i(k+\alpha)K_+(k)\beta(\alpha)K_+(\alpha)}$$

求解上面方程组可得

$$a_2=\frac{P_{22}Q_1-P_{12}Q_2}{(P_{11}P_{22}-P_{12}P_{21})}+\sum_{s=1}^{4}\frac{\chi_s b(\chi_s)[N_2(\chi_s)P_{12}-\chi_s N_1(\chi_s)P_{22}]}{\beta'(\chi_s)K_+(\chi_s)(P_{11}P_{22}-P_{12}P_{21})}\frac{1}{2\pi i}\int_{C_+}\frac{e^{i\alpha L}\Psi_+(\alpha)d\alpha}{K_-(\alpha)(\alpha-\chi_s)}$$
$$+\frac{b(i\gamma)(qP_{12}-i\gamma P_{22})}{2\beta(i\gamma)(P_{11}P_{22}-P_{12}P_{21})}\frac{1}{2\pi i}\int_{C_+}\frac{e^{i\alpha L}\Psi_+(\alpha)}{K_-(\alpha)K_+(i\gamma)(\alpha-i\gamma)}d\alpha$$
$$+\frac{b(i\gamma)(qP_{12}+i\gamma P_{22})}{2\beta(i\gamma)(P_{11}P_{22}-P_{12}P_{21})}\frac{1}{2\pi i}\int_{C_+}\frac{e^{i\alpha L}\Psi_+(\alpha)}{K_-(\alpha)K_+(-i\gamma)(\alpha+i\gamma)}d\alpha \tag{2-93}$$

$$b_2=\frac{P_{21}Q_1-P_{11}Q_2}{(P_{12}P_{21}-P_{11}P_{22})}+\sum_{s=1}^{4}\frac{\chi_s b(\chi_s)[N_2(\chi_s)P_{11}-\chi_s N_1(\chi_s)P_{21}]}{\beta'(\chi_s)K_+(\chi_s)(P_{12}P_{21}-P_{11}P_{22})}\frac{1}{2\pi i}\int_{C_+}\frac{e^{i\alpha L}\Psi_+(\alpha)d\alpha}{K_-(\alpha)(\alpha-\chi_s)}$$
$$+\frac{b(i\gamma)(qP_{11}-i\gamma P_{21})}{2\beta(i\gamma)(P_{12}P_{21}-P_{11}P_{22})}\frac{1}{2\pi i}\int_{C_+}\frac{e^{i\alpha L}\Psi_+(\alpha)}{K_-(\alpha)K_+(i\gamma)(\alpha-i\gamma)}d\alpha$$
$$+\frac{b(i\gamma)(qP_{11}+i\gamma P_{21})}{2\beta(i\gamma)(P_{12}P_{21}-P_{11}P_{22})}\frac{1}{2\pi i}\int_{C_+}\frac{e^{i\alpha L}\Psi_+(\alpha)}{K_-(\alpha)K_+(-i\gamma)(\alpha+i\gamma)}d\alpha \tag{2-94}$$

2.6 无穷代数方程组

将系数 a_1，b_1，a_2 和 b_2 的表达式分别代入式(2-48)和式(2-49)，可得到如下方程组

$$\frac{\Psi_+(\alpha)}{K_+(\alpha)}+\frac{1}{2\pi i}\int_{-\infty-i\sigma}^{\infty-i\sigma}\frac{e^{-i\zeta L}\Psi_-^*(\zeta)d\zeta}{K_+(\zeta)(\zeta-\alpha)}$$
$$-\sum_{s=1}^{4}\frac{\chi_s b(\chi_s)[\chi_s N_1(\chi_s)(A_{22}\alpha-A_{21})-N_2(\chi_s)(A_{12}\alpha-A_{11})]}{\beta'(\chi_s)K_-(\chi_s)(A_{11}A_{22}-A_{12}A_{21})}\frac{1}{2\pi i}\int_{C_-}\frac{e^{-i\zeta L}\Psi_-^*(\zeta)d\zeta}{K_+(\zeta)(-\zeta+\chi_s)}$$
$$-\frac{b(i\gamma)[i\gamma(A_{22}\alpha-A_{21})-q(A_{12}\alpha-A_{11})]}{2\beta(i\gamma)(A_{11}A_{22}-A_{12}A_{21})}\frac{1}{2\pi i}\int_{C_-}\frac{e^{-i\zeta L}\Psi_-^*(\zeta)}{K_+(\zeta)K_-(i\gamma)(-\zeta+i\gamma)}d\zeta$$
$$-\frac{b(i\gamma)[i\gamma(A_{22}\alpha-A_{21})+q(A_{12}\alpha-A_{11})]}{2\beta(i\gamma)(A_{11}A_{22}-A_{12}A_{21})}\frac{1}{2\pi i}\int_{C_-}\frac{e^{-i\zeta L}\Psi_-^*(\zeta)}{K_+(\zeta)K_-(-i\gamma)(\zeta+i\gamma)}d\zeta=0 \tag{2-95}$$

$$\frac{\Psi_-^*(\alpha)}{K_-(\alpha)}-\frac{1}{2\pi i}\int_{-\infty+i\sigma}^{\infty+i\sigma}\frac{e^{i\zeta L}\Psi_+(\zeta)}{K_-(\zeta)(\zeta-\alpha)}d\zeta$$
$$-\sum_{s=1}^{4}\frac{\chi_s b(\chi_s)[N_2(\chi_s)(P_{12}\alpha-P_{11})-\chi_s N_1(\chi_s)(P_{22}\alpha-P_{21})]}{\beta'(\chi_s)K_+(\chi_s)(P_{11}P_{22}-P_{12}P_{21})}\frac{1}{2\pi i}\int_{C_+}\frac{e^{i\zeta L}\Psi_+(\zeta)d\zeta}{K_-(\zeta)(\zeta-\chi_s)}$$
$$-\frac{b(i\gamma)[q(P_{12}\alpha-P_{11})-i\gamma(P_{22}\alpha-P_{21})]}{2\beta(i\gamma)(P_{11}P_{22}-P_{12}P_{21})}\frac{1}{2\pi i}\int_{C_+}\frac{e^{i\zeta L}\Psi_+(\zeta)}{K_-(\zeta)K_+(i\gamma)(\zeta-i\gamma)}d\zeta$$
$$-\frac{b(i\gamma)[q(P_{12}\alpha-P_{11})+i\gamma(P_{22}\alpha-P_{21})]}{2\beta(i\gamma)(P_{11}P_{22}-P_{12}P_{21})}\frac{1}{2\pi i}\int_{C_+}\frac{e^{i\zeta L}\Psi_+(\zeta)}{K_-(\zeta)K_+(-i\gamma)(\zeta+i\gamma)}d\zeta$$
$$=\frac{Q_1(P_{22}\alpha-P_{21})+Q_2(P_{11}-P_{12}\alpha)}{(P_{11}P_{22}-P_{12}P_{21})}-\frac{B}{i(\alpha+k)K_-(-k)} \tag{2-96}$$

为了数值求解积分方程组，引进如下新的未知函数

$$\xi(\alpha)=\frac{\Psi_+(\alpha)}{K_+(\alpha)},\quad \eta(\alpha)=\frac{\Psi_-^*(\alpha)}{K_-(\alpha)} \tag{2-97}$$

将式(2-97)代入到式(2-95)和式(2-96)，同时利用留数定理来计算积分项。对于第一个方程，积分项选择封闭区域为下半平面，如图 2-4 所示，且令 $\alpha=\alpha_j(j=-2,-1,0,1,\cdots)$。同样第二个方程积分项选择封闭区域为上半平面，如图 2-7 所示，且取 $\alpha=-\alpha_j(j=-2,-1,0,1,\cdots)$，令 $\xi_j=\xi(\alpha_j)$，$\eta_j=\eta(-\alpha_j)$，可得到

$$\begin{aligned}
&\xi_j+\sum_{m=-2}^{\infty}\eta_m\frac{e^{i\alpha_m L}K_-(-\alpha_m)}{K'_+(-\alpha_m)(\alpha_m+\alpha_j)}\\
&+\sum_{s=1}^{4}\frac{\chi_s b(\chi_s)[\chi_s N_1(\chi_s)(A_{22}\alpha_j-A_{21})-N_2(\chi_s)(A_{12}\alpha_j-A_{11})]}{\beta'(\chi_s)K_-(\chi_s)(A_{11}A_{22}-A_{12}A_{21})}\\
&\quad\sum_{m=-2}^{\infty}\eta_m\frac{e^{i\alpha_m L}K_-(-\alpha_m)}{K'_+(-\alpha_m)(\alpha_m+\chi_s)}\\
&+\frac{b(i\gamma)[i\gamma(A_{22}\alpha_j-A_{21})-q(A_{12}\alpha_j-A_{11})]}{2\beta(i\gamma)(A_{11}A_{22}-A_{12}A_{21})}\sum_{m=-2}^{\infty}\eta_m\frac{e^{i\alpha_m L}K_-(-\alpha_m)}{K'_+(-\alpha_m)K_-(i\gamma)(\alpha_m+i\gamma)}\\
&+\frac{b(i\gamma)[i\gamma(A_{22}\alpha_j-A_{21})+q(A_{12}\alpha_j-A_{11})]}{2\beta(i\gamma)(A_{11}A_{22}-A_{12}A_{21})}\sum_{m=-2}^{\infty}\eta_m\frac{e^{i\alpha_m L}K_-(-\alpha_m)}{K'_+(-\alpha_m)K_-(-i\gamma)(-\alpha_m+i\gamma)}=0
\end{aligned} \tag{2-98}$$

$$\begin{aligned}
&\eta_j-\sum_{m=-2}^{\infty}\xi_m\frac{e^{i\alpha_m L}K_+(\alpha_m)}{K'_-(\alpha_m)(\alpha_m+\alpha_j)}\\
&-\sum_{s=1}^{4}\frac{\chi_s b(\chi_s)[-N_2(\chi_s)(P_{12}\alpha_j+P_{11})+\chi_s N_1(\chi_s)(P_{22}\alpha_j+P_{21})]}{\beta'(\chi_s)K_+(\chi_s)(P_{11}P_{22}-P_{12}P_{21})}\\
&\quad\sum_{m=-2}^{\infty}\xi_m\frac{e^{i\alpha_m L}K_+(\alpha_m)}{K'_-(\alpha_m)(\alpha_m-\chi_s)}\\
&-\frac{b(i\gamma)[-q(P_{12}\alpha_j+P_{11})+i\gamma(P_{22}\alpha_j+P_{21})]}{2\beta(i\gamma)(P_{11}P_{22}-P_{12}P_{21})}\sum_{m=-2}^{\infty}\xi_m\frac{e^{i\alpha_m L}K_+(\alpha_m)}{K'_-(\alpha_m)K_+(i\gamma)(\alpha_m-i\gamma)}\\
&-\frac{b(i\gamma)[-q(P_{12}\alpha_j+P_{11})-i\gamma(P_{22}\alpha_j+P_{21})]}{2\beta(i\gamma)(P_{11}P_{22}-P_{12}P_{21})}\sum_{m=-2}^{\infty}\xi_m\frac{e^{i\alpha_m L}K_+(\alpha_m)}{K'_-(\alpha_m)K_+(-i\gamma)(\alpha_m+i\gamma)}\\
&=\frac{-Q_1(P_{22}\alpha_j+P_{21})+Q_2(P_{11}+P_{12}\alpha_j)}{(P_{11}P_{22}-P_{12}P_{21})}-\frac{B}{i(k-\alpha_j)K_-(-k)}
\end{aligned} \tag{2-99}$$

根据定义，有下面的关系

$$K'_-(\alpha_m)=\frac{K'_2(\alpha_m)}{K_1(\alpha_m)K_+(\alpha_m)},\quad K'_+(-\alpha_m)=-\frac{K'_2(\alpha_m)}{K_1(\alpha_m)K_+(\alpha_m)}$$

将其代入式(2-98)和式(2-99)整理后可得

$$\xi_j+\sum_{m=-2}^{\infty}\eta_m\frac{e^{i\alpha_m L}K_+^2(\alpha_m)K_1(\alpha_m)}{K'_2(-\alpha_m)}\left\{\frac{1}{(\alpha_m+\alpha_j)}\right.$$

$$
\begin{aligned}
&+\sum_{s=1}^{4}\frac{\chi_s b(\chi_s)[\chi_s N_1(\chi_s)(A_{22}\alpha_j-A_{21})-N_2(\chi_s)(A_{12}\alpha_j-A_{11})]}{\beta'(\chi_s)K_-(\chi_s)(A_{11}A_{22}-A_{12}A_{21})(\alpha_m+\chi_s)}\\
&+\frac{b(\mathrm{i}\gamma)[\mathrm{i}\gamma(A_{22}\alpha_j-A_{21})-q(A_{12}\alpha_j-A_{11})]}{2\beta(\mathrm{i}\gamma)(A_{11}A_{22}-A_{12}A_{21})K_-(\mathrm{i}\gamma)(\alpha_m+\mathrm{i}\gamma)}\\
&\left.+\frac{b(\mathrm{i}\gamma)[\mathrm{i}\gamma(A_{22}\alpha_j-A_{21})+q(A_{12}\alpha_j-A_{11})]}{2\beta(\mathrm{i}\gamma)(A_{11}A_{22}-A_{12}A_{21})K_-(-\mathrm{i}\gamma)(-\alpha_m+\mathrm{i}\gamma)}\right\}=0
\end{aligned}
\tag{2-100}
$$

$$
\begin{aligned}
&\eta_j+\sum_{m=-2}^{\infty}\xi_m\frac{\mathrm{e}^{\mathrm{i}\alpha_m L}K_+^2(\alpha_m)K_1(\alpha_m)}{K'_2(\alpha_m)}\left\{-\frac{1}{(\alpha_m+\alpha_j)}\right.\\
&-\sum_{s=1}^{4}\frac{\chi_s b(\chi_s)[-N_2(\chi_s)(P_{12}\alpha_j+P_{11})+\chi_s N_1(\chi_s)(P_{22}\alpha_j+P_{21})]}{\beta'(\chi_s)K_+(\chi_s)(P_{11}P_{22}-P_{12}P_{21})(\alpha_m-\chi_s)}\\
&-\frac{b(\mathrm{i}\gamma)[-q(P_{12}\alpha_j+P_{11})+\mathrm{i}\gamma(P_{22}\alpha_j+P_{21})]}{2\beta(\mathrm{i}\gamma)(P_{11}P_{22}-P_{12}P_{21})K_+(\mathrm{i}\gamma)(\alpha_m-\mathrm{i}\gamma)}\\
&\left.-\frac{b(\mathrm{i}\gamma)[-q(P_{12}\alpha_j+P_{11})-\mathrm{i}\gamma(P_{22}\alpha_j+P_{21})]}{2\beta(\mathrm{i}\gamma)(P_{11}P_{22}-P_{12}P_{21})K_+(-\mathrm{i}\gamma)(\alpha_m+\mathrm{i}\gamma)}\right\}\\
&=\frac{-Q_1(P_{22}\alpha_j+P_{21})+Q_2(P_{11}+P_{12}\alpha_j)}{(P_{11}P_{22}-P_{12}P_{21})}-\frac{B}{\mathrm{i}(k-\alpha_j)K_-(-k)}
\end{aligned}
\tag{2-101}
$$

式(2-100)和(2-101)即为确定未知函数 $\xi_j=\xi(\alpha_j)$，$\eta_j=\eta(-\alpha_j)$ 离散值的无穷代数方程组。

2.7　弹性平板的水波动响应及反射和透射系数

计算平板挠度分布，由式(2-30)、式(2-47)可得

$$
Y(\alpha)=\frac{1}{K_2(\alpha)}[\Psi_+(\alpha)\mathrm{e}^{\mathrm{i}\alpha L}+\Psi_-^*(\alpha)]
\tag{2-102}
$$

根据式(2-25)和式(2-102)，利用 Fourier 逆变换，可得到散射速度势 $\varphi^{(s)}$ 的表达式

$$
\begin{aligned}
\varphi^{(s)}(x,z)=&\frac{1}{2\pi}\int_{-\infty}^{\infty}\frac{\mathrm{e}^{-\mathrm{i}\alpha(x-L)}\cosh\alpha(z+1)\Psi_+(\alpha)\mathrm{d}\alpha}{K_2(\alpha)\cosh(\alpha)}\\
&+\frac{1}{2\pi}\int_{-\infty}^{\infty}\frac{\mathrm{e}^{-\mathrm{i}\alpha x}\cosh\alpha(z+1)\Psi_-^*(\alpha)\mathrm{d}\alpha}{K_2(\alpha)\cosh(\alpha)}
\end{aligned}
\tag{2-103}
$$

把上式对 z 求偏导数，利用留数定理可得到如下表达式

$$
\frac{\partial}{\partial z}\varphi^{(s)}(x,0)=\mathrm{i}\sum_{m=-2}^{\infty}\frac{\alpha_m\tanh(\alpha_m)}{K'_2(\alpha_m)}[\mathrm{e}^{-\mathrm{i}\alpha_m(x-L)}\Psi_+(\alpha_m)+\mathrm{e}^{\mathrm{i}\alpha_m x}\Psi_-^*(-\alpha_m)]-\mathrm{e}^{\mathrm{i}kx}
\tag{2-104}
$$

由边界条件(2-14)和式(2-104)可得到平板挠度的如下表达式

$$w(x) = -\sum_{m=-2}^{\infty} \frac{\alpha_m \tanh(\alpha_m) K_+(\alpha_m)}{K'_2(\alpha_m)} \left[e^{-i\alpha_m(x-L)} \xi_m + e^{i\alpha_m x} \eta_m \right] \tag{2-105}$$

式中，ξ_j 的值决定从平板右边缘传导波的复幅值，η_j 的值决定从平板左边缘传导波的复幅值。由根据式(2-11)和根据式(2-105)可得

$$F(x) = \sum_{m=-2}^{\infty} \frac{q\alpha_m \tanh(\alpha_m) K_+(\alpha_m) N_1(\alpha_m)}{K'_2(\alpha_m)} \left[e^{-i\alpha_m(x-L)} \xi_m + e^{i\alpha_m x} \eta_m \right] \tag{2-106}$$

所以根据式(2-9)，板内无量纲动弯矩表达式为

$$M_x = \frac{D}{\rho g L_0 d a^2} \sum_{m=-2}^{\infty} \frac{q\alpha_m^3 \tanh(\alpha_m) K_+(\alpha_m) N_1(\alpha_m)}{K'_2(\alpha_m)} \left[e^{-i\alpha_m(x-L)} \xi_m + e^{i\alpha_m x} \eta_m \right] \tag{2-107}$$

为了求解反射系数，取 $\varphi^{(s)}$ 的形式如式(2-77)。当 $x \to -\infty$，$\varphi^{(s)}(x,0) = Re^{-ikx}$。$R$ 的值可由求式(2-77)中点 $\alpha = k$ 处的留数来确定，可得

$$R = i\left\{ \frac{1}{K_+(k)K'_1(k)} \left[a_2 k + b_2 - \frac{B}{2ikK_+(k)} + \frac{1}{2\pi i} \int_{-\infty-i\sigma}^{\infty-i\sigma} \frac{e^{i\zeta L} \Psi_+(\zeta) d\zeta}{K_-(\zeta)(\zeta - k)} \right] \right\} \tag{2-108}$$

对于透射波系数，取 $\varphi^{(s)}$ 的形式如式(2-53)。当 $x \to \infty$，$\varphi(x,0) = Te^{ikx}$。T 的值可由求式(2-53)点 $\alpha = -k$ 处的留数来得到，可得

$$T = 1 + \frac{ie^{-ikL}}{K_-(-k)K'_1(-k)} \left[b_1 - a_1 k - \frac{1}{2\pi i} \int_{-\infty+i\sigma}^{\infty+i\sigma} \frac{e^{-i\zeta L} \Psi_-^*(\zeta) d\zeta}{K_+(k)(\zeta + k)} \right] \tag{2-109}$$

幅值$|R|$代表反射系数。根据文献[14]可知，对于弯曲重力波，有别于电磁波，透射系数$|T|$不再是完全波动意义上的透射系数，而是最小衰减空间模态的幅值。所以即使入射波完全被反射，也就是$|R|=1$时，虽然透过覆盖板区域的散射波能量为零，但$|T|^2$的值也不会为零。因此，反射系数$|R|$和$|T|$之间的关系并不严格满足$|R|^2+|T|^2=1$。为了理解方便，故在本文暂且仍称作透射系数。

2.8　计算实例与分析讨论

为验证计算方法的有效性，采用上述求解列式对一个具体的物理模型进行了分析计算，模型参数[9,13]取为：弹性模量 $E=103$Mpa；泊松比 $\nu=0.3$；板长 $L=10$m；板厚 $h=38$mm；吃水深度 $d=8.36$mm；水的密度 $\rho=1000$kg/m^3；水深 $a=1.1$m；水与板的密度比 $\rho/\rho_0=4.5455$；入射波的周期分别为 2.875s、1.429s、0.7s 三种情况。与其相对应的无量纲入射波数分别为 $k=0.8044$，2.2216，9.0434。

当无量纲板厚 $h=0.0345$ 时，本书分析计算结果与文献[9,13]中的实验结果，

以及基于经典薄板理论的分析结果是一致的，如图 2-8～图 2-13 所示，说明本书分析求解方法是正确的，可用来分析预测其他参数下的系统的动力学行为。可以看到，在长波入射时，分析计算值与实验结果符合得较好。对于中短入射水波情况，计算结果与试验数据有些偏差。就目前所基于的各种理论，对于短波情况，计算结果与试验数据都会有一些偏差，但这些偏差在一定程度上可被接受。

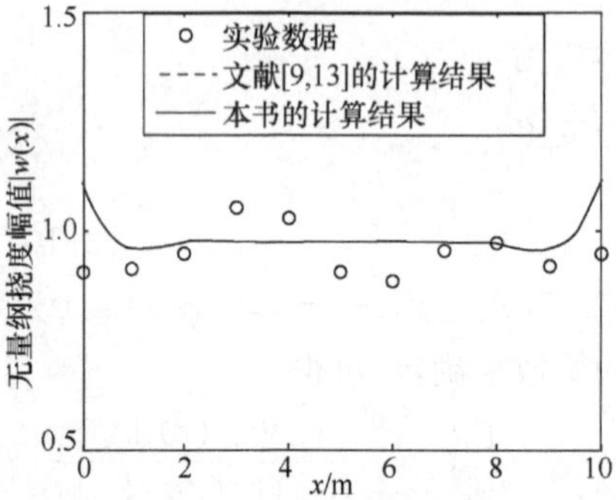

图 2-8　板的挠度幅值分布(k=0.8044)

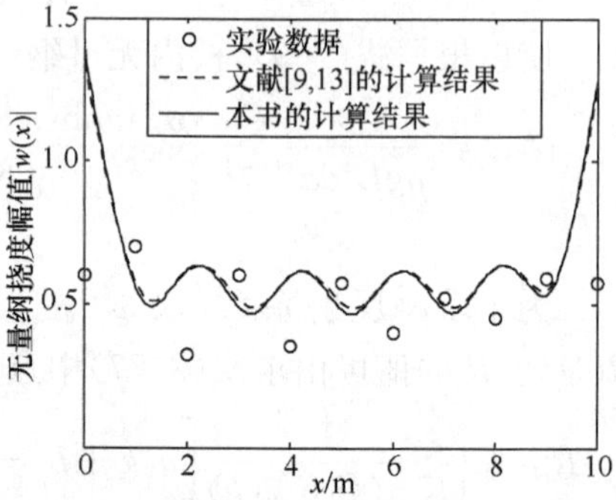

图 2-9　板的挠度幅值分布(k=2.2216)

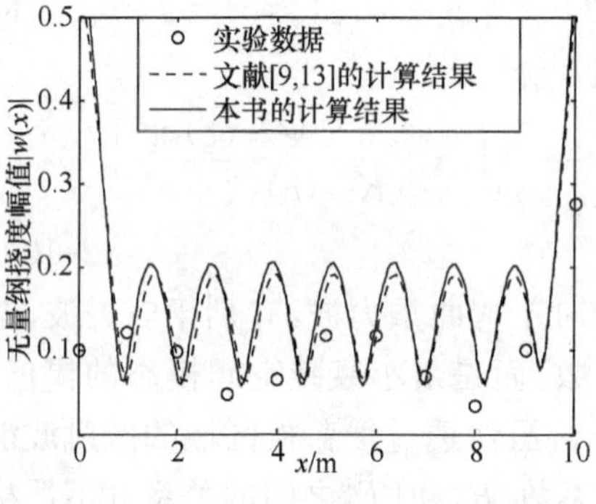

图 2-10　板的挠度幅值分布(k=9.0434)

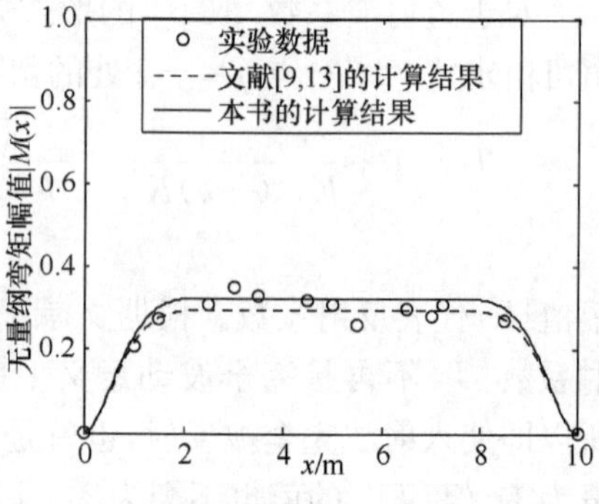

图 2-11　板的弯矩幅值分布(k=0.8044)

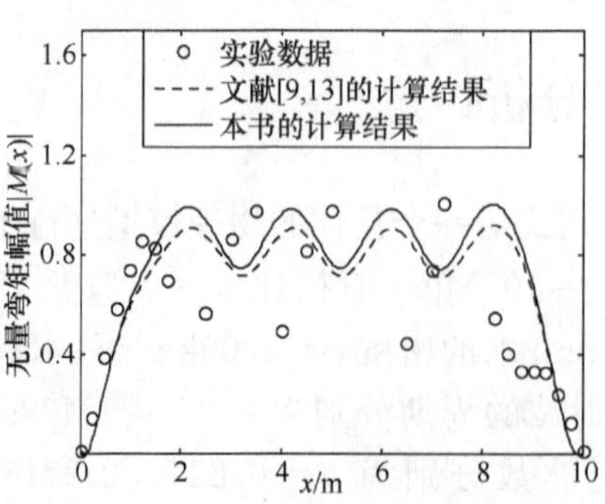

图 2-12　板的弯矩幅值分布(k=2.2216)

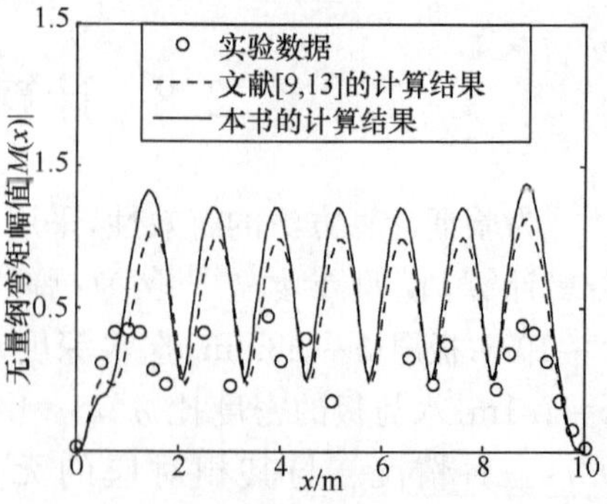

图 2-13　板的弯矩幅值分布(k=9.0434)

为了说明本书方法计算中的一些优点，选取不同模态数（单模、四模、多模）对上面相同物理模型进行了计算。所谓单模是指在求解无穷代数方程组(2-100)和(2-101)进行模态截断时，α 仅取 α_0 一个值；四模则是指 α 仅取 $\alpha_2,\alpha_{-2},\alpha_{-1},\alpha_1$；多模是指选取较多的模态数，在本文的计算中，模态数取 103。

图 2-14～图 2-16 分别给出了入射波的周期分别为 2.875s，1.429s，0.7s 三种情况时，选取不同模态数所计算得到的浮板挠度幅值分布的对比结果。而图 2-17～图 2-19分别给出了入射波的周期分别为 2.875s，1.429s，0.7s 三种情况时，选取不同模态数所计算得到的浮板动弯矩幅值分布的对比结果。从图中可以看到，选取四模的计算结果与多模(103)的计算结果是非常一致的，而单模的计算结果与其他两者的结果主要在浮板两端附近有较大的差别，即在板缘临近区域差别较大，而在远离板缘区域，三种计算结果是非常一致的。所以采用本书方法分析弹性浮板水弹性问题时，在求解水波色散方程时只需少量根就可得到满意的结果。

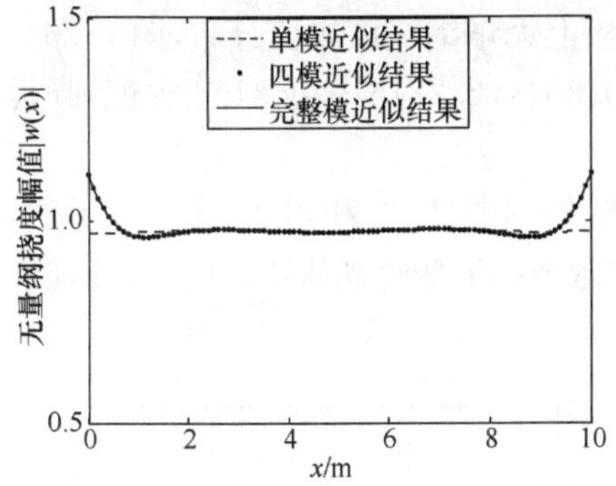

图 2-14　板的挠度幅值分布(k=0.8044)

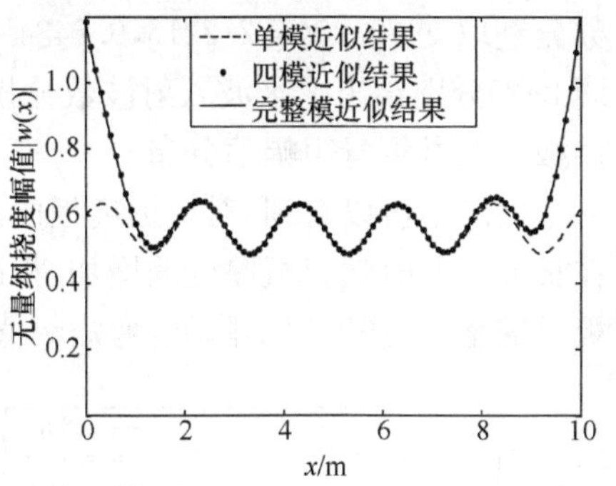

图 2-15　板的挠度幅值分布(k=2.2216)

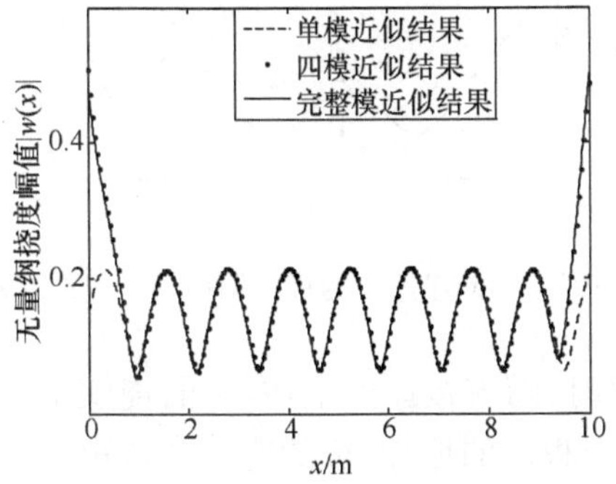

图 2-16　板的挠度幅值分布(k=9.0434)

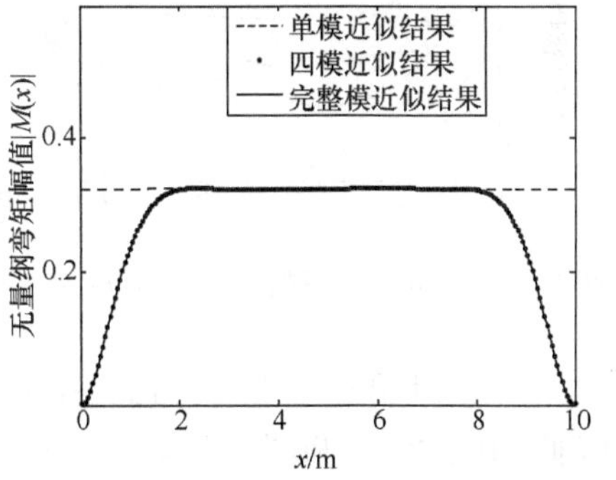

图 2-17　板的弯矩幅值分布(k=0.8044)

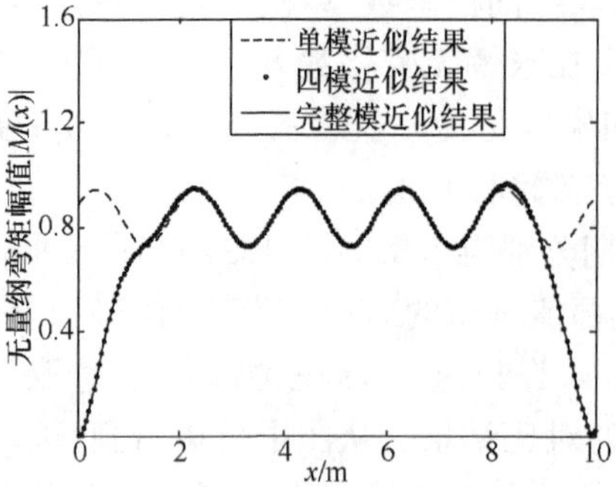

图 2-18 板的弯矩幅值分布(k=2.2216)

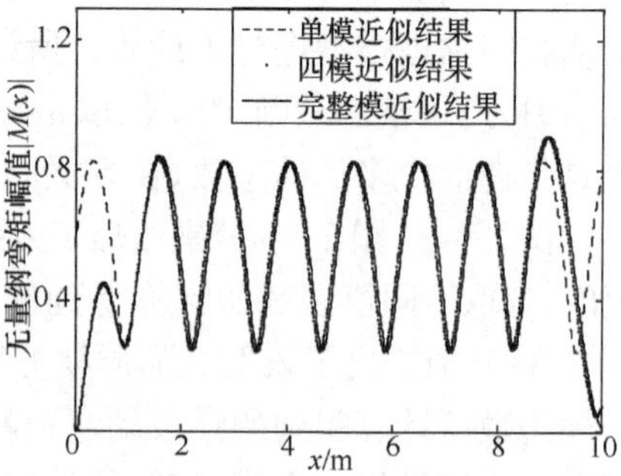

图 2-19 板的弯矩幅值分布(k=9.0434)

采用本书求解方法，对无量纲板厚度分别取为 h=0.0345，0.0682，0.0909，其他参数不变的工况下进行了分析计算，图 2-20～图 2-22 分别给出了水波入射波数分别取 k=0.8044，2.2216，9.0434 三种值，板上无量纲挠度幅值分布，图 2-23～图 2-25分别给出了水波入射波数分别取 k=0.8044，2.2216，9.0434 三种值，弹性浮板上无量纲弯矩幅值分布。

由图中可以看到，对于远离板的边缘区域，根据图 2-20 和图 2-23 所显示的，在长波入射时随着板厚度的增加，板的挠度和弯矩幅值变化规律比较明显，即随着板厚的增加，挠度幅值降低，弯矩幅值增大。

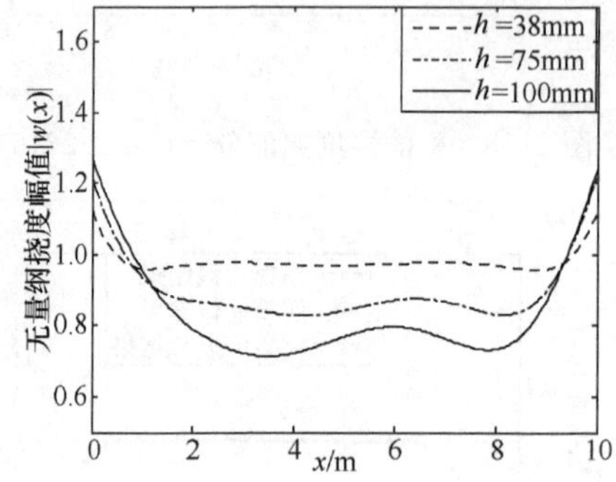

图 2-20 不同厚度板的挠度幅值(k=0.8044)

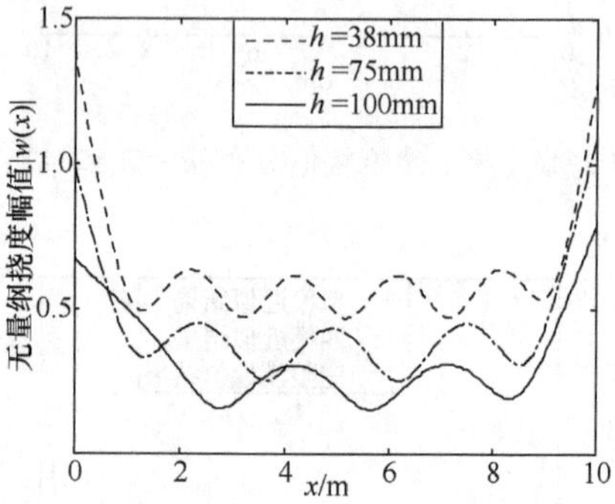

图 2-21 不同厚度板的挠度幅值(k—2.2216)

图 2-21 和图 2-24 可看到，在中长波入射时，随着板厚的增加，板的挠度幅值降低；由图 2-22 和图 2-25，在短波入射时，随着板厚的增加，板的挠度和弯矩幅值变化比较复杂。同时可看到在板的边缘区域，随着板厚的增加，板的挠度和弯矩幅值变化比较复杂。

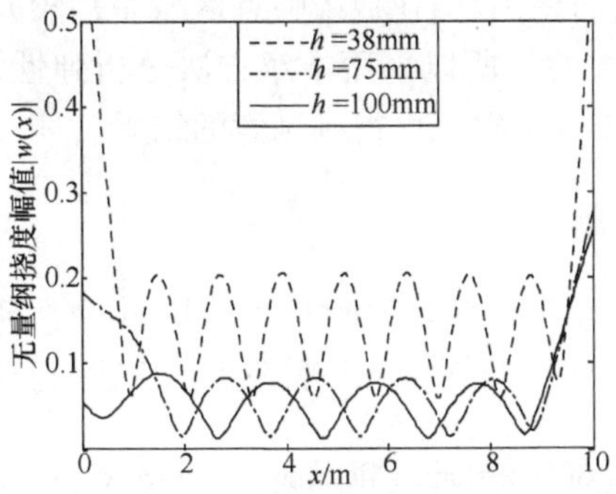

图 2-22　不同厚度板的挠度幅值(k=9.0434)

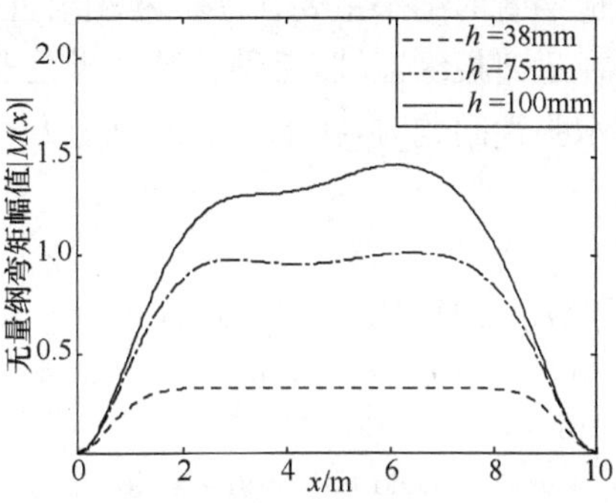

图 2-23　不同厚度板的弯矩幅值(k=0.8044)

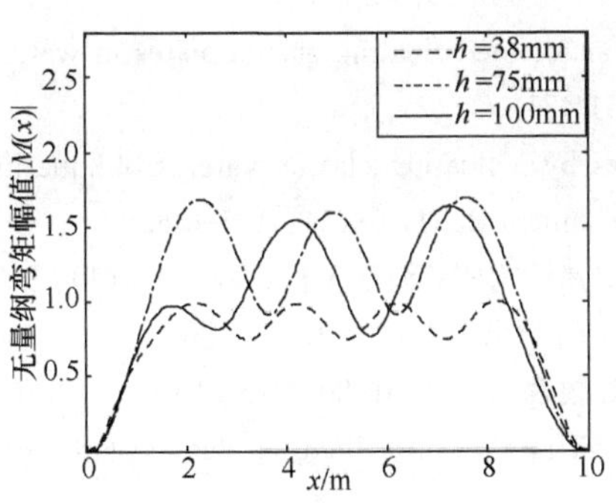

图 2-24　不同厚度板的弯矩幅值(k=2.2216)

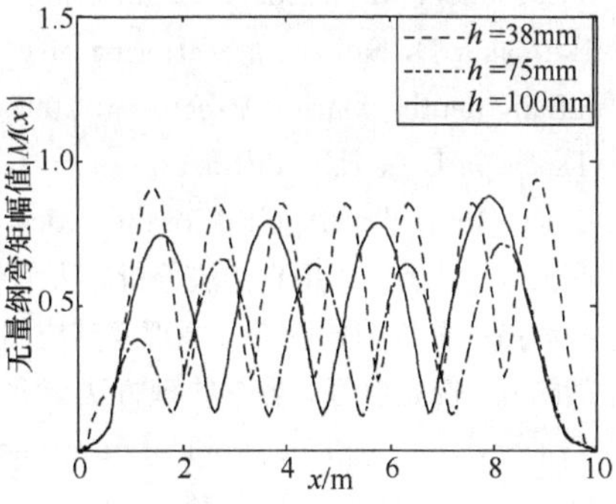

图 2-25　不同厚度板的弯矩幅值(k=9.0434)

2.9　本 章 总 结

本章基于线性水波动力学和 Mindlin 厚板理论，采用 Wiener-Hopf 方法分析计算了有限等深水水波中浮板的水弹性响应问题。针对三种具有典型周期的入射水波情况，即长波、中波、短波，给出了浮板动响应的半解析解公式，分析了浮板挠度和动弯矩幅值分布与入射水波周期、浮板厚度等的关系。基于本章研究，可以得出如下结论：

(1) 通过将本章计算结果与前人文献[9]计算结果的对比，验证了本章方法的可靠性。由于 Mindlin 厚板理论中考虑了剪切变形和转动惯量等因素，在将来对一些横向剪切模量小的复合材料平板，采用本章的方法能更好地描述这类系统的动力学行为，分析结果更接近工程实际。

(2) 通过不同模态数(单模、四模、多模)对计算结果准确性的影响分析可知，选取四模的计算结果与多模(103)的计算结果是非常一致的，而单模的计算结果与其他两者的结果主要在浮板两端附近有较大的差别，即在板缘临近区域差别较大，而在远离板缘区域，三种计算结果是非常一致的。所以采用本章方法分析弹性浮板水弹性问题时，在求解水波色散方程时只需少量根就可得到满意的结果。

参考文献

[1] Wang C D, Meylan M H. A higher-order-coupled boundary element method and finite element method for the wave forcing of a floating elastic plate. Journal of Fluids and Structures, 2004, 19: 557-572.

[2] Yago K, Endo H. On the hydroelastic response of box-shaped floating structure with shallow draft. The Society of Naval Architects of Japan, 1996, 180: 341-352 (in Japanese).

[3] Watanabe E, Utsunomiya T, Wang C M. Benchmark hydroelastic responses of a circular VLFS under wave action. Engineering Structures, 2006, 28: 423-430.

[4] Karmakar D, Sahoo T. Scattering of waves by articulated floating elastic plates in water of infinite depth. Marine Structures, 2005, 18: 451-471.

[5] Tkacheva L A. The diffraction of surface waves by a floating elastic plate at oblique incidence. Journal of Applied Mathematics and Mechanics, 2004, 68(3): 425-436.

[6] 张淑华，韩满生. 用直接法分析超大型浮体的水弹性响应. 海洋工程，2004，22(1)：9-18.

[7] 胡海昌. 弹性力学的变分原理及其应用. 北京：科学出版社，1981.

[8] 胡嗣柱，倪光炯著. 数学物理方法. 北京：高等教育出版社，1989：316-319.

[9] Tkacheva L A. Plane problem of surface wave diffraction on a floating elastic plate. Fluid Dynamics, 2003, 38(3): 465-481.

[10] Zhao C B, Hu C, Wei Y J, et al. Diffraction of surface wave by floating elastic plates. Journal of Fluids and Structures, 2008, 24: 231-249.

[11] 赵存宝，张嘉钟，黄文虎. 弹性浮板对水波的衍射与动弯矩分析. 船舶力学，2007，11(4)：27-28.

[12] Noble B. Methods based on the Wiener-Hopf technique for the solution of partial differential equations. Pergamon Press, London, 1958: 100-120.

[13] Wu C, Watanabe E, Utsunomiya T. An eigenfunction matching method for analyzing the wave induced responses of an elastic floating plate. Applied Ocean Research, 1995, 17: 301-310.

第3章 水深对水波中弹性浮板动响应的影响

3.1 概　　述

在研究 VLFS 水弹性问题时，对于水深情况可分为三种模型，即无限深模型(简写为 IWD)、有限深模型(简写为 FWD)、浅水模型(简写为 SWD)。因此，当我们考虑流体-结构的耦合作用问题时，不可避免地要选其一种。对于第一种和第三种模型，研究人员可以采用了一些近似理论相对容易地对其进行分析研究，而第二种模型是一种最普通的情况，但却是最难以解析研究的情况。事实上，无限深和浅水情况是有限深模型的两种极限情况。一些研究人员针对这三种模型的 VLFS 水弹性问题进行了许多研究。

Andrianov 和 Hermans 基于一个积分-微分方程，利用边界元法和模态展开法求解了条状和半无限大超大型浮体结构在三种水深模型情况下的水弹性响应问题[3]。针对短入射水波，Hermans 基于射线法研究了有限深和无限深情况下各向异性浮板的动响应问题[4]。Andrianov 和 Hermans 基于经典薄板理论和 Green 公式，分别针对无限水深和有限水深两种情况下，推导了圆形浮板的水弹性问题。板挠度和入射表面水波的表达式用 Bessel 函数表示[5]。

Watanabe 等研究了有限深水域中浮箱形圆形 VLFS 的水弹性问题。首先将浮板的未知挠度展开为板自由振动的干模态函数表示。然后将这个表达式代入水动力方程，再利用求解边值问题的本征函数展开匹配法求解。另外，在浮板控制方程中，采用了考虑剪切变形和转动惯量影响的 Mindlin 厚板理论[6]。

Karmakar 和 Sahoo 研究了无限深水域表面上铰接弹性浮板的水波散射问题。利用交接浮板的几何对称性将半平面上的边值问题简化为两个四分之一平面上的边值问题。然后直接应用混合型 Fourier 变换和对应得模态耦合关系进行求解。两板之间的铰接采用弹性连接[7]。

Wang 和 Meylan 针对变水深水面上二维弹性浮板的水弹性响应问题开展了研究，流场控制方程基于边界元方法进行了求解，其他积分方程通过数值方法进行了求解。结果表明，变水深水底对结构的动响应有明显的影响[10]。

Belibassakis 和 Athanassoulis 基于三维 Green 函数法，研究了水波变水深流场中的传播特性。通过变分原理，针对规则水波速度势的复模态幅值函数，推导了强迫系统的水平耦合模态方程[11]。Peter 等研究了有限深水波中圆形薄板在单色水波作用下的水动力学响应问题。求解中，以封闭的形式将问题的解分解成角特征函数，展开式中的系数通过匹配流场速度势和浮板边界条件来求得，针对自由表面，采用关于竖直本征函数的内积形式来匹配[12]。Peter 和 Meylan 推导了无限深三维形式的自由表面 Green 函数新的表达式，这个表达式可以被用于根据行波的本征函数来计算散射速度势[13]。

本章基于线性水波理论和 Mindlin 厚板动力学理论推导了无限深水域表面上有限长浮板的水波响应问题的解析解[1,2,8]。首先推导了自由表面区域和有浮板覆盖区域中水波的色散方程。然后基于第 1 章方法推导出了含有六个方程的线性代数方程组，并给出了透射系数和反射系数的解析表达式。最后，再利用第 2 章的结果计算不同水深情况下，弹性浮板的水弹性响应问题，并与无限深情况的结果进行对比，以揭示水深对其水动力学特性的影响规律。

3.2　控制方程及其边界条件

假设流体是理想不可压的，流场有势，在线性理论框架内，研究无限深的流体波动中的浮板水弹性问题。取平板的左边缘作为直角坐标系(x,z)的原点。设平板的厚度和长度分别为 h 和 L 如图 3-1 所示。假设入射水波沿 x 轴正向传播。

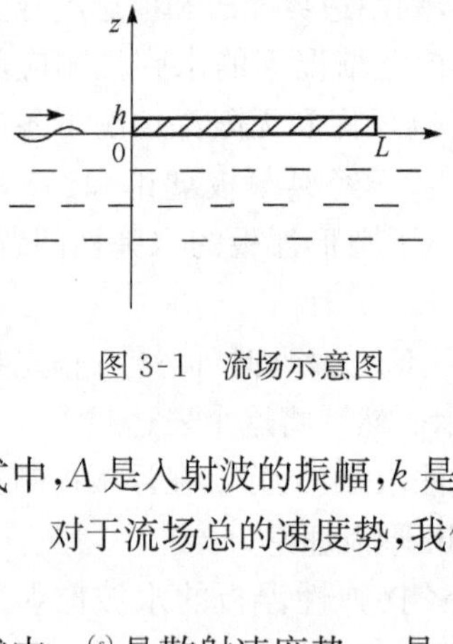

图 3-1　流场示意图

对于无限深度的小振幅水波速度势，也即入射波的速度势 $\varphi^{(i)}$ 有如下形式

$$\varphi^{(i)}=\frac{Ag}{\omega}e^{k(z+ix)} \tag{3-1}$$

式中，A 是入射波的振幅，k 是入射波波数，g 是重力加速度。

对于流场总的速度势，我们写成如下形式

$$\varphi=[\varphi^{(i)}+\varphi^{(s)}]e^{-i\omega t} \tag{3-2}$$

式中，$\varphi^{(s)}$ 是散射速度势，ω 是水波的圆频率。

流场速度势应满足 Laplace 方程

$$\nabla^2\varphi=0\quad(z<0) \tag{3-3}$$

根据第 2 章中浮板的控制方程(2-4)可知，在区域$(z=0,0<x<L)$，平板的弹性波动控制方程为

$$D\frac{\partial^4 w}{\partial x^4}-\rho_0 J\left(1+\frac{Dh}{JC}\right)\frac{\partial^4 w}{\partial x^2\partial t^2}+\rho_0 h\frac{\partial^2 w}{\partial t^2}+\frac{\rho_0^2 Jh}{C}\frac{\partial^4 w}{\partial t^4}=\left(1+\frac{\rho_0 J}{C}\frac{\partial^2}{\partial t^2}-\frac{D}{C}\frac{\partial^2}{\partial x^2}\right)p \tag{3-4}$$

式中，$D=Eh^3/12(1-\nu^2)$是弯曲刚度；E 和 ν 分别是杨氏模量和泊松比；$C=\varepsilon Gh$ 是剪切刚度，$\varepsilon=\pi^2/12$ 是剪切折算因子，G 是剪切弹性模量；w 是平板的挠度或表示

水面的振动位移，p 是流体动压力，$J=h^3/12$ 是平板的转动惯量，ρ_0 是板的密度，t 是时间。

自由水面、平板与水的界面的边界条件为如下形式

$$p=-\rho\left(\frac{\partial\varphi}{\partial t}+\mathrm{g}w\right)\quad(z=0,0<x<L) \tag{3-5}$$

$$\rho\frac{\partial\varphi}{\partial t}+\rho\mathrm{g}w=0,\quad[z=0,x\in(-\infty,0)\cup(L,\infty)] \tag{3-6}$$

$$\frac{\partial\varphi}{\partial z}=\frac{\partial w}{\partial t},\quad(z=0,0<x<L) \tag{3-7}$$

式中，ρ 分别是流体的密度。

在板的两端弯矩和剪力为零的情况下，可有如下表达式

$$\frac{\mathrm{d}^2F}{\mathrm{d}x^2}=0\quad(x=0,L) \tag{3-8}$$

$$\frac{\mathrm{d}}{\mathrm{d}x}[w(x)-F(x)]=0\quad(x=0,L) \tag{3-9}$$

式中，$F(x)$是一广义函数，满足如下微分方程

$$w=\left(1+\frac{\rho_0J}{C}\frac{\partial^2}{\partial t^2}-\frac{D}{C}\frac{\partial^2}{\partial x^2}\right)F \tag{3-10}$$

所有与时间有关的函数的时变部分都含有时间因子 $\mathrm{e}^{-\mathrm{i}\omega t}$。我们引进以下无量纲变量

$$\varphi'=\frac{\varphi}{A\sqrt{\mathrm{g}l}},p'=\frac{p}{\rho\mathrm{g}A},w'=\frac{w}{A},l=\frac{1}{k},x'=\frac{x}{l},z'=\frac{z}{l},t'=\omega t,L'=\frac{L}{l},h'=\frac{h}{l}$$

式中，$l=\mathrm{g}/\omega^2$ 是特征尺度。为了书写方便我们将忽略上标。

这样入射波速度势 $\varphi^{(i)}$ 及总速度势无量纲化后可写成如下形式

$$\varphi^{(i)}=\mathrm{e}^{z+\mathrm{i}x} \tag{3-11}$$

$$\varphi=[\varphi^{(i)}+\varphi^{(s)}]\mathrm{e}^{-\mathrm{i}t} \tag{3-12}$$

由式(3-4)、(3-5)和(3-12)，散射波速度势 $\varphi^{(s)}$ 在$(z=0,0<x<L)$处应满足的边界条件为

$$H(x,0)=B\mathrm{e}^{\mathrm{i}x} \tag{3-13}$$

其中，

$$H(x,z)=\left\{\frac{\partial^4}{\partial x^4}+\left[\kappa^4h^2\left[\frac{1}{12}+\frac{2}{\pi^2(1-\nu)}\right]-\kappa^4\rho h\frac{2}{\pi^2(1-\nu)}\right]\frac{\partial^2}{\partial x^2}-\kappa^4\left[1-\kappa^4\frac{h^4}{6\pi^2(1-\nu)}\right]\right.$$
$$\left.+\kappa^4\frac{\rho}{h}\left[1-\kappa^4\frac{h^4}{6\pi^2(1-\nu)}\right]\right\}\frac{\partial\varphi^{(s)}}{\partial z}-\kappa^4\frac{\rho}{h}\left[1-\kappa^4\frac{h^4}{6\pi^2(1-\nu)}-\frac{2h^2}{\pi^2(1-\nu)}\frac{\partial^2}{\partial x^2}\right]\varphi^{(s)}$$

$$b(\alpha)=\kappa^4\frac{\rho}{h}\left[1-\frac{1}{6\pi^2(1-\nu)}\kappa^4h^4+\frac{2}{\pi^2}\frac{h^2}{(1-\nu)}\alpha^2\right];$$

$$\beta(\alpha)=\alpha^4-\kappa^4h^2\left[\frac{2}{\pi^2(1-\nu)}+\frac{1}{12}\right]\alpha^2-\left[1-\frac{1}{6\pi^2(1-\nu)}\kappa^4h^4\right]\kappa^4;$$

$$B=-[\beta(1)+b(1)]\tanh(1)+b(1);$$

式中，$\kappa_0=(\rho_0h\omega^2/D)^{1/4}$；$\kappa=\kappa_0 l$。

由边界条件表达式(3-3)、(3-11)和(3-12)联立，散射波速度势 $\varphi^{(s)}$ 在$[z=0,x\in(-\infty,0)\cup(L,\infty)]$处应满足的边界条件为

$$\frac{\partial\varphi^{(s)}}{\partial z}-\varphi^{(s)}=0 \tag{3-14}$$

3.3　采用 Wiener-Hopf 方法求解

为了应用 Wiener-Hopf 方法构建所求问题的解析解，用下面的方程来代替 Laplace 方程，

$$\Delta\varphi+\mathrm{i}\delta\varphi=0 \tag{3-15}$$

其中，δ 是一小量。当 $\delta\to0$ 时，最后问题的解收敛于 Laplace 方程的解。

对于本章二维问题，满足方程(3-15)的入射波速度势的表达式有如下形式

$$\varphi^{(i)}=\mathrm{e}^{(\mathrm{i}\mu x+z)} \tag{3-16}$$

式中，$\mu=\sqrt{1+\mathrm{i}\delta}$。

同理可求得相应的关于散射速度势 $\varphi^{(s)}$ 的两个边界条件为

$$H(x,0)=B\mathrm{e}^{\mathrm{i}\mu x},\quad (z=0,0<x<L) \tag{3-17a}$$

$$\frac{\partial\varphi^{(s)}}{\partial z}-\varphi^{(s)}=0,\quad [z=0,x\in(-\infty,0)\cup(L,\infty)] \tag{3-17b}$$

其中，$B=-\beta(\mu)$。

引进下列关于复变量 α 的函数

$$\Phi_-(\alpha,z)=\int_{-\infty}^{0}\mathrm{e}^{\mathrm{i}\alpha x}\varphi^{(s)}(x,z)\mathrm{d}x,\qquad \Phi_+(\alpha,z)=\int_{L}^{\infty}\mathrm{e}^{\mathrm{i}\alpha(x-L)}\varphi^{(s)}(x,z)\mathrm{d}x,$$

$$\Phi_1(\alpha,z)=\int_{0}^{L}\mathrm{e}^{\mathrm{i}\alpha x}\varphi^{(s)}(x,z)\mathrm{d}x,\ \Phi(\alpha,z)=\Phi_-(\alpha,z)+\Phi_1(\alpha,z)+\mathrm{e}^{\mathrm{i}\alpha L}\Phi_+(\alpha,z) \tag{3-18}$$

函数 $\Phi(\alpha,z)$ 是函数 $\varphi^{(s)}(x,z)$ 的 Fourier 变换，即 $\Phi(\alpha,z)=\int_{-\infty}^{\infty}\mathrm{e}^{\mathrm{i}\alpha x}\varphi^{(s)}\mathrm{d}x$。由于 $\varphi^{(s)}(x,z)$ 满足方程(3-15)，所以可以得到方程(3-15)的通解

$$\Phi(\alpha,z)=C(\alpha)\mathrm{e}^{z\sqrt{\alpha^2-\mathrm{i}\delta}} \tag{3-19}$$

首先对边界条件(3-17a)等式左边的函数进行 Fourier 变换，可有

$$J(\alpha)=J_-(\alpha)+J_1(\alpha)+\mathrm{e}^{\mathrm{i}\alpha L}J_+(\alpha) \tag{3-20}$$

其中，

$$J_-(\alpha)=\int_{-\infty}^{0}H(x,0)\mathrm{e}^{\mathrm{i}\alpha x}\mathrm{d}x;J_+(\alpha)=\int_{L}^{\infty}H(x,0)\mathrm{e}^{\mathrm{i}\alpha(x-L)}\mathrm{d}x;$$

$$J_1(\alpha)=\int_{0}^{L}H(x,0)\mathrm{e}^{\mathrm{i}\alpha x}\mathrm{d}x=\int_{0}^{L}B\mathrm{e}^{\mathrm{i}\alpha x}\mathrm{e}^{\mathrm{i}\mu x}\mathrm{d}x=\frac{B[\mathrm{e}^{\mathrm{i}(\alpha+\mu)L}-1]}{\mathrm{i}(\alpha+\mu)}$$

同时由定义可知

$$J(\alpha)=\int_{-\infty}^{\infty}H(x,0)\mathrm{e}^{\mathrm{i}\alpha x}\mathrm{d}x=C(\alpha)\{[\beta(\alpha)+b(\alpha)]\sqrt{\alpha^2-\mathrm{i}\delta}-b(\alpha)\} \tag{3-21}$$

所以有

$$J_-(\alpha)+\frac{B[\mathrm{e}^{\mathrm{i}(\alpha+\mu)L}-1]}{\mathrm{i}(\alpha+\mu)}+\mathrm{e}^{\mathrm{i}\alpha L}J_+(\alpha)=C(\alpha)\{[\beta(\alpha)+b(\alpha)]\sqrt{\alpha^2-\mathrm{i}\delta}-b(\alpha)\} \tag{3-22}$$

同理对边界条件(3-17b)等式左边的函数做 Fourier 变换,可有

$$X(\alpha)=X_-(\alpha)+X_1(\alpha)+\mathrm{e}^{-\mathrm{i}\alpha L}X_+(\alpha) \tag{3-23}$$

其中,

$$X_-(\alpha)=\int_{-\infty}^{0}\left[l\frac{\partial\varphi^{(s)}}{\partial z}-\varphi^{(s)}\right]\mathrm{e}^{\mathrm{i}\alpha x}\mathrm{d}x=0;\quad X_1(\alpha)=\int_{0}^{L}\left[l\frac{\partial\varphi^{(s)}}{\partial z}-\varphi^{(s)}\right]\mathrm{e}^{\mathrm{i}\alpha x}\mathrm{d}x;$$

$$X_+(\alpha)=\int_{L}^{\infty}\left(l\frac{\partial\varphi^{(s)}}{\partial z}-\varphi^{(s)}\right)\mathrm{e}^{\mathrm{i}\alpha(x-L)}\mathrm{d}x$$

由表达式(3-17b)可知,$X_-(\alpha)=X_+(\alpha)=0$,于是表达式(3-23)简化为

$$X(\alpha)=X_1(\alpha) \tag{3-24}$$

同样由定义可知

$$X(\alpha)=X_1(\alpha)=C(\alpha)(\sqrt{\alpha^2-\mathrm{i}\delta}-1) \tag{3-25}$$

消除方程(3-22)和(3-25)中的 $C(\alpha)$可将两个方程合并为如下形式

$$J_-(\alpha)+\frac{B[\mathrm{e}^{\mathrm{i}(\alpha+\mu)L}-1]}{\mathrm{i}(\alpha+\gamma)}+\mathrm{e}^{\mathrm{i}\alpha L}J_+(\alpha)=X_1(\alpha)K(\alpha) \tag{3-26}$$

其中,$K(\alpha)=\dfrac{K_2(\alpha)}{K_1(\alpha)}$,$K_1(\alpha)=\sqrt{\alpha^2-\mathrm{i}\delta}-1$,$K_2(\alpha)=[\beta(\alpha)+b(\alpha)]\sqrt{\alpha^2-\mathrm{i}\delta}-b(\alpha)$。从表达式中可以看出,$K_1(\alpha)$有两个根$\pm\mu$;$K_2(\alpha)$则有两个实根$\pm\alpha_0$,四个复根$\pm\alpha_1$,$\pm\alpha_2$。

对函数 $K(\alpha)$进行因式分解[2],也就是用下式来代替 $K(\alpha)$

$$K(\alpha)=K_+(\alpha)K_-(\alpha) \tag{3-27}$$

式中,$K_\pm(\alpha)$与函数 $\Phi_\pm(\alpha,z)$在相同区域内是正则的。靠近实轴的$\pm\mu$ 点和实轴上$\pm\alpha_0$ 点分别是函数 $K(\alpha)$的极点和零点。如图 3-2 定义解析域 Ω_+ 和 Ω_-,其中 Ω_+是指 $\mathrm{Im}\alpha>\delta$ 半平面剔除$-\alpha_0$ 和$-\mu$ 点的切缝的区域,Ω_-是指 $\mathrm{Im}\alpha<\delta$ 半平面剔除α_0 和 μ 点的切缝的区域。所以函数 $K_+(\alpha)$与 $\Phi_+(\alpha,z)$在区域 Ω_+ 上是解析

的，函数$K_-(\alpha)$与$\Phi_-(\alpha,z)$在区域Ω_-上是解析的。

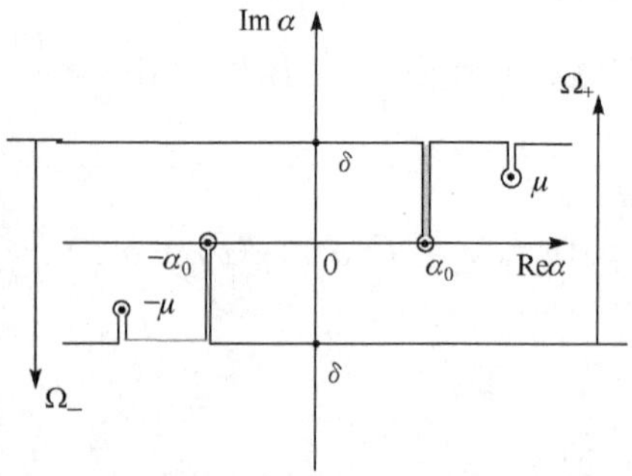

图 3-2　解析域 Ω_+，Ω_-示意图

引进如下函数

$$g(\alpha)=\frac{K(\alpha)(\alpha^2-\mu^2)}{(\alpha^2-\alpha_0^2)(\alpha^2-\alpha_1^2)(\alpha^2-\alpha_2^2)} \tag{3-28}$$

函数$g(\alpha)$是$K(\alpha)$在条形域内剔除零点和极点后对应的整函数。可以看到，在实轴上函数$g(\alpha)$没有零点、有界，并在无穷远处趋于单位 1。可对解析函数$g(\alpha)$进行乘积分解，即进行因式分解[2]，

$$g(\alpha)=g_+(\alpha)g_-(\alpha),\quad g_\pm(\alpha)=\exp\left[\pm\frac{1}{2\pi \mathrm{i}}\int_{-\infty\mp\mathrm{i}\sigma}^{\infty\mp\mathrm{i}\sigma}\frac{\ln g(x)}{x-\alpha}\mathrm{d}x\right]\quad(\sigma<\delta) \tag{3-29}$$

定义函数$K_\pm(\alpha)$为如下形式

$$K_\pm(\alpha)=\frac{(\alpha\pm\alpha_0)(\alpha\pm\alpha_1)(\alpha\pm\alpha_2)}{\alpha\pm\mu}g_\pm(\alpha) \tag{3-30}$$

将$\mathrm{e}^{-\mathrm{i}\alpha L}[K_+(\alpha)]^{-1}$乘以式(3-26)，可得到如下方程

$$\frac{J_+(\alpha)}{K_+(\alpha)}+\frac{B\mathrm{e}^{\mathrm{i}\mu L}}{\mathrm{i}(\alpha+\mu)K_+(\alpha)}+U_+(\alpha)-V_+(\alpha)=\frac{X_1(\alpha)K_-(\alpha)}{\mathrm{e}^{\mathrm{i}\alpha L}}-U_-(\alpha)+V_-(\alpha) \tag{3-31a}$$

其中，$U_+(\alpha)=\frac{\pm 1}{2\pi\mathrm{i}}\int_{-\infty\mp\mathrm{i}\sigma}^{\infty\mp\mathrm{i}\sigma}\frac{\mathrm{e}^{-\mathrm{i}\zeta L}J_-(\zeta)\mathrm{d}\zeta}{K_+(\zeta)(\zeta-\alpha)}$，$V_\pm(\alpha)=\frac{\mp B}{2\pi}\int_{-\infty\mp\mathrm{i}\sigma}^{\infty\mp\mathrm{i}\sigma}\frac{\mathrm{e}^{-\mathrm{i}\zeta L}\mathrm{d}\zeta}{K_+(\zeta)(\zeta+\mu)(\zeta-\alpha)}$。

将$[K_-(\alpha)]^{-1}$乘以式(3-26)，可得到如下表达式

$$\frac{J_-(\alpha)}{K_-(\alpha)}+R_-(\alpha)-S_-(\alpha)-\frac{B}{\mathrm{i}(\alpha+\mu)}\left[\frac{1}{K_-(\alpha)}-\frac{1}{K_-(-\mu)}\right]$$
$$=X_1(\alpha)K_+(\alpha)-R_+(\alpha)+S_+(\alpha)+\frac{B}{\mathrm{i}(\alpha+\mu)K_+(\mu)} \tag{3-31b}$$

其中，$R_\pm(\alpha)=\frac{\pm 1}{2\pi\mathrm{i}}\int_{-\infty\mp\mathrm{i}\sigma}^{\infty\mp\mathrm{i}\sigma}\frac{\mathrm{e}^{\mathrm{i}\zeta L}J_+(\zeta)\mathrm{d}\zeta}{K_-(\zeta)(\zeta-\alpha)}$，　$S_\pm(\alpha)=\frac{\pm B}{2\pi}\int_{-\infty\mp\mathrm{i}\sigma}^{\infty\mp\mathrm{i}\sigma}\frac{\mathrm{e}^{\mathrm{i}(\zeta+\gamma)L}\mathrm{d}\zeta}{K_-(\zeta)(\zeta+\mu)(\zeta-\alpha)}$。

方程(3-31a)左边的函数都是在区域 Ω_+ 内是解析的，而右边的函数都是在 Ω_- 内是解析的，同时方程(3-31b)左边的函数都是在 Ω_- 内是解析的，而右边的函数都是在 Ω_+ 内是解析的。通过分析表达式，利用解析延拓概念，可以在整个复平面上定义这个函数。根据 Liouville 定理[9]，对于在全平面解析的多项式函数，多项式的次数可由 $|\alpha|\to\infty$ 时函数的特性来确定。对于方程(3-31a)、(3-31b)，当 $|\alpha|\to\infty$ 时，函数 $J_-(\alpha)$ 不高于 $O(|\alpha|^{\lambda+3})$ $(\lambda<1)$ 阶，$X_+(\alpha)$ 不高于 $O(|\alpha|^{\lambda-1})$ 阶。在无穷远处，当 $|\alpha|\to\infty$ 时，由于 $g_\pm(\alpha)\to 1$，故 $K_\pm(\alpha)$ 阶数为 $O(|\alpha|^2)$。由上面两个方程可有如下表达式

$$\frac{J_+(\alpha)}{K_+(\alpha)}+\frac{B\mathrm{e}^{\mathrm{i}\mu L}}{\mathrm{i}(\alpha+\mu)K_+(\alpha)}+U_+(\alpha)-V_+(\alpha)=a_1\alpha+a_2 \tag{3-32a}$$

$$\frac{J_-(\alpha)}{K_-(\alpha)}+R_-(\alpha)-S_-(\alpha)-\frac{B}{\mathrm{i}(\alpha+\mu)}\left[\frac{1}{K_-(\alpha)}-\frac{1}{K_-(-\mu)}\right]=b_1\alpha+b_2 \tag{3-32b}$$

式中，a_1, a_2, b_1, b_2 是未知常数。

在变换后空间，即波数域空间，引进新的未知函数

$$\Psi_+(\alpha)=J_+(\alpha)+\frac{B\mathrm{e}^{\mathrm{i}\mu L}}{\mathrm{i}(\alpha+\mu)} \tag{3-33a}$$

$$\Psi_-^*(\alpha)=J_-(\alpha)-\frac{B}{\mathrm{i}(\alpha+\mu)} \tag{3-33b}$$

式中符号 * 表示：除了极点 $-\mu$ 外，函数 $\Psi_-^*(\alpha)$ 与 $J_-(\alpha)$ 的正则区域是一样的，即在区域 Ω_- 内是正则的。把式(3-33)分别代入式(3-32a)和(3-32b)后，可得到下面方程组

$$\frac{\Psi_+(\alpha)}{K_+(\alpha)}+\frac{1}{2\pi\mathrm{i}}\int_{-\infty-\mathrm{i}\sigma}^{\infty-\mathrm{i}\sigma}\frac{\mathrm{e}^{-\mathrm{i}\zeta L}\Psi_-^*(\zeta)\mathrm{d}\zeta}{K_+(\zeta)(\zeta-\alpha)}=a_1\alpha+a_2 \tag{3-34a}$$

$$\frac{\Psi_-^*(\alpha)}{K_-(\alpha)}+\frac{B}{\mathrm{i}(\alpha+\mu)K_-(-\mu)}-\frac{1}{2\pi\mathrm{i}}\int_{-\infty+\mathrm{i}\sigma}^{\infty+\mathrm{i}\sigma}\frac{\mathrm{e}^{\mathrm{i}\zeta L}\Psi_+(\zeta)}{K_-(\zeta)(\zeta-\alpha)}\mathrm{d}\zeta=b_1\alpha+b_2 \tag{3-34b}$$

首先确定多项式的系数和常数项 a_1 和 a_2。由方程(3-31a)和(3-32a)，可得到下式

$$X_1(\alpha)K_-(\alpha)\mathrm{e}^{-\mathrm{i}\alpha L}+V_-(\alpha)-U_-(\alpha)=a_1\alpha+a_2 \tag{3-35}$$

将函数 $U_-(\alpha)$ 和 $V_-(\alpha)$ 的具体表达式代入式(3-35)，可得到如下表达式

$$X_1(\alpha)=\frac{\mathrm{e}^{\mathrm{i}\alpha L}}{K_-(\alpha)}\left[a_1\alpha+a_2-\frac{1}{2\pi\mathrm{i}}\int_{-\infty+\mathrm{i}\sigma}^{\infty+\mathrm{i}\sigma}\frac{\mathrm{e}^{-\mathrm{i}\zeta L}\Psi_-^*(\zeta)\mathrm{d}\zeta}{K_+(\zeta)(\zeta-\alpha)}\right] \tag{3-36}$$

根据式(3-19)和(3-25)，利用 Fourier 逆变换，可得到散射速度势的表达式

$$\varphi^{(s)}(x,z)=\frac{1}{2\pi}\int_{-\infty}^{\infty}\frac{e^{z\sqrt{\alpha^2-i\delta}}e^{-i\alpha(x-L)}}{K_1(\alpha)K_-(\alpha)}\left[a_1\alpha+a_2-\frac{1}{2\pi i}\int_{-\infty+i\sigma}^{\infty+i\sigma}\frac{e^{-i\zeta L}\Psi_-^*(\zeta)d\zeta}{K_+(\zeta)(\zeta-\alpha)}\right]d\alpha \tag{3-37}$$

对上式关于 z 进行求偏导,可得

$$\frac{\partial}{\partial z}\varphi^{(s)}(x,0)=\frac{1}{2\pi}\int_{-\infty}^{\infty}\frac{e^{-i\alpha(x-L)}\sqrt{\alpha^2-i\delta}K_+(\alpha)}{K_2(\alpha)}\left[a_1\alpha+a_2-\frac{1}{2\pi i}\int_{-\infty+i\sigma}^{\infty+i\sigma}\frac{e^{-i\zeta L}\Psi_-^*(\zeta)d\zeta}{K_+(\zeta)(\zeta-\alpha)}\right]d\alpha \tag{3-38}$$

对于外部积分,选择积分路线为沿实轴正向从下绕过点 α_0 及从上绕过点 $-\alpha_0$。对于内部积分,选择 $\mathrm{Im}\alpha<\sigma$ 的下半平面作为封闭路径。函数 $K_+(\zeta)$ 在点 $-\alpha_0,-\alpha_1,-\alpha_2$ 有零值,在点 $-\mu$ 有极值。在点 $\zeta=-\mu$ 处,函数 $\Psi_-^*(\zeta)$ 的极点可以用函数 $K_+(\zeta)$ 来消除。所以这个积分值在点 $\zeta=-\alpha_j$, $j=0,1,2$ 和 $\zeta=\alpha$ 有极点,且都是一阶极点。因此有

$$\frac{1}{2\pi i}\int_{-\infty+i\sigma}^{\infty+i\sigma}\frac{e^{-i\zeta L}\Psi_-^*(\zeta)d\zeta}{K_+(\zeta)(\zeta-\alpha)}=-\frac{e^{-i\alpha L}\Psi_-^*(\alpha)}{K_+(\alpha)}+\sum_{j=0}^{2}\frac{e^{i\alpha_j L}\Psi_-^*(-\alpha_j)}{K'_+(-\alpha_j)(\alpha_j+\alpha)} \tag{3-39}$$

式中 $K'_+(-\alpha_j)$ 是函数 $K_+(-\alpha_j)$ 在点 $-\alpha_j(j=0,1,2)$ 处的导数。将上式代入式(3-39) 中,得到

$$\frac{\partial}{\partial z}\varphi^{(s)}(x,0)=\frac{1}{2\pi}\int_{-\infty}^{\infty}\frac{e^{-i\alpha(x-L)}\sqrt{\alpha^2-i\delta}K_+(\alpha)}{K_2(\alpha)}\left[a_1\alpha+a_2-\sum_{j=0}^{2}\frac{e^{i\alpha_j L}\Psi_-^*(-\alpha_j)}{K'_+(-\alpha_j)(\alpha_j+\alpha)}\right]d\alpha$$
$$+\frac{1}{2\pi}\int_{-\infty}^{\infty}\frac{e^{-i\alpha x}\sqrt{\alpha^2-i\delta}\Psi_-^*(\alpha)}{K_2(\alpha)}d\alpha \tag{3-40}$$

对于第二个积分,选择实轴以下半平面作为积分封闭路径,利用留数定理,我们可得到

$$\frac{1}{2\pi}\int_{-\infty}^{\infty}\frac{e^{-i\alpha x}\sqrt{\alpha^2-i\delta}\Psi_-^*(\alpha)}{K_2(\alpha)}d\alpha=-e^{i\mu x}-i\sum_{m=0}^{2}\frac{e^{i\alpha_m x}\sqrt{\alpha_m^2-i\delta}\Psi_-^*(-\alpha_m)}{K'_2(-\alpha_m)} \tag{3-41}$$

在第一个积分中,我们选择上半平面封闭积分路径,其中沿实轴从下饶过点 μ,α_0,沿实轴从上饶过点 $-\mu,-\alpha_0$,作为积分封闭路径,利用留数定理,并将式(3-40) 代入后,我们可得到

$$\frac{\partial}{\partial z}\varphi^{(s)}(x,0)=i\sum_{m=0}^{2}\frac{e^{-i\alpha_m(x-L)}\sqrt{\alpha_m^2-i\delta}K_+(\alpha_m)}{K'_2(\alpha_m)}\left[a_1\alpha_m+a_2-\sum_{j=0}^{2}\frac{e^{i\alpha_j L}\Psi_-^*(-\alpha_j)}{K'_+(-\alpha_j)(\alpha_j+\alpha_m)}\right]$$
$$-e^{i\mu x}-i\sum_{m=0}^{2}\frac{e^{i\alpha_m x}\sqrt{\alpha_m^2-i\delta}\Psi_-^*(-\alpha_m)}{K'_2(-\alpha_m)} \tag{3-42}$$

根据式(3-1) 和(3-2) 可得

$$\varphi(x,0)=\varphi^{(i)}(x,0)+\varphi^{(s)}(x,0)=e^{i\mu x}+\varphi^{(s)}(x,0) \tag{3-43}$$

所以可得到

$$\frac{\partial}{\partial z}\varphi(x,0)=\mathrm{i}\sum_{m=0}^{2}\frac{\mathrm{e}^{-\mathrm{i}\alpha_m(x-L)}\sqrt{\alpha_m^2-\mathrm{i}\delta}K_+(\alpha_m)}{K'_2(\alpha_m)}\left[a_1\alpha_m+a_2-\sum_{j=0}^{2}\frac{\mathrm{e}^{\mathrm{i}\alpha_j L}\Psi_-^*(-\alpha_j)}{K'_+(-\alpha_j)(\alpha_j+\alpha_m)}\right]$$
$$-\mathrm{i}\sum_{m=0}^{2}\frac{\mathrm{e}^{\mathrm{i}\alpha_m x}\sqrt{\alpha_m^2-\mathrm{i}\delta}\Psi_-^*(-\alpha_m)}{K'_2(-\alpha_m)}\qquad(3\text{-}44)$$

根据式(3-7)、(3-44) 可得

$$w(x)=\mathrm{i}\frac{\partial\varphi}{\partial z}(x,0)$$
$$=-\sum_{m=0}^{2}\frac{\sqrt{\alpha_m^2-\mathrm{i}\delta}K_+(\alpha_m)}{K'_2(\alpha_m)}\left[a_1\alpha_m+b_1-\sum_{j=0}^{2}\frac{\mathrm{e}^{\mathrm{i}\alpha_j L}\Psi_-^*(-\alpha_j)}{K'_+(-\alpha_j)(\alpha_j+\alpha_m)}\right]\mathrm{e}^{-\mathrm{i}\alpha_m(x-L)}$$
$$+\sum_{m=0}^{2}\frac{\sqrt{\alpha_m^2-\mathrm{i}\delta}\,\mathrm{e}^{\mathrm{i}\alpha_m x}\Psi_-^*(-\alpha_m)}{K'_2(-\alpha_m)}\qquad(3\text{-}45)$$

由式(3-7) 可以得到广义函数 $F(x)$ 的表达式

$$F(x)=-\sum_{m=0}^{2}\frac{\sqrt{\alpha_m^2-\mathrm{i}\delta}K_+(\alpha_m)}{K'_2(\alpha_m)}\left[a_1\alpha_m+b_1-\sum_{j=0}^{2}\frac{\mathrm{e}^{\mathrm{i}\alpha_j L}\Psi_-^*(-\alpha_j)}{K'_+(-\alpha_j)(\alpha_j+\alpha_m)}\right]\frac{Ca^2\mathrm{e}^{-\mathrm{i}\alpha_m(x-L)}}{D(\gamma^2+\alpha_m^2)}$$
$$+\sum_{m=0}^{2}\frac{\sqrt{\alpha_m^2-\mathrm{i}\delta}\Psi_-^*(-\alpha_m)}{K'_2(-\alpha_m)}\frac{Ca^2\mathrm{e}^{\mathrm{i}\alpha_m x}}{D(\gamma^2+\alpha_m^2)}\qquad(3\text{-}46)$$

分别应用板两端自由边界条件(3-8) 和(3-9) 可以得到两个关于未知常数 a_1，a_2 的方程

$$\sum_{m=0}^{2}\frac{\alpha_m^2\sqrt{\alpha_m^2-\mathrm{i}\delta}K_+(\alpha_m)N_1(\alpha_m)}{K'_2(\alpha_m)}\left[a_1\alpha_m+b_1-\sum_{j=0}^{2}\frac{\mathrm{e}^{\mathrm{i}\alpha_j L}\Psi_-^*(-\alpha_j)}{K'_+(-\alpha_j)(\alpha_j+\alpha_m)}\right]$$
$$-\sum_{m=0}^{2}\frac{\alpha_m^2\sqrt{\alpha_m^2-\mathrm{i}\delta}\Psi_-^*(-\alpha_m)\mathrm{e}^{\mathrm{i}\alpha_m L}N_1(\alpha_m)}{K'_2(-\alpha_m)}=0\qquad(3\text{-}47\mathrm{a})$$

$$\sum_{m=0}^{2}\frac{\alpha_m\sqrt{\alpha_m^2-\mathrm{i}\delta}K_+(\alpha_m)N_2(\alpha_m)}{K'_2(\alpha_m)}\left[a_1\alpha_m+b_1-\sum_{j=0}^{2}\frac{\mathrm{e}^{\mathrm{i}\alpha_j L}\Psi_-^*(-\alpha_j)}{K'_+(-\alpha_j)(\alpha_j+\alpha_m)}\right]$$
$$+\sum_{m=0}^{2}\frac{\alpha_m\sqrt{\alpha_m^2-\mathrm{i}\delta}\Psi_-^*(-\alpha_m)\mathrm{e}^{\mathrm{i}\alpha_m L}N_2(\alpha_m)}{K'_2(-\alpha_m)}=0\qquad(3\text{-}47\mathrm{b})$$

其中，$N_1(\alpha_m)=\dfrac{1}{\alpha_m^2+\gamma^2}$；$N_2(\alpha_m)=qN_1(\alpha_m)-1$；$q=Cl^2/D$。

根据 $K_1(\alpha)$ 和 $K_2(\alpha)$ 的定义式可得到

$$\alpha_m^n\sqrt{\alpha_m^2-\mathrm{i}\delta}=-\frac{\alpha_m^n b(\alpha_m)K_1(\alpha_m)}{\beta(\alpha_m)},\quad(n=1,2)\qquad(3\text{-}48)$$

将其代入式(3-47a) 和(3-47b)，可得

$$\sum_{m=0}^{2}\frac{\alpha_m^2 b(\alpha_m)K_1(\alpha_m)K_+(\alpha_m)N_1(\alpha_m)}{\beta(\alpha_m)K'_2(\alpha_m)}\left[a_1\alpha_m+b_1-\sum_{j=0}^{2}\frac{e^{i\alpha_j L}\Psi_-^*(-\alpha_j)}{K'_+(-\alpha_j)(\alpha_j+\alpha_m)}\right]$$
$$-\sum_{m=0}^{2}\frac{\alpha_m^2 b(\alpha_m)K_1(\alpha_m)\Psi_-^*(-\alpha_m)e^{i\alpha_m L}N_1(\alpha_m)}{\beta(\alpha_m)K'_2(-\alpha_m)}=0 \tag{3-49a}$$

$$\sum_{m=0}^{2}\frac{\alpha_m b(\alpha_m)K_1(\alpha_m)K_+(\alpha_m)N_2(\alpha_m)}{\beta(\alpha_m)K'_2(\alpha_m)}\left[a_1\alpha_m+b_1-\sum_{j=0}^{2}\frac{e^{i\alpha_j L}\Psi_-^*(-\alpha_j)}{K'_+(-\alpha_j)(\alpha_j+\alpha_m)}\right]$$
$$+\sum_{m=0}^{2}\frac{\alpha_m b(\alpha_m)K_1(\alpha_m)\Psi_-^*(-\alpha_m)e^{i\alpha_m L}N_2(\alpha_m)}{\beta(\alpha_m)K'_2(-\alpha_m)}=0 \tag{3-49b}$$

选取积分路径用积分形式取代求和。积分路径沿实轴从$-\infty$到∞，以使其在区域Ω_+和Ω_-的交集内。选取如图 3-3 和图 3-4 所示的积分路线。C的正负下标分别是指积分路径位于原点的上面和下面。C_+是沿着实轴从上面绕过点$-\alpha_0$，$i\gamma$，χ_3，χ_2，χ_1，从下面绕过点α_0；C_-是沿着实轴从下面绕过点α_0，$-i\gamma$，χ_1，χ_3，χ_4，从上面绕过点$-\alpha_0$，其中χ_1，χ_2，χ_3，χ_4分别是$\beta(\alpha)=0$的正实根、正虚根、负实根、负虚根。

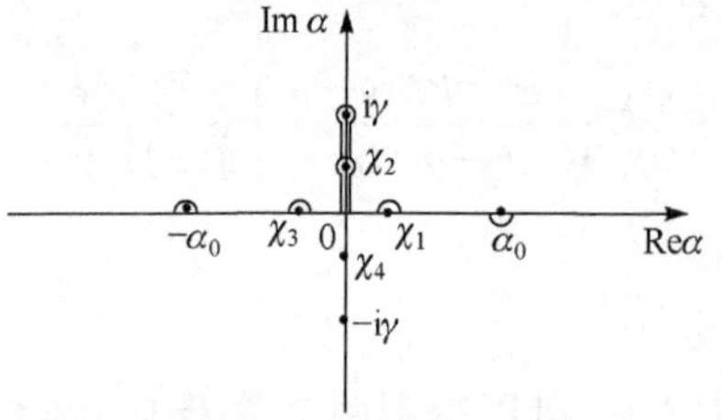

图 3-3　积分路径 C_+ 示意图

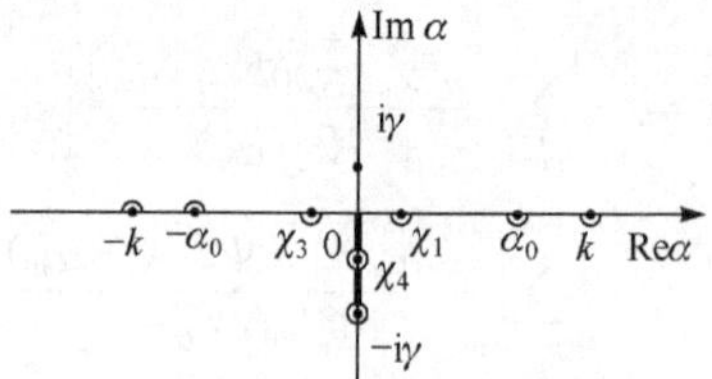

图 3-4　积分路径 C_- 示意图

第一、二个求和项选取的积分路径为C_+，封闭在上半平面；第三个求和项选取的积分路径为C_-，封闭在下半平面，这样可得

$$\frac{1}{2\pi i}\int_{C_+}\frac{\alpha^2 b(\alpha)N_1(\alpha)}{\beta(\alpha)K_-(\alpha)}(a_1\alpha+b_1)d\alpha+\frac{1}{2\pi i}\int_{C_-}\frac{e^{-i\alpha L}\alpha^2 b(\alpha)\Psi_-^*(\alpha)N_1(\alpha)d\alpha}{\beta(\alpha)K(\alpha)}$$
$$-\frac{1}{2\pi i}\sum_{j=0}^{2}\frac{e^{i\alpha_j L}\Psi_-^*(-\alpha_j)}{K'_+(-\alpha_j)}\int_{C_+}\frac{\alpha^2 b(\alpha)N_1(\alpha)d\alpha}{\beta(\alpha)K_-(\alpha)(\alpha_j+\alpha)}=0 \tag{3-50a}$$

$$\frac{1}{2\pi i}\int_{C_+}\frac{\alpha b(\alpha)N_2(\alpha)}{\beta(\alpha)K_-(\alpha)}(a_1\alpha+b_1)d\alpha+\frac{1}{2\pi i}\int_{C_-}\frac{\alpha e^{-i\alpha L}b(\alpha)\Psi_-^*(\alpha)N_2(\alpha)d\alpha}{\beta(\alpha)K(\alpha)}$$
$$-\frac{1}{2\pi i}\sum_{j=0}^{2}\frac{e^{i\alpha_j L}\Psi_-^*(-\alpha_j)}{K'_+(-\alpha_j)}\int_{C_+}\frac{\alpha b(\alpha)N_2(\alpha)d\alpha}{\beta(\alpha)K_-(\alpha)(\alpha_j+\alpha)}=0 \tag{3-50b}$$

利用留数定理可得如下方程

$$A_{11}a_1+A_{12}a_2=\sum_{s=1}^{4}\frac{\chi_s^2 b(\chi_s)N_1(\chi_s)}{\beta'(\chi_s)K_-(\chi_s)}\frac{1}{2\pi i}\int_{C_-}\frac{e^{-i\alpha L}\Psi_-^*(\alpha)d\alpha}{K_+(\alpha)(-\alpha+\chi_s)}$$
$$+\frac{i\gamma b(i\gamma)}{2\beta(i\gamma)}\frac{1}{2\pi i}\int_{C_-}\frac{e^{-i\alpha L}\Psi_-^*(\alpha)}{K_+(\alpha)}$$

$$\left[\frac{1}{K_-(\mathrm{i}\gamma)(-\alpha+\mathrm{i}\gamma)}+\frac{1}{K_-(-\mathrm{i}\gamma)(\alpha+\mathrm{i}\gamma)}\right]\mathrm{d}\alpha \quad (3\text{-}51a)$$

$$\begin{aligned}A_{21}a_1+A_{22}a_2=&\sum_{s=1}^{4}\frac{\chi_s b(\chi_s)N_2(\chi_s)}{\beta'(\chi_s)K_-(\chi_s)}\frac{1}{2\pi\mathrm{i}}\int_{C_-}\frac{\mathrm{e}^{-\mathrm{i}\alpha L}\Psi_-^*(\alpha)\mathrm{d}\alpha}{K_+(\alpha)(-\alpha+\chi_s)}\\&+\frac{qb(\mathrm{i}\gamma)}{2\beta(\mathrm{i}\gamma)}\frac{1}{2\pi\mathrm{i}}\int_{C_-}\frac{\mathrm{e}^{-\mathrm{i}\alpha L}\Psi_-^*(\alpha)}{K_+(\alpha)}\\&\left[\frac{1}{K_-(\mathrm{i}\gamma)(-\alpha+\mathrm{i}\gamma)}-\frac{1}{K_-(-\mathrm{i}\gamma)(\alpha+\mathrm{i}\gamma)}\right]\mathrm{d}\alpha\end{aligned} \quad (3\text{-}51b)$$

式中，

$$A_{11}=\frac{1}{2\pi\mathrm{i}}\int_{C_+}\frac{\alpha^3 b(\alpha)N_1(\alpha)}{\beta(\alpha)K_-(\alpha)}\mathrm{d}\alpha;A_{12}=\frac{1}{2\pi\mathrm{i}}\int_{C_+}\frac{\alpha^2 b(\alpha)N_1(\alpha)}{\beta(\alpha)K_-(\alpha)}\mathrm{d}\alpha;$$

$$A_{21}=\frac{1}{2\pi\mathrm{i}}\int_{C_+}\frac{\alpha^2 b(\alpha)N_2(\alpha)}{\beta(\alpha)K_-(\alpha)}\mathrm{d}\alpha;A_{22}=\frac{1}{2\pi\mathrm{i}}\int_{C_+}\frac{\alpha b(\alpha)N_2(\alpha)}{\beta(\alpha)K_-(\alpha)}\mathrm{d}\alpha$$

求解上述方程组，可得到确定未知常数 a_1，a_2 的表达式

$$\begin{aligned}a_1=&\sum_{s=1}^{4}\frac{\chi_s b(\chi_s)[\chi_s N_1(\chi_s)A_{22}-N_2(\chi_s)A_{12}]}{\beta'(\chi_s)K_-(\chi_s)(A_{11}A_{22}-A_{12}A_{21})}\frac{1}{2\pi\mathrm{i}}\int_{C_-}\frac{\mathrm{e}^{-\mathrm{i}\alpha L}\Psi_-^*(\alpha)\mathrm{d}\alpha}{K_+(\alpha)(-\alpha+\chi_s)}\\&+\frac{b(\mathrm{i}\gamma)(\mathrm{i}\gamma A_{22}-qA_{12})}{2\beta(\mathrm{i}\gamma)(A_{11}A_{22}-A_{12}A_{21})}\frac{1}{2\pi\mathrm{i}}\int_{C_-}\frac{\mathrm{e}^{-\mathrm{i}\alpha L}\Psi_-^*(\alpha)}{K_+(\alpha)K_-(\mathrm{i}\gamma)(-\alpha+\mathrm{i}\gamma)}\mathrm{d}\alpha\\&+\frac{b(\mathrm{i}\gamma)(\mathrm{i}\gamma A_{22}+qA_{12})}{2\beta(\mathrm{i}\gamma)(A_{11}A_{22}-A_{12}A_{21})}\frac{1}{2\pi\mathrm{i}}\int_{C_-}\frac{\mathrm{e}^{-\mathrm{i}\alpha L}\Psi_-^*(\alpha)}{K_+(\alpha)K_-(-\mathrm{i}\gamma)(\alpha+\mathrm{i}\gamma)}\mathrm{d}\alpha\end{aligned} \quad (3\text{-}52a)$$

$$\begin{aligned}a_2=&\sum_{s=1}^{4}\frac{\chi_s b(\chi_s)[\chi_s N_1(\chi_s)A_{21}-N_2(\chi_s)A_{11}]}{\beta'(\chi_s)K_-(\chi_s)(A_{12}A_{21}-A_{11}A_{22})}\frac{1}{2\pi\mathrm{i}}\int_{C_-}\frac{\mathrm{e}^{-\mathrm{i}\alpha L}\Psi_-^*(\alpha)\mathrm{d}\alpha}{K_+(\alpha)(-\alpha+\chi_s)}\\&+\frac{b(\mathrm{i}\gamma)(\mathrm{i}\gamma A_{21}-qA_{11})}{2\beta(\mathrm{i}\gamma)(A_{12}A_{21}-A_{11}A_{22})}\frac{1}{2\pi\mathrm{i}}\int_{C_-}\frac{\mathrm{e}^{-\mathrm{i}\alpha L}\Psi_-^*(\alpha)}{K_+(\alpha)}\frac{1}{K_-(\mathrm{i}\gamma)(-\alpha+\mathrm{i}\gamma)}\mathrm{d}\alpha\\&+\frac{b(\mathrm{i}\gamma)(\mathrm{i}\gamma A_{21}+qA_{11})}{2\beta(\mathrm{i}\gamma)(A_{12}A_{21}-A_{11}A_{22})}\frac{1}{2\pi\mathrm{i}}\int_{C_-}\frac{\mathrm{e}^{-\mathrm{i}\alpha L}\Psi_-^*(\alpha)}{K_+(\alpha)}\frac{1}{K_-(-\mathrm{i}\gamma)(\alpha+\mathrm{i}\gamma)}\mathrm{d}\alpha\end{aligned} \quad (3\text{-}52b)$$

求解另外两个未知常数 b_1，b_2，由方程(3-31a)和(3-31b)，可得到下式

$$X_1(\alpha)K_+(\alpha)-R_+(\alpha)+S_+(\alpha)+\frac{B}{\mathrm{i}(\alpha+\mu)K_+(\mu)}=b_1\alpha+b_2 \quad (3\text{-}53)$$

同理，利用 Fourier 逆变换，对上式进行变换并关于 z 进行求偏导，得到

$$\begin{aligned}\frac{\partial\varphi^{(s)}}{\partial z}(x,0)=&\frac{1}{2\pi}\int_{-\infty}^{\infty}\frac{\mathrm{e}^{-\mathrm{i}\alpha x}\sqrt{\alpha^2-\mathrm{i}\delta}K_-(\alpha)}{K_2(\alpha)}\left[b_1\alpha+b_2-\frac{B}{\mathrm{i}(\alpha+\mu)K_+(\mu)}\right.\\&\left.+\frac{1}{2\pi\mathrm{i}}\int_{-\infty-\mathrm{i}\sigma}^{\infty-\mathrm{i}\sigma}\frac{\mathrm{e}^{\mathrm{i}\zeta L}\Psi_+(\zeta)\mathrm{d}\zeta}{K_-(\zeta)(\zeta-\alpha)}\right]\mathrm{d}\alpha\end{aligned} \quad (3\text{-}54)$$

函数 $K_-(\zeta)$ 在点 $\alpha_j(j=0,1,2)$ 有零值，在点 μ 有极值。所以这个积分值在点 $\zeta=\alpha_j(j=0,1,2)$ 和 $\zeta=\alpha$ 有极点，且都是一阶极点。首先对内部积分进行化简，选择封闭区域为上半平面 Ω_+，利用留数定理可得

$$\frac{1}{2\pi i}\int_{-\infty-i\sigma}^{\infty-i\sigma}\frac{e^{i\zeta L}\Psi_+(\zeta)d\zeta}{K_-(\zeta)(\zeta-\alpha)}=\frac{e^{i\alpha L}\Psi_+(\alpha)}{K_-(\alpha)}+\sum_{j=0}^{2}\frac{e^{i\alpha_j L}\Psi_+(\alpha_j)}{K'_-(\alpha_j)(\alpha_j-\alpha)} \tag{3-55}$$

将上式代入式(3-54)，可得

$$\begin{aligned}\frac{\partial\varphi^{(s)}}{\partial y}(x,0)=&\frac{1}{2\pi}\int_{-\infty}^{\infty}\frac{e^{-i\alpha x}\sqrt{\alpha^2-i\delta}K_-(\alpha)}{K_2(\alpha)}\left[b_1\alpha+b_2-\frac{B}{i(\alpha+\mu)K_+(\mu)}\right]d\alpha\\&+\frac{1}{2\pi}\int_{-\infty}^{\infty}\frac{e^{-i\alpha(x-L)}\sqrt{\alpha^2-i\delta}\Psi_+(\alpha)}{K_2(\alpha)}d\alpha\\&+\frac{1}{2\pi}\sum_{j=0}^{2}\frac{e^{i\alpha_j L}\Psi_+(\alpha_j)}{K'_-(\alpha_j)}\int_{-\infty}^{\infty}\frac{e^{-i\alpha x}\sqrt{\alpha^2-i\delta}K_-(\alpha)}{K_2(\alpha)(\alpha_j-\alpha)}d\alpha\end{aligned} \tag{3-56}$$

对于第二个积分，选择实轴以上半平面作为积分封闭路径，对于第一个、第三个积分选择实轴以下半平面作为积分封闭路径，利用留数定理，得到 $\frac{\partial\varphi^{(s)}}{\partial z}(x,0)$ 的表达式

$$\begin{aligned}\frac{\partial\varphi^{(s)}}{\partial z}(x,0)=&-i\sum_{m=0}^{2}\frac{e^{i\alpha_m x}\sqrt{\alpha_m^2-i\delta}K_-(-\alpha_m)}{K'_2(-\alpha_m)}\left[-b_1\alpha_m+b_2-\frac{B}{i(\mu-\alpha_m)K_+(\mu)}\right.\\&\left.+\sum_{j=0}^{2}\frac{e^{i\alpha_j L}\Psi_+(\alpha_j)}{K'_-(\alpha_j)(\alpha_j+\alpha_m)}\right]-e^{i\mu x}+i\sum_{m=0}^{2}\frac{e^{-i\alpha_m(x-L)}\sqrt{\alpha_m^2-i\delta}\Psi_+(\alpha_m)}{K'_2(\alpha_m)}\end{aligned} \tag{3-57}$$

根据 $\varphi=\varphi^{(i)}+\varphi^{(s)}$，可以得到

$$\begin{aligned}\frac{\partial\varphi}{\partial z}(x,0)=&-i\sum_{m=-2}^{\infty}\frac{e^{i\alpha_m x}\sqrt{\alpha_m^2-i\delta}K_-(-\alpha_m)}{K'_2(-\alpha_m)}\left[-b_1\alpha_m+b_2-\frac{B}{i(\mu-\alpha_m)K_+(\mu)}\right.\\&\left.+\sum_{j=0}^{2}\frac{e^{i\alpha_j L}\Psi_+(\alpha_j)}{K'_-(\alpha_j)(\alpha_j+\alpha_m)}\right]+i\sum_{m=0}^{2}\frac{e^{-i\alpha_m(x-L)}\sqrt{\alpha_m^2-i\delta}\Psi_+(\alpha_m)}{K'_2(\alpha_m)}\end{aligned} \tag{3-58}$$

根据式(3-7)、(3-44) 可得

$$\begin{aligned}w(x)=&\sum_{m=0}^{2}\frac{e^{i\alpha_m x}\sqrt{\alpha_m^2-i\delta}K_-(-\alpha_m)}{K'_2(-\alpha_m)}\left[-b_1\alpha_m+b_2-\frac{B}{i(\mu-\alpha_m)K_+(\mu)}\right.\\&\left.+\sum_{j=0}^{2}\frac{e^{i\alpha_j L}\Psi_+(\alpha_j)}{K'_-(\alpha_j)(\alpha_j+\alpha_m)}\right]-\sum_{m=0}^{2}\frac{e^{-i\alpha_m(x-L)}\sqrt{\alpha_m^2-i\delta}\Psi_+(\alpha_m)}{K'_2(\alpha_m)}\end{aligned} \tag{3-59}$$

由式(3-7) 可以得到广义函数 $F(x)$ 的表达式

$$F(x)=\sum_{m=0}^{2}\frac{q\sqrt{\alpha_m^2-i\delta}K_-(-\alpha_m)N_1(\alpha_m)e^{i\alpha_m x}}{K'_2(-\alpha_m)}\left[-b_1\alpha_m+b_2-\frac{B}{i(\mu-\alpha_m)K_+(\mu)}\right.$$

$$+\sum_{j=0}^{2}\frac{e^{i\alpha_j L}\Psi_+(\alpha_j)}{K'_-(\alpha_j)(\alpha_j+\alpha_m)}\Bigg]-\sum_{m=0}^{2}\frac{q\sqrt{\alpha_m^2-i\delta}\Psi_+(\alpha_m)N_1(\alpha_m)e^{-i\alpha_m(x-L)}}{K'_2(\alpha_m)} \tag{3-60}$$

同样应用板两端自由边界条件(3-8)和(3-9)可以得到两个关于未知常数 b_1，b_2 的方程

$$\begin{aligned}&\sum_{m=0}^{2}\frac{\alpha_m^2\sqrt{\alpha_m^2-i\delta}K_-(-\alpha_m)N_1(\alpha_m)}{K'_2(-\alpha_m)}\Bigg[-b_1\alpha_m+b_2\\&-\frac{B}{i(\mu-\alpha_m)K_+(\mu)}+\sum_{j=0}^{2}\frac{e^{i\alpha_j L}\Psi_+(\alpha_j)}{K'_-(\alpha_j)(\alpha_j+\alpha_m)}\Bigg]\\&-\sum_{m=0}^{2}\frac{e^{i\alpha_m L}\alpha_m^2\sqrt{\alpha_m^2-i\delta}\Psi_+(\alpha_m)N_1(\alpha_m)}{K'_2(\alpha_m)}=0\end{aligned} \tag{3-61a}$$

$$\begin{aligned}&\sum_{m=0}^{2}\frac{\alpha_m\sqrt{\alpha_m^2-i\delta}K_-(-\alpha_m)N_2(\alpha_m)}{K'_2(-\alpha_m)}\Bigg[-b_1\alpha_m+b_2\\&-\frac{B}{i(\mu-\alpha_m)K_+(\mu)}+\sum_{j=0}^{2}\frac{e^{i\alpha_j L}\Psi_+(\alpha_j)}{K'_-(\alpha_j)(\alpha_j+\alpha_m)}\Bigg]\\&+\sum_{m=0}^{2}\frac{\alpha_m e^{i\alpha_m L}\sqrt{\alpha_m^2-i\delta}\Psi_+(\alpha_m)N_2(\alpha_m)}{K'_2(\alpha_m)}=0\end{aligned} \tag{3-61b}$$

同理，可得到常数 b_1，b_2 的表达式

$$\begin{aligned}b_1=&\frac{P_{22}Q_1-P_{12}Q_2}{(P_{11}P_{22}-P_{12}P_{21})}\\&+\sum_{s=1}^{4}\frac{\chi_s b(\chi_s)[N_2(\chi_s)P_{12}-\chi_s N_1(\chi_s)P_{22}]}{\beta'(\chi_s)K_+(\chi_s)(P_{11}P_{22}-P_{12}P_{21})}\frac{1}{2\pi i}\int_{C_+}\frac{e^{i\alpha L}\Psi_+(\alpha)d\alpha}{K_-(\alpha)(\alpha-\chi_s)}\\&+\frac{b(i\gamma)(qP_{12}-i\gamma P_{22})}{2\beta(i\gamma)(P_{11}P_{22}-P_{12}P_{21})}\frac{1}{2\pi i}\int_{C_+}\frac{e^{i\alpha L}\Psi_+(\alpha)}{K_-(\alpha)K_+(i\gamma)(\alpha-i\gamma)}d\alpha\\&+\frac{b(i\gamma)(qP_{12}+i\gamma P_{22})}{2\beta(i\gamma)(P_{11}P_{22}-P_{12}P_{21})}\frac{1}{2\pi i}\int_{C_+}\frac{e^{i\alpha L}\Psi_+(\alpha)}{K_-(\alpha)K_+(-i\gamma)(\alpha+i\gamma)}d\alpha\end{aligned} \tag{3-62a}$$

$$\begin{aligned}b_2=&\frac{P_{21}Q_1-P_{11}Q_2}{(P_{12}P_{21}-P_{11}P_{22})}\\&+\sum_{s=1}^{4}\frac{\chi_s b(\chi_s)[N_2(\chi_s)P_{11}-\chi_s N_1(\chi_s)P_{21}]}{\beta'(\chi_s)K_+(\chi_s)(P_{12}P_{21}-P_{11}P_{22})}\frac{1}{2\pi i}\int_{C_+}\frac{e^{i\alpha L}\Psi_+(\alpha)d\alpha}{K_-(\alpha)(\alpha-\chi_s)}\\&+\frac{b(i\gamma)(qP_{11}-i\gamma P_{21})}{2\beta(i\gamma)(P_{12}P_{21}-P_{11}P_{22})}\frac{1}{2\pi i}\int_{C_+}\frac{e^{i\alpha L}\Psi_+(\alpha)}{K_-(\alpha)K_+(i\gamma)(\alpha-i\gamma)}d\alpha\\&+\frac{b(i\gamma)(qP_{11}+i\gamma P_{21})}{2\beta(i\gamma)(P_{12}P_{21}-P_{11}P_{22})}\frac{1}{2\pi i}\int_{C_+}\frac{e^{i\alpha L}\Psi_+(\alpha)}{K_-(\alpha)K_+(-i\gamma)(\alpha+i\gamma)}d\alpha\end{aligned} \tag{3-62b}$$

式中，

$$P_{11}=\frac{1}{2\pi i}\int_{C_-}\frac{\alpha^3 b(\alpha)N_1(\alpha)d\alpha}{\beta(\alpha)K_+(\alpha)};P_{12}=\frac{1}{2\pi i}\int_{C_-}\frac{\alpha^2 b(\alpha)N_1(\alpha)d\alpha}{\beta(\alpha)K_+(\alpha)};$$

$$P_{21}=\frac{1}{2\pi i}\int_{C_-}\frac{\alpha^2 b(\alpha)N_2(\alpha)d\alpha}{\beta(\alpha)K_+(\alpha)};P_{22}=\frac{1}{2\pi i}\int_{C_-}\frac{\alpha b(\alpha)N_2(\alpha)d\alpha}{\beta(\alpha)K_+(\alpha)};$$

$$Q_1=\frac{1}{2\pi i}\int_{C_-}\frac{\alpha^2 b(\alpha)BN_1(\alpha)d\alpha}{i(\mu+\alpha)K_+(\mu)\beta(\alpha)K_+(\alpha)};Q_2=\frac{1}{2\pi i}\int_{C_-}\frac{\alpha b(\alpha)BN_2(\alpha)d\alpha}{i(\mu+\alpha)K_+(\mu)\beta(\alpha)K_+(\alpha)}$$

将系数 a_1,a_2,b_1 和 b_2 的表达式分别代入式(3-34a)和式(3-34b)，可得到如下方程组

$$\begin{aligned}&\frac{\Psi_+(\alpha)}{K_+(\alpha)}+\frac{1}{2\pi i}\int_{-\infty-i\sigma}^{\infty-i\sigma}\frac{e^{-i\zeta L}\Psi_-^*(\zeta)d\zeta}{K_+(\zeta)(\zeta-\alpha)}\\&-\sum_{s=1}^{4}\frac{\chi_s b(\chi_s)[\chi_s N_1(\chi_s)(A_{22}\alpha-A_{21})-N_2(\chi_s)(A_{12}\alpha-A_{11})]}{\beta'(\chi_s)K_-(\chi_s)(A_{11}A_{22}-A_{12}A_{21})}\frac{1}{2\pi i}\int_{C_-}\frac{e^{-i\zeta L}\Psi_-^*(\zeta)d\zeta}{K_+(\zeta)(-\zeta+\chi_s)}\\&-\frac{b(i\gamma)[i\gamma(A_{22}\alpha-A_{21})-q(A_{12}\alpha-A_{11})]}{2\beta(i\gamma)(A_{11}A_{22}-A_{12}A_{21})}\frac{1}{2\pi i}\int_{C_-}\frac{e^{-i\zeta L}\Psi_-^*(\zeta)}{K_+(\zeta)K_-(i\gamma)(-\zeta+i\gamma)}d\zeta\\&-\frac{b(i\gamma)[i\gamma(A_{22}\alpha-A_{21})+q(A_{12}\alpha-A_{11})]}{2\beta(i\gamma)(A_{11}A_{22}-A_{12}A_{21})}\frac{1}{2\pi i}\int_{C_-}\frac{e^{-i\zeta L}\Psi_-^*(\zeta)}{K_+(\zeta)K_-(-i\gamma)(\zeta+i\gamma)}d\zeta=0\end{aligned}\tag{3-63a}$$

$$\begin{aligned}&\frac{\Psi_-^*(\alpha)}{K_-(\alpha)}-\frac{1}{2\pi i}\int_{-\infty+i\sigma}^{\infty+i\sigma}\frac{e^{i\zeta L}\Psi_+(\zeta)}{K_-(\zeta)(\zeta-\alpha)}d\zeta\\&-\sum_{s=1}^{4}\frac{\chi_s b(\chi_s)[N_2(\chi_s)(P_{12}\alpha-P_{11})-\chi_s N_1(\chi_s)(P_{22}\alpha-P_{21})]}{\beta'(\chi_s)K_+(\chi_s)(P_{11}P_{22}-P_{12}P_{21})}\frac{1}{2\pi i}\int_{C_+}\frac{e^{i\zeta L}\Psi_+(\zeta)d\zeta}{K_-(\zeta)(\zeta-\chi_s)}\\&-\frac{b(i\gamma)[q(P_{12}\alpha-P_{11})-i\gamma(P_{22}\alpha-P_{21})]}{2\beta(i\gamma)(P_{11}P_{22}-P_{12}P_{21})}\frac{1}{2\pi i}\int_{C_+}\frac{e^{i\zeta L}\Psi_+(\zeta)}{K_-(\zeta)K_+(i\gamma)(\zeta-i\gamma)}d\zeta\\&-\frac{b(i\gamma)[q(P_{12}\alpha-P_{11})+i\gamma(P_{22}\alpha-P_{21})]}{2\beta(i\gamma)(P_{11}P_{22}-P_{12}P_{21})}\frac{1}{2\pi i}\int_{C_+}\frac{e^{i\zeta L}\Psi_+(\zeta)}{K_-(\zeta)K_+(-i\gamma)(\zeta+i\gamma)}d\zeta\\&=\frac{Q_1(P_{22}\alpha-P_{21})+Q_2(P_{11}-P_{12}\alpha)}{(P_{11}P_{22}-P_{12}P_{21})}-\frac{B}{i(\alpha+\mu)K_-(-\mu)}\end{aligned}\tag{3-63b}$$

为了数值求解积分方程组，引进如下新的未知函数

$$\xi(\alpha)=\Psi_+(\alpha)/K_+(\alpha)\tag{3-64a}$$

$$\eta(\alpha)=\Psi_-^*(\alpha)/K_-(\alpha)\tag{3-64b}$$

将式(3-64a)和(3-64b)分别代入到式(3-63a)和(3-63b)，同时利用留数定理来计算积分项。对于第一个方程，积分项选择封闭区域为下半平面，且 $\alpha=\alpha_j$，$j=0,1,2$，同样第二个方程积分项选择封闭区域为上半平面，且取 $\alpha=-\alpha_j$，$j=0,1,2$，

同时令 $\xi_j=\xi(\alpha_j)$，$\eta_j=\eta(-\alpha_j)$，积分方程组可化为如下代数方程组

$$\begin{aligned}\xi_j+\sum_{m=0}^{2}\eta_m\frac{e^{i\alpha_m L}K_+^2(\alpha_m)K_1(\alpha_m)}{K'_2(-\alpha_m)}&\left\{\frac{1}{(\alpha_m+\alpha_j)}+\frac{b(i\gamma)[i\gamma(A_{22}\alpha_j-A_{21})-q(A_{12}\alpha_j-A_{11})]}{2\beta(i\gamma)(A_{11}A_{22}-A_{12}A_{21})K_-(i\gamma)(\alpha_m+i\gamma)}\right.\\&+\sum_{s=1}^{4}\frac{\chi_s b(\chi_s)[\chi_s N_1(\chi_s)(A_{22}\alpha_j-A_{21})-N_2(\chi_s)(A_{12}\alpha_j-A_{11})]}{\beta'(\chi_s)K_-(\chi_s)(A_{11}A_{22}-A_{12}A_{21})(\alpha_m+\chi_s)}\\&\left.+\frac{b(i\gamma)[i\gamma(A_{22}\alpha_j-A_{21})+q(A_{12}\alpha_j-A_{11})]}{2\beta(i\gamma)(A_{11}A_{22}-A_{12}A_{21})K_-(-i\gamma)(-\alpha_m+i\gamma)}\right\}=0\end{aligned}\tag{3-65a}$$

$$\begin{aligned}\eta_j-\sum_{m=0}^{2}\xi_m&\frac{e^{i\alpha_m L}K_+^2(\alpha_m)K_1(\alpha_m)}{K'_2(\alpha_m)}\\&\times\left\{\sum_{s=1}^{4}\frac{\chi_s b(\chi_s)[-N_2(\chi_s)(P_{12}\alpha_j+P_{11})+\chi_s N_1(\chi_s)(P_{22}\alpha_j+P_{21})]}{\beta'(\chi_s)K_+(\chi_s)(P_{11}P_{22}-P_{12}P_{21})(\alpha_m-\chi_s)}\right.\\&+\frac{b(i\gamma)[-q(P_{12}\alpha_j+P_{11})+i\gamma(P_{22}\alpha_j+P_{21})]}{2\beta(i\gamma)(P_{11}P_{22}-P_{12}P_{21})K_+(i\gamma)(\alpha_m-i\gamma)}\\&\left.+\frac{b(i\gamma)[-q(P_{12}\alpha_j+P_{11})-i\gamma(P_{22}\alpha_j+P_{21})]}{2\beta(i\gamma)(P_{11}P_{22}-P_{12}P_{21})K_+(-i\gamma)(\alpha_m+i\gamma)}+\frac{1}{(\alpha_m+\alpha_j)}\right\}\\&=\frac{-Q_1(P_{22}\alpha_j+P_{21})+Q_2(P_{11}+P_{12}\alpha_j)}{(P_{11}P_{22}-P_{12}P_{21})}-\frac{B}{i(\mu-\alpha_j)K_-(-\mu)}\end{aligned}\tag{3-65b}$$

式(3-65a)和(3-65b)即为确定未知函数 $\xi_j=\xi(\alpha_j)$，$\eta_j=\eta(-\alpha_j)$ 离散值的代数方程组。

3.4　弹性浮板的动响应、动弯矩、反射和透射系数

为了计算平板挠度分布，由式(3-19)、式(3-25)、式(3-26)、式(3-33a)和式(3-33b)可得

$$C(\alpha)=\frac{1}{K_2(\alpha)}[\Psi_+(\alpha)e^{i\alpha L}+\Psi_-^*(\alpha)]\tag{3-66}$$

根据式(3-19) 和式(3-66)，利用 Fourier 逆变换，可得到散射速度势 $\varphi^{(s)}$ 的表达式

$$\varphi^{(s)}(x,z)=\frac{1}{2\pi}\int_{-\infty}^{\infty}\frac{e^{-i\alpha(x-L)}e^{z\sqrt{\alpha^2-i\delta}}\Psi_+(\alpha)d\alpha}{K_2(\alpha)}+\frac{1}{2\pi}\int_{-\infty}^{\infty}\frac{e^{-i\alpha x}e^{z\sqrt{\alpha^2-i\delta}}\Psi_-^*(\alpha)d\alpha}{K_2(\alpha)}\tag{3-67}$$

把式(3-67) 对 $z=0$ 处求偏导数，得到如下表达式

$$\frac{\partial}{\partial z}\varphi^{(s)}(x,0)=i\sum_{m=0}^{2}\frac{\sqrt{\alpha_m^2-i\delta}}{K'_2(\alpha_m)}[e^{-i\alpha_m(x-L)}\Psi_+(\alpha_m)+e^{i\alpha_m x}\Psi_-^*(-\alpha_m)]-e^{i\gamma x}\tag{3-68}$$

根据 $\varphi=\varphi^{(i)}+\varphi^{(s)}$，可以得到流场总速度势的如下表达式

$$\frac{\partial}{\partial z}\varphi^{(s)}(x,0)=\mathrm{i}\sum_{m=0}^{2}\frac{\sqrt{\alpha_m^2-\mathrm{i}\delta}}{K'_2(\alpha_m)}\left[\mathrm{e}^{-\mathrm{i}\alpha_m(x-L)}\Psi_+(\alpha_m)+\mathrm{e}^{\mathrm{i}\alpha_m x}\Psi_-^*(-\alpha_m)\right] \tag{3-69}$$

根据式(3-7)、(3-44)可得

$$w(x)=\mathrm{i}\frac{\partial\varphi}{\partial z}(x,0)=-\sum_{m=0}^{2}\frac{\sqrt{\alpha_m^2-\mathrm{i}\delta}}{K'_2(\alpha_m)}\left[\mathrm{e}^{-\mathrm{i}\alpha_m(x-L)}\Psi_+(\alpha_m)+\mathrm{e}^{\mathrm{i}\alpha_m x}\Psi_-^*(-\alpha_m)\right] \tag{3-70}$$

由式(3-7)可以得到广义函数 $F(x)$ 的表达式

$$F(x)=\sum_{m=-2}^{\infty}\frac{q\sqrt{\alpha_m^2-\mathrm{i}\delta}K_+(\alpha_m)N_1(\alpha_m)}{K'_2(\alpha_m)}\left[\mathrm{e}^{-\mathrm{i}\alpha_m(x-L)}\xi_m+\mathrm{e}^{\mathrm{i}\alpha_m x}\eta_m\right] \tag{3-71}$$

式中,ξ_m 的值决定从平板右边缘传导波的复幅值,η_m 的值决定从平板左边缘传导波的复幅值。

由第2章式(2-8),可得板内无量纲动弯矩表达式为

$$M(x)=\frac{Dl}{\rho g L_0 d}\sum_{m=0}^{2}\frac{q\alpha_m^2\sqrt{\alpha_m^2-\mathrm{i}\delta}K_+(\alpha_m)N_1(\alpha_m)}{K'_2(\alpha_m)}\left[\mathrm{e}^{-\mathrm{i}\alpha_m(x-L)}\xi_m+\mathrm{e}^{\mathrm{i}\alpha_m x}\eta_m\right] \tag{3-72}$$

为求解反射波,取 $\varphi^{(s)}$ 的形式如式(3-57)。当 $x\to-\infty$,$\varphi^{(s)}(x,0)=R\mathrm{e}^{-\mathrm{i}kx}$。$R$ 的值可由求式(3-57)中点 $\alpha=\mu$ 处的留数来确定,可得

$$R=\mathrm{i}\left\{\frac{1}{K_+(\mu)K'_1(\mu)}\left[b_1\mu+b_2-\frac{B}{2\mathrm{i}kK_+(\mu)}+\frac{1}{2\pi\mathrm{i}}\int_{-\infty-\mathrm{i}\sigma}^{\infty-\mathrm{i}\sigma}\frac{\mathrm{e}^{\mathrm{i}\zeta L}\Psi_+(\zeta)\mathrm{d}\zeta}{K_-(\zeta)(\zeta-\mu)}\right]\right\} \tag{3-73}$$

对于透射波系数,取 $\varphi^{(s)}$ 的形式如式(3-40)。当 $x\to\infty$,$\varphi(x,0)=T\mathrm{e}^{\mathrm{i}kx}$。$T$ 的值可由求式(3-40)点 $\alpha=-\mu$ 处的留数来得到,可得

$$T=1+\frac{\mathrm{i}\mathrm{e}^{-\mathrm{i}\mu L}}{K_-(-\mu)K'_1(-\mu)}\left[a_1-a_2\mu-\frac{1}{2\pi\mathrm{i}}\int_{-\infty+\mathrm{i}\sigma}^{\infty+\mathrm{i}\sigma}\frac{\mathrm{e}^{-\mathrm{i}\zeta L}\Psi_-^*(\zeta)\mathrm{d}\zeta}{K_+(\mu)(\zeta+\mu)}\right] \tag{3-74}$$

式(3-73)和(3-74)中,幅值 $|R|$ 和 $|T|$ 分别代表反射系数和透射系数。

3.5 算例分析及讨论

为验证分析计算方法的有效性,采用上述求解列式对一个具体的物理模型进行了分析计算,模型参数取为[3]:长度 $L_0=300\mathrm{m}$;厚度 $h=1.26\mathrm{mm}$;弹性模量 $E=6\mathrm{Gpa}$;板密度 $\rho_0=203\mathrm{kg/m^3}$;泊松比 $\nu=0.3$,海水密度 $\rho=1025\mathrm{kg/m^3}$。入射波的波长分别为 $0.5L_0$,$0.3L_0$,$0.1L_0$。

从图3-5～图3-7中可以看到,本文的计算结果与文献[3]通过其他方法得到的结果是非常一致的,说明本文分析求解方法是正确的,可用来分析预测其他参数

下的系统的动力学行为。同时可以看到,在短波入射时,分析计算值与文献[3]基于薄板理论得到的结果稍有些差别。

采用本文求解方法且与上面相同参数条件下,我们又对浮板的动弯矩幅值分布进行了计算,如图 3-8～图 3-10 所示。从图中可以看出,浮板的挠度幅值分布随着入射水波波长的降低而降低,但对于弯矩幅值分布而言,则变化较为复杂。

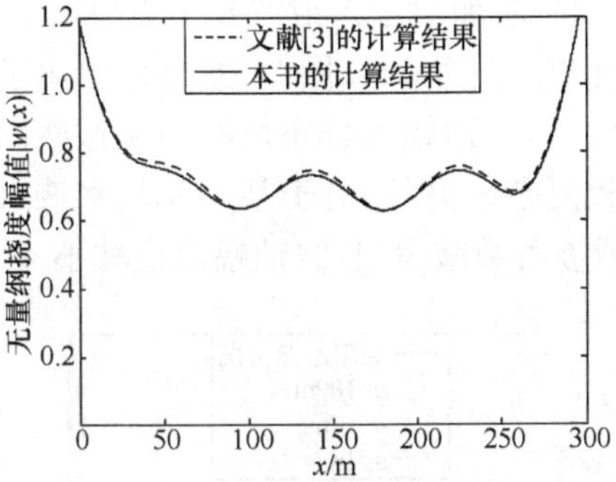

图 3-5　板的挠度幅值分布($\lambda=0.5L_0$)

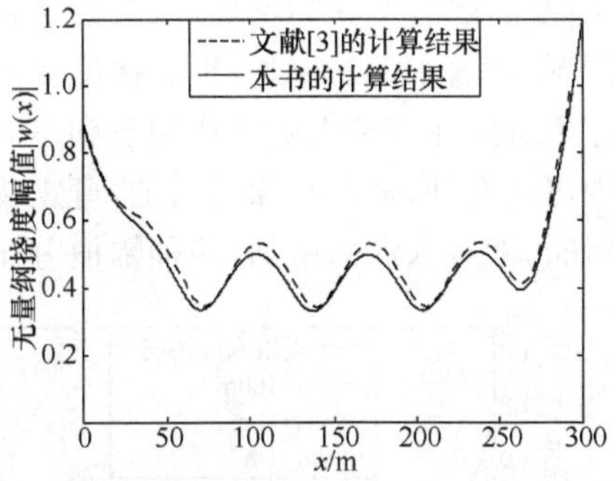

图 3-6　板的挠度幅值分布($\lambda=0.3L_0$)

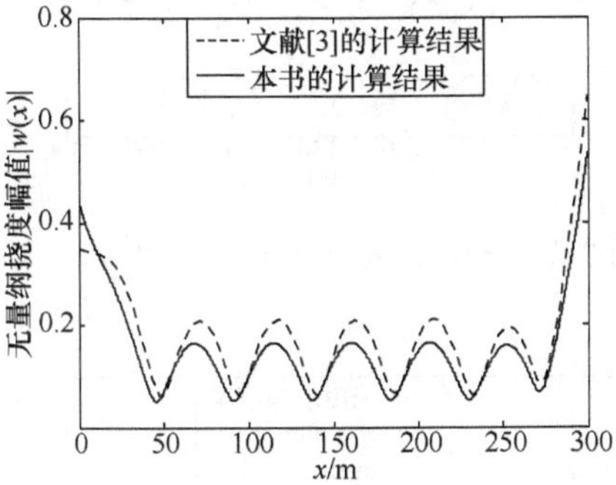

图 3-7　板的挠度幅值分布($\lambda=0.1L_0$)

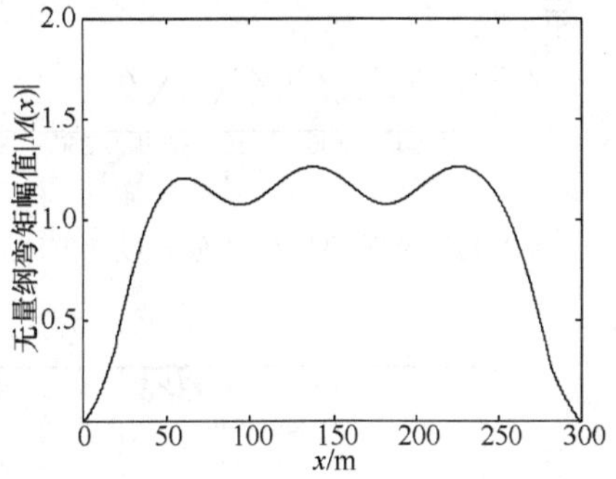

图 3-8　板的弯矩幅值分布($\lambda=0.5L_0$)

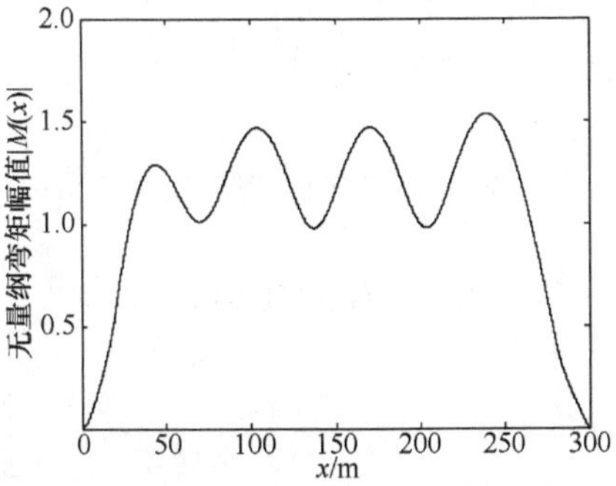

图 3-9　板的弯矩幅值分布($\lambda=0.3L_0$)

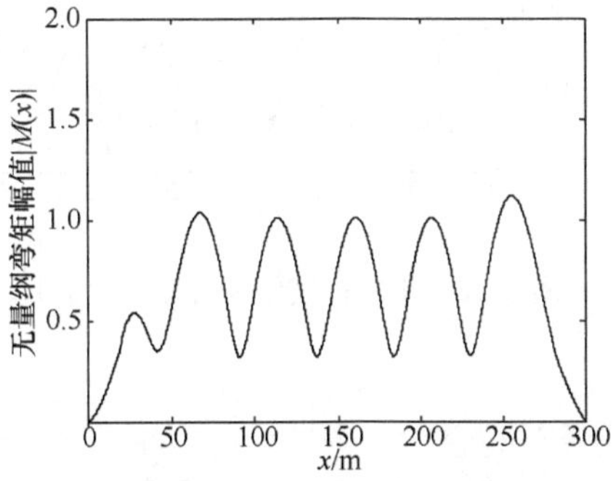

图 3-10　板的弯矩幅值分布($\lambda=0.1L_0$)

为了分析水深对浮板水弹性响应的影响规律，应用第 2 章的计算方法分别针对入射波波长为 $0.5L_0$，$0.3L_0$，$0.1L_0$，研究了不同水深情况（a=1m，10m，100m）下浮板的水动力特性。

图 3-11～图 3-13 分别给出了浮板分别在三种入射波作用下和不同水深条件下，挠度幅值分布情况。从这些图中可以看到，对于入射波长为 $\lambda=0.5L_0$，$0.3L_0$ 情况时，随着水深的增加，板上挠度幅值也整体增加；而对于入射波长为 $\lambda=0.1L_0$ 情况，随着水深的增加，板上挠度幅值变化较复杂。图 3-14～图 3-16 分别给出了浮板分别在三种入射波作用下和不同水深条件下，弯矩幅值分布情况。从这些图中可以看到，随着水深的增加，弯矩幅值变化较复杂。另外，对于某一波长水波入射时，随着水深的增加，两种幅值分布的波峰或波谷数减少，且波动幅值也减小。

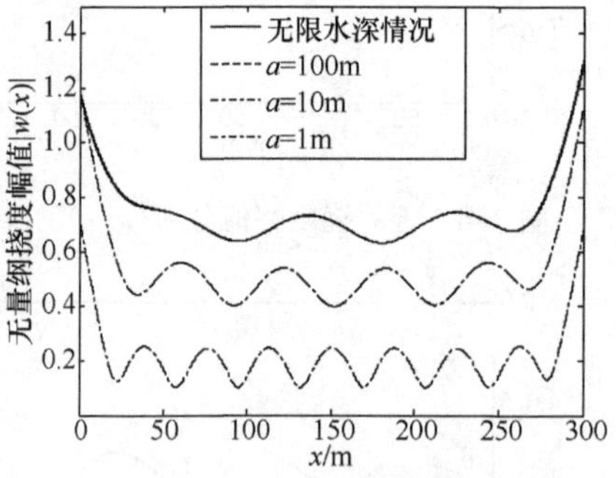

图 3-11　板的挠度幅值分布（$\lambda=0.5L_0$）

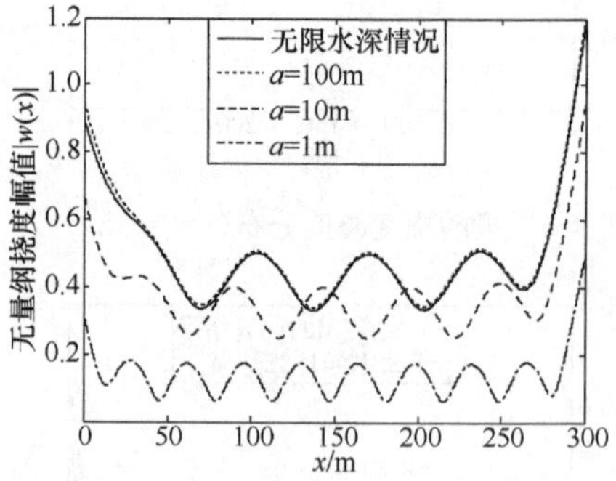

图 3-12　板的挠度幅值分布（$\lambda=0.3L_0$）

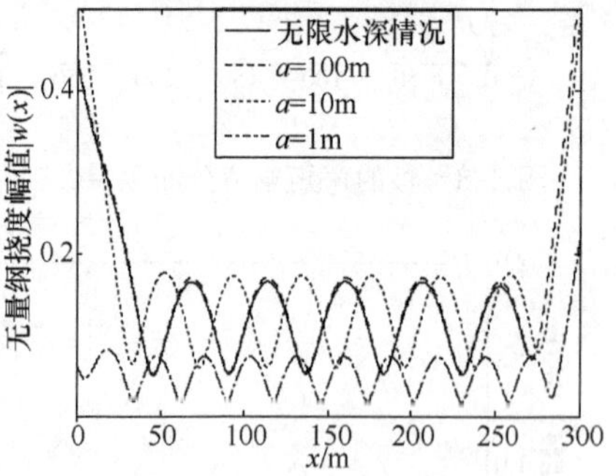

图 3-13　板的挠度幅值分布（$\lambda=0.1L_0$）

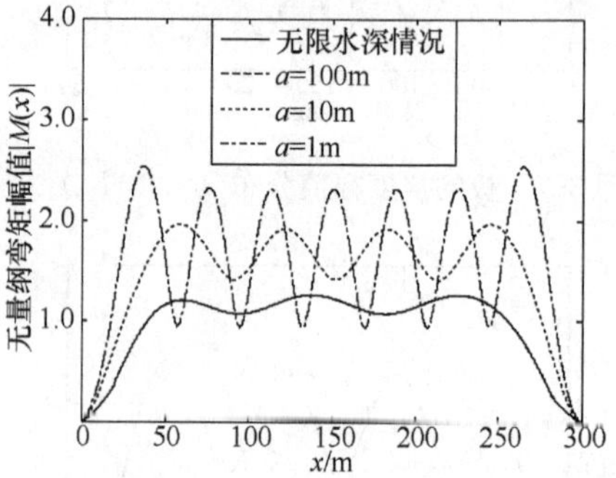

图 3-14　板的弯矩幅值分布（$\lambda=0.5L_0$）

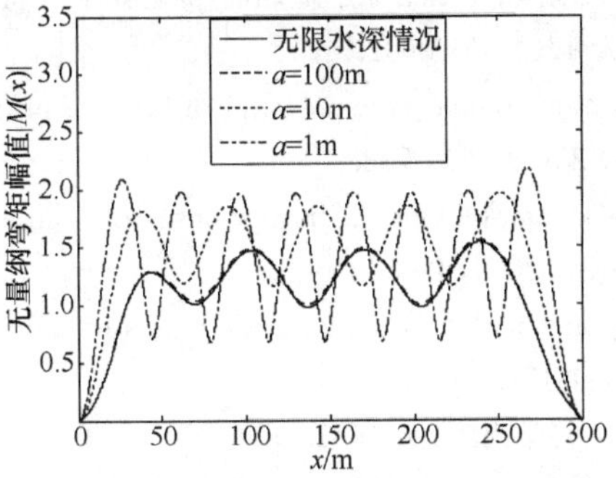

图 3-15 板的弯矩幅值分布($\lambda=0.3L_0$)

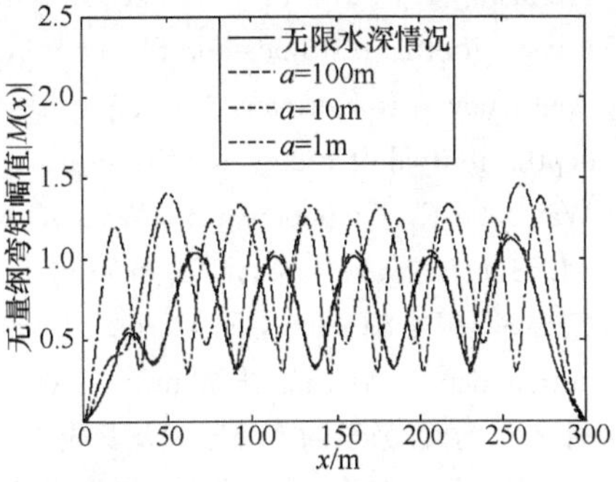

图 3-16 板的弯矩幅值分布($\lambda=0.1L_0$)

3.6 本章总结

本章对无限深水域表面上有限长浮板在单色水波作用下的动响应问题进行了研究,构造了问题的解析解。针对三种波长的入射水波,分别计算了浮板的挠度和弯矩幅值分布情况;同时,又基于第2章的研究方法研究了不同水深情况下的动力学特性,通过与无限深情况计算结果的对比,揭示水深对动响应问题的影响规律。所以基于本章的研究,可以得到以下结论:

(1) 本文的计算结果与文献[3]通过其他方法得到的结果是非常一致的,说明本文分析求解方法是正确的,可用来分析预测其他参数下系统的动力学行为。

(2) 通过分析可知,浮板的挠度幅值分布随着水深的增加而降低,但对于弯矩幅值分布而言,则变化较为复杂。在短波入射时,分析计算值与文献[3]基于薄板理论得到的结果稍有些差别。

(3) 对于中长波情况,随着水深的增加,板上挠度幅值也整体减小;而对于短入射波情况,随着水深的增加,板上挠度幅值变化较复杂。随着水深的增加,弯矩幅值变化较复杂。另外,对于某一波长水波入射,随着水深的增加,两种幅值分布的波峰或波谷数减少,且波动幅值也减小。

参考文献

[1] 赵存宝,梁瑞芬,黄海龙,张耀辉,朱中亚. 基于厚板理论分析深水域中弹性浮板的水波响应. 计算力学学报,2010,27(74):738-744.

[2] Noble B. Methods based on the wiener-hopf technique for the solution of partial differential equations. Pergamon Press,London,1958:100-120.

[3] Andrianov A I,Hermans A J. The influence of water depth on the hydroelastic response of a very large floating platform. Marine Structures,2003,16(5):355-371.

[4] Hermans A J. The ray method for the deflection of a floating flexible platform in short waves. Journal of Fluids and Structures, 2003, 17(4):593-602.

[5] Andrianov A I, Hermans A J. Hydroelasticity of a circular plate on water of finite or infinite depth. Journal of Fluids and Structures, 2005, 20(5): 719-733.

[6] Watanabe E, Utsunomiya T, Wang C M. Benchmark hydroelastic responses of a circular VLFS under wave action. Engineering Structures, 2006, 28: 423-430.

[7] Karmakar D, Sahoo T, Scattering of waves by articulated floating elastic plates in water of infinite depth. Marine Structures, 2005, 18: 451-471.

[8] 胡海昌. 弹性力学的变分原理及其应用. 北京：科学出版社，1981.

[9] 胡嗣柱，倪光炯著. 数学物理方法. 北京:高等教育出版社，1989: 316-319.

[10] Wang C D, Meylan M H. The linear wave response of a floating thin plate on water of variable depth. Applied Ocean Research, 2002, 24: 163-174.

[11] Belibassakis K A, Athanassoulis G A. Three-dimensional Green's function for harmonic water waves over a bottom topography with different depths at infinity. Journal of Fluid Mechanics, 2004, 510: 267-302.

[12] Peter M A, Meylan M H, Chung H. Wave scattering by a circular plate in water of finite depth: a closed form solution. Proceedings of the 13th International Off-shore and Polar Engineering Conference, Honolulu, USA, 2003, I: 180-185.

[13] Peter M A, Meylan M H. The eigenfunction expansion of the infinite depth free surface green function in three dimensions. Wave Motion, 2004, 40: 1-11.

第 4 章　弹性浮板在周期外载荷作用下的动力学特性

4.1 概　　述

在大尺度浮体结构的设计和建造过程中，对浮体结构在外载荷作用下的动响应研究具有重要的意义。虽然最常见和最重要的是水波激励力，但当浮体结构上面有动力设备或其他激励源激励时，因为这些激励会对浮体的安全性和可靠性产生较大的影响，这时就需要研究在激励源的作用下，水中浮体的水弹性响应问题。

这些激励源又可分为移动动载荷和固定动载荷两种情况。如浮体作为飞机场功能时，飞机的起降对浮体的作用就可看作是移动动载荷。而对于固定在浮体上的一些动力设备运转时产生的激励力可看作是固定动载荷。一般情况下，研究的最简单情况是固定作用在浮体上某个局部的周期外载荷，其中包括周期集中载荷和周期分布载荷。

Sturova 研究了弹性浮体结构在局部集中载荷作用下，稳态受迫振动的线性水弹性响应问题。首先将待求的速度势展开成相应边值问题的本征函数表示，然后将其代入相应控制微分方程中进行了求解。通过上述方法分别研究了二维有限大平板和半无限大平板问题和三维圆板问题[1]。Tkacheva 基于 Wienier-Hopf 方法研究了二维薄板在外表面荷载作用下的水弹性响应问题，文中给出了短波近似显式表达式，结果表明，某些荷载作用下，流场无水波传播，浮板的振动也局限于载荷作用点附近区域[2]。Endo 基于一种时域分析方法，研究了 VLFS 在飞机着陆和起飞时所产生的移动载荷激励下的瞬态响应问题。计算模型采用的是二维无限长 Timoshenko-Mindlin 梁模型[3]。Sturova 基于势流理论研究了浅水中二维有限长浮板和圆形板、深水中二维浮板在非定常和定常外载荷作用下的动力学问题。其中考虑了多种载荷形式以及有无惯性力[4,5]。Sturova 和 Korobkin 基于法向模态展开法研究了水面上浮板在周期分布载荷作用下的动响应问题。并对无限深或有限深有重量流体情况下的动响应和无重量无限深情况的动响应进行了对比[6]。

Tkacheva 基于 Wienier-Hopf 方法研究了半无限大薄板在外表面荷载作用下的水弹性响应问题，文中给出了忽略吃水深度的浮板水动力学近似显式表达式[7]。Yoshimoto 等通过实验研究了吃水浅的箱型超大型浮体结构在撞击载荷作用下的水弹性响应问题。试验中选取不同刚度的弹性浮板，水波为规则水波。结果显示，撞击荷载影响最大的是刚度大的浮板[8]。Qiu 和 Liu 基于时域有限元法(FEM)分析了超大型浮体结构(VLFS)在任意时变外载荷作用下的瞬态动响应问题。直接将有限元法引入时域内,水动力问题也主要基于线性理论,无黏、不可压流体及薄板理论等假设[9]。Yeung 等研究了飞行器在起飞或降落时的荷载作用下,浮板的弹性变形情况。三维荷载采用轴对称、局部压力分布模拟[10]。

由于外载荷激励响应问题的研究相对于水波激励情况的研究是少数的,尤其是考虑外载荷的作用位置和作用接触宽度对动响应的影响研究更是未见文献提及。因此,本章主要基于 Mindlin 厚板理论和 Wienier-Hopf 方法[11~13,16],针对周期外载荷(集中载荷、分布载荷)激励下有限水深水面上二维有限长弹性浮板的动力学特性进行了研究。针对不同周期外载荷的作用位置和作用接触面宽度对浮板动响应的影响进行了详细的研究。

4.2 数学模型及控制方程

假设流体是理想不可压的,流场无旋,在线性理论框架内,研究深度为 a 的流体波动中的浮板水弹性问题。取平板的左边缘作为直角坐标系(x,y,z)的原点。设平板的厚度和长度分别为 h 和 L,忽略平板的吃水深度,即把底面边界条件移到水的表面,如图 4-1 所示。板的振动由作用在其上面的周期分布外载荷 $q(x,t)=q_0(x)e^{i\omega t}$ 引起,作用区域为 $x_1\leqslant x\leqslant x_2$,外载荷的作用频率为 ω,小幅值为 $q_0(x)$。

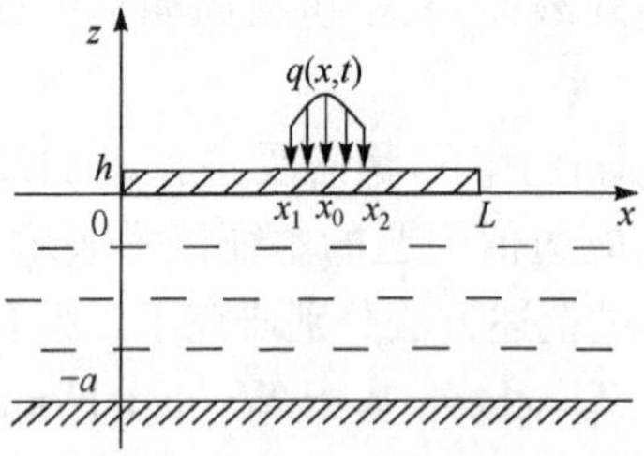

图 4-1 浮体结构-流场示意图

4.2.1 控制方程

根据上面的假设条件可知,即流场有势,速度势 φ 满足

$$\nabla^2\varphi=0 \quad (-a<z<0) \tag{4-1}$$

根据 Mindlin 厚板理论[14],平板的弹性波动控制方程为

$$D\,\nabla^2\nabla^2 F-\rho_0 J\,\frac{\partial^2}{\partial t^2}\left(1+\frac{Dh}{JC}\right)\nabla^2 F+\rho_0 h\,\frac{\partial^2}{\partial t^2}\left(1+\frac{\rho_0 J}{C}\frac{\partial^2}{\partial t^2}\right)F=[p+q(x,t)] \tag{4-2}$$

式中,∇^2 是 Laplace 算子,$D=Eh^3/12(1-\nu^2)$是浮板的弯曲刚度;E 和 ν 分别是平板的弹性模量和泊松比;$J=h^3/12$ 为平板的转动惯量;$C=\varepsilon Gh$ 是剪切刚度,$\varepsilon=\pi^2/12$ 是剪切折算因子,G 是剪切弹性模量;ρ_0 是平板的密度;p 是水的动压力;t 是时间;F 是一广义函数,与浮板挠度 w 的关系满足如下关系

$$w=\left(1+\frac{\rho_0 J}{C}\frac{\partial^2}{\partial t^2}-\frac{D}{C}\frac{\partial^2}{\partial x^2}\right)F \tag{4-3}$$

微分方程(4-3)的解可以用 w 和上式的 Green 函数表示为

$$F=\frac{C}{D}\int_0^L G(x,x')w(x')\mathrm{d}x' \tag{4-4}$$

其中,γ 是平板剪切振动的波数,$\gamma=\sqrt{(C-\rho_0 J\omega^2)/D}$;$G(x,x')$ 是方程(4-4)的 Green 函数,表达形式详见第 2 章相关内容。

4.2.2　边界条件

自由水面、平板与水的界面,以及水底的边界条件为如下形式

$$p=-\rho\left(\frac{\partial\varphi}{\partial t}+gw\right)\quad(z=0,0<x<L) \tag{4-5}$$

$$\rho\frac{\partial\varphi}{\partial t}+\rho gw=0,[z=0,x\in(-\infty,0)\cup(L,\infty)] \tag{4-6}$$

$$\frac{\partial\varphi}{\partial z}=\frac{\partial w}{\partial t}\quad(z=0,0<x<L) \tag{4-7}$$

$$\frac{\partial\varphi}{\partial z}=0\quad(z=-a) \tag{4-8}$$

式中,ρ 分别是平板和流体的密度。

对于速度势在无穷远处应满足如下辐射条件,

$$\lim_{r\to\infty}\sqrt{r}\left[\frac{\partial\varphi}{\partial r}+\mathrm{i}k\varphi\right]=0 \tag{4-9}$$

式中,r 是以 VLFS 中心为原点的极坐标系中的半径坐标。

板的两端弯矩和剪力为零的情况下,可有如下表达式

$$\frac{\mathrm{d}^2F}{\mathrm{d}x^2}=0\quad(x=0,L)\quad(\text{板的两端弯矩为零}) \tag{4-10}$$

$$\frac{\mathrm{d}}{\mathrm{d}x}[w(x)-F(x)]=0\quad(x=0,L)\quad(\text{板的两端剪力为零}) \tag{4-11}$$

4.3　受集中载荷作用下浮板水弹性问题的求解

首先考虑外载荷为周期集中力情况,作用点位于 $x=x_0$ 处,其表达式为 $q(x,t)=q_0\delta(x-x_0)\mathrm{e}^{-\mathrm{i}\omega t}$,$q_0$ 是集中载荷的幅值。这样,与时间有关的物理量都可表示为幅值与时间因子 $\mathrm{e}^{-\mathrm{i}\omega t}$ 的乘积。

引进以下无量纲变量

$$\tilde{\varphi}=\frac{\varphi\omega\rho}{q_0},\tilde{w}=\frac{w\rho g}{q_0},\tilde{x}=x/a,\tilde{z}=z/a,\tilde{p}=q_0 p,\tilde{t}=\omega t,$$
$$\tilde{k}=ka,\tilde{l}=L/a,\tilde{l}=l/a,\tilde{h}=h/a,\tilde{\rho}=\rho/\rho_0$$

其中，$l=g/\omega^2$；a 是特征尺度，在问题研究中取为水深。以下分析研究将采用无量纲形式。为书写方便，我们将略去变量上的符号($\widetilde{\cdot}$)。

根据浮板的控制方程(4-2)和(4-3)、边界条件(4-5)和(4-7)联解并进行无量纲化后，可得到流场速度势 φ 在($z=0,0<x<L$)处应满足的边界条件为

$$H(x)=-\mathrm{i}\kappa^4\frac{\rho}{h}\left[1-\frac{h^4\kappa^4}{6\pi^2(1-\nu)}-\frac{2h^2}{\pi^2(1-\nu)}\frac{2}{x^2}\right]\delta(x-x_0) \tag{4-12a}$$

其中，

$$\begin{aligned}H(x)=&\left\{\frac{\partial^4}{\partial x^4}+\kappa^4h^2\left[\frac{1}{12}+\frac{2}{\pi^2(1-\nu)}\right]\frac{\partial^2}{\partial x^2}-\kappa^4\left(1-\frac{h^4\kappa^4}{6\pi^2(1-\nu)}\right)\right.\\&\left.+\frac{\kappa^4\rho l}{h}\left[1-\frac{h^4\kappa^4}{6\pi^2(1-\nu)}-\frac{2^2}{\pi^2(1-\nu)}\frac{\partial^2}{\partial x^2}\right]\right\}\frac{\partial\varphi}{\partial z}\bigg|_{z=0}\\&-\kappa^4\frac{\rho}{h}\left[1-\kappa^4\frac{h^4}{6\pi^2(1-\nu)}-\frac{2h^2}{\pi^2(1-\nu)}\frac{\partial^2}{\partial x^2}\right]\varphi;\end{aligned}$$

$$\kappa_0=(\rho_0h\omega^2/D/)^{1/4};\kappa=\kappa_0 a$$

由边界条件表达式(4-6)和(4-7)联立，速度势 φ 在$[z=0,x\in(-\infty,0)\cup(L,\infty)]$处应满足的边界条件为

$$l\frac{\partial\varphi}{\partial z}-\varphi=0 \tag{4-12b}$$

4.3.1 水波的色散方程

对于等深流场，水波的色散关系与第 2 章中的色散关系完全一样，即当没有弹性浮板时，即水面为完全自由时水波的色散关系可描述为

$$K_1(\alpha)=\alpha l\tanh(\alpha)-1=0 \tag{4-13}$$

式中，α 表示水波传播波数。方程(4-13)有 2 个实根 $\pm k$ 和无穷个纯虚根 $\pm k_n$（$n=1,2,\cdots,\infty$）。由于距原点愈近其影响愈大，因此虚根的排序满足 $|k_{n+1}|>|k_n|$。在复平面上这些纯虚根是关于实轴对称的。

当水面有弹性浮板时，流体中水波的色散方程为

$$K_2(\alpha)=[\beta(\alpha)+lb(\alpha)]\alpha\tanh\alpha-b(\alpha)=0 \tag{4-14}$$

式中，

$$b(\alpha)=\kappa^4\frac{\rho}{h}\left[1-\frac{\kappa^4h^4}{6\pi^2(1-\nu)}+\frac{2h^2}{\pi^2(1-\nu)}\alpha^2\right],$$

$$\beta(\alpha)=\alpha^4-\kappa^4h^2\left[\frac{2}{\pi^2(1-\nu)}+\frac{1}{12}\right]\alpha^2-\left[1-\frac{\kappa^4h^4}{6\pi^2(1-\nu)}\right]\kappa^4$$

色散关系式(4-15)有两个实根$\pm\alpha_0$及一系列纯虚根$\pm\alpha_n(n=1,2,\cdots)$，虚根的排序满足$|\alpha_{n+1}|>|\alpha_n|$，在复平面上，这些纯虚根是关于实轴对称的。另外，还有关于实轴和虚轴是对称的 4 个复根，即满足关系 $\alpha_{-1}=-\bar{\alpha}_{-2}=-\alpha_{-3}=\bar{\alpha}_{-4}$。$\alpha_{-i}(i=1,2,3,4)$表示第 i 象限的根。

4.3.2　问题的求解

采用 Wiener-Hopf 方法构造问题的解[12]。引进关于复变量(空间波数)α 的函数，将空间域问题转化为空间波数的(周期性)问题

$$\Phi_+(\alpha,z)=\int_L^{\infty}e^{i\alpha(x-L)}\varphi(x,z)dx,\quad \Phi_-(\alpha,z)=\int_{-\infty}^{0}e^{i\alpha x}\varphi(x,z)dx,$$

$$\Phi_1(\alpha,z)=\int_0^L e^{i\alpha x}\varphi(x,z)dx,\quad \Phi(\alpha,z)=\Phi_-(\alpha,z)+\Phi_1(\alpha,z)+e^{i\alpha L}\Phi_+(\alpha,z) \tag{4-15}$$

函数$\Phi_+(\alpha,z)$和$\Phi_-(\alpha,z)$分别定义在上半复平面和下半复平面上。利用解析延拓方法，将函数的定义域扩展到整个复平面。

研究函数$\Phi_\pm(\alpha,z)$的性质。当 $x\to-\infty$时，散射速度势是形式为 Re^{-ikx} 的反射波、一些局部化振动和衰减波。最低阶局部化振动模式所对应的根为 k_1。因此，函数$\Phi_-(\alpha,z)$除了在极点 $\alpha=k$ 外，在 $\mathrm{Im}\alpha<|k_1|$ 的半平面内是解析的。当 $x\to\infty$时，散射速度势是形式为 Te^{ikx} 的透射波、一些局部化振动和衰减波。因此，函数$\Phi_+(\alpha,z)$除了在极点 $\alpha=-k$ 外，在 $\mathrm{Im}\alpha>-|k_1|$ 的上半平面内是解析的。我们定义两个解析域 Ω_+ 和 Ω_-，其中 Ω_+ 是指 $\mathrm{Im}\alpha>-|k_1|$ 半平面剔除$-\alpha_0$ 和$-k$ 点的切缝的区域，Ω_- 是指 $\mathrm{Im}\alpha<|k_1|$ 半平面剔除 α_0 和 k 点的切缝的区域。

函数$\Phi(\alpha,z)$是函数 $\varphi(x,z)$关于空间变量 x 的 Fourier 变换，且满足方程 $\partial^2\Phi/\partial z^2-\alpha^2\Phi=0$。此方程满足水底边界条件(4-8)的通解形式为

$$\Phi(\alpha,z)=Y(\alpha)\frac{\cosh[\alpha(z+1)]}{\cosh(\alpha)} \tag{4-16}$$

将第一种边界条件表达式(4-12a)的左端沿自由水面边界积分，即做 Fourier 变换，并用 $J_\pm(\alpha)$和 $J_1(\alpha)$表示，可有

$$J(\alpha)=J_-(\alpha)+J_1(\alpha)+e^{i\alpha L}J_+(\alpha) \tag{4-17}$$

其中，

$$J_-(\alpha)=\int_{-\infty}^{0}H(x)e^{i\alpha x}dx;\quad J_+(\alpha)=\int_L^{\infty}H(x)e^{i\alpha(x-L)}dx;$$

$$J_1(\alpha)=\int_0^L H(x)e^{i\alpha x}dx$$

$$=-\frac{\mathrm{i}\kappa^4\rho\mathrm{e}^{\mathrm{i}\alpha x_0}}{h}\left\{\left[1-\frac{h^4\kappa^4}{6\pi^2(1-\nu)}\right]-\frac{2h^2}{\pi^2(1-\nu)}\int_0^L\mathrm{e}^{\mathrm{i}\alpha x}\frac{\partial^2\delta(x-x_0)\mathrm{d}x}{\partial x^2}\right\}$$

由文献[17]可知

$$\int_0^L\mathrm{e}^{\mathrm{i}\alpha x}\frac{\partial^2\delta(x-x_0)}{\partial x^2}\mathrm{d}x=-\alpha^2\mathrm{e}^{\mathrm{i}\alpha x_0}$$

代入上式后可得

$$J_1(\alpha)=-\mathrm{i}b(\alpha)\mathrm{e}^{\mathrm{i}\alpha x_0}$$

这样就得到

$$J(\alpha)=J_-(\alpha)-\mathrm{i}b(\alpha)\mathrm{e}^{\mathrm{i}\alpha x_0}+\mathrm{e}^{\mathrm{i}\alpha L}J_+(\alpha)\tag{4-18}$$

根据定义又可得到

$$\begin{aligned}J(\alpha)&=\int_{-\infty}^{\infty}H(x)\mathrm{e}^{\mathrm{i}\alpha x}\mathrm{d}x\\&=[\beta(\alpha)+lb(\alpha)]\alpha Y(\alpha)\tanh(\alpha)-b(\alpha)Y(\alpha)=Y(\alpha)K_2(\alpha)\end{aligned}\tag{4-19}$$

考虑式(4-18)和式(4-19),可得到

$$J_-(\alpha)-\mathrm{i}b(\alpha)\mathrm{e}^{\mathrm{i}\alpha x_0}+\mathrm{e}^{\mathrm{i}\alpha L}J_+(\alpha)=Y(\alpha)K_2(\alpha)\tag{4-20}$$

将第二种边界条件表达式(4-12b)的左端沿自由水面边界积分,即做 Fourier 变换,并用 $X_\pm(\alpha)$和 $X_1(\alpha)$表示,可有

$$X(\alpha)=X_-(\alpha)+X_1(\alpha)+\mathrm{e}^{-\mathrm{i}\alpha L}X_+(\alpha)\tag{4-21}$$

其中

$$X_-(\alpha)=\int_{-\infty}^{0}\left(l\frac{\partial\varphi}{\partial z}-\varphi\right)\mathrm{e}^{\mathrm{i}\alpha x}\mathrm{d}x;X_+(\alpha)=\int_L^{\infty}\left(l\frac{\partial\varphi}{\partial z}-\varphi\right)\mathrm{e}^{\mathrm{i}\alpha(x-L)}\mathrm{d}x$$

$$X_1(\alpha)=\int_0^L\left(l\frac{\partial\varphi}{\partial z}-\varphi\right)\mathrm{e}^{\mathrm{i}\alpha x}\mathrm{d}x$$

由表达式(12b)可知,$X_-(\alpha)=X_+(\alpha)=0$,于是表达式(4-21)简化为

$$X(\alpha)=X_1(\alpha)\tag{4-22}$$

同理根据定义式,存在如下表达式

$$X(\alpha)=X_1(\alpha)=Y(\alpha)K_1(\alpha)\tag{4-23}$$

由表达式(4-20)和式(4-23)消去 $Y(\alpha)$,可得如下表达式

$$J_-(\alpha)-\mathrm{i}b(\alpha)\mathrm{e}^{\mathrm{i}\alpha x_0}+\mathrm{e}^{\mathrm{i}\alpha L}J_+(\alpha)=X_1(\alpha)K(\alpha)\tag{4-24}$$

其中,$K(\alpha)=\dfrac{K_2(\alpha)}{K_1(\alpha)}$。

对函数 $K(\alpha)$进行因式分解[16],也就是用下式来代替 $K(\alpha)$

$$K(\alpha)=K_+(\alpha)K_-(\alpha)\tag{4-25}$$

式中,$K_\pm(\alpha)$与函数 $\Phi_\pm(\alpha,z)$在相同区域内是正则的。

实轴上$\pm k$ 点和$\pm\alpha_0$ 点分别是函数 $K(\alpha)$的极点和零点。引进如下函数

$$g(\alpha)=\frac{K(\alpha)(\alpha^2-k^2)}{(\alpha^2-\alpha_0^2)(\alpha^2-\alpha_{-1}^2)(\alpha^2-\alpha_{-2}^2)} \tag{4-26}$$

函数 $g(\alpha)$是 $K(\alpha)$在条形域内剔除零点和极点后对应的解析函数。可以看到，在实轴上函数 $g(\alpha)$没有零点、有界，并在无穷远处趋于单位 1。可对解析函数 $g(\alpha)$进行乘积分解，即进行因式分解[12]

$$g(\alpha)=g_+(\alpha)g_-(\alpha),\quad g_\pm(\alpha)=\exp\left[\pm\frac{1}{2\pi\mathrm{i}}\int_{-\infty\mp\mathrm{i}\sigma}^{\infty\mp\mathrm{i}\sigma}\frac{\ln g(x)}{x-\alpha}\mathrm{d}x\right]\quad(\sigma<|k_1|) \tag{4-27}$$

定义函数 $K_\pm(\alpha)$为如下形式

$$K_\pm(\alpha)=\frac{(\alpha\pm\alpha_0)(\alpha\pm\alpha_{-1})(\alpha\pm\alpha_{-2})}{\alpha\pm k}g_\pm(\alpha) \tag{4-28}$$

由上式可以得到，$K_+(\alpha)=K_-(-\alpha)$。

将 $\mathrm{e}^{-\mathrm{i}\alpha L}[K_+(\alpha)]^{-1}\times(4-24)$，可得到如下方程

$$\frac{J_+(\alpha)}{K_+(\alpha)}+U_+(\alpha)+V_+(\alpha)=X_1(\alpha)K_-(\alpha)\mathrm{e}^{-\mathrm{i}\alpha L}-U_-(\alpha)-V_-(\alpha) \tag{4-29a}$$

式中，$U_\pm(\alpha)=\dfrac{\pm1}{2\pi\mathrm{i}}\displaystyle\int_{-\infty\mp\mathrm{i}\sigma}^{\infty\mp\mathrm{i}\sigma}\frac{\mathrm{e}^{-\mathrm{i}\zeta L}J_-(\zeta)\mathrm{d}\zeta}{K_+(\zeta)(\zeta-\alpha)}$，$V_\pm(\alpha)=\dfrac{\mp1}{2\pi}\displaystyle\int_{-\infty\mp\mathrm{i}\sigma}^{\infty\mp\mathrm{i}\sigma}\frac{b(\zeta)\mathrm{e}^{\mathrm{i}\zeta(x_0-L)}\mathrm{d}\zeta}{K_+(\zeta)(\zeta-\alpha)}$，$\sigma<\sigma_0$，$\sigma_0=\min(|k_1|,|\alpha_{-1}|)$。

将$[K_-(\alpha)]^{-1}\times(4-24)$，可得到如下表达式

$$\frac{J_-(\alpha)}{K_-(\alpha)}+R_-(\alpha)+S_-(\alpha)=X_1(\alpha)K_+(\alpha)-R_+(\alpha)-S_+(\alpha) \tag{4-29b}$$

其中，$R_\pm(\alpha)=\dfrac{\pm1}{2\pi\mathrm{i}}\displaystyle\int_{-\infty\mp\mathrm{i}\sigma}^{\infty\mp\mathrm{i}\sigma}\frac{\mathrm{e}^{\mathrm{i}\zeta L}J_+(\zeta)\mathrm{d}\zeta}{K_-(\zeta)(\zeta-\alpha)}$，$S_\pm(\alpha)=\dfrac{\mp1}{2\pi\mathrm{i}}\displaystyle\int_{-\infty\mp\mathrm{i}\sigma}^{\infty\mp\mathrm{i}\sigma}\frac{\mathrm{i}b(\zeta)\mathrm{e}^{\mathrm{i}\zeta x_0}\mathrm{d}\zeta}{K_-(\zeta)(\zeta-\alpha)}$，$(\sigma<\sigma_0)$。

方程(4-29a)等号左边函数都是在区域 Ω_+ 内是解析的，而等号另一边的函数都是在 Ω_- 内是解析的。通过分析表达式，利用解析延拓概念，可以在整个复平面上定义这个函数。

根据 Liouville 定理[15]，对于在全平面解析的多项式函数，多项式的次数可由 $|\alpha|\to\infty$时函数的特性来确定。根据定义式可知，当$|\alpha|\to\infty$时，函数 $J_\pm(\alpha)$不高于 $O(|\alpha|^{\lambda+3})(\lambda<1)$阶，$X_1(\alpha)$不高于 $O(|\alpha|^{\lambda-1})$阶。在无穷远处，当$|\alpha|\to\infty$时，由于 $g_\pm(\alpha)\to1$，故 $K_\pm(\alpha)$阶数为 $O(|\alpha|^2)$。可有如下表达式

$$\frac{J_+(\alpha)}{K_+(\alpha)}+U_+(\alpha)+V_+(\alpha)=a_1\alpha+b_1 \tag{4-30a}$$

同理，由方程(4-29b)可得

$$\frac{J_-(\alpha)}{K_-(\alpha)}+R_-(\alpha)+S_-(\alpha)=a_2\alpha+b_2 \tag{4-30b}$$

式中，a_1, b_1, a_2, b_2 是未知常数。

将式(4-30a)、式(4-30b)中的分解函数具体表达式代入后整理后，可得下面方程组

$$\frac{J_+(\alpha)}{K_+(\alpha)}+\frac{1}{2\pi i}\int_{-\infty-i\sigma}^{\infty-i\sigma}\frac{e^{-i\zeta L}\Psi_-(\zeta)}{K_+(\zeta)(\zeta-\alpha)}d\zeta=a_1\alpha+b_1 \tag{4-31a}$$

$$\frac{J_-(\alpha)}{K_-(\alpha)}-\frac{1}{2\pi i}\int_{-\infty+i\sigma}^{\infty+i\sigma}\frac{e^{i\zeta L}\Psi_+(\zeta)}{K_-(\zeta)(\zeta-\alpha)}d\zeta=a_2\alpha+b_2 \tag{4-31b}$$

式中，

$$\Psi_-(\alpha)=J_-(\alpha)-ib(\alpha)e^{i\alpha x_0} \tag{4-32a}$$

$$\Psi_+(\alpha)=J_+(\alpha)-ib(\alpha)e^{i\alpha(x_0-L)} \tag{4-32b}$$

1. 未知常数 a_1 和 b_1 的求解

为了求解未知常数 a_1 和 b_1，首先由方程式(4-29a)和式(4-31a)得到

$$X_1(\alpha)=\frac{e^{i\alpha L}}{K_-(\alpha)}\left[a_1\alpha+b_1-\frac{1}{2\pi i}\int_{-\infty+i\sigma}^{\infty+i\sigma}\frac{e^{-i\zeta L}\Psi_-(\alpha)}{K_+(\zeta)(\zeta-\alpha)}d\zeta\right] \tag{4-33}$$

根据式(4-16)、式(4-23)、式(4-33)，同时利用 Fourier 逆变换，得到流场速度势的表达式

$$\varphi(x,z)=\frac{1}{2\pi}\int_{-\infty}^{\infty}\frac{e^{-i\alpha(x-L)}\cosh[\alpha(z+1)]}{K_-(\alpha)K_1(\alpha)\cosh(\alpha)}\left\{a_1\alpha+b_1-\frac{1}{2\pi i}\int_{-\infty+i\sigma}^{\infty+i\sigma}\frac{e^{-i\zeta L}\Psi_-(\alpha)}{K_+(\zeta)(\zeta-\alpha)}d\zeta\right\}d\alpha \tag{4-34}$$

对上式在 $z=0$ 处求偏导，可得

$$\frac{\partial\varphi(x,0)}{\partial z}=\frac{1}{2\pi}\int_{-\infty}^{\infty}\frac{e^{-i\alpha(x-L)}K_+(\alpha)\alpha\tanh\alpha}{K_2(\alpha)}\left\{a_1\alpha+b_1-\frac{1}{2\pi i}\int_{-\infty+i\sigma}^{\infty+i\sigma}\frac{e^{-i\zeta L}\Psi_-(\alpha)}{K_+(\zeta)(\zeta-\alpha)}d\zeta\right\}d\alpha \tag{4-35}$$

在外部积分中，积分路线必须完全选在 Ω_+ 和 Ω_- 的交集内。在实轴上选择积分路线从下绕过点 α_0 和 k 及从上绕过点 $-\alpha_0$ 和 $-k$，如图 2-3 所示。

对于内部积分，在 $\mathrm{Im}\alpha<\sigma$ 的下半平面内选择这个积分的封闭路径，即以半径为 $R\to\infty$ 的半圆作为封闭路径，如图 2-4 所示。根据文献[12]可知，利用留数定理就可来计算这个积分的值。函数 $K_+(\zeta)$ 在点 $-\alpha_j\,(j=-2,-1,0,\cdots)$ 有零值，在点 $-k, -k_j\,(j=1,2,3,\cdots)$ 有极值。所以点 $\zeta=-\alpha_j\,(j=-2,-1,0,\cdots)$ 和 $\zeta=\alpha$ 是这个积分值的极点，且都是一阶极点。因此有

$$\frac{1}{2\pi i}\int_{-\infty+i\sigma}^{\infty+i\sigma}\frac{e^{-i\zeta L}\Psi_-(\alpha)}{K_+(\zeta)(\zeta-\alpha)}d\zeta=-\frac{e^{-i\alpha L}\Psi_-(\alpha)}{K_+(\alpha)}+\sum_{j=-2}^{\infty}\frac{e^{i\alpha_j L}\Psi_-(\alpha_j)}{K'_+(-\alpha_j)(\alpha_j+\alpha)} \tag{4-36}$$

式(4-36)中，$K'_+(-\alpha_j)$ 是函数 $K_+(-\alpha_j)$ 在点 $-\alpha_j\,(j=-2,-1,0,\cdots)$ 处的导数。

将其代入式(4-35)，得到

$$\frac{\partial\varphi(x,0)}{\partial z}=\frac{1}{2\pi}\int_{-\infty}^{\infty}\frac{e^{-i\alpha(x-L)}K_+(\alpha)\alpha\tanh(\alpha)}{K_2(\alpha)}(a_1\alpha+b_1)d\alpha+\frac{1}{2\pi}\int_{-\infty}^{\infty}\frac{e^{-i\alpha x}\Psi_-(\alpha)\alpha\tanh(\alpha)}{K_2(\alpha)}d\alpha$$
$$-\frac{1}{2\pi}\sum_{j=-2}^{\infty}\frac{e^{i\alpha_j L}\Psi_-(-\alpha_j)}{K'_+(-\alpha_j)}\int_{-\infty}^{\infty}\frac{e^{-i\alpha(x-L)}K_+(\alpha)\alpha\tanh(\alpha)}{K_2(\alpha)(\alpha_j+\alpha)}d\alpha \tag{4-37}$$

对于上式第二个积分，选择积分路径沿实轴从下饶过点 k,α_0，从上绕过点 $-k,-\alpha_0$ 作为积分路径，其封闭路径位于实轴以下半平面，以大半径的半圆作为积分封闭回路，利用留数定理，可得到

$$\frac{1}{2\pi}\int_{-\infty}^{\infty}\frac{e^{-i\alpha x}\Psi_-(\alpha)\alpha\tanh(\alpha)}{K_2(\alpha)}d\alpha=-i\sum_{m=-2}^{\infty}\frac{e^{i\alpha_m x}\Psi_-(-\alpha_m)\alpha_m\tanh(\alpha_m)}{K'_2(-\alpha_m)} \tag{4-38}$$

对于式(4-37)中的第一个和第三个积分，选择封闭积分路径于上半平面，利用留数定理，可得到 $\frac{\partial\varphi}{\partial z}(x,0)$ 的表达式

$$\frac{\partial\varphi(x,0)}{\partial z}=i\sum_{m=-2}^{\infty}\frac{e^{-i\alpha_m(x-L)}K_+(\alpha_m)\alpha_m\tanh(\alpha_m)}{K'_2(\alpha_m)}(a_1\alpha_m+b_1)-i\sum_{m=-2}^{\infty}\frac{e^{i\alpha_m x}\Psi_-(-\alpha_m)\alpha_m\tanh(\alpha_m)}{K'_2(-\alpha_m)}$$
$$-i\sum_{m=-2}^{\infty}\frac{e^{-i\alpha_m(x-L)}K_+(\alpha_m)\alpha_m\tanh(\alpha_m)}{K'_2(\alpha_m)}\sum_{j=-2}^{\infty}\frac{e^{i\alpha_j L}\Psi_-(-\alpha_j)}{K'_+(-\alpha_j)(\alpha_j+\alpha_m)} \tag{4-39}$$

根据式(4-7)、(4-39)可得到

$$w(x)=i\frac{\partial\varphi}{\partial z}(x,0)$$
$$=-\sum_{m=-2}^{\infty}\frac{e^{-i\alpha_m(x-L)}K_+(\alpha_m)\alpha_m\tanh(\alpha_m)}{K'_2(\alpha_m)}\left\{a_1\alpha_m+b_1-\sum_{j=-2}^{\infty}\frac{e^{i\alpha_j L}\Psi_-(-\alpha_j)}{K'_+(-\alpha_j)(\alpha_j+\alpha_m)}\right\}$$
$$+\sum_{m=-2}^{\infty}\frac{e^{i\alpha_m x}\Psi_-(-\alpha_m)\alpha_m\tanh(\alpha_m)}{K'_2(-\alpha_m)} \tag{4-40}$$

根据式(4-4)和式(4-40)可以得到广义函数 F 的表达式

$$F(x)=-\sum_{m=-2}^{\infty}\frac{e^{-i\alpha_m(x-L)}K_+(\alpha_m)\alpha_m\tanh(\alpha_m)}{K'_2(\alpha_m)}\left\{a_1\alpha_m+b_1-\sum_{j=-2}^{\infty}\frac{e^{i\alpha_j L}\Psi_-(-\alpha_j)}{K'_+(-\alpha_j)(\alpha_j+\alpha_m)}\right\}$$
$$\times\frac{Ca^2}{D(\gamma^2+\alpha_m^2)}+\sum_{m=-2}^{\infty}\frac{e^{i\alpha_m x}\Psi_-(-\alpha_m)\alpha_m\tanh(\alpha_m)}{K'_2(-\alpha_m)}\frac{Ca^2}{D(\gamma^2+\alpha_m^2)} \tag{4-41}$$

利用式(4-10)和式(4-11)中在点 $x=L$ 处的边界条件，弯矩和剪力为零，分别可得两个方程

$$\sum_{m=-2}^{\infty}\frac{\alpha_m^3\tanh(\alpha_m)K_+(\alpha_m)N_1(\alpha_m)}{K'_2(\alpha_m)}\left\{a_1\alpha_m+b_1-\sum_{j=-2}^{\infty}\frac{e^{i\alpha_j L}\Psi_-(-\alpha_j)}{K'_+(-\alpha_j)(\alpha_j+\alpha_m)}\right\}$$
$$-\sum_{m=-2}^{\infty}\frac{\alpha_m^3\tanh(\alpha_m)e^{i\alpha_m L}\Psi_-(-\alpha_m)N_1(\alpha_m)}{K'_2(-\alpha_m)}=0 \tag{4-42a}$$

$$\sum_{m=-2}^{\infty}\frac{\alpha_m^2\tanh(\alpha_m)K_+(\alpha_m)N_2(\alpha_m)}{K'_2(\alpha_m)}\left\{a_1\alpha_m+b_1-\sum_{j=-2}^{\infty}\frac{e^{i\alpha_j L}\Psi_-(-\alpha_j)}{K'_+(-\alpha_j)(\alpha_j+\alpha_m)}\right\}$$
$$+\sum_{m=-2}^{\infty}\frac{e^{i\alpha_m L}\alpha_m^2\tanh(\alpha_m)\Psi_-(-\alpha_m)N_2(\alpha_m)}{K'_2(-\alpha_m)}=0 \quad (4\text{-}42b)$$

式中，$N_1(\alpha_m)=(\alpha_m^2+\gamma^2)^{-1}$；$N_2(\alpha_m)=uN_1(\alpha_m)-1$；$u=Ca^2/D$。

根据流场中水波色散关系式(4-13)和式(4-14)，可得到

$$\alpha_m^n\tanh(\alpha_m)=-\frac{\alpha_m^{n-1}b(\alpha_m)K_1(\alpha_m)}{\beta(\alpha_m)},\quad (n=2,3) \quad (4\text{-}43)$$

将其代入式(4-42a)和式(4-42b)中，可得

$$\sum_{m=-2}^{\infty}\frac{\alpha_m^2 b(\alpha_m)K_1(\alpha_m)K_+(\alpha_m)N_1(\alpha_m)}{\beta(\alpha_m)K'_2(\alpha_m)}\left\{a_1\alpha_m+b_1-\sum_{j=-2}^{\infty}\frac{e^{i\alpha_j L}\Psi_-(-\alpha_j)}{K'_+(-\alpha_j)(\alpha_j+\alpha_m)}\right\}$$
$$-\sum_{m=-2}^{\infty}\frac{\alpha_m^2 b(\alpha_m)K_1(\alpha_m)\Psi_-(-\alpha_m)e^{i\alpha_m L}N_1(\alpha_m)}{\beta(\alpha_m)K'_2(-\alpha_m)}=0 \quad (4\text{-}44a)$$

$$\sum_{m=-2}^{\infty}\frac{\alpha_m b(\alpha_m)K_1(\alpha_m)K_+(\alpha_m)N_2(\alpha_m)}{\beta(\alpha_m)K'_2(\alpha_m)}\left\{a_1\alpha_m+b_1-\sum_{j=-2}^{\infty}\frac{e^{i\alpha_j L}\Psi_-(-\alpha_j)}{K'_+(-\alpha_j)(\alpha_j+\alpha_m)}\right\}$$
$$+\sum_{m=-2}^{\infty}\frac{\alpha_m b(\alpha_m)K_1(\alpha_m)\Psi_-(-\alpha_m)e^{i\alpha_m L}N_2(\alpha_m)}{\beta(\alpha_m)K'_2(-\alpha_m)}=0 \quad (4\text{-}44b)$$

选取积分路径用积分形式取代求和。积分路径沿实轴从$-\infty$到∞，以使其在区域Ω_+和Ω_-的交集内，如图 2-5 和图 2-6。

两个方程的第一个求和项选取的积分路径都为C_+，封闭在上半平面；第二个求和项选取的积分路径也都为C_-，封闭在下半平面，这样可得

$$\frac{1}{2\pi i}\int_{C_+}\frac{\alpha^2 b(\alpha)K_1(\alpha)K_+(\alpha)N_1(\alpha)}{\beta(\alpha)K_2(\alpha)}\left\{a_1\alpha+b_1-\sum_{j=-2}^{\infty}\frac{e^{i\alpha_j L}\Psi_-(-\alpha_j)}{K'_+(-\alpha_j)(\alpha_j+\alpha)}\right\}d\alpha$$
$$+\frac{1}{2\pi i}\int_{C_-}\frac{\alpha^2 b(\alpha)K_1(\alpha)\Psi_-(\alpha)e^{-i\alpha L}N_1(\alpha)}{\beta(\alpha)K_2(\alpha)}d\alpha=0 \quad (4\text{-}45a)$$

$$\frac{1}{2\pi i}\int_{C_+}\frac{\alpha b(\alpha)K_1(\alpha)K_+(\alpha)N_2(\alpha)}{\beta(\alpha)K_2(\alpha)}\left\{a_1\alpha+b_1-\sum_{j=-2}^{\infty}\frac{e^{i\alpha_j L}\Psi_-(-\alpha_j)}{K'_+(-\alpha_j)(\alpha_j+\alpha)}\right\}d\alpha$$
$$+\frac{1}{2\pi i}\int_{C_-}\frac{\alpha b(\alpha)K_1(\alpha)\Psi(\alpha)e^{-i\alpha L}N_2(\alpha)}{\beta(\alpha)K_2(\alpha)}d\alpha=0 \quad (4\text{-}45b)$$

由于$K(\alpha)=K_-(\alpha)K_+(\alpha)=\dfrac{K_2(\alpha)}{K_1(\alpha)}$，式(4-45a)和式(4-45b)可化为如下形式

$$\frac{1}{2\pi i}\int_{C_+}\frac{\alpha^2 b(\alpha)N_1(\alpha)}{\beta(\alpha)K_-(\alpha)}\left\{a_1\alpha+b_1-\sum_{j=-2}^{\infty}\frac{e^{i\alpha_j L}\Psi_-(-\alpha_j)}{K'_+(-\alpha_j)(\alpha_j+\alpha)}\right\}d\alpha$$
$$+\frac{1}{2\pi i}\int_{C_-}\frac{\alpha^2 b(\alpha)\Psi_-(\alpha)e^{-i\alpha L}N_1(\alpha)}{\beta(\alpha)K(\alpha)}d\alpha=0 \quad (4\text{-}46a)$$

$$\frac{1}{2\pi i}\int_{C_+}\frac{\alpha b(\alpha)N_2(\alpha)}{\beta(\alpha)K_-(\alpha)}\left\{a_1\alpha+b_1-\sum_{j=-2}^{\infty}\frac{e^{i\alpha_j L}\Psi_-(-\alpha_j)}{K'_+(-\alpha_j)(\alpha_j+\alpha)}\right\}d\alpha$$

$$+\frac{1}{2\pi i}\int_{C_-}\frac{\alpha b(\alpha)\Psi_-(\alpha)e^{-i\alpha L}N_2(\alpha)}{\beta(\alpha)K(\alpha)}d\alpha=0 \tag{4-46b}$$

利用留数定理可得如下方程

$$A_{11}a_1+A_{12}b_1=\sum_{s=1}^{4}\frac{\chi_s^2 b(\chi_s)N_1(\chi_s)}{\beta'(\chi_s)K_-(\chi_s)}\frac{1}{2\pi i}\int_{C_-}\frac{e^{-i\alpha L}\Psi_-(\alpha)}{K_+(\alpha)(-\alpha+\chi_s)}d\alpha$$

$$+\frac{i\gamma b(i\gamma)}{2\beta(i\gamma)}\frac{1}{2\pi i}\int_{C_-}\frac{e^{-i\alpha L}\Psi_-(\alpha)}{K_+(\alpha)}\left[\frac{1}{K_-(i\gamma)(-\alpha+i\gamma)}+\frac{1}{K_+(i\gamma)(\alpha+i\gamma)}\right]d\alpha \tag{4-47a}$$

$$A_{21}a_1+A_{22}b_1=\sum_{s=1}^{4}\frac{\chi_s b(\chi_s)N_2(\chi_s)}{\beta'(\chi_s)K_-(\chi_s)}\frac{1}{2\pi i}\int_{C_-}\frac{e^{-i\alpha L}\Psi_-(\alpha)}{K_+(\alpha)(-\alpha+\chi_s)}d\alpha$$

$$+\frac{ub(i\gamma)}{2\beta(i\gamma)}\frac{1}{2\pi i}\int_{C_-}\frac{e^{-i\alpha L}\Psi_-(\alpha)}{K_+(\alpha)}\left[\frac{1}{K_-(i\gamma)(-\alpha+i\gamma)}-\frac{1}{K_-(-i\gamma)(\alpha+i\gamma)}\right]d\alpha \tag{4-47b}$$

其中，

$$A_{11}=\frac{1}{2\pi i}\int_{C_+}\frac{\alpha^3 b(\alpha)N_1(\alpha)}{\beta(\alpha)K_-(\alpha)}d\alpha=-\sum_{s=1}^{4}\frac{\chi_s^3 b(\chi_s)N_1(\chi_s)}{\beta'(\chi_s)K_-(\chi_s)}+\frac{\gamma^2 b(i\gamma)}{2\beta(i\gamma)}\left[\frac{1}{K_-(i\gamma)}+\frac{1}{K_+(i\gamma)}\right];$$

$$A_{12}=\frac{1}{2\pi i}\int_{C_+}\frac{\alpha^2 b(\alpha)N_1(\alpha)}{\beta(\alpha)K_-(\alpha)}d\alpha=-\sum_{s=1}^{4}\frac{\chi_s^2 b(\chi_s)N_1(\chi_s)}{\beta'(\chi_s)K_-(\chi_s)}-\frac{i\gamma b(i\gamma)}{2\beta(i\gamma)}\left[\frac{1}{K_-(i\gamma)}-\frac{1}{K_+(i\gamma)}\right];$$

$$A_{21}=\frac{1}{2\pi i}\int_{C_+}\frac{\alpha^2 b(\alpha)N_2(\alpha)}{\beta(\alpha)K_-(\alpha)}d\alpha=-\sum_{s=1}^{4}\frac{\chi_s^2 b(\chi_s)N_2(\chi_s)}{\beta'(\chi_s)K_-(\chi_s)}-\frac{ui\gamma b(i\gamma)}{2\beta(i\gamma)}\left[\frac{1}{K_-(i\gamma)}-\frac{1}{K_+(i\gamma)}\right];$$

$$A_{22}=\frac{1}{2\pi i}\int_{C_+}\frac{\alpha b(\alpha)N_2(\alpha)}{\beta(\alpha)K_-(\alpha)}d\alpha=-\sum_{s=1}^{4}\frac{\chi_s b(\chi_s)N_2(\chi_s)}{\beta'(\chi_s)K_-(\chi_s)}-\frac{ub(i\gamma)}{2\beta(i\gamma)}\left[\frac{1}{K_-(i\gamma)}+\frac{1}{K_+(i\gamma)}\right]。$$

求解上述方程组，可得到未知常数 a_1，b_1 的表达式

$$a_1=\sum_{s=1}^{4}\frac{\chi_s b(\chi_s)[A_{22}N_1(\chi_s)\chi_s-N_2(\chi_s)A_{12}]}{\beta'(\chi_s)K_-(\chi_s)(A_{11}A_{22}-A_{12}A_{21})}\frac{1}{2\pi i}\int_{C_-}\frac{e^{-i\alpha L}\Psi_-(\alpha)}{K_+(\alpha)(-\alpha+\chi_s)}d\alpha$$

$$+\frac{b(i\gamma)(i\gamma A_{22}-uA_{12})}{2\beta(i\gamma)(A_{11}A_{22}-A_{12}A_{21})}\frac{1}{2\pi i}\int_{C_-}\frac{e^{-i\alpha L}\Psi_-(\alpha)}{K_+(\alpha)K_-(i\gamma)(-\alpha+i\gamma)}d\alpha$$

$$+\frac{b(i\gamma)(i\gamma A_{22}+uA_{12})}{2\beta(i\gamma)(A_{11}A_{22}-A_{12}A_{21})}\frac{1}{2\pi i}\int_{C_-}\frac{e^{-i\alpha L}\Psi_-(\alpha)}{K_+(\alpha)K_+(i\gamma)(\alpha+i\gamma)}d\alpha \tag{4-48a}$$

$$b_1=-\sum_{s=1}^{4}\frac{\chi_s b(\chi_s)[N_1(\chi_s)A_{21}\chi_s-N_2(\chi_s)A_{12}]}{\beta'(\chi_s)K_-(\chi_s)(A_{11}A_{22}-A_{12}A_{21})}\frac{1}{2\pi i}\int_{C_-}\frac{e^{-i\alpha L}\Psi_-(\alpha)}{K_+(\alpha)(-\alpha+\chi_s)}d\alpha$$

$$-\frac{b(i\gamma)(i\gamma A_{21}-uA_{11})}{2\beta(i\gamma)(A_{11}A_{22}-A_{12}A_{21})}\frac{1}{2\pi i}\int_{C_-}\frac{e^{-i\alpha L}\Psi_-(\alpha)}{K_+(\alpha)K_-(i\gamma)(-\alpha+i\gamma)}d\alpha$$

$$-\frac{b(\mathrm{i}\gamma)(\mathrm{i}\gamma A_{21}+uA_{11})}{2\beta(\mathrm{i}\gamma)(A_{11}A_{22}-A_{12}A_{21})}\frac{1}{2\pi\mathrm{i}}\int_{C_-}\frac{\mathrm{e}^{-\mathrm{i}\alpha L}\Psi_-(\alpha)}{K_+(\alpha)K_+(\mathrm{i}\gamma)(\alpha+\mathrm{i}\gamma)}\mathrm{d}\alpha \tag{4-48b}$$

2. 未知常数 a_2 和 b_2 的求解

为求未知常数 a_2 和 b_2，由式(4-29b)和(4-31b)，可得

$$X_1(\alpha)K_+(\alpha)-R_+(\alpha)-S_+(\alpha)=a_2\alpha+b_2 \tag{4-49}$$

同理，利用 Fourier 逆变换，对上式进行变换，得到速度势 $\varphi(x,z)$ 的如下表达式

$$\varphi(x,z)=\frac{1}{2\pi}\int_{-\infty}^{\infty}\frac{\mathrm{e}^{-\mathrm{i}\alpha x}\cosh[\alpha(z+1)]K_-(\alpha)}{\cosh(\alpha)K_2(\alpha)}\left\{a_2\alpha+b_2+\frac{1}{2\pi\mathrm{i}}\int_{-\infty-\mathrm{i}\sigma}^{\infty-\mathrm{i}\sigma}\frac{\mathrm{e}^{\mathrm{i}\zeta L}\Psi_+(\zeta)}{K_-(\zeta)(\zeta-\alpha)}\mathrm{d}\zeta\right\}\mathrm{d}\alpha \tag{4-50}$$

对上式关于 $z=0$ 处进行求偏导，得到

$$\frac{\partial\varphi(x,0)}{\partial z}=\frac{1}{2\pi}\int_{-\infty}^{\infty}\frac{\alpha\tanh(\alpha)\mathrm{e}^{-\mathrm{i}\alpha x}K_-(\alpha)}{K_2(\alpha)}\left\{a_2\alpha+b_2+\frac{1}{2\pi\mathrm{i}}\int_{-\infty-\mathrm{i}\sigma}^{\infty-\mathrm{i}\sigma}\frac{\mathrm{e}^{\mathrm{i}\zeta L}\Psi_+(\zeta)}{K_-(\zeta)(\zeta-\alpha)}\mathrm{d}\zeta\right\}\mathrm{d}\alpha \tag{4-51}$$

与前面相似，在外部积分中，积分路线必须完全选在 Ω_+ 和 Ω_- 的交集内。在实轴上选择积分路线从下绕过点 α_0 和 k 及选择积分路线从上绕过点 $-\alpha_0$ 和 $-k$。式(4-51)中函数 $K_-(\zeta)$ 在点 α_j，$j=-2,-1,0,\cdots$ 有零值，在点 k,k_j，$j=1,2,3,\cdots$ 有极值。所以这个积分值在点 $\zeta=\alpha_j$，$j=-2,-1,0,\cdots$ 和 $\zeta=\alpha$ 有极点，且都是一阶极点。首先对内部积分进行化简，选择封闭区域为上半平面，利用留数定理可得

$$\frac{1}{2\pi\mathrm{i}}\int_{-\infty-\mathrm{i}\sigma}^{\infty-\mathrm{i}\sigma}\frac{\mathrm{e}^{\mathrm{i}\zeta L}\Psi_+(\zeta)}{K_-(\zeta)(\zeta-\alpha)}\mathrm{d}\zeta=\frac{\mathrm{e}^{\mathrm{i}\alpha L}\Psi_+(\alpha)}{K_-(\alpha)}+\sum_{j=-2}^{\infty}\frac{\mathrm{e}^{\mathrm{i}\alpha_j L}\Psi_+(\alpha_j)}{K'_-(\alpha_j)(\alpha_j-\alpha)} \tag{4-52}$$

将其代入式(4-51)可得

$$\frac{\partial\varphi(x,0)}{\partial z}=\frac{1}{2\pi}\int_{-\infty}^{\infty}\frac{\alpha\tanh(\alpha)\mathrm{e}^{-\mathrm{i}\alpha x}K_-(\alpha)}{K_2(\alpha)}\left\{a_2\alpha+b_2+\sum_{j=-2}^{\infty}\frac{\mathrm{e}^{\mathrm{i}\alpha_j L}\Psi_+(\alpha_j)}{K'_-(\alpha_j)(\alpha_j-\alpha)}\right\}\mathrm{d}\alpha+\frac{1}{2\pi}\int_{-\infty}^{\infty}\frac{\alpha\tanh(\alpha)\Psi_+(\alpha)\mathrm{e}^{-\mathrm{i}\alpha(x-L)}}{K_2(\alpha)}\mathrm{d}\alpha \tag{4-53}$$

对于第二个积分，选择实轴以上半平面，作为积分封闭路径，利用留数定理，可得到

$$\frac{1}{2\pi}\int_{-\infty}^{\infty}\frac{\alpha\tanh(\alpha)\Psi_+(\alpha)\mathrm{e}^{-\mathrm{i}\alpha(x-L)}}{K_2(\alpha)}\mathrm{d}\alpha=\mathrm{i}\sum_{m=-2}^{\infty}\frac{\alpha_m\tanh(\alpha_m)\Psi_+(\alpha_m)\mathrm{e}^{-\mathrm{i}\alpha_m(x-L)}}{K'_2(\alpha_m)} \tag{4-54}$$

对于第一个积分，选择实轴以下半平面，作为积分封闭路径，利用留数定理，可得到

$$\frac{1}{2\pi}\int_{-\infty}^{\infty}\frac{\alpha\tanh(\alpha)\mathrm{e}^{-\mathrm{i}\alpha x}K_-(\alpha)}{K_2(\alpha)}\left\{a_2\alpha+b_2+\sum_{j=-2}^{\infty}\frac{\mathrm{e}^{\mathrm{i}\alpha_j L}\Psi_+(\alpha_j)}{K'_-(\alpha_j)(\alpha_j-\alpha)}\right\}\mathrm{d}\alpha$$
$$=-\mathrm{i}\sum_{m=-2}^{\infty}\frac{\alpha_m\tanh(\alpha_m)\mathrm{e}^{\mathrm{i}\alpha_m x}K_-(-\alpha_m)}{K'_2(-\alpha_m)}\left\{-a_2\alpha_m+b_2+\sum_{j=-2}^{\infty}\frac{\mathrm{e}^{\mathrm{i}\alpha_j L}\Psi_+(\alpha_j)}{K'_-(\alpha_j)(\alpha_j+\alpha_m)}\right\} \tag{4-55}$$

将式(4-54) 和式(4-55) 代入式(4-53)，可得

$$\frac{\partial\varphi(x,0)}{\partial z}=-\mathrm{i}\sum_{m=-2}^{\infty}\frac{\alpha_m\tanh(\alpha_m)\mathrm{e}^{\mathrm{i}\alpha_m x}K_-(-\alpha_m)}{K'_2(-\alpha_m)}\left\{-a_2\alpha_m+b_2+\sum_{j=-2}^{\infty}\frac{\mathrm{e}^{\mathrm{i}\alpha_j L}\Psi_+(\alpha_j)}{K'_-(\alpha_j)(\alpha_j+\alpha_m)}\right\}$$
$$+\mathrm{i}\sum_{m=-2}^{\infty}\frac{\alpha_m\tanh(\alpha_m)\Psi_+(\alpha_m)\mathrm{e}^{-\mathrm{i}\alpha_m(x-L)}}{K'_2(\alpha_m)} \tag{4-56}$$

根据式(4-7) 和式(4-56) 可得到

$$w(x)=\sum_{m=-2}^{\infty}\frac{\alpha_m\tanh(\alpha_m)\mathrm{e}^{\mathrm{i}\alpha_m x}K_-(-\alpha_m)}{K'_2(-\alpha_m)}\left\{-a_2\alpha_m+b_2+\sum_{j=-2}^{\infty}\frac{\mathrm{e}^{\mathrm{i}\alpha_j L}\Psi_+(\alpha_j)}{K'_-(\alpha_j)(\alpha_j+\alpha_m)}\right\}$$
$$-\sum_{m=-2}^{\infty}\frac{\alpha_m\tanh(\alpha_m)\Psi_+(\alpha_m)\mathrm{e}^{-\mathrm{i}\alpha_m(x-L)}}{K'_2(\alpha_m)} \tag{4-57}$$

根据式(4-4) 和式(4-57)，可以得到广义函数 F 的表达式

$$F(x)=\sum_{m=-2}^{\infty}\frac{\alpha_m\tanh(\alpha_m)\mathrm{e}^{\mathrm{i}\alpha_m x}K_-(-\alpha_m)}{K'_2(-\alpha_m)}\left\{-a_2\alpha_m+b_2+\sum_{j=-2}^{\infty}\frac{\mathrm{e}^{\mathrm{i}\alpha_j L}\Psi_+(\alpha_j)}{K'_-(\alpha_j)(\alpha_j+\alpha_m)}\right\}\frac{Ca^2}{D(\gamma^2+\alpha_m^2)}$$
$$-\sum_{m=-2}^{\infty}\frac{\alpha_m\tanh(\alpha_m)\Psi_+(\alpha_m)\mathrm{e}^{-\mathrm{i}\alpha_m(x-L)}}{K'_2(\alpha_m)}\frac{Ca^2}{D(\gamma^2+\alpha_m^2)} \tag{4-58}$$

利用式(4-10) 和式(4-11) 中在点 $x=0$ 处的边界条件，弯矩和剪力为零，分别可得两个方程

$$\sum_{m=-2}^{\infty}\frac{\alpha_m^3\tanh(\alpha_m)K_-(-\alpha_m)N_1(\alpha_m)}{K'_2(-\alpha_m)}\left\{-a_2\alpha_m+b_2+\sum_{j=-2}^{\infty}\frac{\mathrm{e}^{\mathrm{i}\alpha_j L}\Psi_+(\alpha_j)}{K'_-(\alpha_j)(\alpha_j+\alpha_m)}\right\}$$
$$-\sum_{m=-2}^{\infty}\frac{\alpha_m^3\tanh(\alpha_m)\Psi_+(\alpha_m)\mathrm{e}^{\mathrm{i}\alpha_m L}N_1(\alpha_m)}{K'_2(\alpha_m)}=0 \tag{4-59a}$$

$$\sum_{m=-2}^{\infty}\frac{\alpha_m^2\tanh(\alpha_m)K_-(-\alpha_m)N_2(\alpha_m)}{K'_2(-\alpha_m)}\left\{-a_2\alpha_m+b_2+\sum_{j=-2}^{\infty}\frac{\mathrm{e}^{\mathrm{i}\alpha_j L}\Psi_+(\alpha_j)}{K'_-(\alpha_j)(\alpha_j+\alpha_m)}\right\}$$
$$+\sum_{m=-2}^{\infty}\frac{\alpha_m^2\tanh(\alpha_m)\Psi_+(\alpha_m)\mathrm{e}^{\mathrm{i}\alpha_m L}N_2(\alpha_m)}{K'_2(\alpha_m)}=0 \tag{4-59b}$$

这样就得到了两个关于未知常数 a_2，b_2 的方程

$$\sum_{m=-2}^{\infty}\frac{\alpha_m^2 b(\alpha_m)K_1(\alpha_m)K_-(-\alpha_m)N_1(\alpha_m)}{\beta(\alpha_m)K'_2(-\alpha_m)}\left\{-a_2\alpha_m+b_2+\sum_{j=-2}^{\infty}\frac{\mathrm{e}^{\mathrm{i}\alpha_j L}\Psi_+(\alpha_j)}{K'_-(\alpha_j)(\alpha_j+\alpha_m)}\right\}$$
$$-\sum_{m=-2}^{\infty}\frac{\alpha_m^2 b(\alpha_m)K_1(\alpha_m)\Psi_+(\alpha_m)\mathrm{e}^{\mathrm{i}\alpha_m L}N_1(\alpha_m)}{\beta(\alpha_m)K'_2(\alpha_m)}=0 \tag{4-60a}$$

$$\sum_{m=-2}^{\infty}\frac{\alpha_m b(\alpha_m)K_1(\alpha_m)K_-(-\alpha_m)N_2(\alpha_m)}{\beta(\alpha_m)K'_2(-\alpha_m)}\left\{-a_2\alpha_m+b_2+\sum_{j=-2}^{\infty}\frac{e^{i\alpha_j L}\Psi_+(\alpha_j)}{K'_-(\alpha_j)(\alpha_j+\alpha_m)}\right\}$$
$$+\sum_{m=-2}^{\infty}\frac{\alpha_m b(\alpha_m)K_1(\alpha_m)\Psi_+(\alpha_m)e^{i\alpha_m L}N_2(\alpha_m)}{\beta(\alpha_m)K'_2(\alpha_m)}=0 \tag{4-60b}$$

利用与前面相似的方法，选取积分路径用积分形式取代求和。两个方程的第一个求和项选取的积分路径为 C_-，封闭在下半平面；第二个求和项选取的积分路径为 C_+，封闭在上半平面，这样可得

$$\frac{1}{2\pi i}\int_{C_-}\frac{\alpha^2 b(\alpha)N_1(\alpha)}{\beta(\alpha)K_+(\alpha)}\left\{a_2\alpha+b_2+\sum_{j=-2}^{\infty}\frac{e^{i\alpha_j L}\Psi_+(\alpha_j)}{K'_-(\alpha_j)(\alpha_j-\alpha)}\right\}d\alpha$$
$$+\frac{1}{2\pi i}\int_{C_+}\frac{\alpha^2 b(\alpha)\Psi_+(\alpha)e^{i\alpha L}N_1(\alpha)}{\beta(\alpha)K(\alpha)}=0 \tag{4-61a}$$

$$\frac{1}{2\pi i}\int_{C_-}\frac{\alpha b(\alpha)N_2(\alpha)}{\beta(\alpha)K_+(\alpha)}\left\{a_2\alpha+b_2+\sum_{j=-2}^{\infty}\frac{e^{i\alpha_j L}\Psi_+(\alpha_j)}{K'_-(\alpha_j)(\alpha_j-\alpha)}\right\}d\alpha$$
$$+\frac{1}{2\pi i}\int_{C_+}\frac{\alpha b(\alpha)\Psi_+(\alpha)e^{i\alpha L}N_2(\alpha)}{\beta(\alpha)K(\alpha)}d\alpha=0 \tag{4-61b}$$

这样就得到了关于 a_2, b_2 的两个方程

$$P_{11}a_2+P_{12}b_2=-\sum_{s=1}^{4}\frac{\chi_s^2 b(\chi_s)N_1(\chi_s)}{\beta'(\chi_s)K_+(\chi_s)}\frac{1}{2\pi i}\int_{C_+}\frac{e^{i\alpha L}\Psi_+(\alpha)d\alpha}{K_-(\alpha)(\alpha-\chi_s)}$$
$$-\frac{i\gamma b(i\gamma)}{2\beta(i\gamma)}\frac{1}{2\pi i}\int_{C_+}\frac{e^{i\alpha L}\Psi_+(\alpha)}{K_-(\alpha)}\left[\frac{1}{K_+(i\gamma)(\alpha-i\gamma)}-\frac{1}{K_+(-i\gamma)(\alpha+i\gamma)}\right]d\alpha \tag{4-62a}$$

$$P_{21}a_2+P_{22}b_2=-\sum_{s=1}^{4}\frac{\chi_s b(\chi_s)N_2(\chi_s)}{\beta'(\chi_s)K_+(\chi_s)}\frac{1}{2\pi i}\int_{C_+}\frac{e^{i\alpha L}\Psi_+(\alpha)d\alpha}{K_-(\alpha)(\alpha-\chi_s)}$$
$$-\frac{ub(i\gamma)}{2\beta(i\gamma)}\frac{1}{2\pi i}\int_{C_+}\frac{e^{i\alpha L}\Psi_+(\alpha)}{K_-(\alpha)}\left[\frac{1}{K_+(i\gamma)(\alpha-i\gamma)}+\frac{1}{K_+(-i\gamma)(\alpha+i\gamma)}\right]d\alpha \tag{4-62b}$$

式中，

$$P_{11}=\frac{1}{2\pi i}\int_{C_-}\frac{\alpha^3 b(\alpha)N_1(\alpha)d\alpha}{\beta(\alpha)K_+(\alpha)}-\sum_{s=1}^{4}\frac{\chi_s^3 b(\chi_s)N_1(\chi_s)}{\beta'(\chi_s)K_+(\chi_s)}-\frac{\gamma^2 b(i\gamma)}{2\beta(i\gamma)}\left[\frac{1}{K_+(i\gamma)}+\frac{1}{K_-(i\gamma)}\right];$$

$$P_{12}=\frac{1}{2\pi i}\int_{C_-}\frac{\alpha^2 b(\alpha)N_1(\alpha)d\alpha}{\beta(\alpha)K_+(\alpha)}=\sum_{s=1}^{4}\frac{\chi_s^2 b(\chi_s)N_1(\chi_s)}{\beta'(\chi_s)K_+(\chi_s)}+\frac{i\gamma b(i\gamma)}{2\beta(i\gamma)}\left[\frac{1}{K_+(i\gamma)}-\frac{1}{K_-(i\gamma)}\right];$$

$$P_{21}=\frac{1}{2\pi i}\int_{C_-}\frac{\alpha^2 b(\alpha)N_2(\alpha)d\alpha}{\beta(\alpha)K_+(\alpha)}=\sum_{s=1}^{4}\frac{\chi_s^2 b(\chi_s)N_2(\chi_s)}{\beta'(\chi_s)K_+(\chi_s)}+\frac{ui\gamma b(i\gamma)}{2\beta(i\gamma)}\left[\frac{1}{K_+(i\gamma)}-\frac{1}{K_-(i\gamma)}\right];$$

$$P_{22}=\frac{1}{2\pi i}\int_{C_-}\frac{\alpha b(\alpha)N_2(\alpha)d\alpha}{\beta(\alpha)K_+(\alpha)}=\sum_{s=1}^{4}\frac{\chi_s b(\chi_s)N_2(\chi_s)}{\beta'(\chi_s)K_+(\chi_s)}+\frac{ub(i\gamma)}{2\beta(i\gamma)}\left[\frac{1}{K_+(i\gamma)}+\frac{1}{K_-(i\gamma)}\right]。$$

求解上面方程组可得

$$a_2=\sum_{s=1}^{4}\frac{\chi_s b(\chi_s)[N_2(\chi_s)P_{12}-\chi_s N_1(\chi_s)P_{22}]}{\beta'(\chi_s)K_+(\chi_s)(P_{11}P_{22}-P_{12}P_{21})}\frac{1}{2\pi i}\int_{C_+}\frac{e^{i\alpha L}\Psi_+(\alpha)d\alpha}{K_-(\alpha)(\alpha-\chi_s)}$$
$$+\frac{b(i\gamma)(uP_{12}-i\gamma P_{22})}{2\beta(i\gamma)(P_{11}P_{22}-P_{12}P_{21})}\frac{1}{2\pi i}\int_{C_+}\frac{e^{i\alpha L}\Psi_+(\alpha)}{K_-(\alpha)K_+(i\gamma)(\alpha-i\gamma)}d\alpha$$
$$+\frac{b(i\gamma)(uP_{12}+i\gamma P_{22})}{2\beta(i\gamma)(P_{11}P_{22}-P_{12}P_{21})}\frac{1}{2\pi i}\int_{C_+}\frac{e^{i\alpha L}\Psi_+(\alpha)}{K_-(\alpha)K_+(-i\gamma)(\alpha+i\gamma)}d\alpha \tag{4-63a}$$

$$b_2=\sum_{s=1}^{4}\frac{\chi_s b(\chi_s)[\chi_s N_1(\chi_s)P_{21}-N_2(\chi_s)P_{11}]}{\beta'(\chi_s)K_+(\chi_s)(P_{11}P_{22}-P_{12}P_{21})}\frac{1}{2\pi i}\int_{C_+}\frac{e^{i\alpha L}\Psi_+(\alpha)d\alpha}{K_-(\alpha)(\alpha-\chi_s)}$$
$$+\frac{b(i\gamma)(i\gamma P_{21}-uP_{11})}{2\beta(i\gamma)(P_{11}P_{22}-P_{12}P_{21})}\frac{1}{2\pi i}\int_{C_+}\frac{e^{i\alpha L}\Psi_+(\alpha)}{K_-(\alpha)K_+(i\gamma)(\alpha-i\gamma)}d\alpha$$
$$+\frac{b(i\gamma)(uP_{11}+i\gamma P_{21})}{2\beta(i\gamma)(P_{12}P_{21}-P_{11}P_{22})}\frac{1}{2\pi i}\int_{C_+}\frac{e^{i\alpha L}\Psi_+(\alpha)}{K_-(\alpha)K_+(-i\gamma)(\alpha+i\gamma)}d\alpha \tag{4-63b}$$

3. 无穷线性代数方程组

现在将系数 a_1,b_1,a_2 和 b_2 的表达式代入式(4-31a)与式(4-31b)中，然后再根据式(4-31a)，式(4-31b)可得如下积分方程组

$$\frac{\Psi_+(\alpha)}{K_+(\alpha)}+\frac{1}{2\pi i}\int_{-\infty-i\sigma}^{\infty-i\sigma}\frac{e^{-i\zeta L}\Psi_-(\zeta)d\zeta}{K_+(\zeta)(\zeta-\alpha)}$$
$$-\sum_{s=1}^{4}\frac{\chi_s b(\chi_s)[\chi_s N_1(\chi_s)(A_{22}\alpha-A_{21})-N_2(\chi_s)(A_{12}\alpha-A_{11})]}{\beta'(\chi_s)K_-(\chi_s)(A_{11}A_{22}-A_{12}A_{21})}\frac{1}{2\pi i}\int_{C_-}\frac{e^{-i\zeta L}\Psi_-(\zeta)d\zeta}{K_+(\zeta)(-\zeta+\chi_s)}$$
$$-\frac{b(i\gamma)[i\gamma(A_{22}\alpha-A_{21})-u(A_{12}\alpha-A_{11})]}{2\beta(i\gamma)(A_{11}A_{22}-A_{12}A_{21})}\frac{1}{2\pi i}\int_{C_-}\frac{e^{-i\zeta L}\Psi_-(\zeta)}{K_+(\zeta)K_-(i\gamma)(-\zeta+i\gamma)}d\zeta$$
$$-\frac{b(i\gamma)[i\gamma(A_{22}\alpha-A_{21})+u(A_{12}\alpha-A_{11})]}{2\beta(i\gamma)(A_{11}A_{22}-A_{12}A_{21})}\frac{1}{2\pi i}\int_{C_-}\frac{e^{-i\zeta L}\Psi_-(\zeta)}{K_+(\zeta)K_-(-i\gamma)(\zeta+i\gamma)}d\zeta$$
$$=-\frac{ib(\alpha)e^{i\alpha(x_0-L)}}{K_+(\alpha)} \tag{4-64a}$$

$$\frac{\Psi_-(\alpha)}{K_-(\alpha)}-\frac{1}{2\pi i}\int_{-\infty+i\sigma}^{\infty+i\sigma}\frac{e^{i\zeta L}\Psi_+(\zeta)}{K_-(\zeta)(\zeta-\alpha)}d\zeta$$
$$-\sum_{s=1}^{4}\frac{\chi_s b(\chi_s)[N_2(\chi_s)(P_{12}\alpha-P_{11})-\chi_s N_1(\chi_s)(P_{22}\alpha-P_{21})]}{\beta'(\chi_s)K_+(\chi_s)(P_{11}P_{22}-P_{12}P_{21})}\frac{1}{2\pi i}\int_{C_+}\frac{e^{i\zeta L}\Psi_+(\zeta)d\zeta}{K_-(\zeta)(\zeta-\chi_s)}$$
$$-\frac{b(i\gamma)[u(P_{12}\alpha-P_{11})-i\gamma(P_{22}\alpha-P_{21})]}{2\beta(i\gamma)(P_{11}P_{22}-P_{12}P_{21})}\frac{1}{2\pi i}\int_{C_+}\frac{e^{i\zeta L}\Psi_+(\zeta)}{K_-(\zeta)K_+(i\gamma)(\zeta-i\gamma)}d\zeta$$

$$-\frac{b(\mathrm{i}\gamma)[u(P_{12}\alpha-P_{11})+\mathrm{i}\gamma(P_{22}\alpha-P_{21})]}{2\beta(\mathrm{i}\gamma)(P_{11}P_{22}-P_{12}P_{21})}\frac{1}{2\pi\mathrm{i}}\int_{C_+}\frac{\mathrm{e}^{\mathrm{i}\zeta L}\Psi_+(\zeta)}{K_-(\zeta)K_+(-\mathrm{i}\gamma)(\zeta+\mathrm{i}\gamma)}\mathrm{d}\alpha$$

$$=-\frac{\mathrm{i}b(\alpha)\mathrm{e}^{\mathrm{i}\alpha x_0}}{K_-(\alpha)} \tag{4-64b}$$

为了数值求解积分方程组,我们引进新的未知函数,

$$\xi(\alpha)=\frac{\Psi_+(\alpha)}{K_+(\alpha)} \tag{4-65a}$$

$$\eta(\alpha)=\frac{\Psi_-(\alpha)}{K_-(\alpha)} \tag{4-65b}$$

同时通过变换积分路径,有如下关系

$$\frac{1}{2\pi\mathrm{i}}\int_{-\infty-\mathrm{i}\sigma}^{\infty-\mathrm{i}\sigma}\frac{\mathrm{e}^{-\mathrm{i}\zeta L}\Psi_-(\zeta)}{K_+(\zeta)(\zeta-\alpha)}\mathrm{d}\zeta=\frac{1}{2\pi\mathrm{i}}\int_{C_-}\frac{\mathrm{e}^{-\mathrm{i}\zeta L}\Psi_-(\zeta)}{K_+(\zeta)(\zeta-\alpha)}\mathrm{d}\zeta,$$

$$\frac{1}{2\pi\mathrm{i}}\int_{-\infty+\mathrm{i}\sigma}^{\infty+\mathrm{i}\sigma}\frac{\mathrm{e}^{\mathrm{i}\zeta L}\Psi_+(\zeta)}{K_-(\zeta)(\zeta-\alpha)}\mathrm{d}\zeta=\frac{1}{2\pi\mathrm{i}}\int_{C_+}\frac{\mathrm{e}^{\mathrm{i}\zeta L}\Psi_+(\zeta)}{K_-(\zeta)(\zeta-\alpha)}\mathrm{d}\zeta。$$

将其代入将其代入式(4-65a) 和式(4-65b) 可得到

$$\xi(\alpha)+\frac{1}{2\pi\mathrm{i}}\int_{C_-}\eta(\zeta)\frac{\mathrm{e}^{-\mathrm{i}\zeta L}K_-(\zeta)\mathrm{d}\zeta}{K_+(\zeta)(\zeta-\alpha)}$$

$$-\sum_{s=1}^{4}\frac{\chi_s b(\chi_s)[\chi_s N_1(\chi_s)(A_{22}\alpha-A_{21})-N_2(\chi_s)(A_{12}\alpha-A_{11})]}{\beta'(\chi_s)K_-(\chi_s)(A_{11}A_{22}-A_{12}A_{21})}$$

$$\times\frac{1}{2\pi\mathrm{i}}\int_{C_-}\eta(\zeta)\frac{\mathrm{e}^{-\mathrm{i}\zeta L}K_-(\zeta)\mathrm{d}\zeta}{K_+(\zeta)(-\zeta+\chi_s)}$$

$$-\frac{b(\mathrm{i}\gamma)[\mathrm{i}\gamma(A_{22}\alpha-A_{21})-u(A_{12}\alpha-A_{11})]}{2\beta(\mathrm{i}\gamma)(A_{11}A_{22}-A_{12}A_{21})}$$

$$\times\frac{1}{2\pi\mathrm{i}}\int_{C_-}\eta(\zeta)\frac{\mathrm{e}^{-\mathrm{i}\zeta L}K_-(\zeta)}{K_+(\zeta)K_-(\mathrm{i}\gamma)(-\zeta+\mathrm{i}\gamma)}\mathrm{d}\zeta$$

$$-\frac{b(\mathrm{i}\gamma)[\mathrm{i}\gamma(A_{22}\alpha-A_{21})+u(A_{12}\alpha-A_{11})]}{2\beta(\mathrm{i}\gamma)(A_{11}A_{22}-A_{12}A_{21})}$$

$$\times\frac{1}{2\pi\mathrm{i}}\int_{C_-}\eta(\zeta)\frac{\mathrm{e}^{-\mathrm{i}\zeta L}K_-(\zeta)\mathrm{d}\zeta}{K_+(\zeta)K_-(-\mathrm{i}\gamma)(\zeta+\mathrm{i}\gamma)}=-\frac{\mathrm{i}b(\alpha)\mathrm{e}^{\mathrm{i}\alpha(x_0-L)}}{K_+(\alpha)} \tag{4-66a}$$

$$\eta(\alpha)-\frac{1}{2\pi\mathrm{i}}\int_{C_+}\xi(\zeta)\frac{\mathrm{e}^{\mathrm{i}\zeta L}K_+(\zeta)}{K_-(\zeta)(\zeta-\alpha)}\mathrm{d}\zeta$$

$$-\sum_{s=1}^{4}\frac{\chi_s b(\chi_s)[N_2(\chi_s)(P_{12}\alpha-P_{11})-\chi_s N_1(\chi_s)(P_{22}\alpha-P_{21})]}{\beta'(\chi_s)K_+(\chi_s)(P_{11}P_{22}-P_{12}P_{21})}\frac{1}{2\pi\mathrm{i}}\int_{C_+}\xi(\zeta)\frac{\mathrm{e}^{\mathrm{i}\zeta L}K_+(\zeta)\mathrm{d}\zeta}{K_-(\zeta)(\zeta-\chi_s)}$$

$$-\frac{b(\mathrm{i}\gamma)[u(P_{12}\alpha-P_{11})-\mathrm{i}\gamma(P_{22}\alpha-P_{21})]}{2\beta(\mathrm{i}\gamma)(P_{11}P_{22}-P_{12}P_{21})}\frac{1}{2\pi\mathrm{i}}\int_{C_+}\xi(\zeta)\frac{\mathrm{e}^{\mathrm{i}\zeta L}K_+(\zeta)}{K_-(\zeta)K_+(\mathrm{i}\gamma)(\zeta-\mathrm{i}\gamma)}\mathrm{d}\zeta$$

$$-\frac{b(\mathrm{i}\gamma)[u(P_{12}\alpha-P_{11})+\mathrm{i}\gamma(P_{22}\alpha-P_{21})]}{2\beta(\mathrm{i}\gamma)(P_{11}P_{22}-P_{12}P_{21})}\frac{1}{2\pi\mathrm{i}}\int_{C_+}\frac{\mathrm{e}^{\mathrm{i}\zeta L}\Psi_+(\zeta)}{K_-(\zeta)K_+(-\mathrm{i}\gamma)(\zeta+\mathrm{i}\gamma)}\mathrm{d}\zeta$$

$$=-\frac{\mathrm{i}b(\alpha)\mathrm{e}^{\mathrm{i}\alpha x_0}}{K_-(\alpha)} \tag{4-66b}$$

利用留数定理来估算积分。对于第一个方程,积分项选择封闭区域为下半平面,且 $\alpha=\alpha_j$,($m=-2,-1,0,1,\cdots$),同样第二个方程积分项选择封闭区域为上半平面,且取 $\alpha=-\alpha_j$,($m=-2,-1,0,1,\cdots$),同时令 $\xi_j=\xi(\alpha_j)$,$\eta_j=\eta(-\alpha_j)$,然后积分方程组可简化为如下含有无穷多个线性代数方程的方程组

$$\begin{aligned}&\xi_j+\sum_{m=-2}^{\infty}\eta_m\frac{\mathrm{e}^{\mathrm{i}\alpha_m L}K_1(\alpha_m)K_+^2(\alpha_m)}{K'_2(-\alpha_m)}\left\{\frac{1}{\alpha_m+\alpha_j}\right.\\&+\sum_{s=1}^{4}\frac{\chi_s b(\chi_s)[\chi_s N_1(\chi_s)(A_{22}\alpha_j-A_{21})-N_2(\chi_s)(A_{12}\alpha_j-A_{11})]}{\beta'(\chi_s)K_-(\chi_s)(A_{11}A_{22}-A_{12}A_{21})(\alpha_m+\chi_s)}\\&+\frac{b(\mathrm{i}\gamma)[\mathrm{i}\gamma(A_{22}\alpha_j-A_{21})-u(A_{12}\alpha_j-A_{11})]}{2\beta(\mathrm{i}\gamma)(A_{11}A_{22}-A_{12}A_{21})K_-(\mathrm{i}\gamma)(\alpha_m+\mathrm{i}\gamma)}\\&\left.+\frac{b(\mathrm{i}\gamma)[\mathrm{i}\gamma(A_{22}\alpha_j-A_{21})+u(A_{12}\alpha_j-A_{11})]}{2\beta(\mathrm{i}\gamma)(A_{11}A_{22}-A_{12}A_{21})K_-(-\mathrm{i}\gamma)(\mathrm{i}\gamma-\alpha_m)}\right\}=-\frac{\mathrm{i}b(\alpha_j)\mathrm{e}^{\mathrm{i}\alpha_j(x_0-L)}}{K_+(\alpha_j)}\end{aligned} \tag{4-67a}$$

$$\begin{aligned}&\eta_j-\sum_{m=-2}^{\infty}\xi_m\frac{\mathrm{e}^{\mathrm{i}\alpha_m L}K_1(\alpha_m)K_+^2(\alpha_m)}{K'_2(\alpha_m)}\left\{\frac{1}{\alpha_m+\alpha_j}\right.\\&+\sum_{s=1}^{4}\frac{\chi_s b(\chi_s)[-N_2(\chi_s)(P_{12}\alpha_j+P_{11})+\chi_s N_1(\chi_s)(P_{22}\alpha_j+P_{21})]}{\beta'(\chi_s)K_+(\chi_s)(P_{11}P_{22}-P_{12}P_{21})(\alpha_m-\chi_s)}\\&+\frac{b(\mathrm{i}\gamma)[-u(P_{12}\alpha_j+P_{11})+\mathrm{i}\gamma(P_{22}\alpha_j+P_{21})]}{2\beta(\mathrm{i}\gamma)(P_{11}P_{22}-P_{12}P_{21})K_+(\mathrm{i}\gamma)(\alpha_m-\mathrm{i}\gamma)}\\&\left.+\frac{b(\mathrm{i}\gamma)[-u(P_{12}\alpha_j+P_{11})-\mathrm{i}\gamma(P_{22}\alpha_j+P_{21})]}{2\beta(\mathrm{i}\gamma)(P_{11}P_{22}-P_{12}P_{21})K_+(-\mathrm{i}\gamma)(\alpha_m+\mathrm{i}\gamma)}\right\}=-\frac{\mathrm{i}b(\alpha_j)\mathrm{e}^{-\mathrm{i}\alpha_j x_0}}{K_-(-\alpha_j)}\end{aligned} \tag{4-67b}$$

式(4-67a)和式(4-67b)即为确定未知函数 $\xi_j=\xi(\alpha_j)$,$\eta_j=\eta(-\alpha_j)$离散值的无穷代数方程组。

4.3.3　浮板内挠度和弯矩幅值分布

为了计算平板挠度和弯矩幅值分布,由式(4-20)、式(4-32a)、式(4-32b)可得

$$Y(\alpha)=\frac{1}{K_2(\alpha)}[\Psi_+(\alpha)\mathrm{e}^{\mathrm{i}\alpha L}+\mathrm{i}b(\alpha)\mathrm{e}^{\mathrm{i}\alpha x_0}+\Psi_-(\alpha)] \tag{4-68}$$

根据式(4-16)和式(4-68),利用 Fourier 逆变换,可得到速度势 φ 的表达式

$$\varphi(x,z)=\frac{1}{2\pi}\int_{-\infty}^{\infty}\frac{\mathrm{e}^{-\mathrm{i}\alpha x}\cosh[\alpha(z+1)][\Psi_+(\alpha)\mathrm{e}^{\mathrm{i}\alpha L}+\mathrm{i}b(\alpha)\mathrm{e}^{\mathrm{i}\alpha x_0}+\Psi_-(\alpha)]\mathrm{d}\alpha}{\cosh(\alpha)K_2(\alpha)} \tag{4-69}$$

把式(4-69)对 $z=0$ 求偏导数，得到如下表达式

$$\frac{\partial\varphi(x,0)}{\partial z}=\frac{1}{2\pi}\int_{-\infty}^{\infty}\frac{\mathrm{e}^{-\mathrm{i}\alpha(x-x_0)}\alpha\tanh(\alpha)\mathrm{i}b(\alpha)\mathrm{d}\alpha}{K_2(\alpha)}+\frac{1}{2\pi}\int_{-\infty}^{\infty}\frac{\mathrm{e}^{-\mathrm{i}\alpha(x-L)}\alpha\tanh(\alpha)\Psi_+(\alpha)\mathrm{d}\alpha}{K_2(\alpha)}$$
$$+\frac{1}{2\pi}\int_{-\infty}^{\infty}\frac{\mathrm{e}^{-\mathrm{i}\alpha x}\alpha\tanh(\alpha)\Psi_-(\alpha)\mathrm{d}\alpha}{K_2(\alpha)} \tag{4-70}$$

对第一个积分封闭路径选择在上半平面内，第二个积分封闭路径选择在下半平面，利用留数定理可得

$$\frac{\partial\varphi(x,0)}{\partial z}=\mathrm{i}\sum_{m=-2}^{\infty}\frac{\alpha_m\tanh(\alpha_m)}{K'_2(\alpha_m)}\{-\mathrm{i}b(\alpha_m)\mathrm{e}^{\mathrm{i}\alpha_m|x-x_0|}+K_+(\alpha_m)[\xi_m\mathrm{e}^{-\mathrm{i}\alpha_m(x-L)}+\eta_m\mathrm{e}^{\mathrm{i}\alpha_m x}]\} \tag{4-71}$$

由式(4-7)和式(4-71)可得到平板在集中载荷作用下的挠度幅值分布

$$w_{\mathrm{i}}(x)=\mathrm{i}\frac{\partial\varphi(x,0)}{\partial z}$$
$$=-\sum_{m=-2}^{\infty}\frac{\alpha_m\tanh(\alpha_m)}{K'_2(\alpha_m)}\{-\mathrm{i}b(\alpha_m)\mathrm{e}^{\mathrm{i}\alpha_m|x-x_0|}+K_+(\alpha_m)[\xi_m\mathrm{e}^{-\mathrm{i}\alpha_m(x-L)}+\eta_m\mathrm{e}^{\mathrm{i}\alpha_m x}]\} \tag{4-72}$$

式中，$\Psi_+(\alpha_j)$和 ξ_j 的值决定从平板右边缘传导波的复幅值，$\Psi_-(\alpha_j)$和 η_j 的值决定从平板左边缘传导波的复幅值。

由式(4-4)和式(4-72)可得

$$F_{\mathrm{i}}(x)=-\sum_{m=-2}^{\infty}\frac{u\alpha_m\tanh(\alpha_m)N_1(\alpha_m)}{K'_2(\alpha_m)}\{\mathrm{i}b(\alpha_m)\mathrm{e}^{\mathrm{i}\alpha_m|x-x_0|}+K_+(\alpha_m)[\xi_m\mathrm{e}^{-\mathrm{i}\alpha_m(x-L)}+\eta_m\mathrm{e}^{\mathrm{i}\alpha_m x}]\} \tag{4-73}$$

板内无量纲动弯矩表达式为

$$M_{\mathrm{i}}(x)=\frac{D}{\rho g L_0\mathrm{d}a^2}\left|\sum_{m=-2}^{\infty}\frac{u\alpha_m^3\tanh(\alpha_m)N_1(\alpha_m)}{K'_2(\alpha_m)}\{\mathrm{i}b(\alpha_m)\mathrm{e}^{\mathrm{i}\alpha_m|x-x_0|}\right.$$
$$\left.+K_+(\alpha_m)[\xi_m\mathrm{e}^{-\mathrm{i}\alpha_m(x-L)}+\eta_m\mathrm{e}^{\mathrm{i}\alpha_m x}]\}\right| \tag{4-74}$$

由式(4-50)可得

$$\varphi(x,0)=\frac{1}{2\pi}\int_{-\infty}^{\infty}\frac{\mathrm{e}^{-\mathrm{i}\alpha x}}{K_1(\alpha)K_+(\alpha)}$$
$$\times\sum_{m=-2}^{\infty}\frac{\mathrm{e}^{\mathrm{i}\alpha_m L}\Psi_+(\alpha_m)}{K'_-(\alpha_m)}\left\{\sum_{s=1}^{4}\frac{\chi_s b(\chi_s)[N_2(\chi_s)(P_{12}\alpha-P_{11})-\chi_s N_1(\chi_s)(P_{22}\alpha-P_{21})]}{\beta'(\chi_s)K_+(\chi_s)(P_{11}P_{22}-P_{12}P_{21})(\alpha_m-\chi_s)}\right.$$
$$+\frac{b(\mathrm{i}\gamma)[u(P_{12}\alpha-P_{11})-\mathrm{i}\gamma(P_{22}\alpha-P_{21})]}{2\beta(\mathrm{i}\gamma)(P_{11}P_{22}-P_{12}P_{21})K_+(\mathrm{i}\gamma)(\alpha_m-\mathrm{i}\gamma)}$$

$$+\frac{b(\mathrm{i}\gamma)[u(P_{12}\alpha-P_{11})+\mathrm{i}\gamma(P_{22}\alpha-P_{21})]}{2\beta(\mathrm{i}\gamma)(P_{11}P_{22}-P_{12}P_{21})K_{+}(-\mathrm{i}\gamma)(\alpha_m+\mathrm{i}\gamma)}+\frac{1}{(\alpha_m-\alpha)}\Bigg\}\mathrm{d}\alpha \tag{4-75a}$$

接下来求解外载荷引起的无穷远处水波幅值，即 $x\to\pm\infty$。当 $x\to-\infty$，速度势 $\varphi(-\infty,0)$ 的表达式形式为 $R\mathrm{e}^{-\mathrm{i}kx}$，其他形式的成分(如 $R_m\mathrm{e}^{-\mathrm{i}k_m x}$，$m=1,2,\cdots$)都衰减为零，所以通过对式(4-50)在点 $\alpha=k$ 处求留数可得到

$$\begin{aligned}R_i&=|\operatorname{Res}[\varphi,k]|\\&=\Bigg|\frac{i}{K'_1(k)K_{+}(k)}\\&\times\sum_{m=-2}^{\infty}\frac{\mathrm{e}^{\mathrm{i}\alpha_m L}\Psi_{+}(\alpha_m)}{K'_{-}(\alpha_m)}\Bigg\{\sum_{s=1}^{4}\frac{\chi_s b(\chi_s)[N_2(\chi_s)(P_{12}k-P_{11})-\chi_s N_1(\chi_s)(P_{22}k-P_{21})]}{\beta'(\chi_s)K_{+}(\chi_s)(P_{11}P_{22}-P_{12}P_{21})(\alpha_m-\chi_s)}\\&+\frac{b(\mathrm{i}\gamma)[u(P_{12}k-P_{11})-\mathrm{i}\gamma(P_{22}k-P_{21})]}{2\beta(\mathrm{i}\gamma)(P_{11}P_{22}-P_{12}P_{21})K_{+}(\mathrm{i}\gamma)(\alpha_m-\mathrm{i}\gamma)}\\&+\frac{b(\mathrm{i}\gamma)[u(P_{12}k-P_{11})+\mathrm{i}\gamma(P_{22}k-P_{21})]}{2\beta(\mathrm{i}\gamma)(P_{11}P_{22}-P_{12}P_{21})K_{+}(-\mathrm{i}\gamma)(\alpha_m+\mathrm{i}\gamma)}+\frac{1}{(\alpha_m-k)}\Bigg\}\Bigg|\end{aligned} \tag{4-75b}$$

对于正无穷远处的速度势 $\varphi(\infty,0)$，即 $x\to\infty$ 时，同理 $\varphi(\infty,0)=T\mathrm{e}^{\mathrm{i}kx}$，所以通过对式(4-34)在点 $\alpha=-k$ 处求留数可得

$$\begin{aligned}T_i&=|\operatorname{Res}[\varphi,-k]|\\&=\Bigg|\frac{\mathrm{i}\mathrm{e}^{-\mathrm{i}kL}}{K_{+}(k)K'_1(k)}\Bigg\{\sum_{m=-2}^{\infty}\eta_m\frac{\mathrm{e}^{\mathrm{i}\alpha_m L}K_{+}(\alpha_m)}{K'_{+}(-\alpha_m)}\Bigg\{\frac{1}{-\alpha_m+k}\\&+\sum_{s=1}^{4}\frac{\chi_s b(\chi_s)[N_1(\chi_s)\chi_s(A_{21}+A_{22}k)-N_2(\chi_s)(A_{12}+A_{12}k)]}{\beta'(\chi_s)K_{-}(\chi_s)(A_{11}A_{22}-A_{12}A_{21})(\alpha_m+\chi_s)}\\&+\frac{b(\mathrm{i}\gamma)[\mathrm{i}\gamma(A_{21}+A_{22}k)-u(A_{11}+A_{12}k)]}{2\beta(\mathrm{i}\gamma)(A_{11}A_{22}-A_{12}A_{21})K_{-}(\mathrm{i}\gamma)(\alpha_m+\mathrm{i}\gamma)}\\&+\frac{b(\mathrm{i}\gamma)[\mathrm{i}\gamma(A_{21}+A_{22}k)+u(A_{11}+A_{12}k)]}{2\beta(\mathrm{i}\gamma)(A_{11}A_{22}-A_{12}A_{21})K_{+}(\mathrm{i}\gamma)(-\alpha_m+\mathrm{i}\gamma)}\Bigg\}\Bigg|\end{aligned} \tag{4-76}$$

4.4　受分布载荷作用下浮板水弹性响应

分析弹性浮板在周期分布载荷作用下的动响应。根据叠加原理和小振幅假设可知，周期分布荷载引起的浮板动响应等效于各个离散集中载荷单独作用下相应效应的代数和，即为

$$w_d(x)=\int_{x_2}^{x_3}q(x_0)w_i(x,x_0)\mathrm{d}x_0=\sum_{n=1}^{N}q(x_1+n\Delta x)w_{\mathrm{i}}(x,x_1+n\Delta x)\Delta x \tag{4-77}$$

$$M_d(x) = \int_{x_2}^{x_3} q(x_0) M_i(x, x_0) \mathrm{d}x_0 = \sum_{n=1}^{N} q(x_1 + n\Delta x) M_i(x, x_1 + n\Delta x) \Delta x \tag{4-78}$$

式中，N 是分布载荷力离散个数。

4.5　计算实例及分析讨论

首先，针对周期集中载荷情况，采用本章求解方法，对文献[2]中所采用的物理模型进行了分析计算，其各参数分别为：弹性模量 $E=103\text{Mpa}$；泊松比 $\nu=0.3$；板长 $L=10\text{m}$；板厚 $h=38\text{mm}$；板的吃水深度 $d=8.36\text{mm}$；水的密度 $\rho=1000\text{kg/m}^3$；水深 $a=1.1\text{m}$；水与板的密度比 $\rho/\rho_0=4.5455$；外载荷激励周期分别为 $T=2.875\text{s}$，1.429s，0.7s。

图 4-2、图 4-3 分别给出了在三种外载荷激励下浮板的挠度和动弯矩幅值分布。从图中可知，对于 $T=2.875\text{s}$ 情况，挠度和弯矩在载荷中心区域幅值增大，尤其是弯矩，而对于较短周期 $T=1.429\text{s}$，0.7s 两种情况则相反，挠度和弯矩在载荷中心区域幅值减小。同时可以看出，随着载荷激励周期减小，两种幅值分布均降低，但波动加剧。

下面对集中载荷作用点位置 x_0 对挠度和弯矩幅值分布的影响进行了分析。图 4-4～图 4-6 分别给出了外载荷周期分别为 $T=2.875\text{s}$，1.429s，0.7s 时，集中载荷作用点位置与板的挠度幅值分布之间的关系；从图 4-7 中可以看到，对于长周期$T=2.875\text{s}$ 情况，板的挠度和弯矩幅值随着集中载荷作用点位置 x_0 变化，除载荷中心区域变化较大外，其他地方的幅值没有太大变化；而对于较短周期 $T=1.429\text{s}$，0.7s 两种情况，如图 4-8，图 4-9 随着集中载荷作用点位置 x_0 变化，板的挠度和弯矩幅值分布整体呈现周期性变化，且激励周期越小，其波动周期也越小。

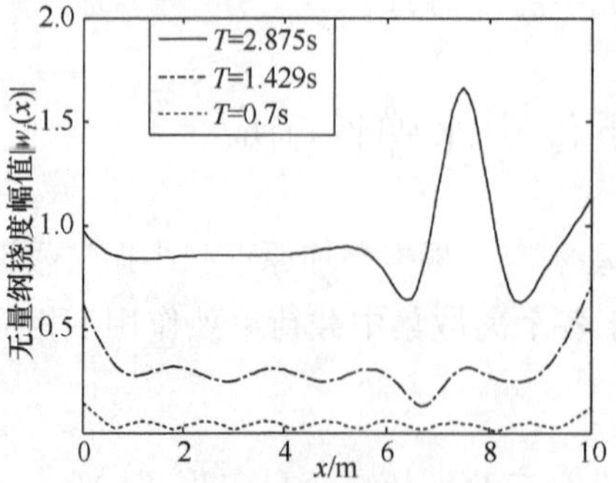

图 4-2　板的挠度幅值分布($x_0=3L_0/4$)

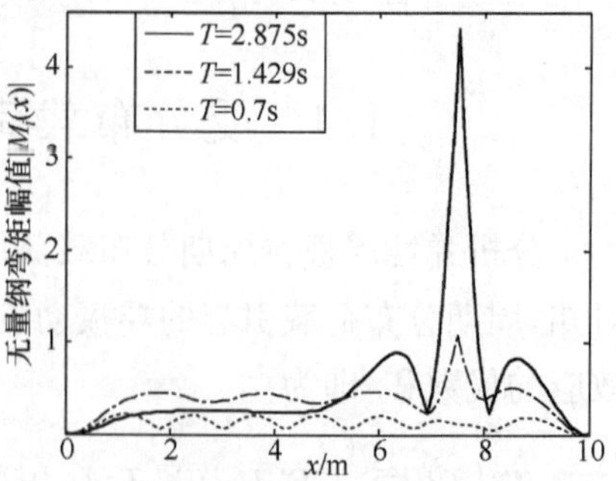

图 4-3　板的弯矩幅值分布($x_0=3L_0/4$)

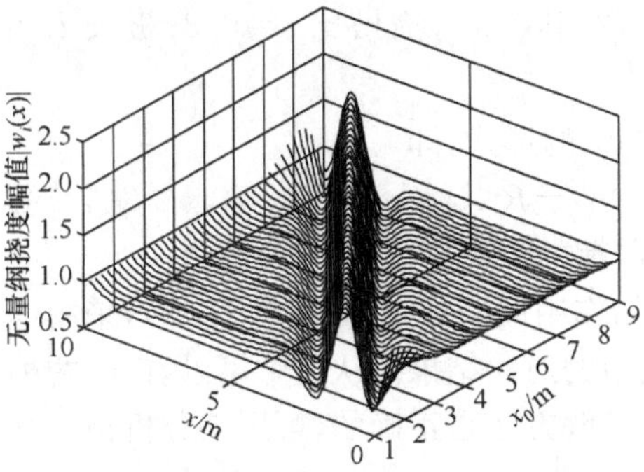

图 4-4　板的挠度幅值分布与作用点位置的关系(T=2.875s)

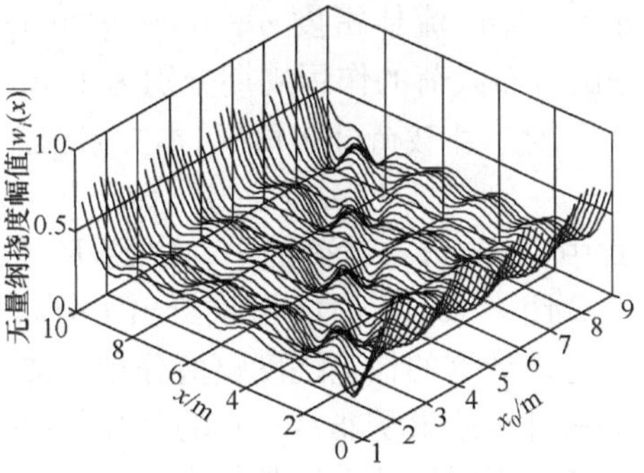

图 4-5　板的挠度幅值分布与作用点位置的关系(T=1.429s)

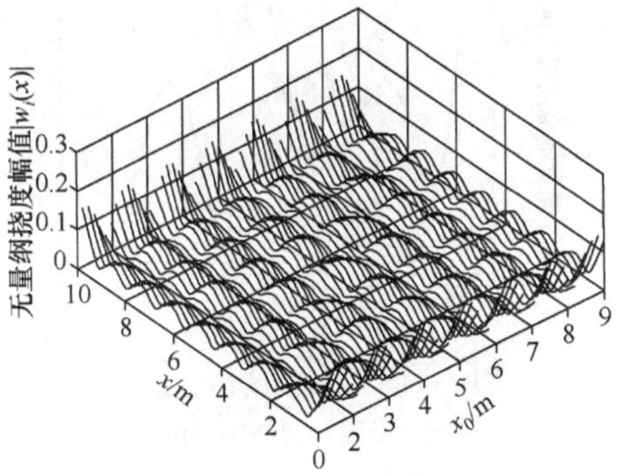

图 4-6　板的挠度幅值分布与作用点位置的关系(T=0.7s)

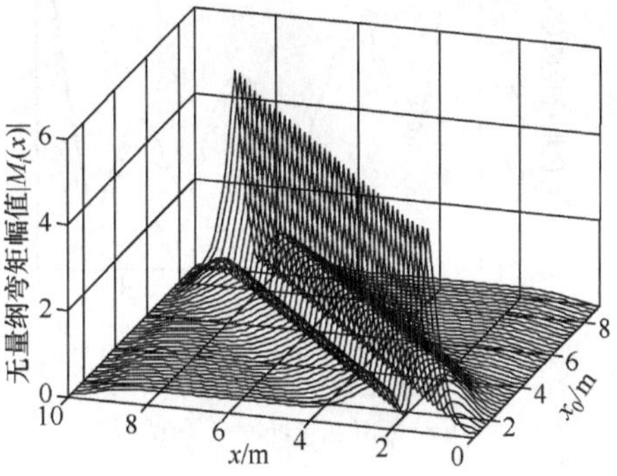

图 4-7　板的弯矩幅值分布与作用点位置的关系(T=2.875s)

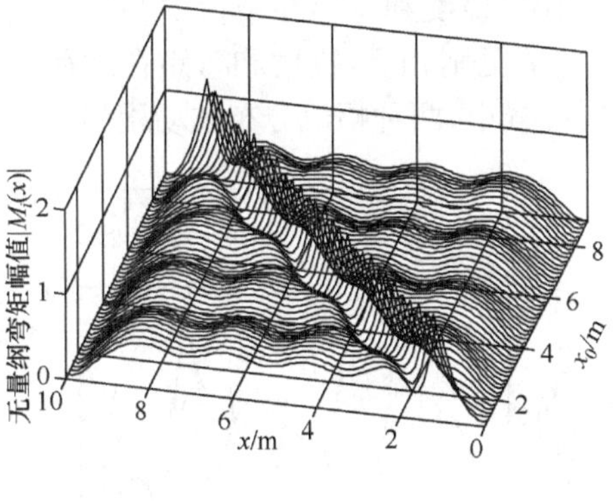

图 4-8　板的弯矩幅值分布与作用点位置的关系(T=1.429s)

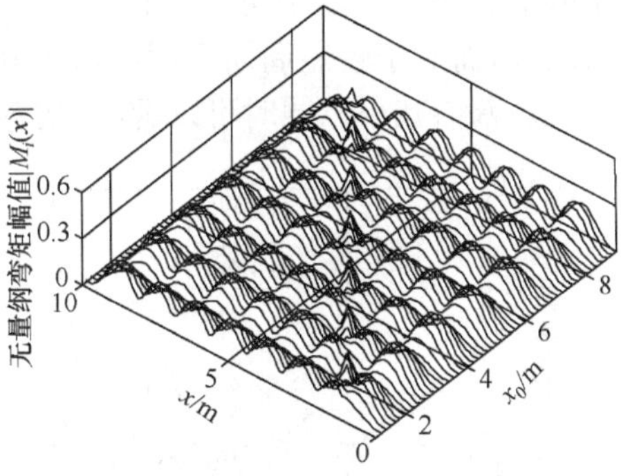

图 4-9　板的弯矩幅值分布与作用点位置的关系(T=0.7s)

其次，针对周期分布载荷情况，采用本文求解方法，对文献[1]中所采用的物理模型进行了分析计算，模型主要参数取为：弯曲刚度 $D=1.093\times10^3\,\mathrm{kgm^2/s^2}$；水深

$a=0.25$m；流体密度 $\rho=1000\text{kg/m}^3$；$\rho_0 h=12.5\text{kg/m}^2$；泊松比 $\nu=0.3$；板长 $L=5$m；分布载荷的作用周期分别为 1s，0.77s。

对于外载荷分布情况，本文采用文献[1]中的形式，即

$$q(x)=1-(x-x_1)^2/R^2,\quad x_1-R\leqslant x\leqslant x_1+R \tag{4-79}$$

式中，x_1 是分布载荷的中心位置，R 是分布载荷的半宽度。

图 4-10、图 4-11 分别给出了分布载荷的作用周期分别为 1s，0.77s 时，采用本书方法计算的板上挠度幅值分布与文献[1]中的对比结果。从图中可以看到，两种分析计算结果是非常一致的，说明本文分析求解方法是正确的，可用来分析预测其他参数下系统的动力学行为。

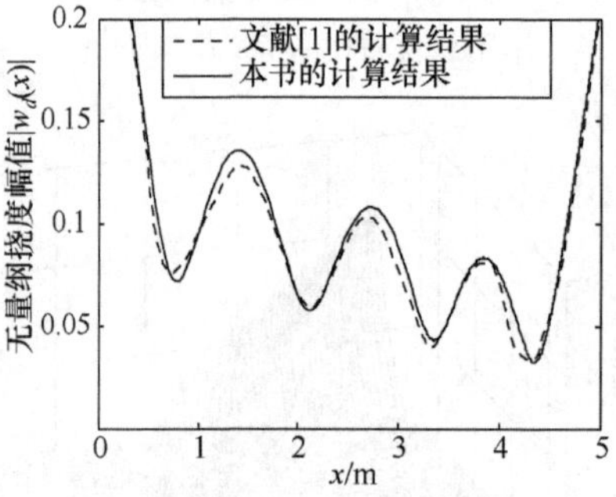

图 4-10　板的挠度幅值分布
($x_1=3L_0/4$，$R=0.5$m)

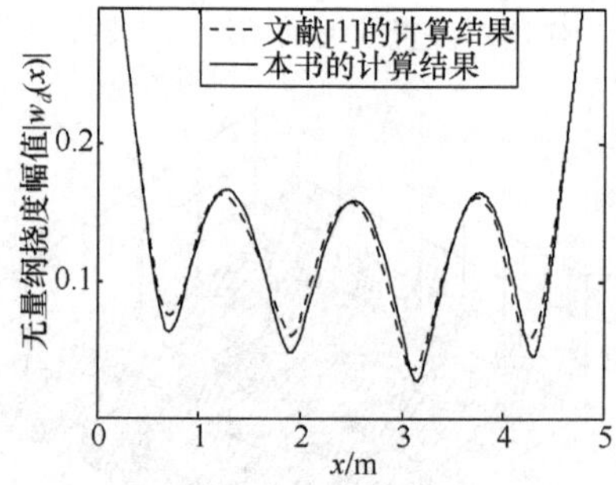

图 4-11　板的挠度幅值分布
($x_1=3L_0/4$，$R=0.5$m)

再次，针对周期分布载荷情况，采用与集中载荷分析中相同的物理模型进行了分析计算。图 4-12、图 4-13 分别给出了在三种外载荷激励下浮板的挠度和动弯矩幅值分布。从图中可知，对于 $T=2.875$s 情况，挠度和弯矩在载荷中心区域幅值增大，而对于较短周期 $T=1.429$s，0.7s 两种情况则相反，挠度和弯矩在载荷中心区域幅值减小。同时可以看出，随着激励周期减小，两种幅值分布波动剧烈。

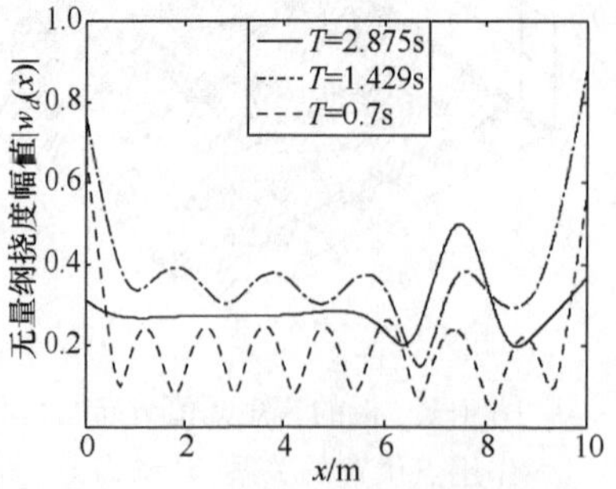

图 4-12　板的挠度幅值分布
($x_1=3L_0/4$，$R=0.5$m)

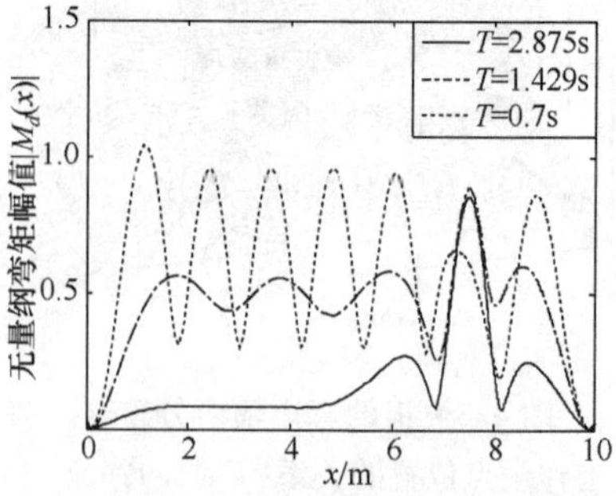

图 4-13　板的弯矩幅值分布
($x_1=3L_0/4$，$R=0.5$m)

接下来分别对分布载荷中心位置 x_1 和半宽度 R 两参数对挠度幅值分布的影响进行了分析。图 4-14～图 4-16 分别给出了外载荷周期分别为 $T=2.875\text{s}$，1.429s，0.7s 时，载荷中心位置与板的挠度幅值分布之间的关系；从图中可以看到，对于长周期 $T=2.875\text{s}$ 情况，板的挠度幅值随着载荷中心位置 x_1 变化，除载荷中心区域变化较大外，其他地方的幅值没有太大变化；而对于较短周期 $T=1.429\text{s}$，0.7s 两种情况，随着载荷中心位置 x_1 变化，板的挠度幅值分布整体呈现周期性变化。

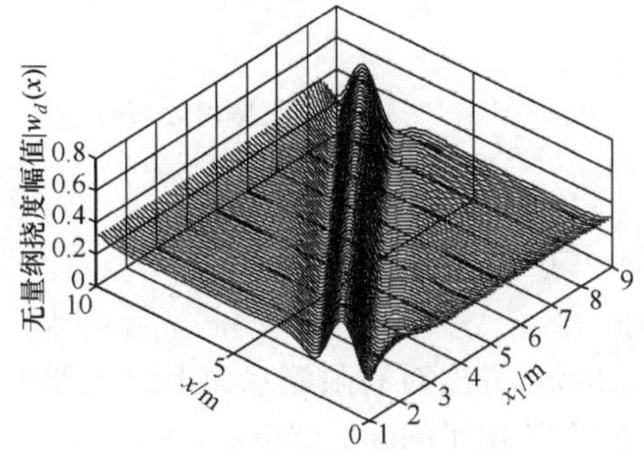

图 4-14　板的挠度幅值分布与载荷中心的关系($T=2.875\text{s}$)

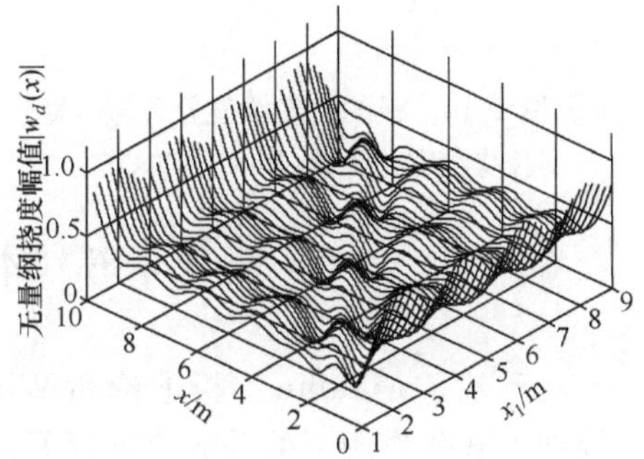

图 4-15　板的挠度幅值分布与载荷中心的关系($T=1.429\text{s}$)

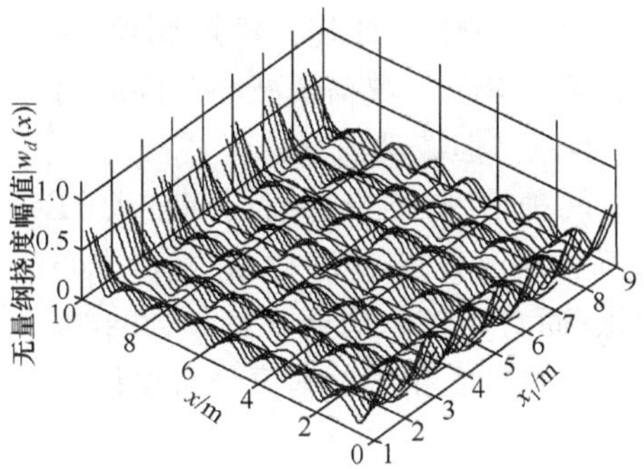

图 4-16　板的挠度幅值分布与载荷中心的关系($T=0.7\text{s}$)

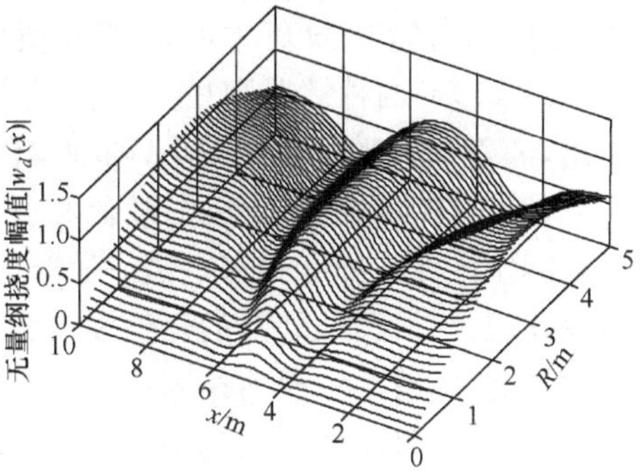

图 4-17　板的挠度幅值分布与载荷宽度的关系($T=2.875\text{s}$)

图 4-17～图 4-19 分别给出了外载荷周期分别为 $T=2.875\text{s}$，1.429s，0.7s 时，载荷半宽度与板的挠度幅值分布之间的关系($x_1=L_0/2$)。从图中可以看到，对于各种周期情况，板的挠度幅值随着载荷半宽度增大，幅值分布整体呈现周期性降低，而且随着载荷周期的减小，幅值分布的波动周期性也减小。

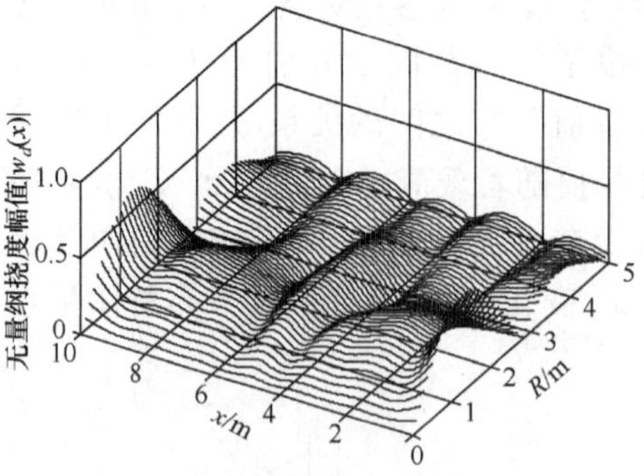

图 4-18 板的挠度幅值分布与载荷宽度的关系(T=1.429s)

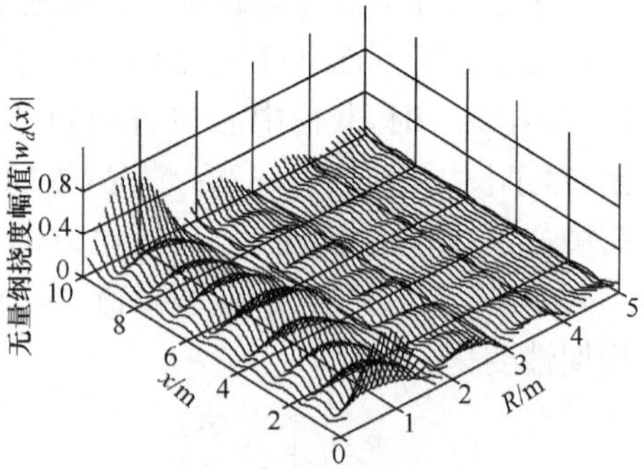

图 4-19 板的挠度幅值分布与载荷宽度的关系(T=0.7s)

4.6 本章总结

本章基于 Mindlin 厚板理论和 Wienier-Hopf 方法对有限深水面上弹性浮板在周期外载荷作用下的动响应进行了分析研究,给出了问题的解析解,并分别给出了浮板在集中载荷和分布载荷作用下动响应的数值结果,分析了载荷作用点或中心以及作用面宽度对浮板动响应的影响规律。通过本章研究,可得出如下结论:

(1) 对于周期集中载荷和分布载荷两种情况,当外载荷周期较大(T=2.875s)时,挠度和弯矩在载荷中心区域幅值增大,尤其是弯矩,而对于较短周期(T=1.429s,0.7s)两种情况则相反,挠度和弯矩在载荷中心区域幅值减小。同时可以看出,随着载荷激励周期减小,两种幅值分布均降低,但波动加剧。

(2) 同样,对于周期集中载荷和分布载荷两种情况,当外载荷周期较大(T=2.875s)时,板的挠度和弯矩幅值随着集中载荷作用点位置 x_0 变化,除载荷中心区域变化较大外,其他地方的幅值没有太大变化;而对于较短周期 T=1.429s,0.7s 两种情况,随着集中载荷作用点位置 x_0 变化,板的挠度和弯矩幅值分布整体呈现周期性变化,且激励周期越小,其波动周期也越小。

(3) 对于各种周期情况,板的挠度幅值随着载荷半宽度增大,幅值分布整体呈现周期性降低,而且随着载荷周期的减小,幅值分布的波动周期性也减小。

参考文献

[1] Sturova I V. The action of periodic surface pressures on a floating elastic platform. Journal of Applied Mathematics and Mechanics, 2002, 66(1): 71-81.

[2] Tkacheva L A. Action of a periodic load on an elastic floating plate. Fluid Dynamics, 2005, 40(6): 282-296.

[3] Endo H. The behaviour a VLFS and an airplane during takeoff/landing run in wave condi-

tion. Marine Structures, 2000, 13(6): 477-491.

[4] Sturova I V. Unsteady behavior of an elastic beam floating on shallow water under external loading. Journal of Applied Mathematics and Mechanics, 2002, 43(3): 415-423.

[5] Sturova I V. Response of unsteady external load on the elastic circular plate floating on shallow water. Proceedings of the 18th International Workshop on Water Waves and Floating Bodies, Le Croisic, France, 2003:177-180.

[6] Sturova I V, Korobkin A A. Two-dimensional problem of periodic loading of an elastic plate floating on the surface of an infinitely deep fluid. Journal of Applied Mechanics and Technical Physics, 2005, 46(3): 355-364.

[7] Tkacheva. L A. Plane problem of vibrations of an elastic floating plate under periodic external loading. Journal of Applied Mechanics and Technical Physics, 2004, 45(6): 420-427.

[8] Yoshimoto M, Hoshino K, Ohmatsu S, Ikebuchi T. Slamming load acting on a very large floating structure with shallow draft. Journal of Marine Science and Technology, 1997, 2(3): 163-172.

[9] Qiu L C, Liu H. Time domain simulation of transient responses of very large floating structures under unsteady external loads. China Ocean Engineering, 2005, 19(3): 365-374.

[10] Yeung R W, Kim J W. Effects of a translating load on a floating plate-structural drag and plate deformation. Journal of Fluids and Structures, 2000, 14(7): 993-1011.

[11] 赵存宝,张嘉钟,等. 水面上弹性浮板受分布外载荷作用下的动力学特性研究. 振动与冲击,2007,26(9):1-6.

[12] 赵存宝,张嘉钟,等. 水面上弹性浮板受集中载荷作用下的动力学特性研究. 工程力学,2008,25(7):223-228.

[13] Zhao C B, Liang R F, Wang H L. Influence of the external loading conditions on the hydroelastic response of floating elastic plates. Applied Ocean Research, 2008, 30(1): 68-77.

[14] 胡海昌. 弹性力学的变分原理及其应用. 北京: 科学出版社, 1981.

[15] 胡嗣柱, 倪光炯著. 数学物理方法. 北京:高等教育出版社, 1989: 316-319.

[16] Noble B. Methods based on the wiener-hopf technique for the solution of partial differential equations. Pergamon Press, London, 1958: 100-120.

[17] Bracewell R. The Fourier transform and its applications. New York: McGraw- Hill. 1999, 69-97.

第5章　端部弹性约束对水波中弹性浮板水弹性响应的影响

5.1　概　　述

当超大型海洋浮式结构物作为海上机场使用时，必须锚泊防止其漂移和运动，以适应飞机的起降要求，这是超大型海洋浮式结构物设计中一个非常关键的问题。为了满足飞机的起降要求，必须大大降低超大型结构物在水平方向和垂直方向的运动，浮体结构物在锚泊时需处于接近固定的状态[1]。目前，国内外有些学者在研究 VLFS 水弹性问题中考虑了锚泊系统的影响。

Takagi 基于理论和实验模拟对海啸水波中 VLFS 问题中的弹性变形和锚泊力做了研究[2]。Shiraishi 等研究了有礁石水域中 VLFS 锚泊系统的响应情况[3]。他们利用水力模型测试近海岸礁石水域内 VLFS 锚泊系统的弹性响应和锚泊力情况。通过分析得到一些结论，礁石水域内变形的非线性水波对弹性响应的影响很大，而且有必要针对这类系统进一步研究出更好的设计方法以改善上述不良情况。付世晓等在考虑浮体弹性变形的基础上建立了一套基于浮体三维水弹性分析的考虑锚链惯性影响的锚泊系统分析方法，分别用三维水弹性理论和 Goodman-Lance 法求解了浮体的动力响应和锚泊线的运动[4]。Miao 等基于 Fourier 变换方法，分析了锚泊超大型浮体结构的水弹性响应问题，其中将频域解代入微分方程后利用有限元方法进行了求解[5]。

Fujii 等针对锚泊在浅水中浮动式储油系统（作为一种用于应急石油储备），借助一个非线性模型，计算机模拟了在外环境作用下带有非线性特性的系泊设施对储油系统的动力学特性影响规律[6]。Maeda 等将系泊力系统简化为等效线性系统，在时域内分析了超大型浮体结构在规则波作用下的动响应，并且开展了单向和双向不规则波作用下浮体结构动响应的模型进行试验[7]。Shivaji 和 Sen 利用耦合时域求解法分析了锚泊浮体结构与大振幅陡入射波场相互作用的运动规律。水动力边界值问题采用三维数值波浪水槽法进行了求解。书中基于一定的简化近似考虑了入射波经过辐射和散射相互作用后的非线性特点。锚链采用了非线性弹簧进行了模拟[8]。Karmakar 和 Soares 基于线性水波理论，详细研究了有限长弹性浮板在其四角用缆绳连接施加侧压载荷后的水波散射问题。求解中运用了本征函数展开法以及有限水深的正交耦合关系。通过分析锚链刚度对水波反射、透射特性的影响规律，揭示了弹性浮板的水波响应特性[9]。

从已有的文献可以看出，虽然人们对超大型浮体结构的锚泊系统进行了大量的理论与实验研究，但很少有人将锚泊系统中的锚链处理为弹性体。本章正是基于上述的考虑，将锚泊系统中锚链看作是弹性体，来研究其对浮体结构水波动力学特性的影响。为了方便分析，在模型中将其抽象为一线性弹簧，并忽略其对流场的影响。通过研究锚链刚度与浮板水弹性响应之间的关系，为超大型浮体结构的锚泊系统设计提供理论支持。所以，本章采用 Wiener-Hopf 方法和 Mindlin 厚板理论，对二维有限长度浮板在单色水波作用下的振动响应参数与端部约束弹簧刚度之间的关系进行了系统地分析研究[10,11]。

5.2　控制方程与边界条件

假设流体是理想不可压的，流场为有势流，在线性理论框架内，研究深度为 a 的流体波动中的浮板水弹性问题。如图 5-1 取平板的左边缘作为直角坐标系(x,y,z)的原点。设平板的厚度和长度分别为 h 和 L。假设板厚远小于入射波波长。假设小振幅平面入射水波沿 x 轴正向传播。浮板左右两端边缘分别通过弹簧与水底垂直相联。

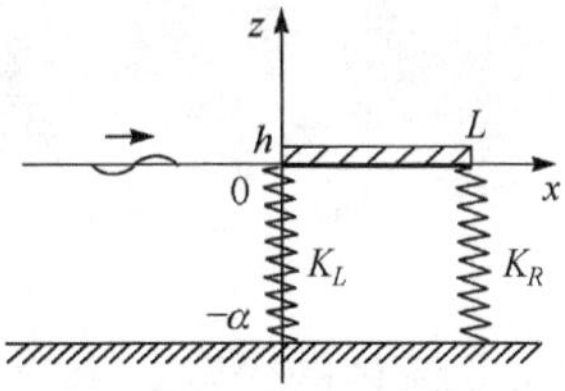

图 5-1　流体-结构锚泊系统示意图

所研究浮板系泊系统中，浮板所满足的控制方程由 Mindlin 厚板理论描述为

$$D\,\nabla^2\nabla^2 F-\rho_0 J\,\frac{\partial^2}{\partial t^2}\left(1+\frac{Dh}{JC}\right)\nabla^2 F+\rho_0 h\,\frac{\partial^2}{\partial t^2}\left(1+\frac{\rho_0 J}{C}\frac{\partial^2}{\partial t^2}\right)F=p \tag{5-1}$$

式中，$D=Eh^3/12(1-\nu^2)$是浮板的弯曲刚度；E 和 ν 分别是弹性模量和泊松比；$C=\pi^2\mu h/12$是剪切刚度；μ 是剪切弹性模量；$J=h^3/12$ 是转动惯量；w 是流体上表面的垂直位移（也就是板的挠度）；$\nabla^2=\partial^2/\partial x^2+\partial^2/\partial z^2$ 是 Laplace 算子；ρ_0 是板的密度；t 是时间；F 是广义函数，与挠度 w 的关系满足如下微分方程，

$$w=\left(1+\frac{\rho_0 J}{C}\frac{\partial^2}{\partial t^2}-\frac{D}{C}\nabla^2\right)F \tag{5-2}$$

由式(5-1)和式(5-2)并考虑二维问题，可得到关于浮板挠度 w 的如下控制方程，

$$D\,\frac{\partial^4 w}{\partial x^4}-\rho_0 J\left(1+\frac{Dh}{JC}\right)\frac{\partial^4 w}{\partial x^2\partial t^2}+\rho_0 h\,\frac{\partial^2 w}{\partial t^2}+\frac{\rho_0^2 Jh}{C}\frac{\partial^4 w}{\partial t^4}=\left(1+\frac{\rho_0 J}{C}\frac{\partial^2}{\partial t^2}-\frac{D}{C}\frac{\partial^2}{\partial x^2}\right)p \tag{5-3}$$

流场速度势 φ 应满足 Laplace 方程

$$\nabla^2\varphi=0\quad(-a<z<0) \tag{5-4}$$

流体总波场的速度势应由入射波速度势和散射波速度势叠加构成

$$\varphi=[\varphi^{(i)}+\varphi^{(s)}]e^{-i\omega t} \tag{5-5}$$

式中，$\varphi^{(i)}$，$\varphi^{(s)}$分别是入射波和散射波速度势，ω 为水波或平板横向弯曲振动的圆频率。对于等深度的小幅水波，为满足边界条件，其入射波速度势可取为

$$\varphi^{(i)}=\frac{Age^{ikx}\cosh k(z+1)}{\omega\cosh k} \tag{5-6}$$

式中，A 是入射波的幅值；g 是重力加速度；k 是水波的入射波波数。这样，与时间有关的物理量都可表示为幅值与时间因子 $e^{-i\omega t}$ 的乘积。

自由水面、平板与水的界面，以及水底的边界条件为如下形式

$$p=-\rho\left(\frac{\partial\varphi}{\partial t}+gw\right)\quad (z=0,0<x<L) \tag{5-7a}$$

$$\rho\frac{\partial\varphi}{\partial t}+\rho gw=0,\quad [z=0,x\in(-\infty,0)\cup(L,\infty)] \tag{5-7b}$$

$$\frac{\partial\varphi}{\partial z}=\frac{\partial w}{\partial t},\quad (z=0,0<x<L) \tag{5-7c}$$

$$\frac{\partial\varphi}{\partial z}=0\quad (z=-a) \tag{5-7d}$$

式中，ρ 是流体的密度。

对于速度势在无穷远处应满足如下辐射条件，

$$\lim_{r\to\infty}\sqrt{r}\left[\frac{\partial\varphi}{\partial r}+ik\varphi\right]=0 \tag{5-8}$$

式中，r 是以 VLFS 中心为原点的极坐标系中的半径坐标。

考虑浮板的两边缘与水底是通过弹簧垂直相连，所以板两端弯矩为零，而两端剪力不为零，可有如下表达式

$$\frac{d^2F}{dx^2}=0,\quad x=0,L\quad (\text{板的两端弯矩为零}) \tag{5-9a}$$

$$C\frac{d}{dx}[w(x)-F(x)]=-K_L w(x),\quad x=0\quad (\text{板的左端剪力不为零}) \tag{5-9b}$$

$$C\frac{d}{dx}[w(x)-F(x)]=-K_R w(x),\quad x=L\quad (\text{板的右端剪力不为零}) \tag{5-9c}$$

式中，K_L 是左端约束弹簧刚度；K_R 是右端约束弹簧刚度。

5.2.1 流场的边界条件

引进以下无量纲变量

$$\tilde{\varphi}=\frac{\varphi}{A\sqrt{gl}},\tilde{x}=x/a,\tilde{z}=z/a,\tilde{p}=\frac{p}{\rho gA},\tilde{t}=\omega t,\tilde{k}=ka,\tilde{L}=L/a,\tilde{l}=l/a,\tilde{h}=h/a,\tilde{\rho}=\rho/\rho_0$$

其中，$l=g/\omega^2$；a 是特征尺度，在问题研究中取为水深。以下分析研究将采用无量纲形式。为书写方便，我们将略去变量上的符号$(\widetilde{\cdot})$。

无量纲化后的流体总波场可以表示为

$$\varphi=[\varphi^{(i)}+\varphi^{(s)}]e^{-it},\quad \varphi^{(i)}=\frac{e^{ikx}\cosh[k(z+1)]}{\cosh k} \tag{5-10}$$

根据浮板的控制方程(5-3)、式(5-5)、式(5-6)、边界条件(5-7a)和边界条件(5-7c)联解并进行无量纲化后，可得到散射波速度势 $\varphi^{(s)}$ 在$(z=0,0<x<L)$处应满足的边界条件为

$$H(x,0)=Be^{ikx} \tag{5-11a}$$

其中，

$$H(x,z)=\left\{\frac{\partial^4}{\partial x^4}+\left[\kappa^4h^2\left[\frac{1}{12}+\frac{2}{\pi^2(1-\nu)}\right]-\kappa^4\rho hl\frac{2}{\pi^2(1-\nu)}\right]\frac{\partial^2}{\partial x^2}-\kappa^4\left[1-\kappa^4\frac{h^4}{6\pi^2(1-\nu)}\right]\right.$$
$$\left.+\kappa^4\frac{\rho l}{h}\left[1-\kappa^4\frac{h^4}{6\pi^2(1-\nu)}\right]\right\}\frac{\partial\varphi^{(s)}}{\partial z}-\kappa^4\frac{\rho}{h}\left[1-\kappa^4\frac{h^4}{6\pi^2(1-\nu)}-\frac{2h^2}{\pi^2(1-\nu)}\frac{\partial^2}{\partial x^2}\right]\varphi^{(s)}$$

$$B=-[\beta(k)+lb(k)]k\tanh(k)+b(k),$$

$$b(\alpha)=\kappa^4\frac{\rho}{h}\left[1-\frac{1}{6\pi^2(1-\nu)}\kappa^4h^4+\frac{2}{\pi^2}\frac{h^2}{(1-\nu)}\alpha^2\right],$$

$$\beta(\alpha)=\alpha^4-\kappa^4h^2\left[\frac{2}{\pi^2(1-\nu)}+\frac{1}{12}\right]\alpha^2-\left[1-\frac{1}{6\pi^2(1-\nu)}\kappa^4h^4\right]\kappa^4$$

式中，$\kappa_0=\left(\frac{\rho_0 h\omega^2}{D}\right)^{1/4}$；$\kappa=\kappa_0 a$。

同样，式(5-3)、式(5-5)、式(5-6)、边界条件(5-7b)和边界条件(5-7c)联立求解，可得散射波速度势 $\varphi^{(s)}$ 在$[z=0,x\in(-\infty,0)\cup(L,\infty)]$处应满足的边界条件为

$$l\frac{\partial\varphi^{(s)}}{\partial z}-\varphi^{(s)}=0 \tag{5-11b}$$

5.2.2　流场的水波色散方程

对于等深流场，水波的色散关系与第 2 章中的色散关系完全一样，即当没有弹性浮板时，即水面为完全自由时水波的色散关系可描述为

$$K_1(\alpha)=\alpha l\tanh(\alpha)-1=0 \tag{5-12}$$

式中，α 表示水波传播波数。方程(5-12)有 2 个实根 $\pm k$ 和无穷个纯虚根 $\pm k_n(n=1,2,\cdots,\infty)$。由于距原点愈近其影响愈大，因此虚根的排序满足 $|k_{n+1}|>|k_n|$。

在复平面上这些纯虚根是关于实轴对称的。

当水面有弹性浮板时，流体中水波的色散方程为

$$K_2(\alpha)=[\beta(\alpha)+lb(\alpha)]\alpha\tanh(\alpha)-b(\alpha)=0 \tag{5-13}$$

式中，

$$b(\alpha)=\kappa^4\ \frac{\rho}{h}\left[1-\frac{\kappa^4h^4}{6\pi^2(1-\nu)}+\frac{2h^2}{\pi^2(1-\nu)}\alpha^2\right],$$

$$\beta(\alpha)=\alpha^4-\kappa^4h^2\left[\frac{2}{\pi^2(1-\nu)}+\frac{1}{12}\right]\alpha^2-\left[1-\frac{\kappa^4h^4}{6\pi^2(1-\nu)}\right]\kappa^4$$

色散关系式(5-13)有两个实根$\pm\alpha_0$及一系列纯虚根$\pm\alpha_n(n=1,2,\cdots)$，虚根的排序满足$|\alpha_{n+1}|>|\alpha_n|$，在复平面上，这些纯虚根是关于实轴对称的。另外，还有关于实轴和虚轴是对称的4个复根，即满足关系$\alpha_{-1}=-\bar{\alpha}_{-2}=-\alpha_{-3}=\bar{\alpha}_{-4}$。$\alpha_{-\mathrm{i}}(i=1,2,3,4)$表示第$i$象限的根。

5.3 构造问题的解

与前几章相似的构造方法，即采用Wiener-Hopf方法构造问题的解[14]。引进关于复变量(空间波数)α的函数，将空间域问题转化为空间波数的(周期性)问题，

$$\Phi_+(\alpha,z)=\int_L^\infty \mathrm{e}^{\mathrm{i}\alpha(x-L)}\varphi^{(s)}(x,z)\mathrm{d}x,\quad \Phi_-(\alpha,z)=\int_{-\infty}^0 \mathrm{e}^{\mathrm{i}\alpha x}\varphi^{(s)}(x,z)\mathrm{d}x,$$

$$\Phi_1(\alpha,z)=\int_0^L \mathrm{e}^{\mathrm{i}\alpha x}\varphi^{(s)}(x,z)\mathrm{d}x,\Phi(\alpha,z)=\Phi_-(\alpha,z)+\Phi_1(\alpha,z)+\mathrm{e}^{\mathrm{i}\alpha L}\Phi_+(\alpha,z) \tag{5-14}$$

函数$\Phi_+(\alpha,z)$和$\Phi_-(\alpha,z)$分别定义在上半复平面和下半复平面上。研究函数$\Phi_\pm(\alpha,z)$的性质。当$x\to-\infty$时，散射速度势是形式为$R\mathrm{e}^{-\mathrm{i}kx}$的反射波、一些局部化振动和衰减波。最低阶局部化振动模式所对应的根为k_1。因此，函数$\Phi_-(\alpha,z)$除了在极点$\alpha=k$外，在$\mathrm{Im}\alpha<|k_1|$的半平面内是解析的。当$x\to\infty$时，散射速度势是形式为$T\mathrm{e}^{\mathrm{i}kx}$的透射波、一些局部化振动和衰减波。因此，函数$\Phi_+(\alpha,z)$除了在极点$\alpha=-k$外，在$\mathrm{Im}\alpha>-|k_1|$的上半平面内是解析的。我们定义两个解析域$\Omega_+$和$\Omega_-$，其中$\Omega_+$是指$\mathrm{Im}\alpha>-|k_1|$半平面剔除$-\alpha_0$和$-k$点的切缝的区域，$\Omega_-$是指$\mathrm{Im}\alpha<|k_1|$半平面剔除$\alpha_0$和$k$点的切缝的区域。

函数$\Phi(\alpha,z)$是函数$\varphi(x,z)$关于空间变量x的Fourier变换，且满足方程$\partial^2\Phi/\partial z^2-\alpha^2\Phi=0$。此方程满足水底边界条件(5-7d)的通解形式为

$$\Phi(\alpha,z)=Y(\alpha)\frac{\cosh[\alpha(z+1)]}{\cosh(\alpha)} \tag{5-15}$$

将第一种边界条件表达式(5-11a)的左端沿自由水面边界积分，即做Fourier变换，并用$J_\pm(\alpha)$和$J_1(\alpha)$表示，可有

$$J(\alpha)=J_{-}(\alpha)+J_{1}(\alpha)+\mathrm{e}^{\mathrm{i}\alpha L}J_{+}(\alpha) \tag{5-16}$$

其中,

$$J_{-}(\alpha)=\int_{-\infty}^{0}H(x,0)\mathrm{e}^{\mathrm{i}\alpha x}\mathrm{d}x,\quad J_{+}(\alpha)=\int_{L}^{\infty}H(x,0)\mathrm{e}^{\mathrm{i}\alpha(x-L)}\mathrm{d}x,J_{1}(\alpha)=\frac{B[\mathrm{e}^{\mathrm{i}(\alpha+k)L}-1]}{\mathrm{i}(\alpha+k)}。$$

将第二种边界条件表达式(5-11b)的左端沿自由水面边界积分,即做 Fourier 变换,并用 $X_{\pm}(\alpha)$和 $X_1(\alpha)$表示,可有

$$X(\alpha)=X_{-}(\alpha)+X_{1}(\alpha)+\mathrm{e}^{\mathrm{i}\alpha L}X_{+}(\alpha) \tag{5-17}$$

其中,

$$X_{-}(\alpha)=\int_{-\infty}^{0}\left[l\frac{\partial\varphi^{(s)}}{\partial z}-\varphi^{(s)}\right]\mathrm{e}^{\mathrm{i}\alpha x}\mathrm{d}x,X_{1}(\alpha)=\int_{0}^{L}\left[l\frac{\partial\varphi^{(s)}}{\partial z}-\varphi^{(s)}\right]\mathrm{e}^{\mathrm{i}\alpha x}\mathrm{d}x,$$

$$X_{+}(\alpha)=\int_{L}^{\infty}\left[l\frac{\partial\varphi^{(s)}}{\partial z}-\varphi^{(s)}\right]\mathrm{e}^{\mathrm{i}\alpha(x-L)}\mathrm{d}x。$$

由表达式(5-11b)可知,$X_{-}(\alpha)=X_{+}(\alpha)=0$,于是表达式(5-17)简化为

$$X(\alpha)=X_{1}(\alpha) \tag{5-18}$$

根据 Fourier 变换定义式,存在如下表达式

$$J(\alpha)=\int_{-\infty}^{\infty}H(x,0)\mathrm{e}^{\mathrm{i}\alpha x}\mathrm{d}x \tag{5-19}$$

经过运算,上式可化成如下形式

$$J(\alpha)=[\beta(\alpha)+lb(\alpha)]\alpha Y(\alpha)\tanh(\alpha)-b(\alpha)Y(\alpha)=Y(\alpha)K_{2}(\alpha) \tag{5-20}$$

同理,通过理论分析可知,这些函数有如下关系

$$X(\alpha)=X_{1}(\alpha)=Y(\alpha)K_{1}(\alpha) \tag{5-21}$$

根据式(5-16)与式(5-20)有

$$J_{-}(\alpha)+J_{1}(\alpha)+\mathrm{e}^{\mathrm{i}\alpha L}J_{+}(\alpha)=Y(\alpha)K_{2}(\alpha) \tag{5-22}$$

由表达式(5-21)和式(5-22)消去 $Y(\alpha)$,可得如下表达式

$$J_{-}(\alpha)+\frac{B[\mathrm{e}^{\mathrm{i}(\alpha+k)L}-1]}{\mathrm{i}(\alpha+k)}+\mathrm{e}^{\mathrm{i}\alpha L}J_{+}(\alpha)=X_{1}(\alpha)K(\alpha) \tag{5-23}$$

式中,$K(\alpha)=\dfrac{K_{2}(\alpha)}{K_{1}(\alpha)}$。

对函数 $K(\alpha)$进行因式分解[14],也就是用下式来代替 $K(\alpha)$

$$K(\alpha)=K_{+}(\alpha)K_{-}(\alpha) \tag{5-24}$$

式中,$K_{\pm}(\alpha)$与函数 $\Phi_{\pm}(\alpha,z)$在相同区域内是正则的。

引进如下函数

$$g(\alpha)=\frac{K(\alpha)(\alpha^{2}-k^{2})}{(\alpha^{2}-\alpha_{0}^{2})(\alpha^{2}-\alpha_{-1}^{2})(\alpha^{2}-\alpha_{-2}^{2})} \tag{5-25}$$

函数 $g(\alpha)$是 $K(\alpha)$在条形域内剔除零点和极点后对应的解析函数。可以看到,在实轴上函数 $g(\alpha)$没有零点、有界,并在无穷远处趋于单位 1。可对解析函数

$g(\alpha)$进行乘积分解,即进行因式分解[14]

$$g(\alpha)=g_{+}(\alpha)g_{-}(\alpha),\quad g_{\pm}(\alpha)=\exp\left[\pm\frac{1}{2\pi\mathrm{i}}\int_{-\infty\mp\mathrm{i}\sigma}^{\infty\mp\mathrm{i}\sigma}\frac{\ln g(x)}{x-\alpha}\mathrm{d}x\right],\quad(\sigma<\sigma_0) \tag{5-26}$$

式中,$\sigma_0=\min[|\alpha_{-1}|,|k_1|]$

定义函数$K_{\pm}(\alpha)$为如下形式

$$K_{\pm}(\alpha)=\frac{(\alpha\pm\alpha_0)(\alpha\pm\alpha_{-1})(\alpha\pm\alpha_{-2})}{\alpha\pm k}g_{\pm}(\alpha) \tag{5-27}$$

将$\mathrm{e}^{-\mathrm{i}\alpha L}[K_{+}(\alpha)]^{-1}$乘以式(5-23),可得到如下方程

$$\frac{J_{+}(\alpha)}{K_{+}(\alpha)}+\frac{B\mathrm{e}^{\mathrm{i}\gamma L}}{\mathrm{i}(\alpha+\mu)K_{+}(\alpha)}+U_{+}(\alpha)-V_{+}(\alpha)=\frac{X_1(\alpha)K_{-}(\alpha)}{\mathrm{e}^{\mathrm{i}\alpha L}}-U_{-}(\alpha)+V_{-}(\alpha) \tag{5-28a}$$

其中,$U_{\pm}(\alpha)=\dfrac{\pm1}{2\pi\mathrm{i}}\displaystyle\int_{-\infty\mp\mathrm{i}\sigma}^{\infty\mp\mathrm{i}\sigma}\frac{\mathrm{e}^{-\mathrm{i}\zeta L}J_{-}(\zeta)\mathrm{d}\zeta}{K_{+}(\zeta)(\zeta-\alpha)}$,$V_{\pm}(\alpha)=\dfrac{\mp B}{2\pi}\displaystyle\int_{-\infty\mp\mathrm{i}\sigma}^{\infty\mp\mathrm{i}\sigma}\frac{\mathrm{e}^{-\mathrm{i}\zeta L}\mathrm{d}\zeta}{K_{+}(\zeta)(\zeta+\mu)(\zeta-\alpha)}$。

将$[K_{-}(\alpha)]^{-1}$乘以式(5-23),可得到如下表达式

$$\frac{J_{-}(\alpha)}{K_{-}(\alpha)}+R_{-}(\alpha)-S_{-}(\alpha)-\frac{B}{\mathrm{i}(\alpha+\mu)}\left[\frac{1}{K_{-}(\alpha)}-\frac{1}{K_{-}(-\mu)}\right]$$
$$=X_1(\alpha)K_{+}(\alpha)-R_{+}(\alpha)+S_{+}(\alpha)+\frac{B}{\mathrm{i}(\alpha+\mu)K_{+}(\mu)} \tag{5-28b}$$

其中,$R_{\pm}(\alpha)=\dfrac{\pm1}{2\pi\mathrm{i}}\displaystyle\int_{-\infty\mp\mathrm{i}\sigma}^{\infty\mp\mathrm{i}\sigma}\frac{\mathrm{e}^{\mathrm{i}\zeta L}J_{+}(\zeta)\mathrm{d}\zeta}{K_{-}(\zeta)(\zeta-\alpha)}$,$S_{\pm}(\alpha)=\dfrac{\pm B}{2\pi}\displaystyle\int_{-\infty\mp\mathrm{i}\sigma}^{\infty\mp\mathrm{i}\sigma}\frac{\mathrm{e}^{\mathrm{i}(\zeta+\gamma)L}\mathrm{d}\zeta}{K_{-}(\zeta)(\zeta+\mu)(\zeta-\alpha)}$。

方程(5-28a)左边的函数都是在区域Ω_{+}内是解析的,而右边的函数都是在Ω_{-}内是解析的,同时方程(5-28b)左边的函数都是在Ω_{-}内是解析的,而右边的函数都是在Ω_{+}内是解析的。通过分析表达式,利用解析延拓概念,可以在整个复平面上定义这个函数。根据 Liouville 定理,对于在全平面解析的多项式函数,多项式的次数可由$|\alpha|\to\infty$时函数的特性来确定。对于方程(5-28a)、方程(5-28b),当$|\alpha|\to\infty$时,函数$J_{-}(\alpha)$不高于$O(|\alpha|^{\lambda+3})(\lambda<1)$阶,$X_{+}(\alpha)$不高于$O(|\alpha|^{\lambda-1})$阶。在无穷远处,当$|\alpha|\to\infty$时,由于$g_{\pm}(\alpha)\to1$,故$K_{\pm}(\alpha)$阶数为$O(|\alpha|^2)$。由上面两个方程可有如下表达式

$$\frac{J_{+}(\alpha)}{K_{+}(\alpha)}+\frac{B\mathrm{e}^{\mathrm{i}\gamma L}}{\mathrm{i}(\alpha+\mu)K_{+}(\alpha)}+U_{+}(\alpha)-V_{+}(\alpha)=a_1\alpha+a_2 \tag{5-29a}$$

$$\frac{J_{-}(\alpha)}{K_{-}(\alpha)}+R_{-}(\alpha)-S_{-}(\alpha)-\frac{B}{\mathrm{i}(\alpha+\mu)}\left[\frac{1}{K_{-}(\alpha)}-\frac{1}{K_{-}(-\mu)}\right]=b_1\alpha+b_2 \tag{5-29b}$$

式中,a_1,a_2,b_1,b_2是未知常数。

在变换后空间,即波数域空间,引进新的未知函数

$$\Psi_{+}(\alpha)=J_{+}(\alpha)+\frac{Be^{ikL}}{i(\alpha+k)},\quad \Psi_{-}^{*}(\alpha)=J_{-}(\alpha)-\frac{B}{i(\alpha+k)} \tag{5-30}$$

符号 * 表示:除了极点 $-k$ 外,函数 $\Psi_{-}^{*}(\alpha)$ 与 $J_{-}(\alpha)$ 的正则区域是一样的,即在区域 Ω_{-} 内是正则的。把式(5-30)代入式(5-29a)和式(5-29b)后,可得到下面方程组

$$\frac{\Psi_{+}(\alpha)}{K_{+}(\alpha)}+\frac{1}{2\pi i}\int_{-\infty-i\sigma}^{\infty-i\sigma}\frac{e^{-i\zeta L}\Psi_{-}^{*}(\zeta)d\zeta}{K_{+}(\zeta)(\zeta-\alpha)}=a_1\alpha+b_1,\quad (\sigma<\sigma_0) \tag{5-31a}$$

$$\frac{\Psi_{-}^{*}(\alpha)}{K_{-}(\alpha)}+\frac{B}{i(\alpha+k)K_{-}(-k)}-\frac{1}{2\pi i}\int_{-\infty+i\sigma}^{\infty+i\sigma}\frac{e^{i\zeta L}\Psi_{+}(\zeta)}{K_{-}(\zeta)(\zeta-\alpha)}d\zeta=a_2\alpha+b_2\quad (\sigma<\sigma_0) \tag{5-31b}$$

5.3.1 未知常数 a_1,b_1 的求解

首先确定多项式的系数和常数项 a_1 和 b_1。由方程(5-28a)和方程(5-29a),可得到下式

$$X_1(\alpha)K_{-}(\alpha)e^{-i\alpha L}+V_{-}(\alpha)-U_{-}(\alpha)=a_1\alpha+b_1 \tag{5-32}$$

将函数 $U_{-}(\alpha)$ 和 $V_{-}(\alpha)$ 的具体表达式代入式(3-35),可得到如下表达式

$$X_1(\alpha)=\frac{e^{i\alpha L}}{K_{-}(\alpha)}\left[a_1\alpha+b_1-\frac{1}{2\pi i}\int_{-\infty+i\sigma}^{\infty+i\sigma}\frac{e^{-i\zeta L}\Psi_{-}^{*}(\zeta)d\zeta}{K_{+}(\zeta)(\zeta-\alpha)}\right] \tag{5-33}$$

根据式(5-15)、式(5-21)和式(5-33),利用 Fourier 逆变换,可得到散射速度势的表达式

$$\varphi^{(s)}(x,z)=\frac{1}{2\pi}\int_{-\infty}^{\infty}\frac{e^{-i\alpha(x-L)}\cosh[\alpha(z+1)]}{K_{-}(\alpha)K_1(\alpha)\cosh(\alpha)}\left[a_1\alpha+b_1-\frac{1}{2\pi i}\int_{-\infty+i\sigma}^{\infty+i\sigma}\frac{e^{-i\zeta L}\Psi_{-}^{*}(\zeta)d\zeta}{K_{+}(\zeta)(\zeta-\alpha)}\right]d\alpha \tag{5-34}$$

由式(5-34)可导出如下表达式

$$\frac{\partial\varphi^{(s)}}{\partial z}(x,0)=\frac{1}{2\pi}\int_{-\infty}^{\infty}\frac{\alpha e^{-i\alpha(x-L)}\tanh(\alpha)K_{+}(\alpha)}{K_2(\alpha)}\left[a_1\alpha+b_1-\frac{1}{2\pi i}\int_{-\infty+i\sigma}^{\infty+i\sigma}\frac{e^{-i\zeta L}\Psi_{-}^{*}(\zeta)d\zeta}{K_{+}(\zeta)(\zeta-\alpha)}\right]d\alpha \tag{5-35}$$

利用与第 2 章相同的求解过程可得

$$\begin{aligned}w(x)&=i\frac{\partial\varphi}{\partial z}(x,0)\\&=-\sum_{m=-2}^{\infty}\frac{\alpha_m\tanh(\alpha_m)K_{+}(\alpha_m)}{K'_2(\alpha_m)}\left[a_1\alpha_m+b_1-\sum_{j=-2}^{\infty}\frac{e^{i\alpha_j L}\Psi_{-}^{*}(-\alpha_j)}{K'_{+}(-\alpha_j)(\alpha_j+\alpha_m)}\right]e^{-i\alpha_m(x-L)}\\&\quad+\sum_{m=-2}^{\infty}\frac{\alpha_m\tanh(\alpha_m)e^{i\alpha_m x}\Psi_{-}^{*}(-\alpha_m)}{K'_2(-\alpha_m)}\end{aligned} \tag{5-36}$$

$$F(x)=-\sum_{m=-2}^{\infty}\frac{\alpha_m\tanh(\alpha_m)K_{+}(\alpha_m)}{K'_2(\alpha_m)}\left[a_1\alpha_m+b_1-\sum_{j=-2}^{\infty}\frac{e^{i\alpha_j L}\Psi_{-}^{*}(-\alpha_j)}{K'_{+}(-\alpha_j)(\alpha_j+\alpha_m)}\right]\frac{C\alpha^2e^{-i\alpha_m(x-L)}}{D(\gamma^2+\alpha_m^2)}$$

$$+\sum_{m=-2}^{\infty}\frac{\alpha_m\tanh(\alpha_m)\Psi_-^*(-\alpha_m)}{K'_2(-\alpha_m)}\frac{Ca^2e^{i\alpha_m x}}{D(\gamma^2+\alpha_m^2)} \tag{5-37}$$

利用式(5-9a)和式(5-9c)中在点 $x=L$ 处的边界条件，弯矩为零，剪力不为零，分别可得两个方程

$$\sum_{m=-2}^{\infty}\frac{\alpha_m^3\tanh(\alpha_m)K_+(\alpha_m)N_1(\alpha_m)}{K'_2(\alpha_m)}\left[a_1\alpha_m+b_1-\sum_{j=-2}^{\infty}\frac{e^{i\alpha_j L}\Psi_-^*(-\alpha_j)}{K'_+(-\alpha_j)(\alpha_j+\alpha_m)}\right]$$
$$-\sum_{m=-2}^{\infty}\frac{\alpha_m^3\tanh(\alpha_m)\Psi_-^*(-\alpha_m)e^{i\alpha_m L}N_1(\alpha_m)}{K'_2(-\alpha_m)}=0 \tag{5-38}$$

$$\sum_{m=-2}^{\infty}\frac{\alpha_m\tanh(\alpha_m a)K_+(\alpha_m)N_3(\alpha_m)}{K'_2(\alpha_m)}\left[a_1\alpha_m+b_1-\sum_{j=-2}^{\infty}\frac{e^{i\alpha_j L}\Psi_-^*(-\alpha_j)}{K'_+(-\alpha_j)(\alpha_j+\alpha_m)}\right]$$
$$-\sum_{m=-2}^{\infty}\frac{\alpha_m\tanh(\alpha_m a)e^{i\alpha_m L}\Psi_-^*(-\alpha_m)N_3(-\alpha_m)}{K'_2(-\alpha_m)}=0 \tag{5-39}$$

式中，$N_1(\alpha_m)=\dfrac{1}{\alpha_m^2+\gamma^2}$；$N_2(\alpha_m)=\dfrac{q}{(\gamma^2+\alpha_m^2)}-1$；$q=\dfrac{Ca^2}{D}$；$k_L=K_L a/C$

$N_3(\alpha_m)=-i\alpha_m N_2(\alpha_m)-k_L$。

根据式(5-12)和式(5-13)，可得到

$$\alpha_m^n\tanh(\alpha_m)=-\frac{\alpha_m^{n-1}b(\alpha_m)K_1(\alpha_m)}{\beta(\alpha_m)},\quad (n=2,3) \tag{5-40}$$

将其代入式(5-38)，(5-39)，可得

$$\sum_{m=-2}^{\infty}\frac{\alpha_m^2 b(\alpha_m)K_1(\alpha_m)K_+(\alpha_m)N_1(\alpha_m)}{\beta(\alpha_m)K'_2(\alpha_m)}\left[a_1\alpha_m+b_1-\sum_{j=-2}^{\infty}\frac{e^{i\alpha_j L}\Psi_-^*(-\alpha_j)}{K'_+(-\alpha_j)(\alpha_j+\alpha_m)}\right]$$
$$-\sum_{m=-2}^{\infty}\frac{\alpha_m^2 b(\alpha_m)K_1(\alpha_m)\Psi_-^*(-\alpha_m)e^{i\alpha_m L}N_1(\alpha_m)}{\beta(\alpha_m)K'_2(-\alpha_m)}=0 \tag{5-41a}$$

$$\sum_{m=-2}^{\infty}\frac{b(\alpha_m)K_1(\alpha_m)K_+(\alpha_m)N_3(\alpha_m)}{\beta(\alpha_m)K'_2(\alpha_m)}\left[a_1\alpha_m+b_1-\sum_{j=-2}^{\infty}\frac{e^{i\alpha_j L}\Psi_-^*(-\alpha_j)}{K'_+(-\alpha_j)(\alpha_j+\alpha_m)}\right]$$
$$-\sum_{m=-2}^{\infty}\frac{b(\alpha_m)K_1(\alpha_m)e^{i\alpha_m L}\Psi_-^*(-\alpha_m)N_3(-\alpha_m)}{\beta(\alpha_m)K'_2(-\alpha_m)}=0 \tag{5-41b}$$

同样选取积分路径用积分形式取代求和。积分路径沿实轴从 $-\infty$ 到 ∞，以使其在区域 Ω_+ 和 Ω_- 的交集内。选取如图 2-5 和图 2-6 中所示的积分路径 $C_\pm$。C 的正负下标分别是指积分路径位于原点的上面和下面。C_+ 是沿着实轴从上面绕过点 $-k$，$-\alpha_0$，$i\gamma$，χ_3，χ_2，χ_1，从下面绕过点 k，α_0；C_- 是沿着实轴从下面绕过点 k，α_0，$-i\gamma$，χ_1，χ_3，χ_4，从上面绕过点 $-k$，$-\alpha_0$，其中 χ_1，χ_2，χ_3，χ_4 分别是 $\beta(\alpha)=0$ 的正实根、正虚根、负实根、负虚根。

第一个求和项选取的积分路径为 C_+，封闭在上半平面；第二个求和项选取的积分路径为 C_-，封闭在下半平面，这样可得

$$\frac{1}{2\pi i}\int_{C_+}\frac{\alpha^2 b(\alpha)N_1(\alpha)}{\beta(\alpha)K_-(\alpha)}(a_1\alpha+b_1)d\alpha+\frac{1}{2\pi i}\int_{C_-}\frac{e^{-i\alpha L}\alpha^2 b(\alpha)\Psi_-^*(\alpha)N_1(\alpha)d\alpha}{\beta(\alpha)K(\alpha)}$$
$$-\frac{1}{2\pi i}\sum_{j=-2}^{\infty}\frac{e^{i\alpha_j L}\Psi_-^*(-\alpha_j)}{K'_+(-\alpha_j)}\int_{C_+}\frac{\alpha^2 b(\alpha)N_1(\alpha)d\alpha}{\beta(\alpha)K_-(\alpha)(\alpha_j+\alpha)}=0 \tag{5-42a}$$

$$\frac{1}{2\pi i}\int_{C_+}\frac{b(\alpha)N_3(\alpha)}{\beta(\alpha)K_-(\alpha)}(a_1\alpha+b_1)d\alpha-\sum_{s=1}^{4}\frac{b(\chi_s)N_3(\chi_s)}{\beta'(\chi_s)K_-(\chi_s)}\frac{1}{2\pi i}\int_{C_-}\frac{e^{-i\alpha L}\Psi_-^*(\alpha)d\alpha}{K_+(\alpha)(-\alpha+\chi_s)}$$
$$+\frac{iqb(i\gamma)}{2\beta(i\gamma)}\frac{1}{2\pi i}\int_{C_-}\frac{e^{-i\alpha L}\Psi_-^*(\alpha)}{K_+(\alpha)}\left[\frac{1}{K_-(i\gamma)(-\alpha+i\gamma)}-\frac{1}{K_-(-i\gamma)(\alpha+i\gamma)}\right]d\alpha=0 \tag{5-42b}$$

利用留数定理可得如下方程

$$A_{11}a_1+A_{12}b_1=\sum_{s=1}^{4}\frac{\chi_s^2 b(\chi_s)N_1(\chi_s)}{\beta'(\chi_s)K_-(\chi_s)}\frac{1}{2\pi i}\int_{C_-}\frac{e^{-i\alpha L}\Psi_-^*(\alpha)d\alpha}{K_+(\alpha)(-\alpha+\chi_s)}$$
$$+\frac{i\gamma b(i\gamma)}{2\beta(i\gamma)}\frac{1}{2\pi i}\int_{C_-}\frac{e^{-i\alpha L}\Psi_-^*(\alpha)}{K_+(\alpha)}\left[\frac{1}{K_-(i\gamma)(-\alpha+i\gamma)}\right.$$
$$\left.+\frac{1}{K_-(-i\gamma)(\alpha+i\gamma)}\right]d\alpha \tag{5-43a}$$

$$A_{21}a_1+A_{22}b_1=\sum_{s=1}^{4}\frac{b(\chi_s)N_3(\chi_s)}{\beta'(\chi_s)K_-(\chi_s)}\frac{1}{2\pi i}\int_{C_-}\frac{e^{-i\alpha L}\Psi_-^*(\alpha)d\alpha}{K_+(\alpha)(-\alpha+\chi_s)}$$
$$-\frac{iqb(i\gamma)}{2\beta(i\gamma)}\frac{1}{2\pi i}\int_{C_-}\frac{e^{-i\alpha L}\Psi_-^*(\alpha)}{K_+(\alpha)}\left[\frac{1}{K_-(i\gamma)(-\alpha+i\gamma)}\right.$$
$$\left.-\frac{1}{K_-(-i\gamma)(\alpha+i\gamma)}\right]d\alpha \tag{5-43b}$$

式中，

$$A_{11}=\frac{1}{2\pi i}\int_{C_+}\frac{\alpha^3 b(\alpha)N_1(\alpha)}{\beta(\alpha)K_-(\alpha)}d\alpha=-\sum_{s=1}^{4}\frac{\chi_s^3 b(\chi_s)N_1(\chi_s)}{\beta'(\chi_s)K_-(\chi_s)};$$
$$A_{12}=\frac{1}{2\pi i}\int_{C_+}\frac{\alpha^2 b(\alpha)N_1(\alpha)}{\beta(\alpha)K_-(\alpha)}d\alpha=-\sum_{s=1}^{4}\frac{\chi_s^2 b(\chi_s)N_1(\chi_s)}{\beta'(\chi_s)K_-(\chi_s)};$$
$$A_{21}=\frac{1}{2\pi i}\int_{C_+}\frac{\alpha b(\alpha)N_3(\alpha)}{\beta(\alpha)K_-(\alpha)}d\alpha=-\sum_{s=1}^{4}\frac{\chi_s b(\chi_s)N_3(\chi_s)}{\beta'(\chi_s)K_-(\chi_s)};$$
$$A_{22}=\frac{1}{2\pi i}\int_{C_+}\frac{b(\alpha)N_3(\alpha)}{\beta(\alpha)K_-(\alpha)}d\alpha=-\sum_{s=1}^{4}\frac{b(\chi_s)N_3(\chi_s)}{\beta'(\chi_s)K_-(\chi_s)}。$$

求解上述方程组，可得到确定未知常数 a_1，b_1 的表达式

$$a_1=\sum_{s=1}^{4}\frac{b(\chi_s)[\chi_s^2 N_1(\chi_s)A_{22}-N_3(\chi_s)A_{12}]}{\beta'(\chi_s)K_-(\chi_s)(A_{11}A_{22}-A_{12}A_{21})}\frac{1}{2\pi i}\int_{C_-}\frac{e^{-i\alpha L}\Psi_-^*(\alpha)d\alpha}{K_+(\alpha)(-\alpha+\chi_s)}$$
$$+\frac{ib(i\gamma)(\gamma A_{22}+qA_{12})}{2\beta(i\gamma)(A_{11}A_{22}-A_{12}A_{21})}\frac{1}{2\pi i}\int_{C_-}\frac{e^{-i\alpha L}\Psi_-^*(\alpha)}{K_+(\alpha)K_-(i\gamma)(-\alpha+i\gamma)}d\alpha$$

$$+\frac{\mathrm{i}b(\mathrm{i}\gamma)[\gamma A_{22}-qA_{12}]}{2\beta(\mathrm{i}\gamma)(A_{11}A_{22}-A_{12}A_{21})}\frac{1}{2\pi\mathrm{i}}\int_{C_-}\frac{\mathrm{e}^{-\mathrm{i}\alpha L}\Psi_-^*(\alpha)}{K_+(\alpha)K_-(-\mathrm{i}\gamma)(\alpha+\mathrm{i}\gamma)}\mathrm{d}\alpha \tag{5-44a}$$

$$\begin{aligned}b_1=&\sum_{s=1}^{4}\frac{b(\chi_s)[N_3(\chi_s)A_{11}-\chi_s^2N_1(\chi_s)A_{21}]}{\beta'(\chi_s)K_-(\chi_s)(A_{11}A_{22}-A_{12}A_{21})}\frac{1}{2\pi\mathrm{i}}\int_{C_-}\frac{\mathrm{e}^{-\mathrm{i}\alpha L}\Psi_-^*(\alpha)\mathrm{d}\alpha}{K_+(\alpha)(-\alpha+\chi_s)}\\&+\frac{\mathrm{i}b(\mathrm{i}\gamma)(qA_{11}-\gamma A_{21})}{2\beta(\mathrm{i}\gamma)(A_{11}A_{22}-A_{12}A_{21})}\frac{1}{2\pi\mathrm{i}}\int_{C_-}\frac{\mathrm{e}^{-\mathrm{i}\alpha L}\Psi_-^*(\alpha)}{K_+(\alpha)K_-(-\mathrm{i}\gamma)(\alpha+\mathrm{i}\gamma)}\mathrm{d}\alpha\\&-\frac{\mathrm{i}b(\mathrm{i}\gamma)(\gamma A_{21}+qA_{11})}{2\beta(\mathrm{i}\gamma)(A_{11}A_{22}-A_{12}A_{21})}\frac{1}{2\pi\mathrm{i}}\int_{C_-}\frac{\mathrm{e}^{-\mathrm{i}\alpha L}\Psi_-^*(\alpha)}{K_+(\alpha)K_-(\mathrm{i}\gamma)(-\alpha+\mathrm{i}\gamma)}\mathrm{d}\alpha\end{aligned} \tag{5-44b}$$

5.3.2 未知常数 a_2, b_2 的求解

由式(5-28b)和式(5-29b)，可得

$$X_1(\alpha)K_+(\alpha)-R_+(\alpha)+S_+(\alpha)+\frac{B}{\mathrm{i}(\alpha+k)K_+(k)}=a_2\alpha+b_2 \tag{5-45}$$

同理，利用 Fourier 逆变换，对上式进行变换，得到散射速度势 $\varphi^{(s)}(x,z)$ 的如下表达式

$$\begin{aligned}\varphi^{(s)}(x,z)=&\frac{1}{2\pi}\int_{-\infty}^{\infty}\frac{\mathrm{e}^{-\mathrm{i}\alpha x}\cosh[\alpha(z+1)]}{\cosh(\alpha)K_+(\alpha)K_1(\alpha)}\Bigg[a_2\alpha+b_2-\frac{B}{\mathrm{i}(\alpha+k)K_+(k)}\\&+\frac{1}{2\pi\mathrm{i}}\int_{-\infty-\mathrm{i}\sigma}^{\infty-\mathrm{i}\sigma}\frac{\mathrm{e}^{\mathrm{i}\zeta L}\Psi_+(\zeta)\mathrm{d}\zeta}{K_-(\zeta)(\zeta-\alpha)}\Bigg]\mathrm{d}\alpha\end{aligned} \tag{5-46}$$

对上式关于 z 进行求偏导，得到

$$\begin{aligned}\frac{\partial\varphi^{(s)}}{\partial z}(x,0)=&\frac{1}{2\pi}\int_{-\infty}^{\infty}\frac{\alpha\mathrm{e}^{-\mathrm{i}\alpha x}\tanh(\alpha)K_-(\alpha)}{K_2(\alpha)}\Bigg[a_2\alpha+b_2-\frac{B}{\mathrm{i}(\alpha+k)K_+(k)}\\&+\frac{1}{2\pi\mathrm{i}}\int_{-\infty-\mathrm{i}\sigma}^{\infty-\mathrm{i}\sigma}\frac{\mathrm{e}^{\mathrm{i}\zeta L}\Psi_+(\zeta)\mathrm{d}\zeta}{K_-(\zeta)(\zeta-\alpha)}\Bigg]\mathrm{d}\alpha\end{aligned} \tag{5-47}$$

采用与第二章相似的求解过程，利用留数定理，得到 $\dfrac{\partial\varphi^{(s)}}{\partial z}(x,0)$ 的表达式

$$\begin{aligned}\frac{\partial\varphi^{(s)}}{\partial z}(x,0)=&-\mathrm{i}\sum_{m=-2}^{\infty}\frac{\mathrm{e}^{\mathrm{i}\alpha_m x}\alpha_m\tanh(\alpha_m)K_-(-\alpha_m)}{K'_2(-\alpha_m)}\Bigg[-a_2\alpha_m+b_2-\frac{B}{\mathrm{i}(k-\alpha_m)K_+(k)}\\&+\sum_{j=-2}^{\infty}\frac{\mathrm{e}^{\mathrm{i}\alpha_j L}\Psi_+(\alpha_j)}{K'_-(\alpha_j)(\alpha_j+\alpha_m)}\Bigg]-\mathrm{e}^{\mathrm{i}kx}+\mathrm{i}\sum_{m=-2}^{\infty}\frac{\mathrm{e}^{-\mathrm{i}\alpha_m(x-L)}\alpha_m\tanh(\alpha_m)\Psi_+(\alpha_m)}{K'_2(\alpha_m)}\end{aligned} \tag{5-48}$$

根据 $\varphi=\varphi^{(i)}+\varphi^{(s)}$，可以得到

$$\frac{\partial\varphi}{\partial z}(x,0)=-\mathrm{i}\sum_{m=-2}^{\infty}\frac{\mathrm{e}^{\mathrm{i}\alpha_m x}\alpha_m\tanh(\alpha_m)K_-(-\alpha_m)}{K'_2(-\alpha_m)}\Bigg[-a_2\alpha_m+b_2-\frac{B}{\mathrm{i}(k-\alpha_m)K_+(k)}$$

$$+\sum_{j=-2}^{\infty}\frac{\mathrm{e}^{\mathrm{i}\alpha_j L}\Psi_{+}(\alpha_j)}{K'_{-}(\alpha_j)(\alpha_j+\alpha_m)}\Bigg]+\mathrm{i}\sum_{m=-2}^{\infty}\frac{\mathrm{e}^{-\mathrm{i}\alpha_m(x-L)}\alpha_m\tanh(\alpha_m)\Psi_{+}(\alpha_m)}{K'_2(\alpha_m)} \tag{5-49}$$

根据式(5-7c) 和式(5-49)，可得到

$$w(x)=\mathrm{i}\frac{\partial\varphi}{\partial z}(x,0)=\sum_{m=-2}^{\infty}\frac{\mathrm{e}^{\mathrm{i}\alpha_m x}\alpha_m\tanh(\alpha_m)K_{-}(-\alpha_m)}{K'_2(-\alpha_m)}\Bigg[-a_2\alpha_m+b_2-\frac{B}{\mathrm{i}(k-\alpha_m)K_{+}(k)}$$
$$+\sum_{j=-2}^{\infty}\frac{\mathrm{e}^{\mathrm{i}\alpha_j L}\Psi_{+}(\alpha_j)}{K'_{-}(\alpha_j)(\alpha_j+\alpha_m)}\Bigg]-\sum_{m=-2}^{\infty}\frac{\mathrm{e}^{-\mathrm{i}\alpha_m(x-L)}\alpha_m\tanh(\alpha_m)\Psi_{+}(\alpha_m)}{K'_2(\alpha_m)} \tag{5-50}$$

同样通过式(5-2) 和式(5-50) 可以得到

$$F(x)=\sum_{m=-2}^{\infty}\frac{q\alpha_m\tanh(\alpha_m)K_{-}(-\alpha_m)N_1(\alpha_m)\mathrm{e}^{\mathrm{i}\alpha_m x}}{K'_2(-\alpha_m)}\Bigg[-a_2\alpha_m+b_2-\frac{B}{\mathrm{i}(k-\alpha_m)K_{+}(k)}$$
$$+\sum_{j=-2}^{\infty}\frac{\mathrm{e}^{\mathrm{i}\alpha_j L}\Psi_{+}(\alpha_j)}{K'_{-}(\alpha_j)(\alpha_j+\alpha_m)}\Bigg]-\sum_{m=-2}^{\infty}\frac{q\alpha_m\tanh(\alpha_m)\Psi_{+}(\alpha_m)N_1(\alpha_m)\mathrm{e}^{-\mathrm{i}\alpha_m(x-L)}}{K'_2(\alpha_m)} \tag{5-51}$$

利用式(5-9a) 和式(5-9b) 中在点 $x=0$ 处的边界条件，分别可得两个方程

$$\sum_{m=-2}^{\infty}\frac{\alpha_m^3\tanh(\alpha_m)K_{-}(-\alpha_m)N_1(\alpha_m)}{K'_2(-\alpha_m)}\Bigg[-a_2\alpha_m+b_2-\frac{B}{\mathrm{i}(k-\alpha_m)K_{+}(k)}$$
$$+\sum_{j=-2}^{\infty}\frac{\mathrm{e}^{\mathrm{i}\alpha_j L}\Psi_{+}(\alpha_j)}{K'_{-}(\alpha_j)(\alpha_j+\alpha_m)}\Bigg]-\sum_{m=-2}^{\infty}\frac{\mathrm{e}^{\mathrm{i}\alpha_m L}\alpha_m^3\tanh(\alpha_m)\Psi_{+}(\alpha_m)N_1(\alpha_m)}{K'_2(\alpha_m)}=0 \tag{5-52a}$$

$$\sum_{m=-2}^{\infty}\frac{\alpha_m\tanh(\alpha_m)K_{-}(-\alpha_m)N_4(-\alpha_m)}{K'_2(-\alpha_m)}\Bigg[-a_2\alpha_m+b_2-\frac{B}{\mathrm{i}(k-\alpha_m)K_{+}(k)}$$
$$+\sum_{j=-2}^{\infty}\frac{\mathrm{e}^{\mathrm{i}\alpha_j L}\Psi_{+}(\alpha_j)}{K'_{-}(\alpha_j)(\alpha_j+\alpha_m)}\Bigg]-\sum_{m=-2}^{\infty}\frac{\alpha_m\tanh(\alpha_m)\Psi_{+}(\alpha_m)\mathrm{e}^{\mathrm{i}\alpha_m L}N_4(\alpha_m)}{K'_2(\alpha_m)}=0 \tag{5-52b}$$

式中，$N_4(\alpha_m)=-\mathrm{i}\alpha_m N_2(\alpha_m)-k_R$，$k_R=\dfrac{K_R a}{C}$。

同理，通过选取积分路径用积分形式取代求和，并进一步化简后得到如下两个积分方程，

$$P_{11}a_2+P_{12}b_2-Q_1=-\sum_{s=1}^{4}\frac{\chi_s^2 b(\chi_s)N_1(\chi_s)}{\beta'(\chi_s)K_{+}(\chi_s)}\frac{1}{2\pi\mathrm{i}}\int_{C_+}\frac{\mathrm{e}^{\mathrm{i}\alpha L}\Psi_{+}(\alpha)\mathrm{d}\alpha}{K_{-}(\alpha)(\alpha-\chi_s)}$$
$$-\frac{\mathrm{i}\gamma b(\mathrm{i}\gamma)}{2\beta(\mathrm{i}\gamma)}\frac{1}{2\pi\mathrm{i}}\int_{C_+}\frac{\mathrm{e}^{\mathrm{i}\alpha L}\Psi_{+}(\alpha)}{K_{-}(\alpha)}\Bigg[\frac{1}{K_{+}(\mathrm{i}\gamma)(\alpha-\mathrm{i}\gamma)}$$
$$-\frac{1}{K_{+}(-\mathrm{i}\gamma)(\alpha+\mathrm{i}\gamma)}\Bigg]\mathrm{d}\alpha \tag{5-53a}$$

$$P_{21}a_2+P_{22}b_2-Q_2=-\sum_{s=1}^{4}\frac{\chi_s b(\chi_s)N_2(\chi_s)}{\beta'(\chi_s)K_{+}(\chi_s)}\frac{1}{2\pi\mathrm{i}}\int_{C_+}\frac{\mathrm{e}^{\mathrm{i}\alpha L}\Psi_{+}(\alpha)\mathrm{d}\alpha}{K_{-}(\alpha)(\alpha-\chi_s)}$$

$$
-\frac{qb(\mathrm{i}\gamma)}{2\beta(\mathrm{i}\gamma)}\frac{1}{2\pi\mathrm{i}}\int_{C_+}\frac{\mathrm{e}^{\mathrm{i}\alpha L}\Psi_+(\alpha)}{K_-(\alpha)}\left[\frac{1}{K_+(\mathrm{i}\gamma)(\alpha-\mathrm{i}\gamma)}+\frac{1}{K_+(-\mathrm{i}\gamma)(\alpha+\mathrm{i}\gamma)}\right]\mathrm{d}\alpha \tag{5-53b}
$$

式中，

$$
P_{11}=\frac{1}{2\pi\mathrm{i}}\int_{C_-}\frac{\alpha^3 b(\alpha)N_1(\alpha)\mathrm{d}\alpha}{\beta(\alpha)K_+(\alpha)}=\sum_{s=1}^{4}\frac{\chi_s^3 b(\chi_s)N_1(\chi_s)}{\beta'(\chi_s)K_+(\chi_s)};
$$

$$
P_{12}=\frac{1}{2\pi\mathrm{i}}\int_{C_-}\frac{\alpha^2 b(\alpha)N_1(\alpha)\mathrm{d}\alpha}{\beta(\alpha)K_+(\alpha)}=\sum_{s=1}^{4}\frac{\chi_s^2 b(\chi_s)N_1(\chi_s)}{\beta'(\chi_s)K_+(\chi_s)};
$$

$$
P_{21}=\frac{1}{2\pi\mathrm{i}}\int_{C_-}\frac{\alpha^2 b(\alpha)N_2(\alpha)\mathrm{d}\alpha}{\beta(\alpha)K_+(\alpha)}=\sum_{s=1}^{4}\frac{\chi_s^2 b(\chi_s)N_2(\chi_s)}{\beta'(\chi_s)K_+(\chi_s)};
$$

$$
P_{22}=\frac{1}{2\pi\mathrm{i}}\int_{C_-}\frac{\alpha b(\alpha)N_2(\alpha)\mathrm{d}\alpha}{\beta(\alpha)K_+(\alpha)}=\sum_{s=1}^{4}\frac{\chi_s b(\chi_s)N_2(\chi_s)}{\beta'(\chi_s)K_+(\chi_s)};
$$

$$
Q_1=\frac{1}{2\pi\mathrm{i}}\int_{C_-}\frac{\alpha^2 b(\alpha)BN_1(\alpha)\mathrm{d}\alpha}{\mathrm{i}(k+\alpha)K_+(k)\beta(\alpha)K_+(\alpha)}=\sum_{s=1}^{4}\frac{\chi_s^2 b(\chi_s)BN_1(\chi_s)}{\mathrm{i}(k+\chi_s)K_+(k)\beta(\chi_s)K_+(\chi_s)};
$$

$$
Q_2=\frac{1}{2\pi\mathrm{i}}\int_{C_-}\frac{\alpha b(\alpha)BN_2(\alpha)\mathrm{d}\alpha}{\mathrm{i}(k+\alpha)K_+(k)\beta(\alpha)K_+(\alpha)}=\sum_{s=1}^{4}\frac{\chi_s b(\chi_s)BN_2(\chi_s)}{\mathrm{i}(k+\chi_s)K_+(k)\beta(\chi_s)K_+(\chi_s)}。
$$

通过求解可得到常数 a_2,b_2 的表达式

$$
\begin{aligned}
a_2=&\frac{P_{22}Q_1-P_{12}Q_2}{P_{11}P_{22}-P_{12}P_{21}}+\sum_{s=1}^{4}\frac{b(\chi_s)[N_4(\chi_s)P_{12}-\chi_s^2N_1(\chi_s)P_{22}]}{\beta'(\chi_s)K_+(\chi_s)(P_{11}P_{22}-P_{12}P_{21})}\frac{1}{2\pi\mathrm{i}}\int_{C_+}\frac{\mathrm{e}^{\mathrm{i}\alpha L}\Psi_+(\alpha)\mathrm{d}\alpha}{K_-(\alpha)(\alpha-\chi_s)}\\
&+\frac{\mathrm{i}b(\mathrm{i}\gamma)(qP_{12}-\gamma P_{22})}{2\beta(\mathrm{i}\gamma)(P_{11}P_{22}-P_{12}P_{21})}\frac{1}{2\pi\mathrm{i}}\int_{C_+}\frac{\mathrm{e}^{\mathrm{i}\alpha L}\Psi_+(\alpha)}{K_-(\alpha)K_+(\mathrm{i}\gamma)(\alpha-\mathrm{i}\gamma)}\mathrm{d}\alpha\\
&+\frac{\mathrm{i}b(\mathrm{i}\gamma)(qP_{12}+\gamma P_{22})}{2\beta(\mathrm{i}\gamma)(P_{11}P_{22}-P_{12}P_{21})}\frac{1}{2\pi\mathrm{i}}\int_{C_+}\frac{\mathrm{e}^{\mathrm{i}\alpha L}\Psi_+(\alpha)}{K_-(\alpha)K_+(-\mathrm{i}\gamma)(\alpha+\mathrm{i}\gamma)}\mathrm{d}\alpha
\end{aligned}\tag{5-54a}
$$

$$
\begin{aligned}
b_2=&\frac{P_{21}Q_1-P_{11}Q_2}{P_{12}P_{21}-P_{11}P_{22}}+\sum_{s=1}^{4}\frac{b(\chi_s)[N_4(\chi_s)P_{11}-\chi_s^2N_1(\chi_s)P_{21}]}{\beta'(\chi_s)K_+(\chi_s)(P_{12}P_{21}-P_{11}P_{22})}\frac{1}{2\pi\mathrm{i}}\int_{C_+}\frac{\mathrm{e}^{\mathrm{i}\alpha L}\Psi_+(\alpha)\mathrm{d}\alpha}{K_-(\alpha)(\alpha-\chi_s)}\\
&+\frac{\mathrm{i}b(\mathrm{i}\gamma)(qP_{11}-\gamma P_{21})}{2\beta(\mathrm{i}\gamma)(P_{12}P_{21}-P_{11}P_{22})}\frac{1}{2\pi\mathrm{i}}\int_{C_+}\frac{\mathrm{e}^{\mathrm{i}\alpha L}\Psi_+(\alpha)}{K_-(\alpha)K_+(\mathrm{i}\gamma)(\alpha-\mathrm{i}\gamma)}\mathrm{d}\alpha\\
&+\frac{\mathrm{i}b(\mathrm{i}\gamma)(qP_{11}+\gamma P_{21})}{2\beta(\mathrm{i}\gamma)(P_{12}P_{21}-P_{11}P_{22})}\frac{1}{2\pi\mathrm{i}}\int_{C_+}\frac{\mathrm{e}^{\mathrm{i}\alpha L}\Psi_+(\alpha)}{K_-(\alpha)K_+(-\mathrm{i}\gamma)(\alpha+\mathrm{i}\gamma)}\mathrm{d}\alpha
\end{aligned}\tag{5-54b}
$$

5.3.3 无穷代数方程组

将系数 a_1,b_1,a_2 和 b_2 的表达式分别代入式(5-31a)和式(5-31b),可得到如下积分方程组

$$\frac{\Psi_+(\alpha)}{K_+(\alpha)}+\frac{1}{2\pi\mathrm{i}}\int_{-\infty-\mathrm{i}\sigma}^{\infty-\mathrm{i}\sigma}\frac{\mathrm{e}^{-\mathrm{i}\zeta L}\Psi_-^*(\zeta)\mathrm{d}\zeta}{K_+(\zeta)(\zeta-\alpha)}$$
$$-\sum_{s=1}^{4}\frac{b(\chi_s)[\chi_s^2N_1(\chi_s)(A_{22}\alpha-A_{21})-N_3(\chi_s)(A_{12}\alpha-A_{11})]}{\beta'(\chi_s)K_-(\chi_s)(A_{11}A_{22}-A_{12}A_{21})}\frac{1}{2\pi\mathrm{i}}\int_{C_-}\frac{\mathrm{e}^{-\mathrm{i}\alpha L}\Psi_-^*(\alpha)\mathrm{d}\alpha}{K_+(\alpha)(-\alpha+\chi_s)}$$
$$-\frac{\mathrm{i}b(\mathrm{i}\gamma)[\gamma(A_{22}\alpha-A_{21})+q(A_{12}\alpha-A_{11})]}{2\beta(\mathrm{i}\gamma)(A_{11}A_{22}-A_{12}A_{21})}\frac{1}{2\pi\mathrm{i}}\int_{C_-}\frac{\mathrm{e}^{-\mathrm{i}\alpha L}\Psi_-^*(\alpha)}{K_+(\alpha)K_-(\mathrm{i}\gamma)(-\alpha+\mathrm{i}\gamma)}\mathrm{d}\alpha$$
$$-\frac{\mathrm{i}b(\mathrm{i}\gamma)[\gamma(A_{22}\alpha-A_{21})-q(A_{12}\alpha-A_{11})]}{2\beta(\mathrm{i}\gamma)(A_{11}A_{22}-A_{12}A_{21})}\frac{1}{2\pi\mathrm{i}}\int_{C_-}\frac{\mathrm{e}^{-\mathrm{i}\alpha L}\Psi_-^*(\alpha)}{K_+(\alpha)K_-(-\mathrm{i}\gamma)(\alpha+\mathrm{i}\gamma)}\mathrm{d}\alpha=0 \tag{5-55a}$$

$$\frac{\Psi_-^*(\alpha)}{K_-(\alpha)}-\frac{1}{2\pi\mathrm{i}}\int_{-\infty+\mathrm{i}\sigma}^{\infty+\mathrm{i}\sigma}\frac{\mathrm{e}^{\mathrm{i}\zeta L}\Psi_+(\zeta)}{K_-(\zeta)(\zeta-\alpha)}\mathrm{d}\zeta$$
$$-\sum_{s=1}^{4}\frac{b(\chi_s)[-\chi_s^2N_1(\chi_s)(P_{22}\alpha-P_{21})+N_4(\chi_s)(P_{12}\alpha-P_{11})]}{\beta'(\chi_s)K_+(\chi_s)(P_{11}P_{22}-P_{12}P_{21})}\frac{1}{2\pi\mathrm{i}}\int_{C_+}\frac{\mathrm{e}^{\mathrm{i}\alpha L}\Psi_+(\alpha)\mathrm{d}\alpha}{K_-(\alpha)(\alpha-\chi_s)}$$
$$-\frac{\mathrm{i}b(\mathrm{i}\gamma)[q(P_{12}\alpha-P_{11})-\gamma(P_{22}\alpha-P_{21})]}{2\beta(\mathrm{i}\gamma)(P_{11}P_{22}-P_{12}P_{21})}\frac{1}{2\pi\mathrm{i}}\int_{C_+}\frac{\mathrm{e}^{\mathrm{i}\alpha L}\Psi_+(\alpha)}{K_-(\alpha)K_+(\mathrm{i}\gamma)(\alpha-\mathrm{i}\gamma)}\mathrm{d}\alpha$$
$$-\frac{\mathrm{i}b(\mathrm{i}\gamma)[q(P_{12}\alpha-P_{11})+\gamma(P_{22}\alpha-P_{21})]}{2\beta(\mathrm{i}\gamma)(P_{11}P_{22}-P_{12}P_{21})}\frac{1}{2\pi\mathrm{i}}\int_{C_+}\frac{\mathrm{e}^{\mathrm{i}\alpha L}\Psi_+(\alpha)}{K_-(\alpha)K_+(-\mathrm{i}\gamma)(\alpha+\mathrm{i}\gamma)}\mathrm{d}\alpha$$
$$=\frac{Q_1(P_{22}\alpha-P_{21})-Q_2(P_{12}\alpha-P_{11})}{P_{11}P_{22}-P_{12}P_{21}}-\frac{B}{\mathrm{i}(\alpha+k)K_-(-k)} \tag{5-55b}$$

为了数值求解积分方程组，引进新的未知函数，将其代入上式

$$\xi(\alpha)=\frac{\Psi_+(\alpha)}{K_+(\alpha)} \tag{5-56a}$$

$$\eta(\alpha)=\frac{\Psi_-^*(\alpha)}{K_-(\alpha)} \tag{5-56b}$$

将式(5-56)代入到式(5-55a)和式(5-55a)中，同时利用留数定理来计算积分项。对于第一个方程，积分项选择封闭区域为下半平面，且 $\alpha=\alpha_j\,(j=-2,-1,0,1,\cdots)$，同样第二个方程积分项选择封闭区域为上半平面，且取 $\alpha=-\alpha_j\,(j=-2,-1,0,1,\cdots)$，同时令 $\xi_j=\xi(\alpha_j)$，$\eta_j=\eta(-\alpha_j)$，可化为如下无穷代数方程组

$$\xi_j+\sum_{m=-2}^{\infty}\eta_m\frac{\mathrm{e}^{\mathrm{i}\alpha_m L}K_1(\alpha_m)K_+^2(\alpha_m)}{K'_2(-\alpha_m)}\left\{\frac{1}{\alpha_m+\alpha_j}\right.$$
$$+\sum_{s=1}^{4}\frac{b(\chi_s)[\chi_s^2N_1(\chi_s)(A_{22}\alpha_j-A_{21})-N_3(\chi_s)(A_{12}\alpha_j-A_{11})]}{\beta'(\chi_s)K_-(\chi_s)(A_{11}A_{22}-A_{12}A_{21})(\alpha_m+\chi_s)}$$
$$+\frac{\mathrm{i}b(\mathrm{i}\gamma)[\gamma(A_{22}\alpha_j-A_{21})+q(A_{12}\alpha_j-A_{11})]}{2\beta(\mathrm{i}\gamma)(A_{11}A_{22}-A_{12}A_{21})K_-(\mathrm{i}\gamma)(\alpha_m+\mathrm{i}\gamma)}$$
$$\left.+\frac{\mathrm{i}b(\mathrm{i}\gamma)[\gamma(A_{22}\alpha_j-A_{21})-q(A_{12}\alpha_j-A_{11})]}{2\beta(\mathrm{i}\gamma)(A_{11}A_{22}-A_{12}A_{21})K_-(-\mathrm{i}\gamma)(-\alpha_m+\mathrm{i}\gamma)}\right\}=0 \tag{5-57a}$$

$$\eta_j+\sum_{m=-2}^{\infty}\xi_m\frac{\mathrm{e}^{\mathrm{i}\alpha_m L}K_+^2(\alpha_m)K_1(\alpha_m)}{K'_2(\alpha_m)}\left\{-\frac{1}{\alpha_m+\alpha_j}\right.$$

$$-\sum_{s=1}^{4}\frac{b(\chi_s)[\chi_s^2N_1(\chi_s)(P_{22}\alpha_j+P_{21})-N_4(\chi_s)(P_{12}\alpha_j+P_{11})]}{\beta'(\chi_s)K_+(\chi_s)(P_{11}P_{22}-P_{12}P_{21})(\alpha_m-\chi_s)}$$
$$-\frac{\mathrm{i}b(\mathrm{i}\gamma)[-q(P_{12}\alpha_j+P_{11})+\gamma(P_{22}\alpha_j+P_{21})]}{2\beta(\mathrm{i}\gamma)(P_{11}P_{22}-P_{12}P_{21})K_+(\mathrm{i}\gamma)(\alpha_m-\mathrm{i}\gamma)}$$
$$\left.-\frac{\mathrm{i}b(\mathrm{i}\gamma)[-q(P_{12}\alpha_j+P_{11})-\gamma(P_{22}\alpha_j+P_{21})]}{2\beta(\mathrm{i}\gamma)(P_{11}P_{22}-P_{12}P_{21})K_+(-\mathrm{i}\gamma)(\alpha_m+\mathrm{i}\gamma)}\right\}$$
$$=\frac{-Q_1(P_{22}\alpha_j+P_{21})+Q_2(P_{12}\alpha_j+P_{11})}{P_{11}P_{22}-P_{12}P_{21}}-\frac{B}{\mathrm{i}(k-\alpha_j)K_-(-k)} \tag{5-57b}$$

方程组(5-57)即为确定未知函数 $\xi_j=\xi(\alpha_j)$，$\eta_j=\eta(-\alpha_j)$ 离散值的无穷代数方程组。

5.3.4 浮板的动响应、透射系数和反射系数

为了计算平板挠度分布，由式(5-22)和式(5-30)可得

$$Y(\alpha)=\frac{1}{K_2(\alpha)}[\Psi_+(\alpha)\mathrm{e}^{\mathrm{i}\alpha L}+\Psi_-^*(\alpha)] \tag{5-58}$$

根据式(5-15)和式(5-58)，利用 Fourier 逆变换，可得到散射速度势 $\varphi^{(s)}$ 的表达式

$$\varphi^{(s)}(x,z)=\frac{1}{2\pi}\int_{-\infty}^{\infty}\frac{\mathrm{e}^{-\mathrm{i}\alpha(x-L)}\cosh[\alpha(z+1)]\Psi_+(\alpha)\mathrm{d}\alpha}{\cosh(\alpha)K_2(\alpha)}+\frac{1}{2\pi}\int_{-\infty}^{\infty}\frac{\mathrm{e}^{-\mathrm{i}\alpha x}\cosh(\alpha(z+1))\Psi_-^*(\alpha)\mathrm{d}\alpha}{\cosh(\alpha)K_2(\alpha)} \tag{5-59}$$

把式(5-59)对 z 求偏导数，得到如下表达式

$$\frac{\partial}{\partial z}\varphi^{(s)}(x,0)=\frac{1}{2\pi}\int_{-\infty}^{\infty}\frac{\alpha\mathrm{e}^{-\mathrm{i}\alpha(x-L)}\tanh(\alpha)\Psi_+(\alpha)\mathrm{d}\alpha}{K_2(\alpha)}+\frac{1}{2\pi}\int_{-\infty}^{\infty}\frac{\alpha\mathrm{e}^{-\mathrm{i}\alpha x}\tanh(\alpha)\Psi_-^*(\alpha)\mathrm{d}\alpha}{K_2(\alpha)} \tag{5-60}$$

利用留数定理可以化简为如下形式

$$\frac{\partial}{\partial z}\varphi^{(s)}(x,0)=\mathrm{i}\sum_{m=-2}^{\infty}\frac{\alpha_m\tanh(\alpha_m)}{K'_2(\alpha_m)}[\mathrm{e}^{-\mathrm{i}\alpha_m(x-L)}\Psi_+(\alpha_m)+\mathrm{e}^{\mathrm{i}\alpha_m x}\Psi_-^*(-\alpha_m)]-\mathrm{e}^{\mathrm{i}kx} \tag{5-61}$$

根据式(5-5)和(5-6)可得 $\frac{\partial}{\partial z}\varphi(x,0)$ 的表达式

$$\frac{\partial}{\partial z}\varphi(x,0)=\mathrm{i}\sum_{m=-2}^{\infty}\frac{\alpha_m\tanh(\alpha_m)}{K'_2(\alpha_m)}[\mathrm{e}^{-\mathrm{i}\alpha_m(x-L)}\Psi_+(\alpha_m)+\mathrm{e}^{\mathrm{i}\alpha_m x}\Psi_-^*(-\alpha_m)] \tag{5-62}$$

由式(5-7c)和式(5-62)可得到平板挠度的如下表达式

$$w(x)=-\sum_{m=-2}^{\infty}\frac{\alpha_m\tanh(\alpha_m)K_+(\alpha_m)}{K'_2(\alpha_m)}[\mathrm{e}^{-\mathrm{i}\alpha_m(x-L)}\xi_m+\mathrm{e}^{\mathrm{i}\alpha_m x}\eta_m] \tag{5-63}$$

上面式(5-62)和式(5-63)中的 $\Psi_+(\alpha_j)$ 和 ξ_j 决定从平板右边缘传导波的复幅值，

$\Psi_-^*(\alpha_j)$和 η_j 的值决定从平板左边缘传导波的复幅值。

由式(5-2)和式(5-63)可得

$$F(x)=\sum_{m=-2}^{\infty}\frac{q\alpha_m\tanh(\alpha_m)K_+(\alpha_m)N_1(\alpha_m)}{K'_2(\alpha_m)}\left[\mathrm{e}^{-\mathrm{i}\alpha_m(x-L)}\xi_m+\mathrm{e}^{\mathrm{i}\alpha_m x}\eta_m\right] \tag{5-64}$$

板内无量纲动弯矩表达式为

$$M(x)=\frac{D}{\rho g L_0 \mathrm{d}a^2}\sum_{m=-2}^{\infty}\frac{q\alpha_m^3\tanh(\alpha_m)K_+(\alpha_m)N_1(\alpha_m)}{K'_2(\alpha_m)}\left[\mathrm{e}^{-\mathrm{i}\alpha_m(x-L)}\xi_m+\mathrm{e}^{\mathrm{i}\alpha_m x}\eta_m\right] \tag{5-65}$$

为求解反射波系数,选取如式(5-46)形式的 $\varphi^{(s)}$ 表达式,即

$$\varphi^{(s)}(x,0)=\frac{\mathrm{i}\mathrm{e}^{-\mathrm{i}kx}}{K_+(k)K'_1(k)}\left[a_2k+b_2-\frac{B}{2\mathrm{i}kK_+(k)}+\frac{1}{2\pi\mathrm{i}}\int_{C_-}\frac{\mathrm{e}^{\mathrm{i}\zeta L}\Psi_+(\zeta)\mathrm{d}\zeta}{K_-(\zeta)(\zeta-k)}\right]$$

当 $x\to-\infty$,$\varphi^{(s)}(x,0)=R\mathrm{e}^{-\mathrm{i}kx}$。$R$ 的值可由求式(5-46)积分中点 $\alpha=k$ 处的留数来确定,可得

$$\begin{aligned}R=&\frac{\mathrm{i}}{K_+(k)K'_1(k)}\Bigg\{-\frac{B}{2\mathrm{i}kK_+(k)}+\frac{Q_1(P_{22}k-P_{21})-Q_2(P_{12}k-P_{11})}{P_{11}P_{22}-P_{12}P_{21}}\\&+\sum_{m=-2}^{\infty}\frac{\mathrm{e}^{\mathrm{i}\alpha_m L}\Psi_+(\alpha_m)}{K'_-(\alpha_m)}\Bigg[\frac{1}{\alpha_m-k}+\sum_{s=1}^{4}\frac{b(\chi_s)[N_4(\chi_s)(P_{12}k-P_{11})-\chi_s^2N_1(\chi_s)(P_{22}k-P_{21})]}{\beta'(\chi_s)K_+(\chi_s)(P_{11}P_{22}-P_{12}P_{21})(\alpha_m-\chi_s)}\\&+\frac{\mathrm{i}b(\mathrm{i}\gamma)[q(P_{12}k-P_{11})-\gamma(P_{22}k-P_{21})]}{2\beta(\mathrm{i}\gamma)(P_{11}P_{22}-P_{12}P_{21})K_+(\mathrm{i}\gamma)(\alpha_m-\mathrm{i}\gamma)}\\&+\frac{\mathrm{i}b(\mathrm{i}\gamma)[q(P_{12}k-P_{11})+\gamma(P_{22}k-P_{21})]}{2\beta(\mathrm{i}\gamma)(P_{11}P_{22}-P_{12}P_{21})K_+(-\mathrm{i}\gamma)(\alpha_m+\mathrm{i}\gamma)}\Bigg]\Bigg\}\end{aligned} \tag{5-66}$$

对于透射波系数,取如式(5-34)形式的 $\varphi^{(s)}$ 表达式,即

$$\varphi^{(s)}(x,z)=\frac{1}{2\pi}\int_{-\infty}^{\infty}\frac{\mathrm{e}^{-\mathrm{i}\alpha(x-L)}\cosh[\alpha(z+1)]}{K_-(\alpha)K_1(\alpha)\cosh(\alpha)}\left[a_1\alpha+b_1-\frac{1}{2\pi\mathrm{i}}\int_{-\infty+\mathrm{i}\sigma}^{\infty+\mathrm{i}\sigma}\frac{\mathrm{e}^{-\mathrm{i}\zeta L}\Psi_-^*(\zeta)\mathrm{d}\zeta}{K_+(\zeta)(\zeta-\alpha)}\right]\mathrm{d}\alpha$$

当 $x\to\infty$,$\varphi(x,0)=T\mathrm{e}^{\mathrm{i}kx}$。$T$ 的值可由求式(5-34)点 $\alpha=-k$ 处的留数来得到,可得

$$\begin{aligned}T=&\frac{\mathrm{i}\mathrm{e}^{-\mathrm{i}kL}}{K_-(-k)K'_1(-k)}\sum_{m=-2}^{\infty}\eta_m\frac{\mathrm{e}^{\mathrm{i}\alpha_m L}K_1(\alpha_m)K_+^2(\alpha_m)}{K'_2(-\alpha_m)}\Bigg[\frac{1}{k-\alpha_m}\\&-\frac{\mathrm{i}b(\mathrm{i}\gamma)[q(A_{11}+A_{12}k)-\gamma(A_{21}+A_{22}k)]}{2\beta(\mathrm{i}\gamma)(A_{11}A_{22}-A_{12}A_{21})K_-(-\mathrm{i}\gamma)(-\alpha_m+\mathrm{i}\gamma)}\\&+\frac{\mathrm{i}b(\mathrm{i}\gamma)[\gamma(A_{21}+A_{22}k)+q(A_{11}+A_{12}k)]}{2\beta(\mathrm{i}\gamma)(A_{11}A_{22}-A_{12}A_{21})K_-(\mathrm{i}\gamma)(\alpha_m+\mathrm{i}\gamma)}\\&-\sum_{s=1}^{4}\frac{b(\chi_s)[N_3(\chi_s)(A_{11}+A_{12}k)-\chi_s^2N_1(\chi_s)(A_{21}+A_{22}k)]}{\beta'(\chi_s)K_-(\chi_s)(A_{11}A_{22}-A_{12}A_{21})(\alpha_m+\chi_s)}\end{aligned} \tag{5-67}$$

幅值$|R|$和$|T|$分别代表反射系数和透射系数。

5.4　计算实例及分析讨论

采用本章求解列式对第 2 章中的物理模型进行了分析计算，即模型参数取为：弹性模量 $E=103$Mpa；泊松比 $\nu=0.3$；板长 $L=10$m；板厚 $h=38$mm；板的吃水深度 $d=8.36$mm；水的密度 $\rho=1000\text{kg/m}^3$；水深 $a=1.1$m；水与板的密度比 $\rho/\rho_0=4.5455$；入射波的周期分别为 0.7s，1.429s，2.875s 三种情况。与其相对应的无量纲入射波数分别为 $k=9.0434, 2.2216, 0.8044$。

当弹簧刚度取为 $K_L=K_R=0$ 时，即没有弹簧约束情况，通过分析计算，结果与第 2 章的计算结果完全一致。

首先，针对不同约束情况，考虑在不同周期的入射水波作用下，同时联接弹簧选取相同的刚度值，研究了浮板的无量纲挠度和弯矩幅值分布情况。图 5-2～图 5-7 分别给出了入射波数分别为 $k=9.0434, 2.2216, 0.8044$ 及对应的弹簧刚度值为 $K_L(K_R)=2800$N/m，2200N/m，5400N/m 时，弹性浮板在三种约束条件下的挠度和弯矩幅值分布情况。

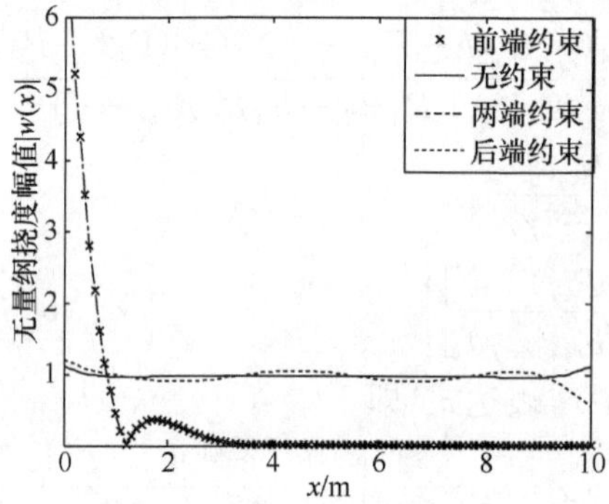

图 5-2　板的挠度幅值分布
($K_L=K_R=2800$N/m, $k=0.8044$)

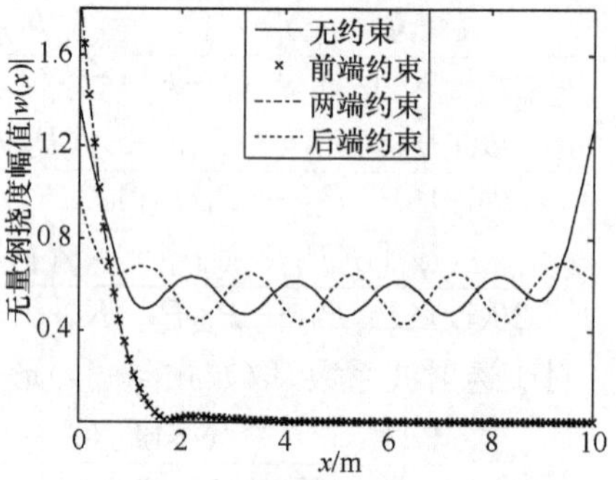

图 5-3　板的挠度幅值分布
($K_L=K_R=2200$N/m, $k=2.2216$)

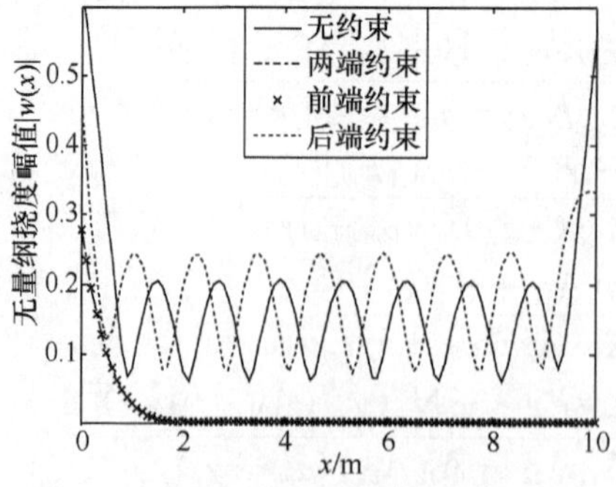

图 5-4　板的挠度幅值分布
($K_L=K_R=5400$N/m, $k=9.0434$)

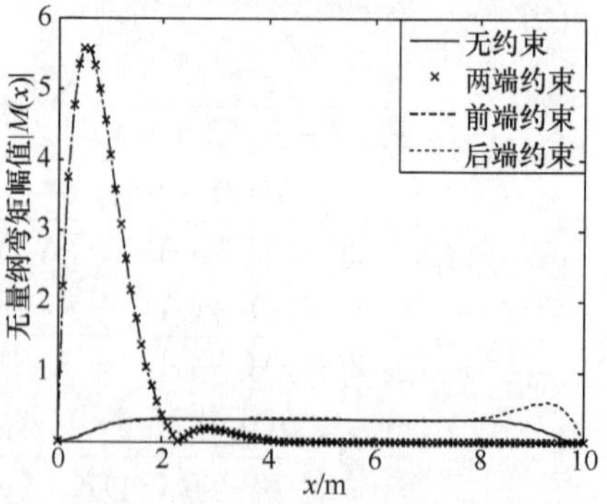

图 5-5　板的弯矩挠度幅值分布
($K_L=K_R=2800$N/m, $k=0.8044$)

从图中可以看出，对于两端约束和前端约束两种情况，通过合理选择约束弹簧刚度值，可以大大降低挠度和弯矩幅值；对于后端约束情况，对于入射波数为 $k=2.2216$，0.8044 的水波激励，浮板的动响应幅值分布与没有约束情况几乎一样，而对于入射波数为 $k=9.0434$ 水波激励，浮板的挠度和弯矩幅值分布法反而稍高于没有约束情况下的动响应。这说明，通过合理选取弹簧刚度，利用两端与前端两种约束可以有效对浮板进行减振。

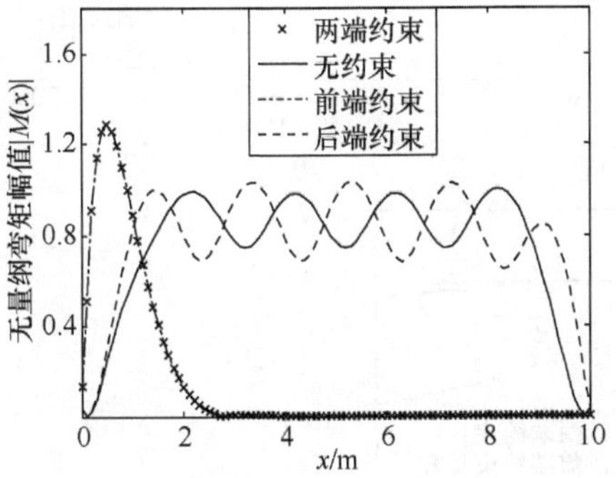

图 5-6　板的弯矩挠度幅值分布
($K_L=K_R=2200$N/m，$k=2.2216$)

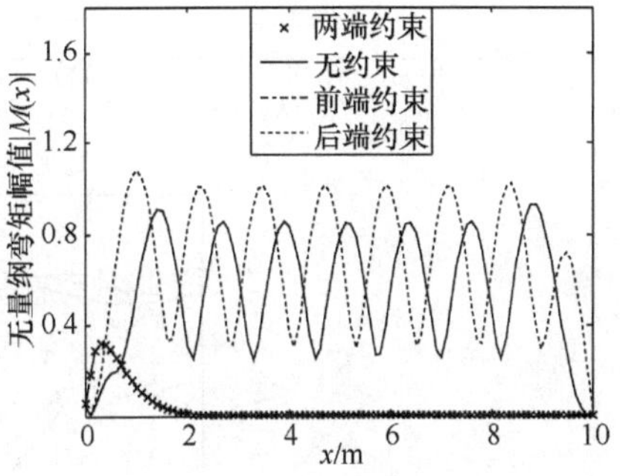

图 5-7　板的弯矩挠度幅值分布
($K_L=K_R=5400$N/m，$k=9.0434$)

其次，为了进一步比较三种约束的减振效果，采用本文求解方法，针对浮板端部三种弹性约束情况，在三种周期入射水波激励下，透射及反射系数与约束弹簧刚度之间的关系进行了分析。图 5-8(a)、(b)、(c)分别给出了水波入射波数取 $k=0.8044$，2.2216，9.0434 三种值时，浮板两端同时约束、左端约束和右端约束情况下透射系数及反射系数与弹簧刚度之间的关系。

由图中可看出，通过弹簧刚度与反射及透射系数之间的关系，可以方便地分析浮板的动响应幅值的大小程度。对于两端约束和前端约束两种情况，反射系数都存在最大值，而透射系数存在最小值，并且对于不同的入射波都存在使透射系数最小的相应弹簧刚度值；对于较长的入射波，两种约束情况对水波反射和透射系数的影响效果几乎一样，所以两种约束所能达到的减振效果几乎一样，而对于较短的入射波，两种约束的影响效果稍有不同，左端约束情况所产生的减振效果略优于两端约束情况。

对于后端约束情况，随着入射水波波长的增大，对反射和透射系数的影响也越来越大；对于中长入射波情况，随着约束弹簧刚度值的增加，反射系数增大，透射系数减小，而对于短入射波情况，则随着约束弹簧刚度值的增加，反射系数和透射系数都减小。从减振效果方面看，对于较长的入射水波，弹簧刚度对透射系数影响很小，说明这种约束几乎起不到减振的效果；对于较短入射水波，减振效果稍好一些，但远小于前两种约束情况，同时可看出，在 $0\leqslant K_R\leqslant 6000$ 范围内，这种约束反而会

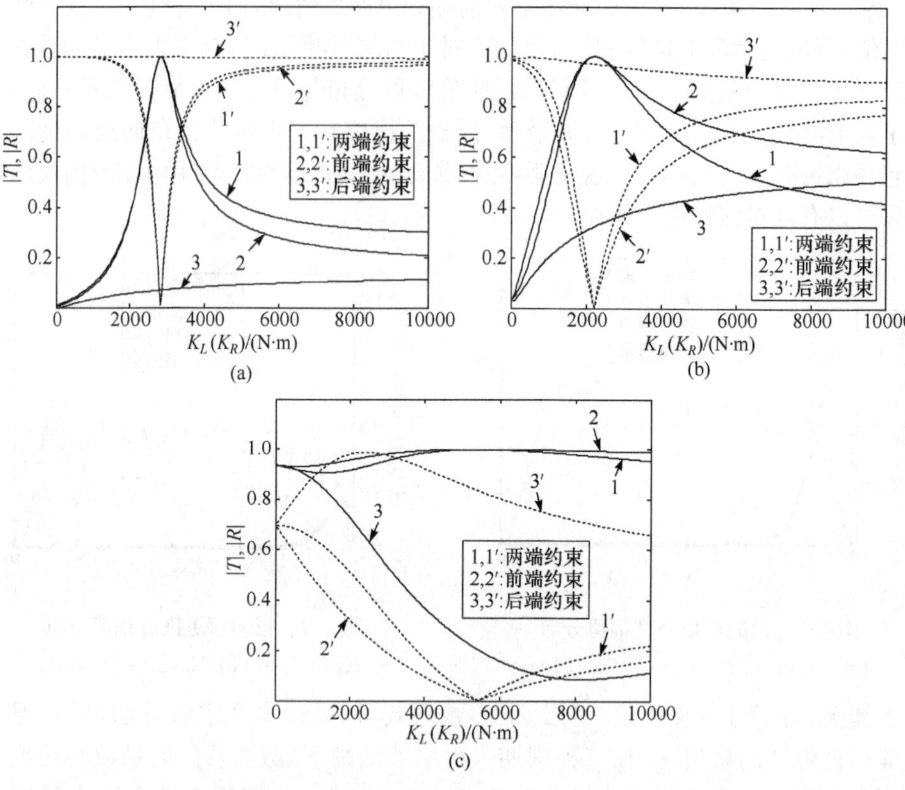

图 5-8　$|T|$，$|R|$与弹簧刚度之间的关系(a：$k=0.8044$；b：$k=2.2216$；c：$k=9.0434$)

(实线表示反射系数；虚线表示透射系数)

加强浮板的振动。这与图 5-4 和图 5-7 中的结果是相一致的。

综上所述，可以知道，最佳减振的约束情况是左端弹性约束。根据图 5-8 得到的规律，我们对连接弹簧选取不同刚度值，而其他参数不变的工况下进行了动响应分析计算，图 5-9～图 5-11 分别给出了水波入射波数分别取 $k=0.8044$，2.2216，9.0434 三种值时，不同弹簧刚度对板上无量纲挠度幅值分布的影响；图 5-12～图 5-14分别给出了水波入射波数分别取 $k=0.8044$，2.2216，9.0434 三种值时，不同弹簧刚度对板上无量纲弯矩幅值分布的影响。

由图 5-9～图 5-14 可以看出，增加弹簧约束后，可以明显地抑制板的振动；不同的水波入射频率对应不同的最优减振弹簧刚度；针对不同表面入射水波频率，选取相应的弹簧刚度值可以使板的绝大部分(可达到板长的 80%左右)挠度和弯矩幅值大幅度降低，甚至接近零。

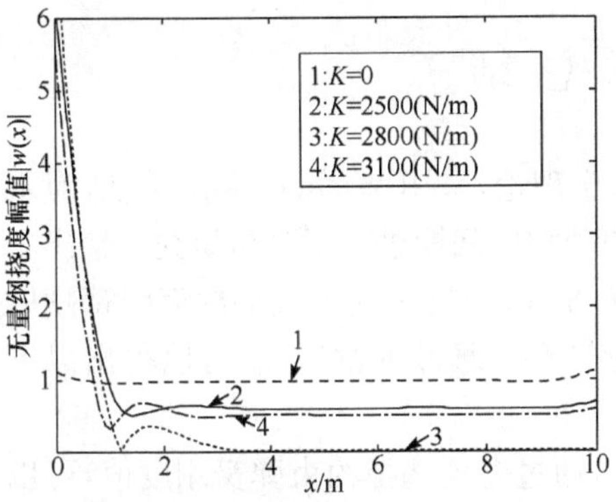

图 5-9　板的挠度幅值分布($k=0.8044$)

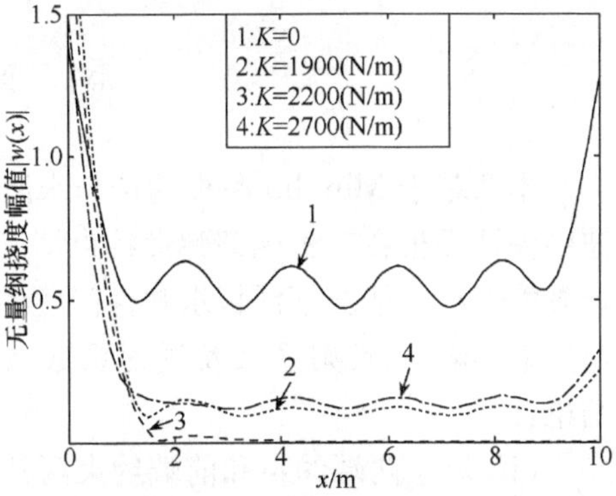

图 5-10　板的挠度幅值分布($k=2.2216$)

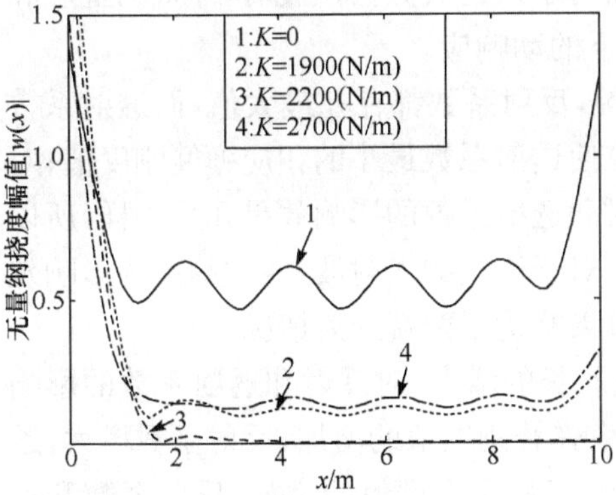

图 5-11　板的挠度幅值分布($k=9.0434$)

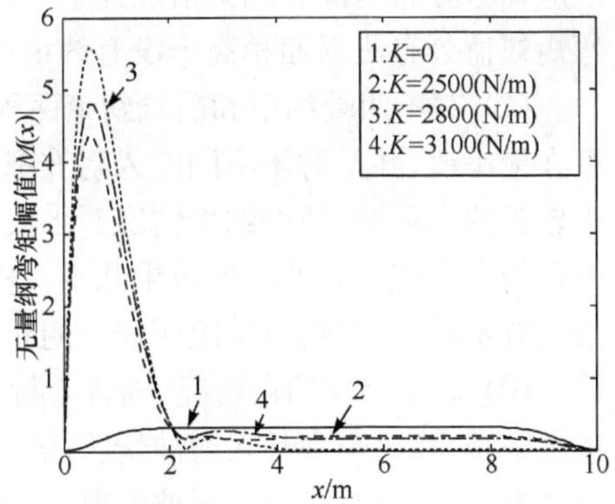

图 5-12　板的弯矩幅值分布($k=0.8044$)

同时也可以看到,增加弹簧约束后,对于入射水波波长较长的情况,靠近板左缘附近区域振动会加剧,波长越长,振动也越大;而对于入射波长较短情况,整个板上的振动都会被减弱。

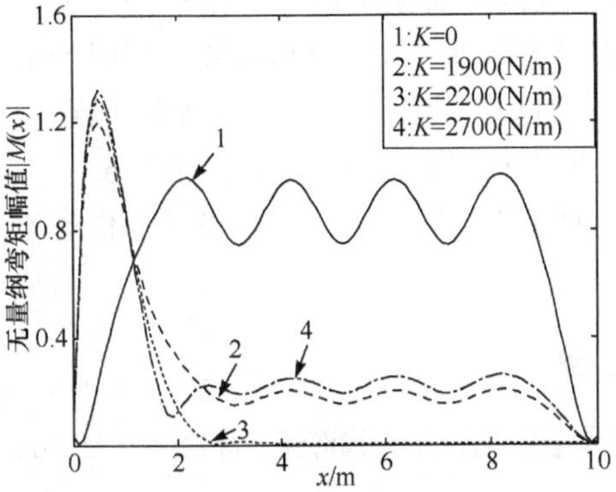

图 5-13　板的弯矩幅值分布($k=2.2216$)

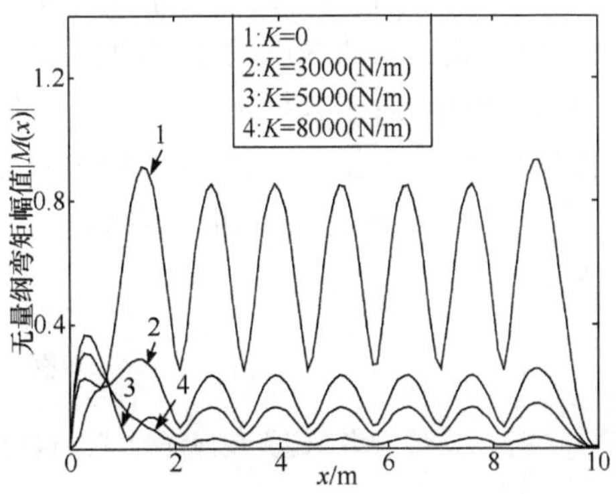

图 5-14　板的弯矩幅值分布($k=9.0434$)

5.5 本章总结

本章基于 Mindlin 厚板理论与水波动力学理论，采用 Wiener-Hopf 方法，对水波中弹性浮板在三种端部弹性约束情况下的动响应问题进行了分析研究。给出了计算端部约束情况下浮板水弹性问题的解析方法，分析讨论了端部约束弹簧刚度与浮板动响应、反射系数及透射系数之间的关系。通过本章研究，可以得出以下结论：

(1) 对于两端约束和前端约束两种情况，通过合理选择约束弹簧刚度值，可以大大降低挠度和弯矩幅值；对于后端约束情况，当入射波数为中长波时，浮板的动响应幅值分布与没有约束情况几乎一样，而对于入射波数为短波时，浮板的挠度和弯矩幅值分布法反而稍高于没有约束情况下的动响应。

(2) 对于两端约束和前端约束两种情况，反射系数都存在最大值，而透射系数存在最小值，并且对于不同的入射波都存在使透射系数最小的相应弹簧刚度值；对于较长的入射波，两种约束情况对水波反射和透射系数的影响效果几乎一样，所以两种约束所能达到的减振效果几乎一样，而对于较短的入射波，两种约束的影响效果稍有不同，左端约束情况所产生的减振效果略优于两端约束情况。

(3) 对于后端约束情况，随着入射水波波长的增大，对反射和透射系数的影响也越来越大；对于中长入射波情况，随着约束弹簧刚度值的增加，反射系数增大，透射系数减小，而对于短入射波情况，则随着约束弹簧刚度值的增加，反射系数和透射系数都减小。从减振效果方面看，对于较长的入射水波，弹簧刚度对透射系数影响很小，说明这种约束几乎起不到减振的效果；对于较短入射水波，减振效果稍好一些，但远小于前两种约束情况，同时可看出，在 $0 \leqslant K_R \leqslant 6000\text{N} \cdot \text{m}$ 范围内，这种约束反而会加强浮板的振动。

(4) 针对不同表面入射水波频率，选取相应的弹簧刚度值可以使板的绝大部分(可达到板长的 80%左右)挠度和弯矩幅值大幅度降低，甚至接近零。同时增加弹簧约束后，对于入射水波波长较长的情况，靠近板左缘附近区域振动会加剧，波长越长，振动也越大；而对于入射波长较短情况，整个板上的振动都会被减弱。

(5) 本章研究方法和计算结果可望超大型浮体结构的锚泊系统设计提供理论支持。

参考文献

[1] 李文龙，谭家华. 超大型海洋浮式结构物系泊系统设计研究. 中国海洋平台，2003，18(6)：13-18.

[2] Takaki M，Gu X. Motions of a floating elastic plate in waves. The Society of Naval Archi-

tects of Japan, 1996, 180: 331-339.

[3] Shiraishi S, Iijima K, Yoneyama H, et al. Elastic response of a very large floating structure in waves moored inside a coastal reef. Proceedings of the 12th International Offshore and Polar Engineering Conference, Kitakyushu, Japan, 2002: 327-334.

[4] 付世晓，范菊，陈徐均,等. 考虑浮体弹性变形的锚泊系统分析方法. 船舶力学，2004，8(6)：47-54.

[5] Miao Q, Du S, Dong S, et al. Hydrodynamic analysis of a moored very large floating structure. Proceedings of International Workshop on Very Large Floating Structures, Hayama, Kanagawa, Japan, 1996: 201-208.

[6] Fujii H, Ikegami K, Shuku M. Design of mooring system of oil storage barges in shallow water. Applied Ocean Research, 1982, 4(1): 41-50.

[7] Maeda H, Ikoma T, Masuda K, et al. Time-domain analyses of elastic response and second-order mooring force on a very large floating structure in irregular waves. Marine Structures, 2000, 13: 279-299.

[8] Shivaji G T, Sen D. Direct time domain analysis of floating structures with linear and nonlinear mooring stiffness in a 3D numerical wave tank. Applied Ocean Research, 2015, 51: 153-170.

[9] Karmakar D, Soares C G. Scattering of gravity waves by a moored flnite floating elastic plate. Applied Ocean Research, 2012,34:135-149.

[10] Zhao C B, Zhang J Z, Huang W H. Analytic solution of interaction between surface waves and floating elastic plates with elastic end-restraints. Chinese ocean engineering, 2007, 21(1):23-38.

[11] 赵存宝,张嘉钟,等. 水波中弹性浮板的减振问题研究. 应用数学和力学，2007，28(81)：1037-1047.

[12] 胡海昌. 弹性力学的变分原理及其应用. 北京：科学出版社，1981.

[13] 胡嗣柱，倪光炯著. 数学物理方法. 北京:高等教育出版社，1989：316-319.

[14] Noble B. Methods based on the Wiener-Hopf technique for the solution of partial differential equations. Pergamon Press, London, 1958: 100-120.

第 6 章　地震作用下超大型浮体结构水弹性响应特性

6.1　概　　述

超大型浮体结构物是海洋开发的基础设施，根据不同的用途和应用条件，对其结构强度、刚度和稳定性具有相应的侧重点，为了在设计 VLFS 时有切实可行的依据，需要揭示 VLFS 在不同的海洋环境中承受不同外荷载作用时的动响应规律。对 VLFS 的水动力特性进行实验分析是必要的，其得到的实验数据也具有说服力和参考价值，但实验条件要求苛刻难以满足，因此研究进展相对缓慢。21 世纪，计算机技术飞速发展，为 VLFS 的水弹性理论研究提供了强大的的工具支持，原来无法计算的复杂或者庞大的数学问题，其中大部分均可借以计算机协助解决，既节约资源又省时高效，所以理论研究得到了很多有价值成果。

从抗震角度查阅国内外文献可知，超大型浮板在地震作用下的水弹性响应研究较少。Takamura 等研究了浮体结构在地震压缩传导波作用下的动响应问题，假设海底由均匀弹性半空间体来模拟，地震振动波来自于海底，流体不可压缩、无重量[1]。Tkacheva 基于经典薄板理论，使用 Wienier-Hopf 技术，将地震作用简化为海底区段竖向周期性位移振动，计算了半无限大的浮冰的挠度值和有限长浮板的挠度幅值，并分析了在不同震源位置和振动频率的情况下动力响应的变化规律[2]。Tay 和 Wang 等研究了带有浮式防波堤的两个大型浮式燃料储存模块（简称 FFSF）的水弹性响应问题，其中浮式模块和防波堤简化为浮板，水波采用线性微幅水波。针对各种入射角度、防波堤、吃水深度、模块间隙等因素对整体结构水动力学特性影响规律进行了研究[3]。Phama 和 Wanga 等基于模态展开法在频域内研究了一种圆浮筒型超大浮式结构物的水弹性响应问题，同时在该结构物外围附着一圈淹没环形附属板，其中水弹性运动方程的求解采用了 Rayleigh-Ritz 法，然后通过叠加模态响应得到了总响应[4]。Wang 和 Tay 对过去 20 多年来超大型浮体结构（VLFS）研究进展进行了综述，其中包括了许多关于减少浮体结构水弹性响应、改善锚泊系统性能以及结构完整性的方法进行了详述[5]。Karmakar 等基于线性水波理论和浅水近似理论，针对有限深水域中带有横向锚链的有限长弹性浮板的水波散射问题，采用特征函数展开法和正交模态耦合关系式进行了研究。进一步还通过分析锚链刚度对水波反射和透射特性的影响规律来研究了浮体结构水弹性特性[6]。Montiel 等针对一组二维弹性浮板的时域线性运动问题采用 Fourier 变换将时域和频域内的解联系起来，并通过特征函数匹配和变换矩阵法进行了求解。其中外力由造波器提供，水波透过浮板后被海滩又部分反射回来。通过研究发现，由侧边界引起的谐振对单板的频域响应影响很强烈，尤其对于双板情况，结构的动响应很大程度上取决于两板间隙[7]。Fox 和 Squire 采用完整模态匹配法数值计算了冰层对入射水波的反射和透射系数，但该方法不适于研究短入射水波或大水深情况[8]。

在国内，这方面的理论研究也取得许多成果。孙辉等基于线性长波理论和薄板理论，研究了不均匀的海底环境因素对超大浮体结构响应的影响[9]。李文龙和谭家华阐述了开发超大型海洋浮式结构物（VLFS）对海洋工程的持续发展具有深远的战略意义[10]。赵存宝等基于厚板动力学和线性水波理论，采用 Wiener-Hopf 方法研究了不同水深水面上弹性浮板在不同入射水波作用下的动力学问题[11]。

对于一般的海上结构物，例如海上物质储存和中转基地，通常不用考虑抗震，但对于海上飞机场、海上卫星发射基地等特殊用途的 VLFS，就要求其具有很高的稳定性，有必要研究其在突发地震情况下的结构动响应，为设计提供理论支持。因此，本章采用 Wiener-Hopf 方法，对二维有限长度浮板在海底地震作用下的振动响应进行了分析研究，并于经典薄板理论所得结果进行了对比。

6.2　控制方程与分析求解

6.2.1　控制方程及其边界条件

假设流体是理想不可压，不考虑黏性，流场有势，在线性理论框架内，研究等深度 H_0 的流体在底部有周期性点振动的浮板水弹性问题。超大型浮体结构漂浮于水面，自由边缘没有固定。直角坐标系(x,y,z)的原点取在平板的左边界。设平板的厚度和长度分别为 h 和 L。板的厚度远小于板中传播波的波长，如图 6-1 所示。

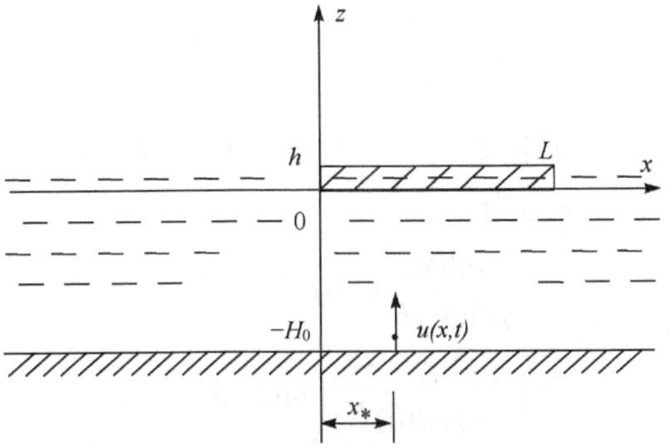

图 6-1　流场示意图

流场的速度势仅由散射波速度势组成，可以将时间因子 $e^{-i\omega t}$ 分离出，写成幅值与时间因子的乘积，因此流场速度势为

$$\varphi(x,z,t)=\phi(x,z)e^{-i\omega t} \tag{6-1}$$

式中，$\varphi(x,z,t)$是流场速度势；$\phi(x,z)$是散射波速度势的幅值；ω 为水波圆频率；t 是时间。

流场速度势 φ 满足 Laplace 方程

$$\nabla^2\varphi(x,z)=0,\quad (-H_0<z<0) \tag{6-2}$$

式中，∇^2 为拉普拉斯算子。

根据 Mindlin 厚板动力学理论，对于二维浮板广义位移函数 F 的控制方程为

$$D\frac{\partial^4 F}{\partial x^4}-\rho_0 J\left(1+\frac{Dh}{JC}\right)\frac{\partial^4 F}{\partial x^2\partial t^2}+\rho_0 h\frac{\partial^2 F}{\partial t^2}+\frac{\rho_0^2 Jh}{C}\frac{\partial^4 F}{\partial t^4}=p \tag{6-3}$$

其中，$D=Eh^3/12(1-\nu^2)$是浮板的弯曲刚度；E 和 ν 分别是平板的弹性模量和泊松比；$J=h^3/12$ 为平板的转动惯量；$C=\varepsilon Gh$ 是剪切刚度，$\varepsilon=\pi^2/12$ 是剪切折算因子，G 是剪切弹性模量；ρ 和 ρ_0 分别是流体和板的密度；p 是水的动压力。

板中的广义位移函数和广义内力可表示为

$$\psi_x=\frac{\partial F}{\partial x},M_x=-D\frac{\partial^2 F}{\partial x^2},Q_x=C\left(\frac{\partial w}{\partial x}-\psi_x\right) \tag{6-4}$$

式中，ψ_x 是板内 x 方向的转角；M,Q 分别代表板内的弯矩和剪力，其下标表示方向。

平板挠度 w 与广义函数 F 有如下关系

$$w=\left(1+\frac{\rho_0 J}{C}\frac{\partial^2}{\partial t^2}-\frac{D}{C}\frac{\partial^2}{\partial x^2}\right)F \tag{6-5}$$

式中，w 是平板的挠度或表示水面的振动位移。微分方程(6-5)的解可以用相应的 Green 函数表示为

$$F=\frac{C}{D}\int_0^L G(x,x')w(x')\mathrm{d}x' \tag{6-6}$$

其中，γ 是平板剪切振动的波数，$\gamma=\sqrt{(C-\rho_0 J\omega^2)/D}$；$G(x,x')$是方程(6-5)的 Green 函数，其有限形式可写为

$$G(x,x')=\begin{cases}\dfrac{\sinh\gamma x}{\gamma\sinh\gamma L}\sinh\gamma(L-x') & 0\leqslant x<x'\\[2ex] \dfrac{\sinh\gamma(L-x)}{\gamma\sinh\gamma L}\sinh\gamma x' & x'\leqslant x<L\end{cases}$$

自由水面、平板与水的界面，以及水底的边界条件为如下形式，

$$p=-\rho(\varphi_t+gw),(z=0,0<x<L_0)\quad \text{(Bernoulli 方程)} \tag{6-7}$$

$$\frac{\partial\varphi}{\partial t}+gw=0,[z=0,x\in(-\infty,0)\cup(L_0,\infty)]$$

（自由表面的动力学边界条件）（6-8）

$$\frac{\partial\varphi}{\partial z}=\frac{\partial w}{\partial t},[z=0,(0,L)]$$ （浮板与水界面的速度不分离条件）（6-9a）

$$\frac{\partial\varphi}{\partial z}=\frac{\partial w}{\partial t},[z=0,(-\infty,0)\cup(L,+\infty)]$$ （自由表面边界条件）（6-9b）

板的两端弯矩和剪力为零,可有如下表达式

$$\frac{\mathrm{d}^2F}{\mathrm{d}x^2}=0,(6-x=0,L)$$ （板的两端弯矩为零）（6-10）

$$\frac{\mathrm{d}}{\mathrm{d}x}[w(x)-F(x)]=0,(6-x=0,L)$$ （板的两端剪力为零）（6-11）

水底质点震动条件

$$W(x,-H_0,t)=u(x,t)=u(x)\mathrm{e}^{-\mathrm{i}\omega t}=u_0\delta(x-x_*)\mathrm{e}^{-\mathrm{i}\omega t},(z=-H_0)\quad(6\text{-}12)$$

其中 W 为水底动点牵动的水的位移；u 为水底振动点的位移；u_0 为竖向点振动的幅值。

引进以下无量纲变量，

$$\tilde{\varphi}=\frac{\omega\varphi}{\mathrm{g}u_0},\tilde{x}=x/l,\tilde{z}=z/l,\tilde{p}=\frac{p}{\rho\mathrm{g}A},\tilde{t}=\omega t,\tilde{\alpha}=\alpha l,\tilde{k}=kl,$$

$$\tilde{L}=L/l,\tilde{h}=h/l,\tilde{\rho}=\rho/\rho_0,\tilde{H}_0=\frac{H_0}{l},\tilde{k}_0=k_0l$$

其中，$l=\mathrm{g}/\omega^2$ 是特征尺度；g 是重力加速度。以下分析研究将采用无量纲形式。为书写方便,下面将统一略去变量上的符号（$\tilde{\cdot}$）。

由式(6-2)可以得到关于散射波速度势幅值 ϕ 应满足的条件，

$$\frac{\partial^2\phi(x,z)}{\partial x^2}+\frac{\partial^2\phi(x,z)}{\partial z^2}=0\quad(-H_0<z<0)\quad(6\text{-}13)$$

由控制方程(6-3)和(6-5)、边界条件(6-7)和(6-9a)得

$$H(x,z)=0,\quad(z=0,0\leqslant x\leqslant L_0)\quad(6\text{-}14)$$

其中，

$$H(x,z)=\left\{\frac{\partial^4}{\partial x^4}+\left[\kappa^4h^2\left[\frac{1}{12}+\frac{2}{\pi^2(1-\nu)}\right]-\kappa^4\rho h\frac{2}{\pi^2(1-\nu)}\right]\frac{\partial^2}{\partial x^2}-\kappa^4\left[1-\kappa^4\frac{h^4}{6\pi^2(1-\nu)}\right]\right.$$
$$\left.+\kappa^4\frac{\rho}{h}\left[1-\kappa^4\frac{h^4}{6\pi^2(1-\nu)}\right]\right\}\frac{\partial\phi}{\partial z}$$
$$-\kappa^4\frac{\rho}{h}\left[1-\kappa^4\frac{h^4}{6\pi^2(1-\nu)}-\frac{2h^2}{\pi^2(1-\nu)}\frac{\partial^2}{\partial x^2}\right]\phi$$

由边界条件(6-8)和(6-9b)得

$$\frac{\partial \phi(x,z)}{\partial z}-\phi(x,z)=0,[z=0,x\in(-\infty,0)\cup(L_0,\infty)] \tag{6-15}$$

另外，由水底点振动条件(6-12)得散射波速度势 φ 满足

$$\frac{\partial \varphi}{\partial z}=-i\delta(x-x_*)\mathrm{e}^{-it},(z=-H_0) \tag{6-16}$$

流场中水波的传播特性。当没有被弹性浮板覆盖时，即为完全自由时水波的色散关系可描述为

$$K_1(\alpha)=\alpha\tanh(\alpha H_0)-1=0 \tag{6-17}$$

式中，α 表示水波传播波数。方程(6-17)有 2 个实根 $\pm k$ 和无穷个纯虚根 $\pm k_n$ ($n=1,2,\cdots,\infty$)。由于距原点愈近其影响愈大，因此虚根的排序满足 $|k_{n+1}|>|k_n|$。在复平面上这些纯虚根是关于实轴对称的。

当水面有弹性浮板时，流体表面水波的色散方程为

$$K_2(\alpha)=[\beta(\alpha)+b(\alpha)]\alpha\tanh(\alpha H_0)-b(\alpha)=0 \tag{6-18}$$

色散关系方程(6-18)有两个实根 $\pm\alpha_0$ 及一系列纯虚根 $\pm\alpha_n$ ($n=1,2,\cdots$)，虚根的排序满足 $|\alpha_{n+1}|>|\alpha_n|$，在复平面上，这些纯虚根是关于实轴对称的。另外，还有关于实轴和虚轴是对称的 4 个复根，即满足关系 $\alpha_{-1}=-\bar{\alpha}_{-2}=-\alpha_{-3}=\bar{\alpha}_{-4}$。$\alpha_{-i}$ ($i=1,2,3,4$)表示第 i 象限的根。实根代表水波的传播波，纯虚根表示水中局部化振动，复根表示水波的衰减波。

6.2.2 采用 Wiener-Hopf 方法求解

采用 Wiener-Hopf 方法构造问题的解[2]。引进关于复变量(空间函数)α 的函数，将空间域问题转化为空间波数(周期性)问题，其形式如下，

$$\Phi_-(\alpha,z)=\int_{-\infty}^{0}\mathrm{e}^{i\alpha x}\phi(x,z)\mathrm{d}x,\quad \Phi_+(\alpha,z)=\int_{L}^{\infty}\mathrm{e}^{i\alpha(x-L)}\phi(x,z)\mathrm{d}x,$$

$$\Phi_1(\alpha,z)=\int_{0}^{L}\mathrm{e}^{i\alpha x}\phi(x,z)\mathrm{d}x,\quad \Phi(\alpha,z)=\Phi_-(\alpha,z)+\Phi_1(\alpha,z)+\mathrm{e}^{i\alpha L}\Phi_+(\alpha,z) \tag{6-19}$$

函数 $\Phi_+(\alpha,z)$和 $\Phi_-(\alpha,z)$分别是定义在上半复平面 $\mathrm{Im}\alpha>0$ 和下半复平面 $\mathrm{Im}\alpha<0$。当 $x\to-\infty$时，散射速度势是形式为 $R\mathrm{e}^{-ikx}$ 的反射波、一些局部化振动模和衰减波。最低阶局部化振动模式所对应的根为 k_1。因此，函数 $\Phi_-(\alpha,z)$除了在极点 $\alpha=k$ 外，在 $\mathrm{Im}\alpha<|k_1|$ 的半平面内是解析的。当 $x\to\infty$时，散射速度势是形式为 $T\mathrm{e}^{ikx}$ 的透射波、一些局部化振动和衰减波。因此，函数 $\Phi_+(\alpha,z)$除了在极点 $\alpha=-k$外，在 $\mathrm{Im}\alpha>-|k_1|$ 的上半平面内是解析的。定义两个解析域 Ω_+ 和 Ω_-，其中 Ω_+是指 $\mathrm{Im}\alpha>-|k_1|$ 半平面剔除 $-\alpha_0$ 和 $-k$ 点的切缝的区域，Ω_- 是指 $\mathrm{Im}\alpha<|k_1|$ 半平面剔除 α_0 和 k 点的切缝的区域，如图 6-2 所示。

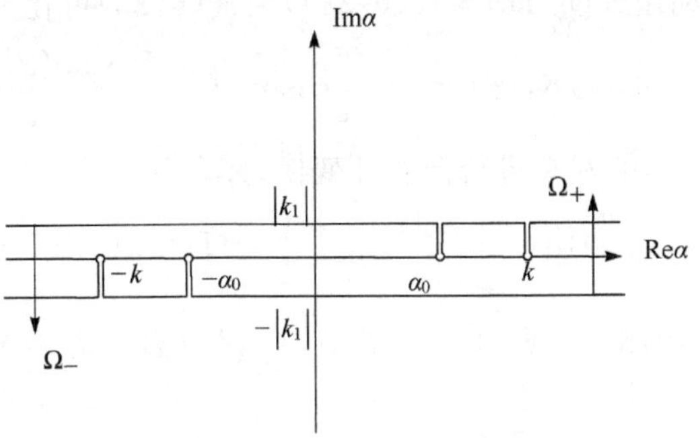

图 6-2 函数 $\Phi_{\pm}$ 的解析域 $\Omega_{\pm}$

函数 $\Phi(\alpha,z)$是函数 $\phi(x,z)$关于空间变量 x 的 Fourier 变换，且满足方程$\partial^2\Phi/\partial z^2-\alpha^2\Phi=0$。此方程的通解形式为

$$\Phi(\alpha,z)=C(\alpha)Z(\alpha,z)+S(\alpha)\sinh[\alpha(z+H_0)] \tag{6-20}$$

其中 $Z(\alpha,z)=\cosh[\alpha(z+H_0)]/\cosh(\alpha H_0)$。

由海底振动条件(6-16)，可得

$$\frac{\partial\Phi(\alpha,-H_0)}{\partial z}=-\mathrm{i}e^{\mathrm{i}\alpha x_*},\ S(\alpha)=-\frac{\mathrm{i}e^{\mathrm{i}\alpha x_*}}{\alpha} \tag{6-21}$$

因此

$$\Phi(\alpha,z)=C(\alpha)\frac{\cosh[\alpha(z+H_0)]}{\cosh(\alpha H_0)}-\frac{\mathrm{i}e^{\mathrm{i}\alpha x_*}}{\alpha}\sinh[\alpha(z+H_0)] \tag{6-22}$$

对公式(6-15)左端进行傅立叶变换，得

$$\int_{-\infty}^{0}e^{\mathrm{i}\alpha x}\left(\frac{\partial\phi}{\partial z}-\phi\right)\mathrm{d}x=D_-(\alpha),\quad \int_{0}^{L}e^{\mathrm{i}\alpha x}\left(\frac{\partial\phi}{\partial z}-\phi\right)\mathrm{d}x=D_1(\alpha)$$

$$\int_{L}^{\infty}e^{\mathrm{i}\alpha(x-L)}\left(\frac{\partial\phi}{\partial z}-\phi\right)\mathrm{d}x=D_+(\alpha),\quad D(\alpha)=D_-(\alpha)+D_1(\alpha)+e^{\mathrm{i}\alpha L}D_+(\alpha) \tag{6-23}$$

将式(6-15)代入式(6-23)得

$$D(\alpha)=D_1(\alpha) \tag{6-24}$$

由于

$$D(\alpha)=\int_{-\infty}^{\infty}e^{\mathrm{i}\alpha x}\left(\frac{\partial\phi}{\partial z}-\phi\right)\mathrm{d}x=\frac{\partial}{\partial z}\Phi(\alpha,z)-\Phi(\alpha,z) \tag{6-25}$$

将公式(6-22)代入公式(6-25)，并结合式(6-24)就得到

$$D(\alpha)=C(\alpha)\left\{\frac{\alpha\sinh[\alpha(z+H_0)]}{\cosh(\alpha H_0)}-\frac{\cosh[\alpha(z+H_0)]}{\cosh(\alpha H_0)}\right\}$$
$$-\mathrm{i}e^{\mathrm{i}\alpha x_*}\left\{\cosh[\alpha(z+H_0)]-\frac{\sinh[\alpha(z+H_0)]}{\alpha}\right\} \tag{6-26}$$

取 $z=0$,同时利用式(6-17)与式(6-24),则式(6-26)可化为

$$D(\alpha)=C(\alpha)K_1(\alpha)-\mathrm{i}e^{\mathrm{i}\alpha x_*}\left[\cosh(\alpha H_0)-\frac{\sinh(\alpha H_0)}{\alpha}\right] \tag{6-27}$$

同样,对式(6-14)的左端进行傅立叶变换,并令

$$\int_{-\infty}^{0}e^{\mathrm{i}\alpha x}H(x,0)\mathrm{d}x=F_-(\alpha),\quad \int_{0}^{L}e^{\mathrm{i}\alpha x}H(x,0)\mathrm{d}x=F_1(\alpha)$$

$$\int_{L}^{\infty}e^{\mathrm{i}\alpha(x-L)}H(x,0)\mathrm{d}x=F_+(\alpha),\quad F(\alpha)=F_-(\alpha)+F_1(\alpha)+e^{\mathrm{i}\alpha L}F_+(\alpha) \tag{6-28}$$

由式(6-14)可得

$$F_1(\alpha)=\int_{0}^{L}e^{\mathrm{i}\alpha x}H(x,0)\mathrm{d}x=0 \tag{6-29}$$

由于

$$F(\alpha)=\int_{-\infty}^{\infty}e^{\mathrm{i}\alpha x}H(x,0)\mathrm{d}x=[\beta(\alpha)+b(\alpha)]\frac{\partial\Phi(x,0)}{\partial z}-b(\alpha)\Phi(x,0) \tag{6-30}$$

将式(6-22)代入式(6-30),结合式(6-29)就得到

$$\begin{aligned}F(\alpha)=&C(\alpha)\{[\beta(\alpha)+b(\alpha)]\alpha\tanh(\alpha H_0)-b(\alpha)\}\\&-\mathrm{i}e^{\mathrm{i}\alpha x_*}\left\{[\beta(\alpha)+b(\alpha)]\cosh(\alpha H_0)-\frac{b(\alpha)}{\alpha}\sinh(\alpha)\right\}\end{aligned} \tag{6-31}$$

同时利用式(6-18),式(6-31)可化为

$$F(\alpha)=C(\alpha)K_2-\mathrm{i}e^{\mathrm{i}\alpha x_*}\left\{[\beta(\alpha)+b(\alpha)]\cosh(\alpha H_0)-\frac{b(\alpha)}{\alpha}\sinh(\alpha H_0)\right\} \tag{6-32}$$

将式(6-27)与式(6-32)联立消去 $C(\alpha)$,可得如下表达式

$$\begin{aligned}&F_-(\alpha)+e^{\mathrm{i}\alpha L}F_+(\alpha)+\mathrm{i}e^{\mathrm{i}\alpha x_*}\left\{[\beta(\alpha)+b(\alpha)]\cosh(\alpha H_0)-\frac{b(\alpha H_0)}{\alpha}\sinh(\alpha)\right\}\\&=K(\alpha)\left\{D_1(\alpha)+\mathrm{i}e^{\mathrm{i}\alpha x_*}\left[\cosh(\alpha H_0)-\frac{\sinh(\alpha H_0)}{\alpha}\right]\right\}\end{aligned} \tag{6-33}$$

其中 $K(\alpha)=K_2(\alpha)/K_1(\alpha)$。

根据 Wiener-Hopf 方法,必须对函数 $K(\alpha)$进行因式分解,也就是用下式来代替 $K(\alpha)$,

$$K(\alpha)=K_+(\alpha)K_-(\alpha) \tag{6-34}$$

式中,$K_\pm(\alpha)$与函数 $\Phi_\pm(\alpha,z)$在相同区域内是正则的。

引进函数

$$g(\alpha)=\frac{K(\alpha)(\alpha^2-\gamma^2)}{(\alpha^2-\alpha_0^2)(\alpha^2-\alpha_{-1}^2)(\alpha^2-\alpha_{-2}^2)} \tag{6-35}$$

函数 $g(\alpha)$ 是 $K(\alpha)$ 在条形区域内（$-|k_1|<\mathrm{Im}\alpha<|k_1|$）剔除零点和极点后对应的整函数。在实轴上函数 $g(\alpha)$ 没有零点、有界并且在无穷远处趋于单位 1。对 $g(\alpha)$ 进行因式分解[12]，得

$$g(\alpha)=g_+(\alpha)g_-(\alpha),\quad g_\pm(\alpha)=\exp\left[\pm\frac{1}{2\pi\mathrm{i}}\int_{-\infty\mp\mathrm{i}\sigma}^{\infty\mp\mathrm{i}\sigma}\frac{\ln g(x)}{x-\alpha}\mathrm{d}x\right],(\sigma<|k_1|) \tag{6-36}$$

定义函数 $K_\pm(\alpha)$ 为如下形式，

$$K_\pm(\alpha)=\frac{(\alpha\pm\alpha_0)(\alpha\pm\alpha_{-1})(\alpha\pm\alpha_{-2})g_\pm(\alpha)}{(\alpha\pm k)} \tag{6-37}$$

用 $\mathrm{e}^{-\mathrm{i}\alpha L}[K_+(\alpha)]^{-1}$ 去乘方程式(6-33)得

$$\frac{F_+(\alpha)}{K_+(\alpha)}+\frac{F_-(\alpha)}{K_+(\alpha)}\mathrm{e}^{-\mathrm{i}\alpha L}-\frac{\mathrm{i}\mathrm{e}^{\mathrm{i}\alpha(x_*-L)}\beta(\alpha)}{\cosh(\alpha H_0)K_+(\alpha)K_1(\alpha)}=D_1(\alpha)K_-(\alpha)\mathrm{e}^{-\mathrm{i}\alpha L} \tag{6-38}$$

$$\frac{F_+(\alpha)}{K_+(\alpha)}+U_+(\alpha)+L_+(\alpha)=D_1(\alpha)K_-(\alpha)\mathrm{e}^{-\mathrm{i}\alpha L}-U_-(\alpha)-L_-(\alpha) \tag{6-39}$$

其中

$$U_+(\alpha)+U_-(\alpha)=\frac{\mathrm{e}^{-\mathrm{i}\alpha L}F_-(\alpha)}{K_+(\alpha)},L_+(\alpha)+L_-(\alpha)=-\frac{\mathrm{i}\mathrm{e}^{\mathrm{i}\alpha(x_*-L)}\beta(\alpha)}{\cosh(\alpha H_0)K_+(\alpha)K_1(\alpha)} \tag{6-40}$$

其中 $U_\pm(\alpha)$ 和 $L_\pm(\alpha)$ 的表达式为

$$\left.\begin{aligned}U_\pm(\alpha)&=\pm\frac{1}{2\pi\mathrm{i}}\int_{-\infty\mp\mathrm{i}\sigma}^{\infty\mp\mathrm{i}\sigma}\frac{\mathrm{e}^{-\mathrm{i}\zeta L}F_-(\zeta)}{K_+(\zeta)(\zeta-\alpha)}\mathrm{d}\zeta\\ L_\pm(\alpha)&=\mp\frac{1}{2\pi}\int_{-\infty\mp\mathrm{i}\sigma}^{\infty\mp\mathrm{i}\sigma}\frac{\mathrm{e}^{\mathrm{i}\zeta(x_*-L)}\beta(\zeta)}{\cosh(\zeta H_0)K_+(\zeta)K_1(\zeta)(\zeta-\alpha)}\mathrm{d}\zeta\end{aligned}\right\}\quad(\sigma<\sigma_0) \tag{6-41}$$

式中，$\sigma_0=\min(|k_1|,|\alpha_{-1}|)$。

然后用 $K_-(\alpha)$ 去除方程(6-33)，得如下方程

$$\frac{F_-(\alpha)}{K_-(\alpha)}+\frac{\mathrm{e}^{\mathrm{i}\alpha L}F_+(\alpha)}{K_-(\alpha)}-\frac{\mathrm{i}\mathrm{e}^{\mathrm{i}\alpha x_*}\beta(\alpha)}{\cosh(\alpha H_0)K_-(\alpha)K_1(\alpha)}=K_+(\alpha)D_1(\alpha) \tag{6-42}$$

$$\frac{F_-(\alpha)}{K_-(\alpha)}+V_-(\alpha)+N_-(\alpha)=K_+(\alpha)D_1(\alpha)-V_+(\alpha)-N_+(\alpha) \tag{6-43}$$

其中，

$$\left.\begin{aligned}V_\pm(\alpha)&=\pm\frac{1}{2\pi\mathrm{i}}\int_{-\infty\mp\mathrm{i}\sigma}^{\infty\mp\mathrm{i}\sigma}\frac{\mathrm{e}^{\mathrm{i}\zeta L}F_+(\zeta)}{K_-(\zeta)(\zeta-\alpha)}\mathrm{d}\zeta\\ N_\pm(\alpha)&=\mp\frac{1}{2\pi}\int_{-\infty\mp\mathrm{i}\sigma}^{\infty\mp\mathrm{i}\sigma}\frac{\mathrm{e}^{\mathrm{i}\zeta x_*}\beta(\zeta)}{\cosh(\zeta H_0)K_-(\zeta)K_1(\zeta)(\zeta-\alpha)}\mathrm{d}\zeta\end{aligned}\right\}\quad(\sigma<\sigma_0)。$$

方程(6-39)的左边函数在区域 Ω_+ 内是解析的，而右边函数在 Ω_- 内是解析

的。利用它们的解析延拓，可以在整个复平面内定义函数。根据刘维尔(Liouville)定理，对于在全平面解析的多项式函数，多项式的次数可由$|\alpha|\to\infty$时函数的特性来确定。由能量局部限制条件可知，在板缘附近速度有一个不高于$O(r^{-\lambda})$的奇点($\lambda<1$，r是距板缘的距离)。接着，当$|\alpha|\to\infty$时，函数$F_{\pm}(\alpha)$不高于$O(|\alpha|^{\lambda+3})$阶，$D_1(\alpha)$不高于$O(|\alpha|^{\lambda-1})$阶[16]。在无穷远处，当$|\alpha|\to\infty$时，由于$g_{\pm}(\alpha)\to1$，故$K_{\pm}(\alpha)$阶数为$O(|\alpha|^2)$。最后，多项式的次数为1，而且有

$$\frac{F_+(\alpha)}{K_+(\alpha)}+U_+(\alpha)+L_+(\alpha)=a_1\alpha+b_1 \tag{6-44a}$$

同理，由方程(6-43)可得

$$\frac{F_-(\alpha)}{K_-(\alpha)}+V_-(\alpha)+N_-(\alpha)=a_2\alpha+b_2 \tag{6-44b}$$

式中，a_1，b_1，a_2，b_2是未知常数。

6.2.3 未知常数 a_1，b_1 的求解

为确定常数a_1和b_1，由式(6-39)和(6-44a)可知，

$$D_1(\alpha)K_-(\alpha)e^{-i\alpha L}-U_-(\alpha)-L_-(\alpha)=a_1\alpha+b_1 \tag{6-45}$$

将(6-41)中$U_-(\alpha)$相应表达式代入(6-45)，再与(6-27)联立得到

$$C(\alpha)=\frac{e^{i\alpha L}}{K_-(\alpha)K_1(\alpha)}\left\{\left[a_1\alpha+b_1+L_-(\alpha)-\frac{1}{2\pi i}\int_{-\infty+i\sigma}^{\infty+i\sigma}\frac{e^{-i\zeta L}F_-(\zeta)}{K_+(\zeta)(\zeta-\alpha)}d\zeta\right]\right.$$
$$\left.+ie^{i\alpha x_*}\left[\cosh(\alpha H_0)-\frac{\sinh(\alpha H_0)}{\alpha}\right]\right\} \tag{6-46}$$

由(6-22)，(6-46)，利用Fourier逆变换，可得到海水在地震作用下散射速度势的表达式

$$\phi(\alpha,z)=\frac{1}{2\pi}\int_{-\infty}^{\infty}\frac{e^{-i\alpha(x-L)}}{K_-(\alpha)K_1(\alpha)}\frac{\cosh[\alpha(z+H_0)]}{\cosh(\alpha H_0)}\left[a_1\alpha+b_1+L_-(\alpha)\right.$$
$$\left.-\frac{1}{2\pi i}\int_{-\infty+i\sigma}^{\infty+i\sigma}\frac{e^{-i\zeta L}F_-(\zeta)}{K_+(\zeta)(\zeta-\alpha)}d\zeta\right]d\alpha$$
$$-\frac{1}{2\pi i}\int_{-\infty}^{\infty}\frac{e^{-i\alpha(x-x_*)}}{K_1(\alpha)}\frac{\cosh[\alpha(z+H_0)]}{\cosh(\alpha H_0)}\left[\cosh(\alpha H_0)-\frac{\sinh(\alpha H_0)}{\alpha}\right]d\alpha$$
$$+\frac{1}{2\pi i}\int_{-\infty}^{\infty}\frac{e^{-i\alpha(x-x_*)}}{\alpha}\sinh[\alpha(z+H_0)]d\alpha \tag{6-47}$$

式(6-47)对z求偏导，得到

$$\frac{\partial\phi(\alpha,0)}{\partial z}=\frac{1}{2\pi}\int_{-\infty}^{\infty}\frac{\mathrm{e}^{-\mathrm{i}\alpha(x-L)}\alpha\tanh(\alpha H_0)K_+(\alpha)}{K_2(\alpha)}\left[a_1\alpha+b_1-L_+(\alpha)\right.$$

$$\left.-\frac{1}{2\pi}\int_{-\infty+\mathrm{i}\sigma}^{\infty+\mathrm{i}\sigma}\frac{\mathrm{e}^{-\mathrm{i}\zeta L}F_-(\zeta)}{K_+(\zeta)(\zeta-\alpha)}\mathrm{d}\zeta\right]\mathrm{d}\alpha-\frac{1}{2\pi\mathrm{i}}\int_{-\infty}^{\infty}\frac{\mathrm{e}^{-\mathrm{i}\alpha(x-x_*)}}{\cosh(\alpha H_0)K_2(\alpha)}b(\alpha)\mathrm{d}\alpha \quad (6\text{-}48)$$

在外部积分中，积分路线必须完全选在 Ω_+ 和 Ω_- 的交集内。在实轴上选择积分路线从下绕过点 α_0 和 k 及从上绕过点 $-\alpha_0$ 和 $-k$，如图 6-3 所示。对于内部积分，选择 $\mathrm{Im}\alpha<\sigma$ 的下半平面作为封闭路径。但是，这个积分可通过 α 函数在整个复平面上解析延拓来定义。利用留数定理来估计这个积分的值。

函数 $K_+(\zeta)$ 在点 $-\alpha_j,(j=-2,-1,0,\cdots)$ 有零值，在点 $-k,-k_j,(j=1,2,3,\cdots)$ 有极值。在点 $\zeta=-k$ 处，函数 $F_-(\zeta)$ 的极点可以用函数 $K_+(\zeta)$ 来消除。所以这个积分值在点 $\zeta=-\alpha_j,(j=-2,-1,0,\cdots)$ 和 $\zeta=\alpha$ 有极点，且都是一阶极点。因此有

$$\frac{1}{2\pi\mathrm{i}}\int_{-\infty+\mathrm{i}\sigma}^{\infty+\mathrm{i}\sigma}\frac{\mathrm{e}^{-\mathrm{i}\zeta L}F_-(\zeta)\mathrm{d}\zeta}{K_+(\zeta)(\zeta-\alpha)}=-\frac{\mathrm{e}^{-\mathrm{i}\alpha L}F_-(\alpha)}{K_+(\alpha)}+\sum_{j=-2}^{\infty}\frac{\mathrm{e}^{\mathrm{i}\alpha_j L}F_-(-\alpha_j)}{K'_+(-\alpha_j)(\alpha_j+\alpha)} \quad (6\text{-}49)$$

式中 $K'_+(-\alpha_j)$ 是函数 $K_+(-\alpha_j)$ 在点 $-\alpha_j,(j=-2,-1,0,\cdots)$ 处的导数。将式(6-49)代入式(6-48)中，得到

$$\begin{aligned}\frac{\partial\phi(\alpha,0)}{\partial z}=&\frac{1}{2\pi}\int_{-\infty}^{\infty}\frac{\mathrm{e}^{-\mathrm{i}\alpha(x-L)}\alpha\tanh(\alpha H_0)K_+(\alpha)}{K_2(\alpha)}\\&\times\left[a_1\alpha+b_1-L_+(\alpha)-\sum_{j=-2}^{\infty}\frac{\mathrm{e}^{\mathrm{i}\alpha_j L}F_-(-\alpha_j)}{K'_+(-\alpha_j)(\alpha_j+\alpha)}\right]\mathrm{d}\alpha\\&+\frac{1}{2\pi}\int_{-\infty}^{\infty}\frac{\mathrm{e}^{-\mathrm{i}\alpha x}\alpha\tanh(\alpha H_0)F_-(\alpha)}{K_2(\alpha)}\mathrm{d}\alpha-\frac{1}{2\pi\mathrm{i}}\int_{-\infty}^{\infty}\frac{\mathrm{e}^{-\mathrm{i}\alpha(x-x_*)}}{\cosh(\alpha H_0)K_2(\alpha)}b(\alpha)\mathrm{d}\alpha\end{aligned} \quad (6\text{-}50)$$

对于式(6-50)的第二个积分，选择实轴以下半平面作为积分封闭路径，如图 6-4所示，利用留数定理，可得到

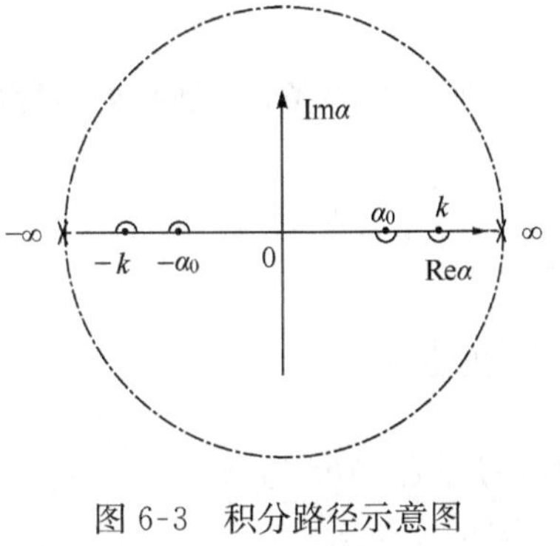

图 6-3　积分路径示意图

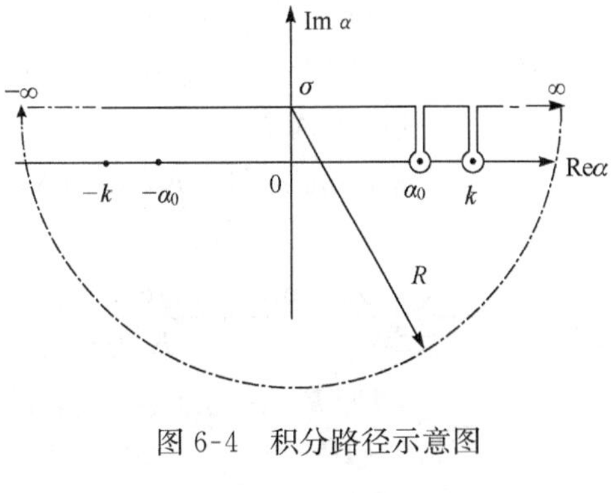

图 6-4　积分路径示意图

$$\frac{1}{2\pi}\int_{-\infty}^{\infty}\frac{\alpha e^{-i\alpha x}\tanh(\alpha)F_-(\alpha)}{K_2(\alpha)}d\alpha=-i\sum_{m=-2}^{\infty}\frac{\alpha_m\tanh(\alpha_m)e^{i\alpha_m x}F_-(-\alpha_m)}{K_2'(-\alpha_m)}\tag{6-51}$$

式(6-50)第一个和第三个积分中，选择上半平面封闭积分路径，其中沿实轴从下绕过点 k,α_0，从上绕过点 $-k,-\alpha_0$ 作为积分路径，如图 6-3 所示。

首先假设 $x_*<x<L$，上式的外部积分用留数定理计算。针对第三个积分，应用 Jordan 引理，则

$$\frac{1}{2\pi i}\int_{-\infty}^{\infty}\frac{e^{-i\alpha(x-x_*)}}{\cosh(\alpha H_0)K_2(\alpha)}b(\alpha)d\alpha=\sum_{m=-2}^{\infty}\frac{e^{i\alpha_m|x-x_*|}}{\cosh(\alpha_m H_0)K_2'(\alpha_m)}b(\alpha_m)\tag{6-52}$$

基于式(6-51)和式(6-52)，应用留数定理，可以得 $\frac{\partial\phi}{\partial z}(x,0)$ 的表达式

$$\begin{aligned}\frac{\partial\phi(\alpha,0)}{\partial z}=&\ i\sum_{m=-2}^{\infty}\frac{\alpha_m\tanh(\alpha_m H_0)K_+(\alpha_m)}{K_2'(\alpha_m)}e^{i\alpha_m(L-x)}[a_1\alpha_m+b_1-L_+(\alpha_m)]\\&-i\sum_{j=-2}^{\infty}\frac{e^{i\alpha_j L}F_-(-\alpha_j)}{K_+'(-\alpha_j)}\sum_{m=-2}^{\infty}\frac{\alpha_m\tanh(\alpha_m H_0)K_+(\alpha_m)}{K_2'(\alpha_m)(\alpha_j+\alpha_m)}e^{i\alpha_m(L-x)}\\&-i\sum_{m=-2}^{\infty}\frac{\alpha_m\tanh(\alpha_m H_0)e^{i\alpha_m x}F_-(-\alpha_m)}{K_2'(-\alpha_m)}\\&-\sum_{m=-2}^{\infty}\frac{e^{i\alpha_m|x-x_*|}}{\cosh(\alpha_m H_0)K_2'(\alpha_m)}b(\alpha_m)\end{aligned}\tag{6-53}$$

根据式(6-53)和边界条件(6-9a)，可得到

$$\begin{aligned}w(x)=i\frac{\partial\varphi}{\partial z}(x,0)=&-\sum_{m=-2}^{\infty}\frac{\alpha_m\tanh(\alpha_m H_0)K_+(\alpha_m)}{K_2'(\alpha_m)}e^{i\alpha_m(L-x)}[a_1\alpha_m+b_1-L_+(\alpha_m)]\\&+\sum_{j=-2}^{\infty}\frac{e^{i\alpha_j L}F_-(-\alpha_j)}{K_+'(-\alpha_j)}\sum_{m=-2}^{\infty}\frac{\alpha_m\tanh(\alpha_m H_0)K_+(\alpha_m)}{K_2'(\alpha_m)(\alpha_j+\alpha_m)}e^{i\alpha_m(L-x)}\\&+\sum_{m=-2}^{\infty}\frac{\alpha_m\tanh(\alpha_m)e^{i\alpha_m x}F_-(-\alpha_m)}{K_2'(-\alpha_m)}\\&-i\sum_{m=-2}^{\infty}\frac{e^{i\alpha_m|x-x_*|}}{\cosh(\alpha_m H_0)K_2'(\alpha_m)}b(\alpha_m)\end{aligned}\tag{6-54}$$

根据式(6-5)、式(6-10)、式(6-11)中在点 $x=L$ 处的边界条件，即板两端弯矩和剪力为零，分别可得两个方程，

$$\begin{aligned}&\sum_{m=-2}^{\infty}\frac{\alpha_m^3\tanh(\alpha_m H_0)K_+(\alpha_m)N_1(\alpha_m)}{K_2'(\alpha_m)}[a_1\alpha_m+b_1-L_+(\alpha_m)]\\&-\sum_{m=-2}^{\infty}\frac{\alpha_m^3\tanh(\alpha_m H_0)e^{i\alpha_m L}F_-(-\alpha_m)N_1(\alpha_m)}{K_2'(-\alpha_m)}\\&-\sum_{j=-2}^{\infty}\frac{e^{i\alpha_j L}F_-(-\alpha_j)}{K_+'(-\alpha_j)}\sum_{m=-2}^{\infty}\frac{\alpha_m^3\tanh(\alpha_m H_0)K_+(\alpha_m)N_1(\alpha_m)}{K_2'(\alpha_m)(\alpha_j+\alpha_m)}\end{aligned}$$

$$+\mathrm{i}\sum_{m=-2}^{\infty}\frac{\alpha_m^2 \mathrm{e}^{\mathrm{i}\alpha_m(L-x_*)}N_1(\alpha_m)}{\cosh(\alpha_m H_0)K_2'(\alpha_m)}b(\alpha_m)=0 \tag{6-55}$$

$$\sum_{m=-2}^{\infty}\frac{\alpha_m^2\tanh(\alpha_m H_0)K_+(\alpha_m)N_2}{K_2'(\alpha_m)}[a_1\alpha_m+b_1-L_+(\alpha_m)]$$
$$+\sum_{m=-2}^{\infty}\frac{\alpha_m^2\tanh(\alpha_m)\mathrm{e}^{\mathrm{i}\alpha_m L}F_-(-\alpha_m)N_2}{K_2'(-\alpha_m)}$$
$$-\sum_{j=-2}^{\infty}\frac{\mathrm{e}^{\mathrm{i}\alpha_j L}F_-(-\alpha_j)}{K'_+(-\alpha_j)}\sum_{m=-2}^{\infty}\frac{\alpha_m^2\tanh(\alpha_m H_0)K_+(\alpha_m)N_2}{K_2'(\alpha_m)(\alpha_j+\alpha_m)}$$
$$-\mathrm{i}\sum_{m=-2}^{\infty}\frac{\alpha_m \mathrm{e}^{\mathrm{i}\alpha_m(L-x_*)}N_2}{\cosh(\alpha_m H_0)K_2'(\alpha_m)}b(\alpha_m)=0 \tag{6-56}$$

其中，$N_1(\alpha_m)=\dfrac{1}{\alpha_m^2+\gamma^2}$；$N_2(\alpha_m)=\dfrac{q}{\gamma^2+\alpha_m^2}-1$；$q=\dfrac{Cl^2}{D}$；$\gamma=\sqrt{(C-\rho_0 J\omega^2)/D}$，$\gamma$ 是剪切振动波数。

根据色散方程(6-17)和(6-18)，可得到

$$\alpha_m^n\tanh(\alpha_m)=-\alpha_m^{n-1}b(\alpha_m)K_1(\alpha_m)/\beta(\alpha_m),\quad (n=2,3) \tag{6-57}$$

将(6-57)代入式(6-55)和(6-56)，可得

$$\sum_{m=-2}^{\infty}\frac{\alpha_m^2 b(\alpha_m)K_1(\alpha_m)K_+(\alpha_m)N_1(\alpha_m)}{\beta(\alpha_m)K_2'(\alpha_m)}[a_1\alpha_m+b_1-L_+(\alpha_m)]$$
$$-\sum_{m=-2}^{\infty}\frac{\alpha_m^2 b(\alpha_m)K_1(\alpha_m)\mathrm{e}^{\mathrm{i}\alpha_m L}F_-(-\alpha_m)N_1(\alpha_m)}{\beta(\alpha_m)K_2'(-\alpha_m)}$$
$$-\sum_{j=-2}^{\infty}\frac{\mathrm{e}^{\mathrm{i}\alpha_j L}F_-(-\alpha_j)}{K'_+(-\alpha_j)}\sum_{m=-2}^{\infty}\frac{\alpha_m^2 b(\alpha_m)K_1(\alpha_m)K_+(\alpha_m)N_1(\alpha_m)}{\beta(\alpha_m)K_2'(\alpha_m)(\alpha_j+\alpha_m)}$$
$$-\mathrm{i}\sum_{m=-2}^{\infty}\frac{\alpha_m^2 \mathrm{e}^{\mathrm{i}\alpha_m(L-x_*)}N_1(\alpha_m)}{\cosh(\alpha_m H_0)K_2'(\alpha_m)}b(\alpha_m)=0 \tag{6-58}$$

$$\sum_{m=-2}^{\infty}\frac{\alpha_m b(\alpha_m)K_1(\alpha_m)K_+(\alpha_m)N_2}{\beta(\alpha_m)K_2'(\alpha_m)}[a_1\alpha_m+b_1-L_+(\alpha_m)]$$
$$-\sum_{j=-2}^{\infty}\frac{\mathrm{e}^{\mathrm{i}\alpha_j L}F_-(-\alpha_j)}{K'_+(-\alpha_j)}\sum_{m=-2}^{\infty}\frac{\alpha_m b(\alpha_m)K_1(\alpha_m)K_+(\alpha_m)N_2}{\beta(\alpha_m)K_2'(\alpha_m)(\alpha_j+\alpha_m)}$$
$$+\sum_{m=-2}^{\infty}\frac{\alpha_m b(\alpha_m)K_1(\alpha_m)\mathrm{e}^{\mathrm{i}\alpha_m L}F_-(-\alpha_m)N_2}{\beta(\alpha_m)K_2'(-\alpha_m)}$$
$$+\mathrm{i}\sum_{m=-2}^{\infty}\frac{\alpha_m \mathrm{e}^{\mathrm{i}\alpha_m(L-x_*)}N_2}{\cosh(\alpha_m H_0)K_2'(\alpha_m)}b(\alpha_m)=0 \tag{6-59}$$

选取积分路径用积分形式取代求和。积分路径沿实轴从$-\infty$到∞，以使其在区域 Ω_+ 和 Ω_- 的交集内，如图 6-5 和图 6-6。C 的正负下标分别是指积分路径位于原点的上面和下面，C_+ 是沿着实轴从上面绕过点$-k$，$-\alpha_0$，$\mathrm{i}\gamma$，χ_3，χ_2，χ_1，从下面

绕过点 k,α_0；C_- 是沿着实轴从下面绕过点 $k,\alpha_0,-\mathrm{i}\gamma,\chi_1,\chi_3,\chi_4$，从上面绕过点 $-k,-\alpha_0$，其中 $\chi_1,\chi_2,\chi_3,\chi_4$ 分别是 $\beta(\alpha)=0$ 的正实根、正虚根、负实根、负虚根，$\mathrm{i}\gamma,-\mathrm{i}\gamma$ 是函数 N_1 的两个奇点。

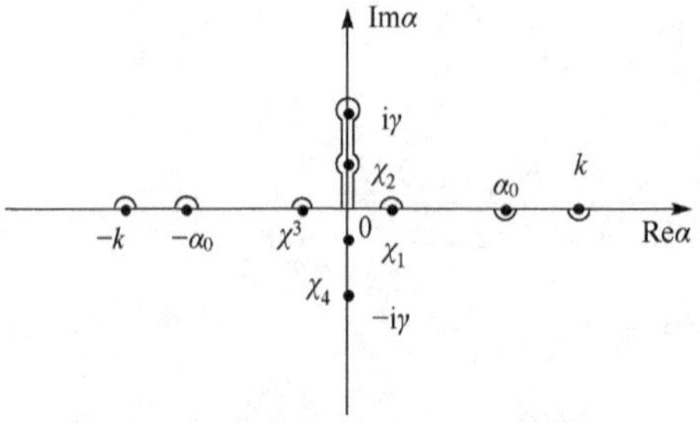

图 6-5　积分路径 C_+ 示意图

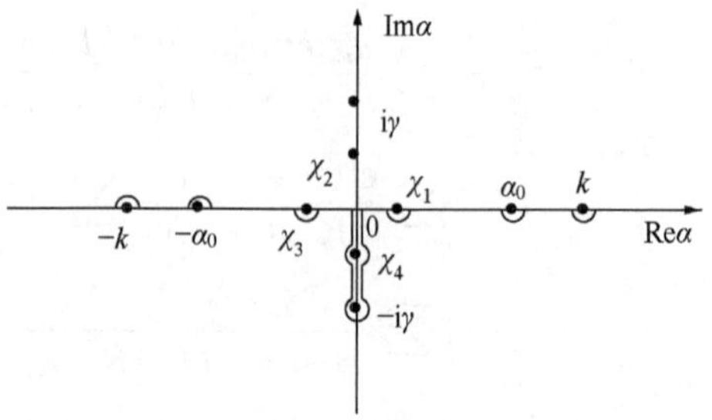

图 6-6　积分路径 C_- 示意图

式(6-58)中第一和第二个求和项选取的积分路径为 C_+（如图 6-5 所示），封闭在上半平面；第三个求和项选取的积分路径为 C_-（如图 6-6 所示），封闭在下半平面，最后一个积分，封闭在上半平面，这样可得

$$
\begin{aligned}
&\frac{1}{2\pi\mathrm{i}}\int_{C_+}\frac{\alpha^2 b(\alpha)K_1(\alpha)K_+(\alpha)N_1(\alpha)}{\beta(\alpha)K_2(\alpha)}[a_1\alpha+b_1-L_+(\alpha)]\mathrm{d}\alpha\\
&+\frac{1}{2\pi\mathrm{i}}\int_{C_-}\frac{\mathrm{e}^{-\mathrm{i}\alpha L}\alpha^2 b(\alpha)K_1(\alpha)F_-(\alpha)N_1(\alpha)}{\beta(\alpha)K_2(\alpha)}\mathrm{d}\alpha\\
&-\frac{1}{2\pi\mathrm{i}}\sum_{j=-2}^{\infty}\frac{\mathrm{e}^{\mathrm{i}\alpha_j L}F_-(-\alpha_j)}{K'_+(-\alpha_j)}\int_{C_+}\frac{\alpha^2 b(\alpha)K_1(\alpha)K_+(\alpha)N_1(\alpha)}{\beta(\alpha)K_2(\alpha)(\alpha_j+\alpha)}\mathrm{d}\alpha\\
&-\frac{1}{2\pi}\int_{C_+}\frac{\alpha^2\mathrm{e}^{\mathrm{i}\alpha(L-x_*)}N_1(\alpha)}{\cosh(\alpha H_0)K_2(\alpha)}b(\alpha)\mathrm{d}\alpha=0
\end{aligned}\tag{6-60}
$$

同理，式(6-59)可化为

$$
\begin{aligned}
&\frac{1}{2\pi\mathrm{i}}\int_{C_+}\frac{\alpha b(\alpha)K_1(\alpha)K_+(\alpha)N_2(\alpha)}{\beta(\alpha)K_2(\alpha)}[a_1\alpha+b_1-L_+(\alpha)]\mathrm{d}\alpha\\
&+\frac{1}{2\pi\mathrm{i}}\int_{C_-}\frac{\mathrm{e}^{-\mathrm{i}\alpha L}\alpha b(\alpha)K_1(\alpha)F_-(\alpha)N_2(\alpha)}{\beta(\alpha)K_2(\alpha)}\mathrm{d}\alpha\\
&-\frac{1}{2\pi\mathrm{i}}\sum_{j=-2}^{\infty}\frac{\mathrm{e}^{\mathrm{i}\alpha_j L}F_-(-\alpha_j)}{K'_+(-\alpha_j)}\int_{C_+}\frac{\alpha b(\alpha)K_1(\alpha)K_+(\alpha)N_2(\alpha)}{\beta(\alpha)K_2(\alpha)(\alpha_j+\alpha)}\mathrm{d}\alpha\\
&+\frac{1}{2\pi}\int_{C_+}\frac{\alpha\mathrm{e}^{\mathrm{i}\alpha(L-x_*)}N_2(\alpha)}{\cosh(\alpha H_0)K_2(\alpha)}b(\alpha)\mathrm{d}\alpha=0
\end{aligned}\tag{6-61}
$$

利用 $K(\alpha)=K_+(\alpha)K_-(\alpha)=K_2(\alpha)/K_1(\alpha)$，式(6-60)和式(6-61)可化为

$$
\frac{1}{2\pi\mathrm{i}}\int_{C_+}\frac{\alpha^2 b(\alpha)N_1(\alpha)}{\beta(\alpha)K_-(\alpha)}[a_1\alpha+b_1-L_+(\alpha)]\mathrm{d}\alpha
$$

$$-\frac{1}{2\pi \mathrm{i}}\sum_{j=-2}^{\infty}\frac{\mathrm{e}^{\mathrm{i}\alpha_j L}F_-(-\alpha_j)}{K'_+(-\alpha_j)}\int_{C_+}\frac{\alpha^2 b(\alpha)N_1(\alpha)}{\beta(\alpha)K_-(\alpha)(\alpha_j+\alpha)}\mathrm{d}\alpha$$

$$+\frac{1}{2\pi \mathrm{i}}\int_{C_-}\frac{\mathrm{e}^{-\mathrm{i}\alpha L}\alpha^2 b(\alpha)F_-(\alpha)N_1(\alpha)}{\beta(\alpha)K(\alpha)}\mathrm{d}\alpha$$

$$-\frac{1}{2\pi}\int_{C_+}\frac{\alpha^2\mathrm{e}^{\mathrm{i}\alpha(L-x_*)}N_1(\alpha)}{\cosh(\alpha H_0)K_2(\alpha)}b(\alpha)\mathrm{d}\alpha=0 \tag{6-62}$$

$$\frac{1}{2\pi \mathrm{i}}\int_{C_+}\frac{\alpha b(\alpha)N_2(\alpha)}{\beta(\alpha)K_-(\alpha)}[a_1\alpha+b_1-L_+(\alpha)]\mathrm{d}\alpha$$

$$-\frac{1}{2\pi \mathrm{i}}\sum_{j=-2}^{\infty}\frac{\mathrm{e}^{\mathrm{i}\alpha_j L}F_-(-\alpha_j)}{K'_+(-\alpha_j)}\int_{C_+}\frac{\alpha b(\alpha)N_2(\alpha)}{\beta(\alpha)K_-(\alpha)(\alpha_j+\alpha)}\mathrm{d}\alpha$$

$$+\frac{1}{2\pi \mathrm{i}}\int_{C_-}\frac{\mathrm{e}^{-\mathrm{i}\alpha L}\alpha b(\alpha)F_-(\alpha)N_2(\alpha)}{\beta(\alpha)K(\alpha)}\mathrm{d}\alpha$$

$$+\frac{1}{2\pi}\int_{C_+}\frac{\alpha\mathrm{e}^{\mathrm{i}\alpha(L-x_*)}N_2(\alpha)}{\cosh(\alpha H_0)K_2(\alpha)}b(\alpha)\mathrm{d}\alpha=0 \tag{6-63}$$

首先来化简式(6-62)中的第二项，选取下半平面构造闭合积分路径，利用留数定理，奇点包括 $\beta(\alpha)=0$ 的四个根 $\alpha=\chi_1,\chi_2,\chi_3,\chi_4$、函数 $N_1(\alpha)$ 的齐点 $\alpha=\pm\mathrm{i}\gamma$ 以及 $\alpha=-\alpha_j$，得到

$$\frac{1}{2\pi \mathrm{i}}\sum_{j=-2}^{\infty}\frac{\mathrm{e}^{\mathrm{i}\alpha_j L}F_-(-\alpha_j)}{K'_+(-\alpha_j)}\int_{C_+}\frac{\alpha^2 b(\alpha)N_1(\alpha)}{\beta(\alpha)K_-(\alpha)(\alpha_j+\alpha)}\mathrm{d}\alpha$$

$$=-\sum_{s=1}^{4}\frac{\chi_s^2 b(\chi_s)N_1(\chi_s)}{\beta'(\chi_s)K_-(\chi_s)}\sum_{j=-2}^{\infty}\frac{\mathrm{e}^{\mathrm{i}\alpha_j L}F_-(-\alpha_j)}{K'_+(-\alpha_j)(\alpha_j+\chi_s)}$$

$$-\sum_{j=-2}^{\infty}\frac{\mathrm{e}^{\mathrm{i}\alpha_j L}\alpha_j^2 b(-\alpha_j)F_-(-\alpha_j)N_1(-\alpha_j)}{K'_+(-\alpha_j)\beta(-\alpha_j)K_-(-\alpha_j)}$$

$$-\frac{\mathrm{i}\gamma b(\mathrm{i}\gamma)}{2\beta(\mathrm{i}\gamma)}\sum_{j=-2}^{\infty}\frac{\mathrm{e}^{\mathrm{i}\alpha_j L}F_-(-\alpha_j)}{K'_+(-\alpha_j)}\left[\frac{1}{K_-(\mathrm{i}\gamma)(\alpha_j+\mathrm{i}\gamma)}-\frac{1}{K_-(-\mathrm{i}\gamma)(\alpha_j-\mathrm{i}\gamma)}\right] \tag{6-64}$$

同理，选取积分路径为 C_-(如图 6-6 所示)，封闭在下半平面，则式(6-64)化为

$$\frac{1}{2\pi \mathrm{i}}\sum_{j=-2}^{\infty}\frac{\mathrm{e}^{\mathrm{i}\alpha_j L}F_-(-\alpha_j)}{K'_+(-\alpha_j)}\int_{C_+}\frac{\alpha^2 b(\alpha)N_1(\alpha)}{\beta(\alpha)K_-(\alpha)(\alpha_j+\alpha)}\mathrm{d}\alpha$$

$$=\sum_{s=1}^{4}\frac{\chi_s^2 b(\chi_s)N_1(\chi_s)}{\beta'(\chi_s)K_-(\chi_s)}\frac{1}{2\pi \mathrm{i}}\int_{C_-}\frac{\mathrm{e}^{-\mathrm{i}\alpha L}F_-(\alpha)}{K_+(\alpha)(-\alpha+\chi_s)}\mathrm{d}\alpha$$

$$+\frac{1}{2\pi \mathrm{i}}\int_{C_-}\frac{\mathrm{e}^{-\mathrm{i}\alpha L}\alpha^2 b(\alpha)F_-(\alpha)N_1(\alpha)}{\beta(\alpha)K(\alpha)}\mathrm{d}\alpha$$

$$+\frac{\mathrm{i}\gamma b(\mathrm{i}\gamma)}{2\beta(\mathrm{i}\gamma)}\frac{1}{2\pi \mathrm{i}}\int_{C_-}\frac{\mathrm{e}^{-\mathrm{i}\alpha L}F_-(\alpha)}{K_+(\alpha)}\left[\frac{1}{K_-(\mathrm{i}\gamma)(-\alpha+\mathrm{i}\gamma)}+\frac{1}{K_-(-\mathrm{i}\gamma)(\alpha+\mathrm{i}\gamma)}\right]\mathrm{d}\alpha \tag{6-65}$$

将式(6-65)代入方程(6-62)得

$$\frac{1}{2\pi\mathrm{i}}\int_{C_+}\frac{\alpha^2 b(\alpha)N_1(\alpha)}{\beta(\alpha)K_-(\alpha)}[a_1\alpha+b_1-L_+(\alpha)]\mathrm{d}\alpha$$

$$-\sum_{s=1}^{4}\frac{\chi_s^2 b(\chi_s)N_1(\chi_s)}{\beta'(\chi_s)K_-(\chi_s)}\frac{1}{2\pi\mathrm{i}}\int_{C_-}\frac{\mathrm{e}^{-\mathrm{i}\alpha L}F_-(\alpha)}{K_+(\alpha)(-\alpha+\chi_s)}\mathrm{d}\alpha$$

$$-\frac{\mathrm{i}\gamma b(\mathrm{i}\gamma)}{2\beta(\mathrm{i}\gamma)}\frac{1}{2\pi\mathrm{i}}\int_{C_-}\frac{\mathrm{e}^{-\mathrm{i}\alpha L}F_-(\alpha)}{K_+(\alpha)}\left[\frac{1}{K_-(\mathrm{i}\gamma)(-\alpha+\mathrm{i}\gamma)}\right.$$

$$\left.+\frac{1}{K_-(-\mathrm{i}\gamma)(\alpha+\mathrm{i}\gamma)}\right]\mathrm{d}\alpha-\frac{1}{2\pi}\int_{C_+}\frac{\alpha^2\mathrm{e}^{\mathrm{i}\alpha(L-x_*)}N_1(\alpha)}{\cosh(\alpha H_0)K_2(\alpha)}b(\alpha)\mathrm{d}\alpha=0 \tag{6-66}$$

其次,对式(6-63)进行化简,其中的第二项选取下半平面构造闭合积分路径,利用留数定理,奇点包括$\beta(\alpha)=0$的四个根$\alpha=\chi_1,\chi_2,\chi_3,\chi_4$,函数$N_1(\alpha)$的奇点$\alpha=\pm\mathrm{i}\gamma$以及$\alpha=-\alpha_j$,得到

$$\frac{1}{2\pi\mathrm{i}}\sum_{j=-2}^{\infty}\frac{\mathrm{e}^{\mathrm{i}\alpha_j L}F_-(-\alpha_j)}{K'_+(-\alpha_j)}\int_{C_+}\frac{\alpha b(\alpha)N_2(\alpha)}{\beta(\alpha)K_-(\alpha)(\alpha_j+\alpha)}\mathrm{d}\alpha$$

$$=-\sum_{s=1}^{4}\frac{\chi_s b(\chi_s)N_2(\chi_s)}{\beta'(\chi_s)K_-(\chi_s)}\sum_{j=-2}^{\infty}\frac{\mathrm{e}^{\mathrm{i}\alpha_j L}F_-(-\alpha_j)}{K'_+(-\alpha_j)(\alpha_j+\chi_s)}$$

$$+\sum_{j=-2}^{\infty}\frac{\mathrm{e}^{\mathrm{i}\alpha_j L}\alpha_j b(-\alpha_j)F_-(-\alpha_j)N_2(-\alpha_j)}{K'_+(-\alpha_j)\beta(-\alpha_j)K_-(-\alpha_j)}$$

$$-\frac{qb(\mathrm{i}\gamma)}{2\beta(\mathrm{i}\gamma)}\sum_{j=-2}^{\infty}\frac{\mathrm{e}^{\mathrm{i}\alpha_j L}F_-(-\alpha_j)}{K'_+(-\alpha_j)}\left[\frac{1}{K_-(\mathrm{i}\gamma)(\alpha_j+\mathrm{i}\gamma)}+\frac{1}{K_-(-\mathrm{i}\gamma)(\alpha_j-\mathrm{i}\gamma)}\right] \tag{6-67}$$

同样,重新选择积分路径C_-(如图6-6所示)封闭在下半平面,对式(6-67)的求和项进行积分运算,得

$$\frac{1}{2\pi\mathrm{i}}\sum_{j=-2}^{\infty}\frac{\mathrm{e}^{\mathrm{i}\alpha_j L}F_-(-\alpha_j)}{K'_+(-\alpha_j)}\int_{C_+}\frac{\alpha b(\alpha)N_2(\alpha)}{\beta(\alpha)K_-(\alpha)(\alpha_j+\alpha)}\mathrm{d}\alpha$$

$$=\sum_{s=1}^{4}\frac{\chi_s b(\chi_s)N_2(\chi_s)}{\beta'(\chi_s)K_-(\chi_s)}\frac{1}{2\pi\mathrm{i}}\int_{C_-}\frac{\mathrm{e}^{-\mathrm{i}\alpha L}F_-(\alpha)}{K_+(\alpha)(-\alpha+\chi_s)}\mathrm{d}\alpha$$

$$+\frac{1}{2\pi\mathrm{i}}\int_{C_-}\frac{\mathrm{e}^{-\mathrm{i}\alpha L}\alpha b(\alpha)F_-(\alpha)N_2(\alpha)}{\beta(\alpha)K(\alpha)}\mathrm{d}\alpha$$

$$+\frac{qb(\mathrm{i}\gamma)}{2\beta(\mathrm{i}\gamma)}\frac{1}{2\pi\mathrm{i}}\int_{C_-}\frac{\mathrm{e}^{-\mathrm{i}\alpha_j L}F_-(\alpha)}{K_+(\alpha)}\left[\frac{1}{K_-(\mathrm{i}\gamma)(-\alpha+\mathrm{i}\gamma)}-\frac{1}{K_-(-\mathrm{i}\gamma)(\alpha+\mathrm{i}\gamma)}\right]\mathrm{d}\alpha \tag{6-68}$$

将式(6-68)代入方程(6-63)得

$$\frac{1}{2\pi\mathrm{i}}\int_{C_+}\frac{\alpha b(\alpha)N_2(\alpha)}{\beta(\alpha)K_-(\alpha)}[a_1\alpha+b_1-L_+(\alpha)]\mathrm{d}\alpha$$

$$-\sum_{s=1}^{4}\frac{\chi_s b(\chi_s)N_2(\chi_s)}{\beta'(\chi_s)K_-(\chi_s)}\frac{1}{2\pi\mathrm{i}}\int_{C_-}\frac{\mathrm{e}^{-\mathrm{i}\alpha L}F_-(\alpha)}{K_+(\alpha)(-\alpha+\chi_s)}\mathrm{d}\alpha$$

$$-\frac{qb(\mathrm{i}\gamma)}{2\beta(\mathrm{i}\gamma)}\frac{1}{2\pi\mathrm{i}}\int_{C_-}\frac{\mathrm{e}^{-\mathrm{i}\alpha_j L}F_-(\alpha)}{K_+(\alpha)}\left[\frac{1}{K_-(\mathrm{i}\gamma)(-\alpha+\mathrm{i}\gamma)}-\frac{1}{K_-(-\mathrm{i}\gamma)(\alpha+\mathrm{i}\gamma)}\right]\mathrm{d}\alpha$$

$$+\frac{1}{2\pi}\int_{C_+}\frac{\alpha\mathrm{e}^{\mathrm{i}\alpha(L-x_*)}N_2(\alpha)}{\cosh(\alpha H_0)K_2(\alpha)}b(\alpha)\mathrm{d}\alpha=0 \tag{6-69}$$

为了求解方便，引进如下变量，

$$A_{11}=\frac{1}{2\pi\mathrm{i}}\int_{C_+}\frac{\alpha^3 b(\alpha)N_1(\alpha)}{\beta(\alpha)K_-(\alpha)}\mathrm{d}\alpha,\quad A_{12}=\frac{1}{2\pi\mathrm{i}}\int_{C_+}\frac{\alpha^2 b(\alpha)N_1(\alpha)}{\beta(\alpha)K_-(\alpha)}\mathrm{d}\alpha$$

$$A_{21}=\frac{1}{2\pi\mathrm{i}}\int_{C_+}\frac{\alpha^2 b(\alpha)N_2(\alpha)}{\beta(\alpha)K_-(\alpha)}\mathrm{d}\alpha,\quad A_{22}=\frac{1}{2\pi\mathrm{i}}\int_{C_+}\frac{\alpha b(\alpha)N_2(\alpha)}{\beta(\alpha)K_-(\alpha)}\mathrm{d}\alpha$$

这样就得到两个关于未知常数 a_1，b_1 的方程，

$$A_{11}a_1+A_{12}b_1=\frac{\mathrm{i}\gamma b(\mathrm{i}\gamma)}{2\beta(\mathrm{i}\gamma)}\frac{1}{2\pi\mathrm{i}}\int_{C_-}\frac{\mathrm{e}^{-\mathrm{i}\alpha L}F_-(\alpha)}{K_+(\alpha)}\left[\frac{1}{K_-(\mathrm{i}\gamma)(-\alpha+\mathrm{i}\gamma)}+\frac{1}{K_-(-\mathrm{i}\gamma)(\alpha+\mathrm{i}\gamma)}\right]\mathrm{d}\alpha$$

$$+\frac{1}{2\pi\mathrm{i}}\int_{C_+}\frac{\alpha^2 b(\alpha)N_1(\alpha)}{\beta(\alpha)K_-(\alpha)}L_+(\alpha)\mathrm{d}\alpha+\sum_{s=1}^{4}\frac{\chi_s^2 b(\chi_s)N_1(\chi_s)}{\beta'(\chi_s)K_-(\chi_s)}\frac{1}{2\pi\mathrm{i}}\int_{C_-}\frac{\mathrm{e}^{-\mathrm{i}\alpha L}F_-(\alpha)}{K_+(\alpha)(-\alpha+\chi_s)}\mathrm{d}\alpha$$

$$+\frac{1}{2\pi}\int_{C_+}\frac{\alpha^2\mathrm{e}^{\mathrm{i}\alpha(L-x_*)}N_1(\alpha)}{\cosh(\alpha H_0)K_2(\alpha)}b(\alpha)\mathrm{d}\alpha \tag{6-70}$$

$$A_{21}a_1+A_{22}b_1=\frac{qb(\mathrm{i}\gamma)}{2\beta(\mathrm{i}\gamma)}\frac{1}{2\pi\mathrm{i}}\int_{C_-}\frac{\mathrm{e}^{-\mathrm{i}\alpha_j L}F_-(\alpha)}{K_+(\alpha)}\left[\frac{1}{K_-(\mathrm{i}\gamma)(-\alpha+\mathrm{i}\gamma)}-\frac{1}{K_-(-\mathrm{i}\gamma)(\alpha+\mathrm{i}\gamma)}\right]\mathrm{d}\alpha$$

$$+\frac{1}{2\pi\mathrm{i}}\int_{C_+}\frac{\alpha b(\alpha)N_2(\alpha)}{\beta(\alpha)K_-(\alpha)}L_+(\alpha)\mathrm{d}\alpha+\sum_{s=1}^{4}\frac{\chi_s b(\chi_s)N_2(\chi_s)}{\beta'(\chi_s)K_-(\chi_s)}\frac{1}{2\pi\mathrm{i}}\int_{C_-}\frac{\mathrm{e}^{-\mathrm{i}\alpha L}F_-(\alpha)}{K_+(\alpha)(-\alpha+\chi_s)}\mathrm{d}\alpha$$

$$-\frac{1}{2\pi}\int_{C_+}\frac{\alpha\mathrm{e}^{\mathrm{i}\alpha(L-x_*)}N_2(\alpha)}{\cosh(\alpha H_0)K_2(\alpha)}b(\alpha)\mathrm{d}\alpha \tag{6-71}$$

求解式(6-62)、式(6-67)联立的方程组，可得到未知常数 a_1，b_1 的表达式

$$a_1=\frac{1}{2\pi\mathrm{i}}\int_{C_+}\frac{\alpha b(\alpha)(\alpha N_1(\alpha)A_{22}-N_2(\alpha)A_{12})}{\beta(\alpha)K_-(\alpha)(A_{22}A_{11}-A_{12}A_{21})}L_+(\alpha)\mathrm{d}\alpha$$

$$+\sum_{s=1}^{4}\frac{\chi_s b(\chi_s)[\chi_s N_1(\chi_s)A_{22}-N_2(\chi_s)A_{12}]}{\beta'(\chi_s)K_-(\chi_s)(A_{22}A_{11}-A_{12}A_{21})}\frac{1}{2\pi\mathrm{i}}\int_{C_-}\frac{\mathrm{e}^{-\mathrm{i}\alpha L}F_-(\alpha)}{K_+(\alpha)(-\alpha+\chi_s)}\mathrm{d}\alpha$$

$$+\frac{b(\mathrm{i}\gamma)(\mathrm{i}\gamma A_{22}-qA_{12})}{2\beta(\mathrm{i}\gamma)(A_{22}A_{11}-A_{12}A_{21})}\frac{1}{2\pi\mathrm{i}}\int_{C_-}\frac{\mathrm{e}^{-\mathrm{i}\alpha L}F_-(\alpha)}{K_+(\alpha)K_-(\mathrm{i}\gamma)(-\alpha+\mathrm{i}\gamma)}\mathrm{d}\alpha$$

$$+\frac{b(\mathrm{i}\gamma)(\mathrm{i}\gamma A_{22}+qA_{12})}{2\beta(\mathrm{i}\gamma)(A_{22}A_{11}-A_{12}A_{21})}\frac{1}{2\pi\mathrm{i}}\int_{C_-}\frac{\mathrm{e}^{-\mathrm{i}\alpha L}F_-(\alpha)}{K_+(\alpha)K_-(-\mathrm{i}\gamma)(\alpha+\mathrm{i}\gamma)}\mathrm{d}\alpha$$

$$+\frac{1}{2\pi}\int_{C_+}\frac{\alpha\mathrm{e}^{\mathrm{i}\alpha(L-x_*)}b(\alpha)}{\cosh(\alpha H_0)K_2(\alpha)}\frac{(\alpha N_1(\alpha)A_{22}+N_2(\alpha)A_{12})}{(A_{22}A_{11}-A_{12}A_{21})}\mathrm{d}\alpha \tag{6-72}$$

$$b_1=\frac{1}{2\pi\mathrm{i}}\int_{C_+}\frac{\alpha b(\alpha)(\alpha N_1(\alpha)A_{21}-N_2(\alpha)A_{11})}{\beta(\alpha)K_-(\alpha)(A_{21}A_{12}-A_{11}A_{22})}L_+(\alpha)\mathrm{d}\alpha$$

$$+\sum_{s=1}^{4}\frac{\chi_s b(\chi_s)(\chi_s N_1(\chi_s)A_{21}-N_2(\chi_s)A_{11})}{\beta'(\chi_s)K_-(\chi_s)(A_{21}A_{12}-A_{11}A_{22})}\frac{1}{2\pi\mathrm{i}}\int_{C_-}\frac{\mathrm{e}^{-\mathrm{i}\alpha L}F_-(\alpha)}{K_+(\alpha)(-\alpha+\chi_s)}\mathrm{d}\alpha$$

$$+\frac{b(\mathrm{i}\gamma)(\mathrm{i}\gamma A_{21}-qA_{11})}{2\beta(\mathrm{i}\gamma)(A_{21}A_{12}-A_{11}A_{22})}\frac{1}{2\pi\mathrm{i}}\int_{C_-}\frac{\mathrm{e}^{-\mathrm{i}\alpha L}F_-(\alpha)}{K_+(\alpha)}\frac{1}{K_-(\mathrm{i}\gamma)(-\alpha+\mathrm{i}\gamma)}\mathrm{d}\alpha$$

$$+\frac{b(\mathrm{i}\gamma)(\mathrm{i}\gamma A_{21}+qA_{11})}{2\beta(\mathrm{i}\gamma)(A_{21}A_{12}-A_{11}A_{22})}\frac{1}{2\pi\mathrm{i}}\int_{C_-}\frac{\mathrm{e}^{-\mathrm{i}\alpha L}F_-(\alpha)}{K_+(\alpha)}\frac{1}{K_-(-\mathrm{i}\gamma)(\alpha+\mathrm{i}\gamma)}\mathrm{d}\alpha$$

$$+\frac{1}{2\pi}\int_{C_+}\frac{\alpha\mathrm{e}^{\mathrm{i}\alpha(L-x_*)}}{\cosh(\alpha H_0)K_2(\alpha)}\frac{\alpha N_1(\alpha)A_{21}+N_2(\alpha)A_{11}}{(A_{21}A_{12}-A_{11}A_{22})}b(\alpha)\mathrm{d}\alpha \tag{6-73}$$

6.2.4 未知常数 a_2, b_2 的求解

由式(6-43)和式(6-44b)可知

$$K_+(\alpha)D_1(\alpha)-V_+(\alpha)-N_+(\alpha)=a_2\alpha+b_2 \tag{6-74}$$

式(6-74)结合(6-45)中 $V_+(\alpha)$ 相应表达式，再与(6-27)联立得到

$$C(\alpha)=\frac{1}{K_+(\alpha)K_1(\alpha)}\left[a_2\alpha+b_2+N_+(\alpha)+\frac{1}{2\pi\mathrm{i}}\int_{-\infty-\mathrm{i}\sigma}^{\infty-\mathrm{i}\sigma}\frac{\mathrm{e}^{\mathrm{i}\zeta L}F_+(\zeta)}{K_-(\zeta)(\zeta-\alpha)}\mathrm{d}\zeta\right]$$
$$+\frac{\mathrm{i}\mathrm{e}^{\mathrm{i}\alpha x_*}[\cosh(\alpha H_0)-\sinh(\alpha H_0)/\alpha]}{K_1(\alpha)} \tag{6-75}$$

由式(6-22)和式(6-75)，利用 Fourier 逆变换并求导后化简可得如下表达式

$$\frac{\partial\phi(\alpha,0)}{\partial z}=\frac{1}{2\pi}\int_{-\infty}^{\infty}\frac{\mathrm{e}^{-\mathrm{i}\alpha x}\alpha\tanh(\alpha H_0)K_-(\alpha)}{K_2(\alpha)}\left[a_2\alpha+b_2-N_-(\alpha)\right.$$
$$\left.+\frac{1}{2\pi\mathrm{i}}\int_{-\infty-\mathrm{i}\sigma}^{\infty-\mathrm{i}\sigma}\frac{\mathrm{e}^{\mathrm{i}\zeta L}F_+(\zeta)}{K_-(\zeta)(\zeta-\alpha)}\mathrm{d}\zeta\right]\mathrm{d}\alpha$$
$$-\frac{1}{2\pi\mathrm{i}}\int_{-\infty}^{\infty}\frac{\mathrm{e}^{-\mathrm{i}\alpha(x-x_*)}}{\cosh(\alpha H_0)K_2(\alpha)}b(\alpha)\mathrm{d}\alpha \tag{6-76}$$

在式(6-76)的外部积分中，积分路线必须完全选在 Ω_+ 和 Ω_-（如图 6-2 所示）的交集内。在实轴上选择积分路线从下绕过点 α_0 和 k 及从上绕过点 $-\alpha_0$ 和 $-k$，如图 6-3 所示。

对于式(6-76)的内部积分，选择 $\mathrm{Im}\alpha>-\sigma$ 的上半平面内选择如下封闭的积分路径，即以半径为 $R\to\infty$ 的半圆作为封闭路径，如图 6-7 所示。

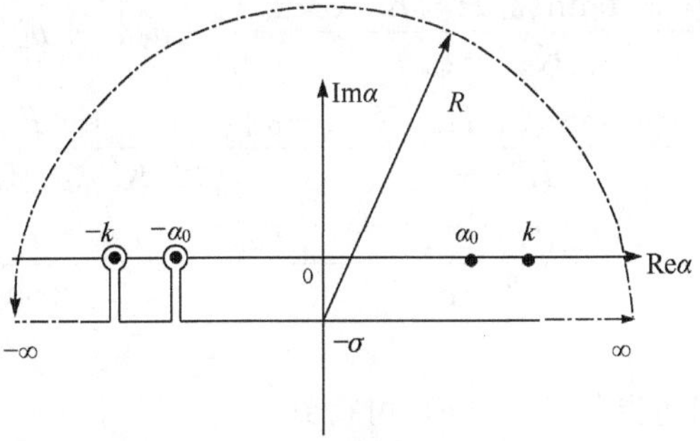

图 6-7　积分路径示意图

函数 $K_{-}(\zeta)$在点 $\alpha_j(j=-2,-1,0,\cdots)$有零值，在点 $k,k_j,(j=1,2,3,\cdots)$有极值。所以这个积分值在点 $\zeta=\alpha_j,(j=-2,-1,0,\cdots)$和 $\zeta=\alpha$ 有极点，且都是一阶极点。首先对内部积分进行化简，选择封闭区域为上半平面 Ω_+，如图 6-7 所示，利用留数定理可得

$$\frac{1}{2\pi\mathrm{i}}\int_{-\infty-\mathrm{i}\sigma}^{\infty-\mathrm{i}\sigma}\frac{\mathrm{e}^{\mathrm{i}\zeta L}F_{+}(\zeta)\mathrm{d}\zeta}{K_{-}(\zeta)(\zeta-\alpha)}=\frac{\mathrm{e}^{\mathrm{i}\alpha L}F_{+}(\alpha)}{K_{-}(\alpha)}+\sum_{j=-2}^{\infty}\frac{\mathrm{e}^{\mathrm{i}\alpha_j L}F_{+}(\alpha_j)}{K'_{-}(\alpha_j)(\alpha_j-\alpha)} \tag{6-77}$$

式中 $K'_{-}(\alpha_j)$是函数 $K_{-}(\alpha_j)$在点 $\alpha_j,(j=-2,-1,0,\cdots)$处的导数。

将式(6-77)代入式(6-76)，可得

$$\begin{aligned}\frac{\partial\phi(\alpha,0)}{\partial z}=&\frac{1}{2\pi}\int_{-\infty}^{\infty}\frac{\mathrm{e}^{-\mathrm{i}\alpha x}\alpha\tanh(\alpha H_0)K_{-}(\alpha)}{K_2(\alpha)}[a_2\alpha+b_2-N_{-}(\alpha)]\mathrm{d}\alpha\\&-\frac{1}{2\pi\mathrm{i}}\int_{-\infty}^{\infty}\frac{\mathrm{e}^{-\mathrm{i}\alpha(x-x_*)}b(\alpha)}{\cosh(\alpha H_0)K_2(\alpha)}\mathrm{d}\alpha\\&+\frac{1}{2\pi}\sum_{j=-2}^{\infty}\frac{\mathrm{e}^{\mathrm{i}\alpha_j L}F_{+}(\alpha_j)}{K'_{-}(\alpha_j)}\int_{-\infty}^{\infty}\frac{\mathrm{e}^{-\mathrm{i}\alpha x}\alpha\tanh(\alpha H_0)K_{-}(\alpha)\mathrm{d}\alpha}{K_2(\alpha)(\alpha_j-\alpha)}\\&+\frac{1}{2\pi}\int_{-\infty}^{\infty}\frac{\mathrm{e}^{-\mathrm{i}\alpha(x-L)}\alpha\tanh(\alpha H_0)F_{+}(\alpha)\mathrm{d}\alpha}{K_2(\alpha)}\end{aligned} \tag{6-78}$$

假设 $x_*<x<L$，对于式(6-78)的第四个积分，选择实轴以上半平面作为积分封闭路径，如图 6-3 所示，利用留数定理，可得到

$$\frac{1}{2\pi}\int_{-\infty}^{\infty}\frac{\mathrm{e}^{-\mathrm{i}\alpha(x-L)}\alpha\tanh(\alpha H_0)F_{+}(\alpha)}{K_2(\alpha)}\mathrm{d}\alpha=\mathrm{i}\sum_{m=-2}^{\infty}\frac{\alpha_m\tanh(\alpha_m H_0)\mathrm{e}^{-\mathrm{i}\alpha_m(x-L)}F_{+}(\alpha_m)}{K'_2(\alpha_m)} \tag{6-79}$$

对于式(6-78)的第三个积分，应用 Jordan 引理，则

$$\frac{1}{2\pi\mathrm{i}}\int_{-\infty}^{\infty}\frac{\mathrm{e}^{-\mathrm{i}\alpha(x-x_*)}b(\alpha)}{\cosh(\alpha H_0)K_2(\alpha)}\mathrm{d}\alpha=\sum_{m=-2}^{\infty}\frac{\mathrm{e}^{\mathrm{i}\alpha_m|x-x_*|}b(\alpha_m)}{\cosh(\alpha_m H_0)K'_2(\alpha_m)} \tag{6-80}$$

对于第一个、第二个积分选择实轴以下半平面作为积分封闭路径，利用留数定理，并基于式(6-79) 及式(6-80)的结果，式(6-78)可化为

$$\begin{aligned}\frac{\partial\phi(\alpha,0)}{\partial z}=&-\mathrm{i}\sum_{m=-2}^{\infty}\frac{\mathrm{e}^{\mathrm{i}\alpha_m x}\alpha_m\tanh(\alpha_m H_0)K_-(-\alpha_m)}{K_2'(-\alpha_m)}[-a_2\alpha_m+b_2-N_-(-\alpha_m)]\\&-\mathrm{i}\sum_{m=-2}^{\infty}\frac{\mathrm{e}^{\mathrm{i}\alpha_m x}\alpha_m\tanh(\alpha_m H_0)K_-(-\alpha_m)}{K_2'(-\alpha_m)}\sum_{j=-2}^{\infty}\frac{\mathrm{e}^{\mathrm{i}\alpha_j L}F_+(\alpha_j)}{K'_-(\alpha_j)(\alpha_j+\alpha_m)}\\&+\mathrm{i}\sum_{m=-2}^{\infty}\frac{\alpha_m\tanh(\alpha_m H_0)\mathrm{e}^{-\mathrm{i}\alpha_m(x-L)}F_+(\alpha_m)}{K_2'(\alpha_m)}-\sum_{m=-2}^{\infty}\frac{\mathrm{e}^{\mathrm{i}\alpha_m|x-x_*|}b(\alpha_m)}{\cosh(\alpha_m H_0)K_2'(\alpha_m)}\end{aligned}\tag{6-81}$$

根据式(6-81)和边界条件(6-9a),可得到

$$\begin{aligned}w(x)=&\ \mathrm{i}\frac{\partial\varphi}{\partial z}(x,0)\\=&\sum_{m=-2}^{\infty}\frac{\mathrm{e}^{\mathrm{i}\alpha_m x}\alpha_m\tanh(\alpha_m H_0)K_-(-\alpha_m)}{K_2'(-\alpha_m)}[-a_2\alpha_m+b_2-N_-(-\alpha_m)]\\&+\sum_{j=-2}^{\infty}\frac{\mathrm{e}^{\mathrm{i}\alpha_j L}F_+(\alpha_j)}{K'_-(\alpha_j)}\sum_{m=-2}^{\infty}\frac{\mathrm{e}^{\mathrm{i}\alpha_m x}\alpha_m\tanh(\alpha_m H_0)K_-(-\alpha_m)}{K_2'(-\alpha_m)(\alpha_j+\alpha_m)}\\&-\sum_{m=-2}^{\infty}\frac{\alpha_m\tanh(\alpha_m H_0)\mathrm{e}^{-\mathrm{i}\alpha_m(x-L)}F_+(\alpha_m)}{K_2'(\alpha_m)}\\&-\mathrm{i}\sum_{m=-2}^{\infty}\frac{\mathrm{e}^{\mathrm{i}\alpha_m|x-x_*|}}{\cosh(\alpha_m H_0)K_2'(\alpha_m)}b(\alpha_m)\end{aligned}\tag{6-82}$$

利用式(6-5)、式(6-10)、式(6-11)中在点 $x=0$ 处的边界条件,即板两端弯矩和剪力为零,可得两个方程,根据假设此时 $x-x_*<0$,

$$\begin{aligned}&\sum_{m=-2}^{\infty}\frac{\alpha_m^2 b(\alpha_m)K_1(\alpha_m)K_-(-\alpha_m)N_1(\alpha_m)}{\beta(\alpha_m)K_2'(-\alpha_m)}[-a_2\alpha_m+b_2-N_-(-\alpha_m)]\\&-\sum_{m=-2}^{\infty}\frac{\mathrm{e}^{\mathrm{i}\alpha_m L}\alpha_m^2 b(\alpha_m)K_1(\alpha_m)F_+(\alpha_m)N_1(\alpha_m)}{\beta(\alpha_m)K_2'(\alpha_m)}\\&+\sum_{j=-2}^{\infty}\frac{\mathrm{e}^{\mathrm{i}\alpha_j L}F_+(\alpha_j)}{K'_-(\alpha_j)}\sum_{m=-2}^{\infty}\frac{\alpha_m^2 b(\alpha_m)K_1(\alpha_m)K_-(-\alpha_m)N_1(\alpha_m)}{\beta(\alpha_m)K_2'(-\alpha_m)(\alpha_j+\alpha_m)}\\&+\mathrm{i}\sum_{m=-2}^{\infty}\frac{\alpha_m^2\mathrm{e}^{\mathrm{i}\alpha_m x_*}N_1(\alpha_m)}{\cosh(\alpha_m H_0)K_2'(\alpha_m)}b(\alpha_m)=0\end{aligned}\tag{6-83}$$

$$\begin{aligned}&\sum_{m=-2}^{\infty}\frac{\alpha_m b(\alpha_m)K_1(\alpha_m)K_-(-\alpha_m)N_2(\alpha_m)}{\beta(\alpha_m)K_2'(-\alpha_m)}[-a_2\alpha_m+b_2-N_-(-\alpha_m)]\\&+\sum_{m=-2}^{\infty}\frac{\mathrm{e}^{\mathrm{i}\alpha_m L}\alpha_m b(\alpha_m)K_1(\alpha_m)F_+(\alpha_m)N_2(\alpha_m)}{\beta(\alpha_m)K_2'(\alpha_m)}\\&+\sum_{j=-2}^{\infty}\frac{\mathrm{e}^{\mathrm{i}\alpha_j L}F_+(\alpha_j)}{K'_-(\alpha_j)}\sum_{m=-2}^{\infty}\frac{\alpha_m b(\alpha_m)K_1(\alpha_m)K_-(-\alpha_m)N_2(\alpha_m)}{\beta(\alpha_m)K_2'(-\alpha_m)(\alpha_j+\alpha_m)}\\&-\mathrm{i}\sum_{m=-2}^{\infty}\frac{\alpha_m\mathrm{e}^{\mathrm{i}\alpha_m x_*}N_2(\alpha_m)}{\cosh(\alpha_m H_0)K_2'(\alpha_m)}b(\alpha_m)=0\end{aligned}\tag{6-84}$$

接下来选取积分路径用积分形式取代求和，方程的(6-83)、方程(6-84)第一个及第二个求和项选取的积分路径为 C_-（如图 6-6 所示），封闭在下半平面；第三个及最后一个求和项选取的积分路径为 C_+（如图 6-5 所示），封闭在上半平面，利用留数定理，得到

$$
\begin{aligned}
&-\frac{1}{2\pi \mathrm{i}}\int_{C_-}\frac{\alpha^2 b(\alpha)N_1(\alpha)}{\beta(\alpha)K_+(\alpha)}[a_2\alpha+b_2-N_-(\alpha)]\mathrm{d}\alpha \\
&-\sum_{j=-2}^{\infty}\frac{\mathrm{e}^{\mathrm{i}\alpha_j L}F_+(\alpha_j)}{K'_-(\alpha_j)}\frac{1}{2\pi\mathrm{i}}\int_{C_-}\frac{\alpha^2 b(\alpha)N_1(\alpha)}{\beta(\alpha)K_+(\alpha)(\alpha_j-\alpha)}\mathrm{d}\alpha \\
&-\frac{1}{2\pi\mathrm{i}}\int_{C_+}\frac{\mathrm{e}^{\mathrm{i}\alpha L}\alpha^2 b(\alpha)F_+(\alpha)N_1(\alpha)}{\beta(\alpha)K(\alpha)}\mathrm{d}\alpha+\frac{1}{2\pi}\int_{C_+}\frac{\alpha^2\mathrm{e}^{\mathrm{i}\alpha x_*}N_1(\alpha)}{\cosh(\alpha H_0)K_2(\alpha)}b(\alpha)\mathrm{d}\alpha=0
\end{aligned}
\tag{6-85}
$$

$$
\begin{aligned}
&\frac{1}{2\pi\mathrm{i}}\int_{C_-}\frac{\alpha b(\alpha)N_2(\alpha)}{\beta(\alpha)K_+(\alpha)}[a_2\alpha+b_2-N_-(\alpha)]\mathrm{d}\alpha+\frac{1}{2\pi\mathrm{i}}\int_{C_+}\frac{\mathrm{e}^{\mathrm{i}\alpha L}\alpha b(\alpha)F_+(\alpha)N_2(\alpha)}{\beta(\alpha)K(\alpha)}\mathrm{d}\alpha \\
&+\sum_{j=-2}^{\infty}\frac{\mathrm{e}^{\mathrm{i}\alpha_j L}F_+(\alpha_j)}{K'_-(\alpha_j)}\frac{1}{2\pi\mathrm{i}}\int_{C_-}\frac{\alpha b(\alpha)N_2(\alpha)}{\beta(\alpha)K_+(\alpha)(\alpha_j-\alpha)}\mathrm{d}\alpha-\frac{1}{2\pi}\int_{C_+}\frac{\alpha\mathrm{e}^{\mathrm{i}\alpha x_*}N_2(\alpha)}{\cosh(\alpha H_0)K_2(\alpha)}b(\alpha)\mathrm{d}\alpha \\
&=0
\end{aligned}
\tag{6-86}
$$

同样，首先来化简式(6-84)，其中的第二项，选取上半平面构造闭合积分路径，利用留数定理，奇点包括 $\beta(\alpha)=0$ 的四个根 $\alpha=\chi_1,\chi_2,\chi_3,\chi_4$，函数 $N_1(\alpha)$ 的奇点 $\alpha=\pm\mathrm{i}\gamma$ 以及 $\alpha=\alpha_j$，得到

$$
\begin{aligned}
&\frac{1}{2\pi\mathrm{i}}\int_{C_-}\frac{\alpha b(\alpha)N_2(\alpha)}{\beta(\alpha)K_+(\alpha)}[a_2\alpha+b_2-N_-(\alpha)]\mathrm{d}\alpha \\
&+\frac{qb(\mathrm{i}\gamma)}{2\beta(\mathrm{i}\gamma)}\frac{1}{2\pi\mathrm{i}}\int_{C+}\frac{\mathrm{e}^{\mathrm{i}\alpha L}F_+(\alpha)}{K_-(\alpha)}\left[\frac{1}{K_+(\mathrm{i}\gamma)(\alpha-\mathrm{i}\gamma)}+\frac{1}{K_+(-\mathrm{i}\gamma)(\alpha+\mathrm{i}\gamma)}\right]\mathrm{d}\alpha \\
=&-\sum_{s=1}^{4}\frac{\chi_s b(\chi_s)N_2(\chi_s)}{\beta'(\chi_s)K_+(\chi_s)}\frac{1}{2\pi\mathrm{i}}\int_{C+}\frac{\mathrm{e}^{\mathrm{i}\alpha L}F_+(\alpha)}{K_-(\alpha)(\alpha-\chi_s)}\mathrm{d}\alpha \\
&+\frac{1}{2\pi}\int_{C_+}\frac{\alpha\mathrm{e}^{\mathrm{i}\alpha x_*}N_2(\alpha)}{\cosh(\alpha H_0)K_2(\alpha)}b(\alpha)\mathrm{d}\alpha
\end{aligned}
\tag{6-87}
$$

为了求解方便，引进如下变量，

$$
P_{11}=\frac{1}{2\pi\mathrm{i}}\int_{C_-}\frac{\alpha^3 b(\alpha)N_1(\alpha)}{\beta(\alpha)K_+(\alpha)}\mathrm{d}\alpha,\quad P_{12}=\frac{1}{2\pi\mathrm{i}}\int_{C_-}\frac{\alpha^2 b(\alpha)N_1(\alpha)}{\beta(\alpha)K_-(\alpha)}\mathrm{d}\alpha,
$$

$$
P_{21}=\frac{1}{2\pi\mathrm{i}}\int_{C_-}\frac{\alpha^2 b(\alpha)N_2(\alpha)}{\beta(\alpha)K_+(\alpha)}\mathrm{d}\alpha,\quad P_{22}=\frac{1}{2\pi\mathrm{i}}\int_{C_-}\frac{\alpha b(\alpha)N_2(\alpha)}{\beta(\alpha)K_+(\alpha)}\mathrm{d}\alpha。
$$

并代入式(6-86)和式(6-87)得

$$P_{11}a_2+P_{12}b_2=\frac{1}{2\pi\mathrm{i}}\int_{C_-}\frac{\alpha^2b(\alpha)N_1(\alpha)}{\beta(\alpha)K_+(\alpha)}N_-(\alpha)\mathrm{d}\alpha$$
$$-\frac{1}{2\pi\mathrm{i}}\sum_{s=1}^{4}\frac{\chi_s^2b(\chi_s)N_1(\chi_s)}{\beta'(\chi_s)K_+(\chi_s)}\int_{C_+}\frac{\mathrm{e}^{\mathrm{i}\alpha L}F_+(\alpha)}{K_-(\alpha)(\alpha-\chi_s)}\mathrm{d}\alpha$$
$$-\frac{\mathrm{i}\gamma b(\mathrm{i}\gamma)}{2\beta(\mathrm{i}\gamma)}\int_{C_+}\frac{\mathrm{e}^{\mathrm{i}\alpha L}F_+(\alpha)}{K_-(\alpha)}\left[\frac{1}{K_+(\mathrm{i}\gamma)(\alpha-\mathrm{i}\gamma)}-\frac{1}{K_+(-\mathrm{i}\gamma)(\alpha+\mathrm{i}\gamma)}\right]\mathrm{d}\alpha$$
$$+\frac{1}{2\pi}\int_{C_+}\frac{\alpha^2\mathrm{e}^{\mathrm{i}\alpha x_*}N_1(\alpha)}{\cosh(\alpha H_0)K_2(\alpha)}b(\alpha)\mathrm{d}\alpha \tag{6-88}$$

$$P_{21}a_2+P_{22}b_2=\frac{1}{2\pi\mathrm{i}}\int_{C_-}\frac{\alpha b(\alpha)N_2(\alpha)}{\beta(\alpha)K_+(\alpha)}N_-(\alpha)\mathrm{d}\alpha$$
$$-\sum_{s=1}^{4}\frac{\chi_sb(\chi_s)N_2(\chi_s)}{\beta'(\chi_s)K_+(\chi_s)}\frac{1}{2\pi\mathrm{i}}\int_{C+}\frac{\mathrm{e}^{\mathrm{i}\alpha L}F_+(\alpha)}{K_-(\alpha)(\alpha-\chi_s)}\mathrm{d}\alpha$$
$$-\frac{qb(\mathrm{i}\gamma)}{2\beta(\mathrm{i}\gamma)}\frac{1}{2\pi\mathrm{i}}\int_{C+}\frac{\mathrm{e}^{\mathrm{i}\alpha L}F_+(\alpha)}{K_-(\alpha)}\left[\frac{1}{K_+(\mathrm{i}\gamma)(\alpha-\mathrm{i}\gamma)}+\frac{1}{K_+(-\mathrm{i}\gamma)(\alpha+\mathrm{i}\gamma)}\right]\mathrm{d}\alpha$$
$$+\frac{1}{2\pi}\int_{C_+}\frac{\alpha\mathrm{e}^{\mathrm{i}\alpha x_*}N_2(\alpha)}{\cosh(\alpha H_0)K_2(\alpha)}b(\alpha)\mathrm{d}\alpha \tag{6-89}$$

求解式(6-88)和式(6-89)联立的方程组,可得到未知常数 a_2,b_2 的表达式

$$a_2=\frac{1}{2\pi\mathrm{i}}\int_{C_-}\frac{\alpha b(\alpha)(\alpha N_1(\alpha)P_{22}-N_2(\alpha)P_{12})}{\beta(\alpha)K_+(\alpha)(P_{22}P_{11}-P_{12}P_{21})}N_-(\alpha)\mathrm{d}\alpha$$
$$+\sum_{s=1}^{4}\frac{\chi_sb(\chi_s)(\chi_sN_1(\chi_s)P_{22}-N_2(\chi_s)P_{12})}{\beta'(\chi_s)K_+(\chi_s)(P_{22}P_{11}-P_{12}P_{21})}\frac{1}{2\pi\mathrm{i}}\int_{C_+}\frac{\mathrm{e}^{\mathrm{i}\alpha L}F_+(\alpha)}{K_-(\alpha)(\alpha-\chi_s)}\mathrm{d}\alpha$$
$$+\frac{b(\mathrm{i}\gamma)(qP_{12}-\mathrm{i}\gamma P_{22})}{2\beta(\mathrm{i}\gamma)(P_{22}P_{11}-P_{12}P_{21})}\frac{1}{2\pi\mathrm{i}}\int_{C_+}\frac{\mathrm{e}^{\mathrm{i}\alpha L}F_+(\alpha)}{K_-(\alpha)}\left[\frac{1}{K_+(\mathrm{i}\gamma)(\alpha-\mathrm{i}\gamma)}\right]\mathrm{d}\alpha$$
$$+\frac{b(\mathrm{i}\gamma)(qP_{12}+\mathrm{i}\gamma P_{22})}{2\beta(\mathrm{i}\gamma)(P_{22}P_{11}-P_{12}P_{21})}\frac{1}{2\pi\mathrm{i}}\int_{C_+}\frac{\mathrm{e}^{\mathrm{i}\alpha L}F_+(\alpha)}{K_-(\alpha)}\left[\frac{1}{K_+(-\mathrm{i}\gamma)(\alpha+\mathrm{i}\gamma)}\right]\mathrm{d}\alpha$$
$$+\frac{1}{2\pi}\int_{C_+}\frac{\alpha\mathrm{e}^{\mathrm{i}\alpha x_*}(\alpha N_1(\alpha)P_{22}-N_2(\alpha)P_{12})}{\cosh(\alpha H_0)K_2(\alpha)(P_{22}P_{11}-P_{12}P_{21})}b(\alpha)\mathrm{d}\alpha \tag{6-90}$$

$$b_2=\frac{1}{2\pi\mathrm{i}}\int_{C_-}\frac{\alpha b(\alpha)(\alpha N_1(\alpha)P_{21}-N_2(\alpha)P_{11})}{\beta(\alpha)K_+(\alpha)(P_{21}P_{12}-P_{11}P_{22})}N_-(\alpha)\mathrm{d}\alpha$$
$$+\sum_{s=1}^{4}\frac{\chi_sb(\chi_s)(N_2(\chi_s)P_{11}-\chi_sN_1(\chi_s)P_{21})}{\beta'(\chi_s)K_+(\chi_s)(P_{21}P_{12}-P_{11}P_{22})}\frac{1}{2\pi\mathrm{i}}\int_{C_+}\frac{\mathrm{e}^{\mathrm{i}\alpha L}F_+(\alpha)}{K_-(\alpha)(\alpha-\chi_s)}\mathrm{d}\alpha$$
$$+\frac{b(\mathrm{i}\gamma)(qP_{11}-\mathrm{i}\gamma P_{21})}{2\beta(\mathrm{i}\gamma)(P_{21}P_{12}-P_{11}P_{22})}\frac{1}{2\pi\mathrm{i}}\int_{C_+}\frac{\mathrm{e}^{\mathrm{i}\alpha L}F_+(\alpha)}{K_-(\alpha)}\left[\frac{1}{K_+(\mathrm{i}\gamma)(\alpha-\mathrm{i}\gamma)}\right]\mathrm{d}\alpha$$
$$+\frac{b(\mathrm{i}\gamma)(\mathrm{i}\gamma P_{21}+qP_{11})}{2\beta(\mathrm{i}\gamma)(P_{21}P_{12}-P_{11}P_{22})}\int_{C_+}\frac{\mathrm{e}^{\mathrm{i}\alpha L}F_+(\alpha)}{K_-(\alpha)}\left[\frac{1}{K_+(-\mathrm{i}\gamma)(\alpha+\mathrm{i}\gamma)}\right]\mathrm{d}\alpha$$

$$+\frac{1}{2\pi}\int_{C_+}\frac{\alpha e^{i\alpha x_*}(\alpha N_1(\alpha)P_{21}-N_2(\alpha)P_{11})}{\cosh(\alpha H_0)K_2(\alpha)(P_{21}P_{12}-P_{11}P_{22})}b(\alpha)d\alpha \tag{6-91}$$

6.2.5 无穷代数方程组

假设海底区间$[x_1,x_2]$内在地震作用下的竖向位移$u(x)$满足函数关系式：

$$u(x)=u_0P_r\delta(x-x_{\square}),\ P_r=\begin{cases}\cos^2[\pi(x_*-x_0)/(2s)] & x_*\in[x_1,x_2]\\ 0 & x_*\notin[x_1,x_2]\end{cases} \tag{6-92}$$

其中，x_*是震点位置坐标；x_0是震源中心坐标；s是海底震区总宽度的一半。

当地震位于浮板下方时，如果先使用留数定理，最后对地震区域积分，包含$L_+(\alpha)$，$N_-(\alpha)$的求和项收敛性不好，因此需要先对地震区域积分再使用留数定理。

将系数a_1，b_1，a_2和b_2的表达式分别代入式(6-44a)和式(6-44b)，并在方程两边同时对x_*在地震区域进行积分可得到如下方程组

$$\begin{aligned}&\int_{x_1}^{x_2}P_r\left\{\frac{F_+(\alpha)}{K_+(\alpha)}+\frac{1}{2\pi i}\int_{-\infty-i\sigma}^{\infty-i\sigma}\frac{e^{-i\zeta L}F_-(\zeta)}{K_+(\zeta)(\zeta-\alpha)}d\zeta\right.\\&-\sum_{s=1}^{4}\frac{[\chi_sN_1(\chi_s)(A_{22}\alpha-A_{21})-N_2(\chi_s)(A_{12}\alpha-A_{11})]\chi_sb(\chi_s)}{\beta'(\chi_s)K_-(\chi_s)(A_{22}A_{11}-A_{12}A_{21})}\\&\frac{1}{2\pi i}\int_{C_-}\frac{e^{-i\zeta L}F_-(\zeta)}{K_+(\zeta)(-\zeta+\chi_s)}d\zeta\\&-\frac{b(i\gamma)[i\gamma(A_{22}\alpha-A_{21})-q(A_{12}\alpha-A_{11})]}{2\beta(i\gamma)(A_{22}A_{11}-A_{12}A_{21})}\frac{1}{2\pi i}\int_{C_-}\frac{e^{-i\zeta L}F_-(\zeta)}{K_+(\zeta)K_-(i\gamma)(-\zeta+i\gamma)}d\zeta\\&-\frac{[i\gamma(A_{22}\alpha-A_{21})+q(A_{12}\alpha-A_{11})]}{(A_{22}A_{11}-A_{12}A_{21})}\frac{b(i\gamma)}{2\beta(i\gamma)}\\&\left.\frac{1}{2\pi i}\int_{C_-}\frac{e^{-i\zeta L}F_-(\zeta)}{K_+(\zeta)K_-(-i\gamma)(\zeta+i\gamma)}d\zeta\right\}dx_*\\=&\frac{1}{2\pi i}\frac{A_{22}\alpha-A_{21}}{(A_{22}A_{11}-A_{12}A_{21})}\int_{C_+}\frac{\zeta^2b(\zeta)N_1(\zeta)}{\beta(\zeta)K_-(\zeta)}\int_{x_1}^{x_2}P_rL_+(\zeta)dx_*d\zeta\\&-\frac{1}{2\pi i}\frac{A_{12}\alpha-A_{11}}{(A_{22}A_{11}-A_{12}A_{21})}\int_{C_+}\frac{\zeta b(\zeta)N_2(\zeta)}{\beta(\zeta)K_-(\zeta)}\int_{x_1}^{x_2}P_rL_+(\zeta)dx_*d\zeta\\&+\frac{A_{22}\alpha-A_{21}}{(A_{22}A_{11}-A_{12}A_{21})}\frac{1}{2\pi}\int_{C_+}\frac{\int_{x_1}^{x_2}P_re^{i\zeta(L-x_*)}dx_*\zeta^2N_1(\zeta)}{\cosh(\zeta H_0)K_2(\zeta)}b(\zeta)d\zeta\\&+\frac{A_{12}\alpha-A_{11}}{(A_{22}A_{11}-A_{12}A_{21})}\frac{1}{2\pi}\int_{C_+}\frac{\int_{x_1}^{x_2}P_re^{i\zeta(L-x_*)}dx_*\zeta N_2(\zeta)}{\cosh(\zeta H_0)K_2(\zeta)}b(\zeta)d\zeta-\int_{x_1}^{x_2}P_rL_+(\alpha)dx_*\end{aligned} \tag{6-93}$$

$$\int_{x_1}^{x_2} P_r \{ \frac{F_-(\alpha)}{K_-(\alpha)} - \frac{1}{2\pi i}\int_{-\infty+i\sigma}^{\infty+i\sigma} \frac{e^{i\zeta L}F_+(\zeta)}{K_-(\zeta)(\zeta-\alpha)}d\zeta$$

$$-\sum_{s=1}^{4}\frac{\chi_s b(\chi_s)[N_2(\chi_s)(\alpha P_{12}-P_{11})-\chi_s N_1(\chi_s)(\alpha P_{22}-P_{21})]}{\beta'(\chi_s)K_+(\chi_s)(P_{22}P_{11}-P_{12}P_{21})}$$

$$\frac{1}{2\pi i}\int_{C_+}\frac{e^{i\zeta L}F_+(\zeta)}{K_-(\zeta)(\zeta-\chi_s)}d\zeta$$

$$-\frac{b(i\gamma)[q(\alpha P_{12}-P_{11})-i\gamma(\alpha P_{22}-P_{21})]}{2\beta(i\gamma)(P_{22}P_{11}-P_{12}P_{21})}$$

$$\frac{1}{2\pi i}\int_{C_+}\frac{e^{i\zeta L}F_+(\zeta)}{K_-(\zeta)}\left[\frac{1}{K_+(i\gamma)(\zeta-i\gamma)}\right]d\zeta$$

$$-\frac{b(i\gamma)[q(\alpha P_{12}-P_{11})+i\gamma(\alpha P_{22}-P_{21})]}{2\beta(i\gamma)(P_{22}P_{11}-P_{12}P_{21})}$$

$$\frac{1}{2\pi i}\int_{C_+}\frac{e^{i\zeta L}F_+(\zeta)}{K_-(\zeta)}\left[\frac{1}{K_+(-i\gamma)(\zeta+i\gamma)}\right]d\zeta\}dx_*$$

$$=\frac{P_{22}\alpha-P_{21}}{P_{22}P_{11}-P_{12}P_{21}}\frac{1}{2\pi i}\int_{C_-}\frac{\zeta^2 b(\zeta)N_1(\zeta)}{\beta(\zeta)K_+(\zeta)}\int_{x_1}^{x_2}P_r N_-(\zeta)dx_*d\zeta$$

$$-\frac{P_{12}\alpha-P_{11}}{P_{22}P_{11}-P_{12}P_{21}}\frac{1}{2\pi i}\int_{C_-}\frac{\zeta b(\zeta)N_2(\zeta)}{\beta(\zeta)K_+(\zeta)}\int_{x_1}^{x_2}P_r N_-(\zeta)dx_*d\zeta$$

$$+\frac{P_{22}\alpha-P_{21}}{P_{22}P_{11}-P_{12}P_{21}}\frac{1}{2\pi}\int_{C_+}\frac{\int_{x_1}^{x_2}P_r e^{i\zeta x_*}dx_*\zeta^2 b(\zeta)}{\cosh(\zeta H_0)K_2(\zeta)}N_1(\zeta)d\zeta$$

$$-\frac{P_{12}\alpha-P_{11}}{P_{22}P_{11}-P_{12}P_{21}}\frac{1}{2\pi}\int_{C_+}\frac{\int_{x_1}^{x_2}P_r e^{i\zeta x_*}dx_*\zeta b(\zeta)}{\cosh(\zeta H_0)K_2(\zeta)}N_2(\zeta)d\zeta-\int_{x_1}^{x_2}P_r N_-(\alpha)dx_* \tag{6-94}$$

对两个方程进行化简，同时为了数值求解积分方程组，引进如下新的未知函数

$$\xi(\alpha)=\frac{F_+(\alpha)}{K_+(\alpha)},\quad \eta(\alpha)=\frac{F_-(\alpha)}{K_-(\alpha)}$$

且取 $\alpha=-\alpha_j$，$(j=-2,-1,0,1\cdots)$，令 $\xi_j=\xi(\alpha_j)$，$\eta_j=\eta(-\alpha_j)$，可得到

$$\int_{\tilde{x}_1}^{\tilde{x}_2}P_r\xi_j d\tilde{x}_* + \sum_{m=-2}^{\infty}\int_{\tilde{x}_1}^{\tilde{x}_2}P_r\eta_m d\tilde{x}_*\frac{e^{i\alpha_m L}K_+^2(\alpha_m)K_1(\alpha_m)}{K_2'(-\alpha_m)}\left\{\frac{1}{(\alpha_m+\alpha_j)}\right.$$

$$+\sum_{s=1}^{4}\frac{\theta_5(\chi_s)[\theta_3(\chi_s)-\theta_4(\chi_s)]}{\beta'(\chi_s)K_-(\chi_s)(\alpha_m+\chi_s)}$$

$$+\frac{b(i\gamma)[i\gamma(\alpha_j A_{22}-A_{21})-q(\alpha_j A_{12}-A_{11})]}{2\beta(i\gamma)(A_{22}A_{11}-A_{12}A_{21})K_-(i\gamma)(\alpha_m+i\gamma)}$$

$$
\left.+\frac{b(\mathrm{i}\gamma)[\mathrm{i}\gamma(\alpha_j A_{22}-A_{21})+q(\alpha_j A_{12}-A_{11})]}{2\beta(\mathrm{i}\gamma)(A_{22}A_{11}-A_{12}A_{21})K_-(-\mathrm{i}\gamma)(-\alpha_m+\mathrm{i}\gamma)}\right\}
$$

$$
\begin{aligned}
&=\mathrm{i}\sum_{m=-2}^{\infty}\frac{K_+(\alpha_m)\beta(\alpha_m)\mathrm{e}^{\mathrm{i}\alpha_m L}R_2(\alpha_m)}{\cosh(\alpha_m H_0)K_2'(\alpha_m)}\sum_{n=-2}^{\infty}\frac{K_1(\alpha_n)K_+(\alpha_n)\theta_5(\alpha_n)[\theta_3(\alpha_n)-\theta_4(\alpha_n)]}{\beta(\alpha_n)K_2'(\alpha_n)(\alpha_m+\alpha_n)}\\
&\quad+\mathrm{i}\sum_{m=-2}^{\infty}\frac{\theta_5(\alpha_m)[\theta_3(\alpha_m)+\theta_4(\alpha_m)]\mathrm{e}^{\mathrm{i}\alpha_m L}R_2(\alpha_m)}{\cosh(\alpha_m H_0)K_2'(\alpha_m)}\\
&\quad-\mathrm{i}\sum_{m=-2}^{\infty}\frac{K_+(\alpha_m)\beta(\alpha_m)\mathrm{e}^{\mathrm{i}\alpha_m L}R_2(\alpha_m)}{\cosh(\alpha_m H_0)K_2'(\alpha_m)(\alpha_m+\alpha_j)}\\
&\quad+\mathrm{i}\Lambda_1\left\{\frac{\theta_5\left(\frac{\pi}{s}\right)\left[-\theta_3\left(\frac{\pi}{s}\right)+\theta_4\left(\frac{\pi}{s}\right)\right]}{2\beta\left(\frac{\pi}{s}\right)K_-\left(\frac{\pi}{s}\right)}\right.\\
&\quad\left.+\sum_{m=-2}^{\infty}\frac{K_1(\alpha_m)K_+(\alpha_m)\theta_5(\alpha_m)[\theta_3(\alpha_m)-\theta_4(\alpha_m)]}{\beta(\alpha_m)K_2'(\alpha_m)\left(\frac{\pi}{s}-\alpha_m\right)}\right\}\\
&\quad+\mathrm{i}\Lambda_2\left\{\frac{\theta_5\left(\frac{\pi}{s}\right)\left[\theta_3\left(\frac{\pi}{s}\right)+\theta_4\left(\frac{\pi}{s}\right)\right]}{2\beta\left(\frac{\pi}{s}\right)K_-\left(-\frac{\pi}{s}\right)}\right.\\
&\quad\left.+\sum_{m=-2}^{\infty}\frac{K_1(\alpha_m)K_+(\alpha_m)\theta_5(\alpha_m)[\theta_3(\alpha_m)-\theta_4(\alpha_m)]}{\beta(\alpha_m)K_2'(\alpha_m)\left(\frac{\pi}{s}+\alpha_m\right)}\right\}\\
&\quad+\mathrm{i}\frac{\pi}{s}\Lambda_3\frac{\theta_3\left(\frac{\pi}{s}\right)+\theta_4\left(\frac{\pi}{s}\right)}{A_{22}A_{11}-A_{12}A_{21}}+\mathrm{i}\frac{\pi}{s}\Lambda_4\frac{\theta_3\left(\frac{\pi}{s}\right)-\theta_4\left(\frac{\pi}{s}\right)}{A_{22}A_{11}-A_{12}A_{21}}-\mathrm{i}\left[\frac{\Lambda_1}{\pi/s-\alpha_j}+\frac{\Lambda_2}{\pi/s+\alpha_j}\right]
\end{aligned}
\tag{6-95}
$$

$$
\begin{aligned}
&\int_{\tilde{x}_1}^{\tilde{x}_2}P_r\eta_j\mathrm{d}x_*+\sum_{m=-2}^{\infty}\int_{\tilde{x}_1}^{\tilde{x}_2}P_r\xi_m\mathrm{d}x_*\frac{\mathrm{e}^{\mathrm{i}\alpha_m L}K_+(\alpha_m)^2K_1(\alpha_m)}{K_2'(\alpha_m)}\left\{-\frac{1}{(\alpha_m+\alpha_j)}\right.\\
&\quad-\sum_{s=1}^{4}\frac{\theta_8(\chi_s)[+\theta_6(\chi_s)-\theta_7(\chi_s)]}{\beta'(\chi_s)K_+(\chi_s)(\alpha_m-\chi_s)}\\
&\quad-\frac{b(\mathrm{i}\gamma)[-q(\alpha_j P_{12}+P_{11})+\mathrm{i}\gamma(\alpha_j P_{22}+P_{21})]}{2\beta(\mathrm{i}\gamma)(P_{22}P_{11}-P_{12}P_{21})K_+(\mathrm{i}\gamma)(\alpha_m-\mathrm{i}\gamma)}\\
&\quad\left.-\frac{b(\mathrm{i}\gamma)[-q(\alpha_j P_{12}+P_{11})-\mathrm{i}\gamma(\alpha_j P_{22}+P_{21})]}{2\beta(\mathrm{i}\gamma)(P_{22}P_{11}-P_{12}P_{21})K_+(-\mathrm{i}\gamma)(\alpha_m+\mathrm{i}\gamma)}\right\}\\
&=-\mathrm{i}\sum_{m=-2}^{\infty}\frac{K_+(\alpha_m)\beta(\alpha_m)R_1(\alpha_m)}{\cosh(\alpha_m H_0)K_2'(\alpha_m)}\sum_{n=-2}^{\infty}\frac{\theta_8(\alpha_n)K_+(\alpha_n)K_1(\alpha_n)[\theta_6(\alpha_n)+\theta_7(\alpha_n)]}{\beta(\alpha_n)K_2'(\alpha_n)(\alpha_m+\alpha_n)}
\end{aligned}
$$

$$+\mathrm{i}\sum_{m=-2}^{\infty}\frac{\theta_8(\alpha_m)[-\theta_6(\alpha_m)+\theta_7(\alpha_m)]R_1(\alpha_m)}{\cosh(\alpha_m H_0)K_2'(\alpha_m)}-\mathrm{i}\sum_{m=-2}^{\infty}\frac{K_+(\alpha_m)\beta(\alpha_m)R_1(\alpha_m)}{\cosh(\alpha_m H_0)K_2'(\alpha_m)(\alpha_m+\alpha_j)}$$

$$+\mathrm{i}\Lambda_5\left\{\frac{\theta_8\left(\frac{\pi}{s}\right)\left[-\theta_6\left(\frac{\pi}{s}\right)+\theta_7\left(\frac{\pi}{s}\right)\right]}{2\beta(\frac{\pi}{s})K_+\left(\frac{\pi}{s}\right)}\right.$$

$$\left.-\sum_{m=-2}^{\infty}\frac{K_1(\alpha_m)K_+(\alpha_m)\theta_8(\alpha_m)[\theta_6(\alpha_m)+\theta_7(\alpha_m)]}{\beta(\alpha_m)K_2'(\alpha_m)\left(\frac{\pi}{s}+\alpha_m\right)}\right\}$$

$$+\mathrm{i}\Lambda_6\left\{\frac{\theta_8\left(\frac{\pi}{s}\right)\left[\theta_6\left(\frac{\pi}{s}\right)+\theta_7\left(\frac{\pi}{s}\right)\right]}{2\beta\left(\frac{\pi}{s}\right)K_+\left(-\frac{\pi}{s}\right)}\right.$$

$$\left.-\sum_{m=-2}^{\infty}\frac{K_1(\alpha_m)K_+(\alpha_m)\theta_8(\alpha_m)[\theta_6(\alpha_m)+\theta_7(\alpha_m)]}{\beta(\alpha_m)K_2'(\alpha_m)\left(\frac{\pi}{s}-\alpha_m\right)}\right\}$$

$$+\mathrm{i}\frac{\pi}{s}\Lambda_7\frac{\left[-\theta_6\left(\frac{\pi}{s}\right)+\theta_7\left(\frac{\pi}{s}\right)\right]}{P_{22}P_{11}-P_{12}P_{21}}-\mathrm{i}\frac{\pi}{s}\Lambda_8\frac{\left[+\theta_6\left(\frac{\pi}{s}\right)+\theta_7\left(\frac{\pi}{s}\right)\right]}{P_{22}P_{11}-P_{12}P_{21}}$$

$$-\mathrm{i}\left[\frac{\Lambda_5}{\pi/s-\alpha}+\frac{\Lambda_6}{\pi/s+\alpha}\right]\tag{6-96}$$

其中，$\theta_1(\zeta)=\zeta^2 b(\zeta)N_1(\zeta)/\beta(\zeta)$，$\theta_2(\zeta)=\zeta b(\zeta)N_2(\zeta)/\beta(\zeta)$，
$\theta_3(\zeta)=\zeta N_1(\zeta)(A_{22}\alpha_j-A_{21})$，$\theta_4(\zeta)=N_2(\zeta)(A_{12}\alpha_j-A_{11})$，
$\theta_5(\zeta)=\zeta b(\zeta)/(A_{22}A_{11}-A_{12}A_{21})$，$\theta_6(\zeta)=\zeta N_1(\zeta)(P_{22}\alpha_j+P_{21})$，
$\theta_7(\zeta)=N_2(\zeta)(P_{12}\alpha_j+P_{11})$，$\theta_8(\zeta)=\zeta b(\zeta)/(P_{22}P_{11}-P_{12}P_{21})$，

$$\Lambda_1=\frac{1}{4}\frac{\beta(\pi/s)K_-(\pi/s)}{\cosh(\pi H_0/s)K_2(\pi/s)}$$

$$\times\left[-\mathrm{e}^{-\mathrm{i}\frac{\pi}{s}(L-x_0-\tilde{x}_2)}\left\{\cos\left(\frac{\pi}{2s}\tilde{x}_2\right)\left[\mathrm{i}\cos\left(\frac{\pi}{2s}\tilde{x}_2\right)+\sin\left(\frac{\pi}{2s}\tilde{x}_2\right)\right]-\frac{\mathrm{i}}{2}\right\}\right.$$

$$\left.+\mathrm{e}^{-\mathrm{i}\frac{\pi}{s}(L-x_0-\tilde{x}_1)}\left\{\cos\left(\frac{\pi}{2s}\tilde{x}_1\right)\left[\mathrm{i}\cos\left(\frac{\pi}{2s}\tilde{x}_1\right)+\sin\left(\frac{\pi}{2s}\tilde{x}_1\right)\right]-\frac{\mathrm{i}}{2}\right\}\right];$$

$$\Lambda_2=\frac{1}{4}\frac{\beta(\pi/s)K_+(\pi/s)}{\cosh(\pi H_0/s)K_2(\pi/s)}$$

$$\times\left\{-\mathrm{e}^{\mathrm{i}\frac{\pi}{s}(L-x_0-\tilde{x}_2)}\left\{\cos\left(\frac{\pi}{2s}\tilde{x}_2\right)\left[-\mathrm{i}\cos\left(\frac{\pi}{2s}\tilde{x}_2\right)+\sin\left(\frac{\pi}{2s}\tilde{x}_2\right)\right]+\frac{\mathrm{i}}{2}\right\}\right.$$

$$+\mathrm{e}^{\mathrm{i}\frac{\pi}{s}(L-x_0-\tilde{x}_1)}\left\{\cos\left(\frac{\pi}{2s}\tilde{x}_1\right)\left[-\mathrm{i}\cos\left(\frac{\pi}{2s}\tilde{x}_1\right)+\sin\left(\frac{\pi}{2s}\tilde{x}_1\right)\right]+\frac{\mathrm{i}}{2}\right\}\Bigg],$$

$$\Lambda_3=\frac{1}{4}\frac{b(\pi/s)}{\cosh(\pi H_0/s)K_2(\pi/s)}$$

$$\times\Bigg[-\mathrm{e}^{\mathrm{i}\frac{\pi}{s}(L-x_0-\tilde{x}_2)}\left\{\cos\left(\frac{\pi}{2s}\tilde{x}_2\right)\left[-\mathrm{i}\cos\left(\frac{\pi}{2s}\tilde{x}_2\right)+\sin\left(\frac{\pi}{2s}\tilde{x}_2\right)\right]+\frac{\mathrm{i}}{2}\right\}$$

$$+\mathrm{e}^{\mathrm{i}\frac{\pi}{s}(L-x_0-\tilde{x}_1)}\left\{\cos\left(\frac{\pi}{2s}\tilde{x}_1\right)\left[-\mathrm{i}\cos\left(\frac{\pi}{2s}\tilde{x}_1\right)+\sin\left(\frac{\pi}{2s}\tilde{x}_1\right)\right]+\frac{i}{2}\right\}\Bigg],$$

$$\Lambda_4=\frac{1}{4}\frac{b(\pi/s)}{\cosh(\pi H_0/s)K_2(\pi/s)}$$

$$\times\Bigg[-\mathrm{e}^{-\mathrm{i}\frac{\pi}{s}(L-x_0-\tilde{x}_2)}\left\{-\cos\left(\frac{\pi}{2s}\tilde{x}_2\right)\left[\mathrm{i}\cos\left(\frac{\pi}{2s}\tilde{x}_2\right)+\sin\left(\frac{\pi}{2s}\tilde{x}_2\right)\right]+\frac{\mathrm{i}}{2}\right\}$$

$$+\mathrm{e}^{-\mathrm{i}\frac{\pi}{s}(L-x_0-\tilde{x}_1)}\left\{-\cos\left(\frac{\pi}{2s}\tilde{x}_1\right)\left[\mathrm{i}\cos\left(\frac{\pi}{2s}\tilde{x}_1\right)+\sin\left(\frac{\pi}{2s}\tilde{x}_1\right)\right]+\frac{\mathrm{i}}{2}\right\}\Bigg],$$

$$\Lambda_5=\frac{1}{4}\frac{\beta(\pi/s)K_+(\pi/s)}{\cosh(\pi H_0/s)K_2(\pi/s)}$$

$$\times\Bigg[-\mathrm{e}^{\mathrm{i}\frac{\pi}{s}(x_0+\tilde{x}_2)}\left\{\cos\left(\frac{\pi}{2s}\tilde{x}_2\right)\left[\mathrm{i}\cos\left(\frac{\pi}{2s}\tilde{x}_2\right)+\sin\left(\frac{\pi}{2s}\tilde{x}_2\right)\right]-\frac{\mathrm{i}}{2}\right\}$$

$$+\mathrm{e}^{\mathrm{i}\frac{\pi}{s}(x_0+\tilde{x}_1)}\left\{\cos\left(\frac{\pi}{2s}\tilde{x}_1\right)\left[\mathrm{i}\cos\left(\frac{\pi}{2s}\tilde{x}_1\right)+\sin\left(\frac{\pi}{2s}\tilde{x}_1\right)\right]-\frac{\mathrm{i}}{2}\right\}\Bigg],$$

$$\Lambda_6=\frac{1}{4}\frac{\beta(\pi/s)K_+(-\pi/s)}{\cosh(\pi H_0/s)K_2(\pi/s)}$$

$$\times\Bigg[\mathrm{e}^{-\mathrm{i}\frac{\pi}{s}(x_0+\tilde{x}_2)}\left\{\cos\left(\frac{\pi}{2s}\tilde{x}_2\right)\left[-\mathrm{i}\cos\left(\frac{\pi}{2s}\tilde{x}_2\right)+\sin\left(\frac{\pi}{2s}\tilde{x}_2\right)\right]+\frac{\mathrm{i}}{2}\right\}$$

$$-\mathrm{e}^{-\mathrm{i}\frac{\pi}{s}(x_0+\tilde{x}_1)}\left\{\cos\left(\frac{\pi}{2s}\tilde{x}_1\right)\left[-\mathrm{i}\cos\left(\frac{\pi}{2s}\tilde{x}_1\right)+\sin\left(\frac{\pi}{2s}\tilde{x}_1\right)\right]+\frac{\mathrm{i}}{2}\right\}\Bigg],$$

$$\Lambda_7=\frac{1}{4}\frac{b(\pi/s)}{\cosh(\pi H_0/s)K_2(\pi/s)}$$

$$\times\Bigg[-\mathrm{e}^{\mathrm{i}\frac{\pi}{s}(x_0+\tilde{x}_2)}\left\{\cos\left(\frac{\pi}{2s}\tilde{x}_2\right)\left[\mathrm{i}\cos\left(\frac{\pi}{2s}\tilde{x}_2\right)+\sin\left(\frac{\pi}{2s}\tilde{x}_2\right)\right]-\frac{\mathrm{i}}{2}\right\}$$

$$+\mathrm{e}^{\mathrm{i}\frac{\pi}{s}(x_0+\tilde{x}_1)}\left\{\cos\left(\frac{\pi}{2s}\tilde{x}_1\right)\left[\mathrm{i}\cos\left(\frac{\pi}{2s}\tilde{x}_1\right)+\sin\left(\frac{\pi}{2s}\tilde{x}_1\right)\right]-\frac{\mathrm{i}}{2}\right\}\Bigg],$$

$$\Lambda_8 = \frac{1}{4}\frac{b(\pi/s)}{\cosh(\pi H_0/s)K_2(\pi/s)}$$
$$\times\left[-e^{-i\frac{\pi}{s}(x_0+\tilde{x}_2)}\left\{-\cos\left(\frac{\pi}{2s}\tilde{x}_2\right)\left[-i\cos\left(\frac{\pi}{2s}\tilde{x}_2\right)+\sin\left(\frac{\pi}{2s}\tilde{x}_2\right)\right]-\frac{i}{2}\right\}\right.$$
$$\left.+e^{-i\frac{\pi}{s}(x_0+\tilde{x}_1)}\left\{-\cos\left(\frac{\pi}{2s}\tilde{x}_1\right)\left[-i\cos\left(\frac{\pi}{2s}\tilde{x}_1\right)+\sin\left(\frac{\pi}{2s}\tilde{x}_1\right)\right]-\frac{i}{2}\right\}\right]。$$

6.3 弹性浮板的水弹性动响应

由式(6-29)、式(6-22)及式(6-32)，利用 Fourier 逆变换，可得到散射速度势 φ 的表达式，

$$\varphi(x,z) = \frac{1}{2\pi}\int_{-\infty}^{\infty} e^{-i\alpha x}\frac{F_-(\alpha)}{K_2(\alpha)}Z(\alpha,z)d\alpha + \frac{1}{2\pi}\int_{-\infty}^{\infty} e^{-i\alpha x}\frac{e^{i\alpha L}F_+(\alpha)}{K_2(\alpha)}Z(\alpha,z)d\alpha$$
$$+\frac{1}{2\pi}\int_{-\infty}^{\infty} e^{-i\alpha x}\frac{ie^{i\alpha x_*}\{[\beta(\alpha)+b(\alpha)]\cosh(\alpha H_0)-b(\alpha)/\alpha\sinh(\alpha H_0)\}}{K_2(\alpha)}Z(\alpha,z)d\alpha$$
$$-\frac{1}{2\pi}\int_{-\infty}^{\infty} e^{-i\alpha x}\frac{ie^{i\alpha x_*}}{\alpha}\sinh[\alpha(z+H_0)]d\alpha \tag{6-97}$$

式(6-97)对 z 求偏导数，并对 x_* 在地震区域积分，并结合式(6-9a)，利用 Jordan 引理及推论，可得弹性浮板在海底区域震动作用下挠度的公式为

$$w(x) = -\sum_{m=-2}^{\infty}\frac{\alpha_m\tanh(\alpha_m H_0)K_+(\alpha_m)}{K_2'(\alpha_m)}$$
$$\left(e^{-i\alpha_m(x-L)}\int_{\tilde{x}_1}^{\tilde{x}_2}P_r\xi_m dx_* + e^{i\alpha_m x}\int_{\tilde{x}_1}^{\tilde{x}_2}P_r\eta_m dx_*\right)+i\Theta_n,(n=1,2,3) \tag{6-98}$$

其中，

$$\Theta_n=\begin{cases}\Theta_1=\Gamma_1^u+\Gamma_2^u & x\leqslant x_0+\tilde{x}_1\\ \Theta_2=\Gamma_1^u+\Gamma_2^d & x_0+\tilde{x}_1<x\leqslant x_0+\tilde{x}_2\\ \Theta_3=\Gamma_1^d+\Gamma_2^d & x_0+\tilde{x}_2<x\end{cases}$$

$$\Gamma_1=-\frac{1}{2\pi i}\int_{-\infty}^{\infty}\frac{e^{i\alpha(x_0+\tilde{x}_2-x)}b(\alpha)\{\cos(\pi\tilde{x}_2/2s)[i\alpha\cos(\pi\tilde{x}_2/2s)+\pi\sin(\pi\tilde{x}_2/2s)/s]-i(\pi/s)^2/2\alpha\}}{\cosh(\alpha H_0)K_2(\alpha)[-\alpha^2+(\pi/s)^2]}d\alpha,$$

$$\Gamma_2=\frac{1}{2\pi i}\int_{-\infty}^{\infty}\frac{e^{i\alpha(x_0+\tilde{x}_1-x)}b(\alpha)\{\cos(\pi\tilde{x}_1/2s)[i\alpha\cos(\pi\tilde{x}_1/2s)+\pi\sin(\pi\tilde{x}_1/2s)/s]-i(\pi/s)^2/2\alpha\}}{\cosh(\alpha H_0)K_2(\alpha)[-\alpha^2+(\pi/s)^2]}d\alpha,$$

Γ_1^u，Γ_2^u分别表示选择上半平面对 Γ_1，Γ_2 使用留数定理，同样用 Γ_1^d，Γ_2^d分别表示选择

下半平面对 Γ_1,Γ_2 使用留数定理得到。

6.4　计算实例与分析讨论

6.4.1　理论计算结果收敛性的验证

下面以文献[2]中的计算模型进行模拟分析,相关的物理参数如下:弹性浮板的长度 $L_0=1000\text{m}$;弹性浮板的厚度 $h=9\text{m}$;弹性浮板的弯曲刚度 $D=1.764\times10^{11}\text{N}\cdot\text{m}^2$;泊松比 $\nu=0.3$;弹性浮板的吃水深度 $d=5\text{m}$;流体的密度 $\rho_0=1025\text{kg/m}^3$;海水的深度 $H_0=100\text{m}$。

震源中心坐标:$x_0=300\text{m}$;海底震区总宽度的一半:$s=200\text{m}$;分别取两种波频 $\omega=0.3\text{rad/s}$,0.7rad/s 来计算超大型浮板的挠度幅值。

在求解 ξ_j,η_j(其中 $j=1,2,3,\cdots$)过程时,需要判断无穷代数方程组的收敛性,本文通过求解不同模(4 模,16 模,64 模)的 ξ_j,η_j,然后代入到式(6-98),通过 VLFS 的挠度幅值分布,来验证无穷代数方程组的收敛性。

图 6-8、图 6-9 分别给出了地震振动圆频率 $\omega=0.3\text{rad/s}$ 和 $\omega=0.7\text{rad/s}$ 时浮板动挠度幅值分布。其中依次取 4 模,16 模,64 模进行了计算,得到的 VLFS 的挠度幅值分布曲线都非常一致,这说明本文方法中无穷代数方程组的解具有很好的收敛性。

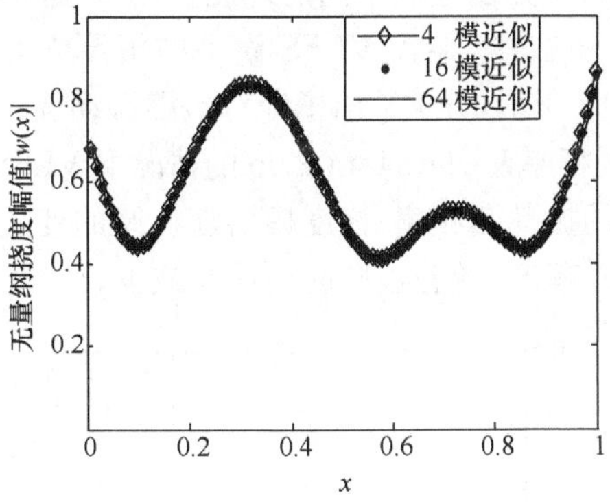

图 6-8　板挠度幅值分布
($x_0=300\text{m}$,$\omega=0.3\text{rad/s}$)

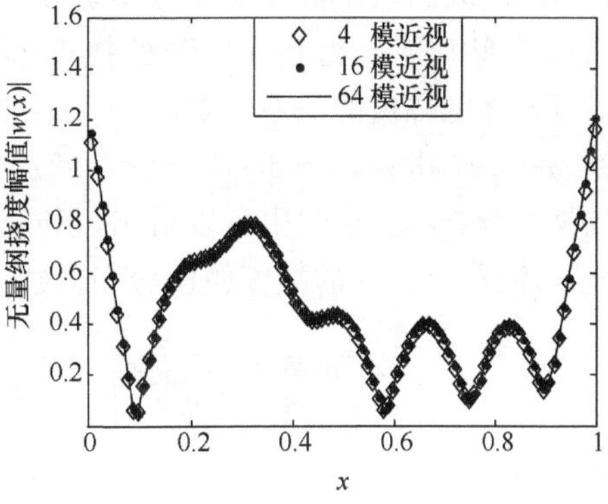

图 6-9　板挠度幅值分布
($x_0=300\text{m}$,$\omega=0.7\text{rad/s}$)

6.4.2　Mindlin 厚板理论结果与经典薄板理论结果的对比与分析

图 6-10～图 6-12 分别给出了地震振动圆频率 $\omega=0.1\text{rad/s}$,0.3rad/s,0.7rad/s 时浮板动挠度幅值分布图。由图中可知,通过 Mindlin 厚板理论结果和经典薄板理论结果的对比,说明使用厚板理论所得到的结果与薄板理论基本上是

一致的，表明厚板理论的计算结果是可信的。但同时也存在差别，这种差别在地震圆频率较低时不易察觉，随着地震圆频率的增大，差别越来越明显，这主要是因为厚板理论考虑了 VLFS 的横向剪切变形和转动惯量的影响。

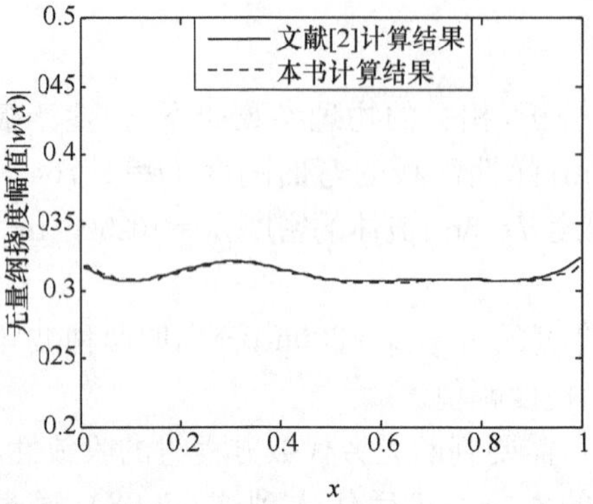

图 6-10　板挠度幅值分布
(x_0=300m，ω=0.1rad/s)

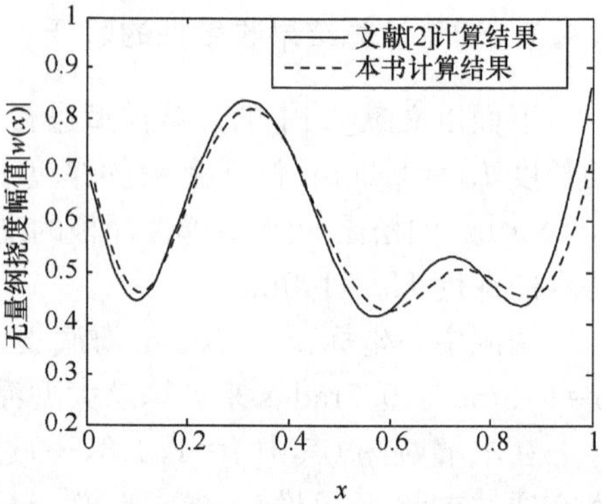

图 6-11　板挠度幅值分布
(x_0=300m，ω=0.3rad/s)

6.4.3　板厚对 VLFS 挠度幅值的影响

下面将震源的中心位置固定在 VLFS 模型海底的 x_0=300m 处，水深 H_0=100m，震区形状函数中的震区半宽度 s=200m，分别选取不同的地震振动圆频率，通过改变板厚 h，得到 VLFS 的挠度幅值分布曲线，寻找 VLFS 模型的板厚 h 与 VLFS 挠度幅值的关系。如图 6-13～图 6-15 所示，分别给出了针对地震振动圆频率 ω=0.1rad/s，0.3rad/s，0.5rad/s 工况，不同板厚 h=9m，18m，27m 的情况下 VLFS 的挠度分布图。从图中可以看出，不同大小的振动圆频率，挠度幅值随板厚的变化规律不同，VLFS 的挠度幅值分布曲线的波动程度，随着板厚的增加而减少。

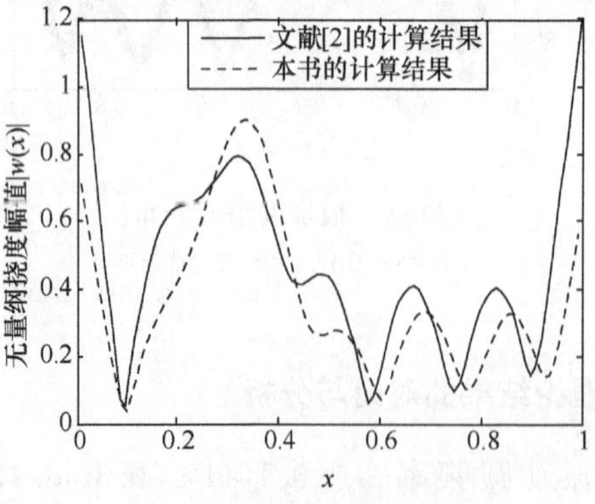

图 6-12　板挠度幅值分布
(x_0=300m，ω=0.7rad/s)

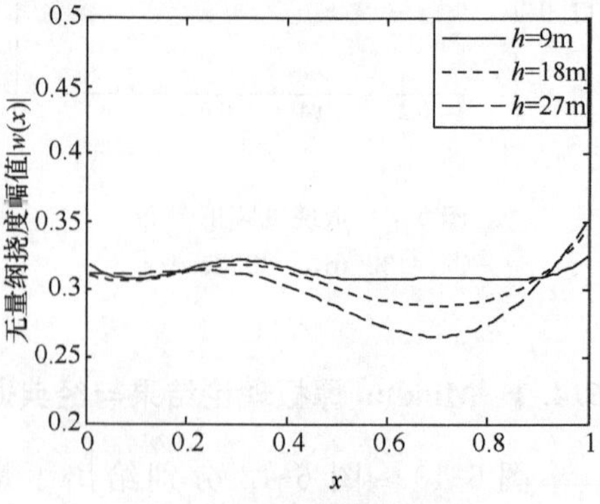

图 6-13　板挠度幅值分布
(ω=0.1rad/s)

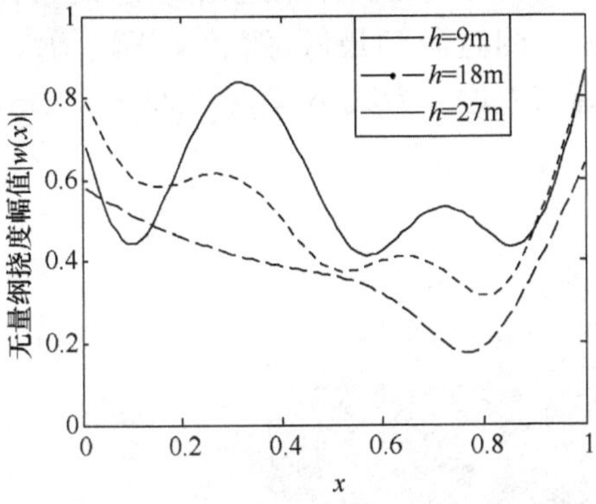

图 6-14　板挠度幅值分布(ω=0.3rad/s)

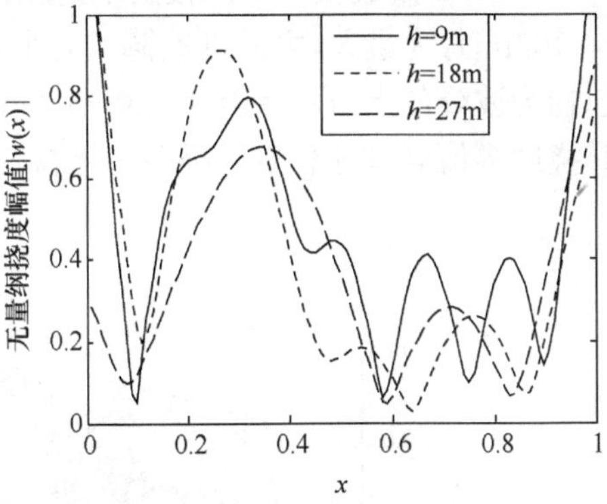

图 6-15　板挠度幅值分布(ω=0.7rad/s)

6.4.4　地震震区半宽度对 VLFS 挠度幅值的影响

基于上面的模型和理论公式,将震源的中心位置固定在 VLFS 模型的正下方 $x_0=500\text{m}$ 处,分别选取不同的地震振动圆频率,通过改变震区形状函数中的震区半宽度 s,得到 VLFS 的挠度幅值分布曲线,分析地震震区半宽度 s 与 VLFS 挠度幅值的关系。

如图 6-16～图 6-18 所示,分别给出地震振动圆频率为 $\omega=0.1\text{rad/s}$,0.3rad/s,0.7rad/s,并依次增加震区半宽度 s,$s\in(100\text{m},500\text{m})$,得到了在不同震区宽度下 VLFS 的挠度分布图。

从三个图中,可以看到 VLFS 上各点的挠度幅值关于浮板中心线对称。从图 6-16看出,挠度幅值随着震区半宽度 s 的增加而逐渐增大。在 $s=100\sim200\text{m}$ 时,除震中略微凸起外,浮板各点挠度幅值基本相同;在 $s=200\sim400\text{m}$ 时,震中附近和浮板边缘的挠度幅值比其余各点增长较快;在 $s=400\sim500\text{m}$ 时,震中附近已经隆起为马鞍形,弹性浮板边缘也明显翘起。从图 6-17 看出,震中挠度幅值随着震区半宽度 s 的增加而逐渐增大,并且在 $s=100\sim300\text{m}$ 增长较快,而在 $s=300\sim500\text{m}$ 增长逐渐变慢,呈现停止增长的趋势。浮板边缘的挠度幅值:在 $s=100\sim300\text{m}$,逐渐增大;到 300m 时,增加到最大;在 $s=300\sim500\text{m}$,逐渐减小。弹性浮板挠度幅值分布的波数,随着震区半宽度 s 的增加而减少。从图 6-18 看出,取地震振动圆频率 $\omega=0.7\text{rad/s}$,依次增加震区半宽度 s,$s\in[100\text{m},500\text{m}]$,得到了在不同震区宽度下 VLFS 的挠度分布图。可以看到 VLFS 上各点的挠度幅值关于浮板中心线对称。最为明显的是弹性浮板挠度幅值分布的波数随着震区半宽度 s 的增加而减少,由褶皱逐渐变为马鞍形隆起,且在 $s=100\sim300\text{m}$,波数较多,在 $s=$

300～500m，波数较少。浮板震中挠度幅值增长相对缓慢。浮板边缘挠度幅值，在 $s=100$m 时为最大，之后迅速降低，到 $s=300$m 附近降到最低，然后又逐渐增大。起初为波峰的点：在 $s=100\sim300$m，其挠度幅值先增大后减小；在 $s=300\sim500$m，其挠度幅值同其他各点一样基本保持不变。

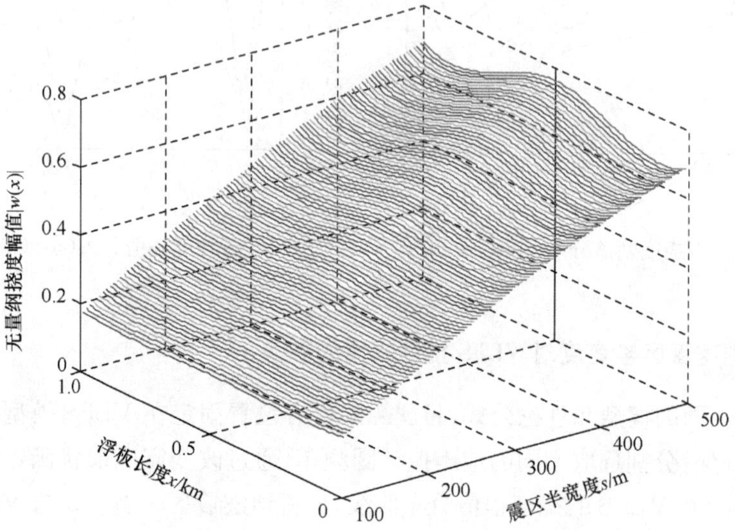

图 6-16　板的挠度幅值分布与震区半宽度的关系（$\omega=0.1$rad/s）

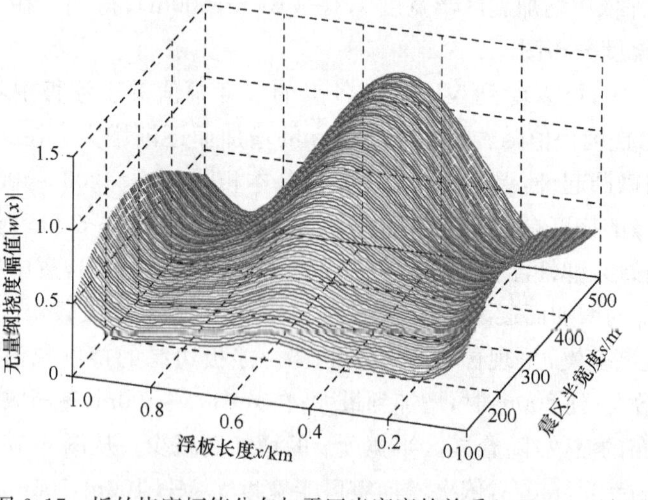

图 6-17　板的挠度幅值分布与震区半宽度的关系（$\omega=0.3$rad/s）

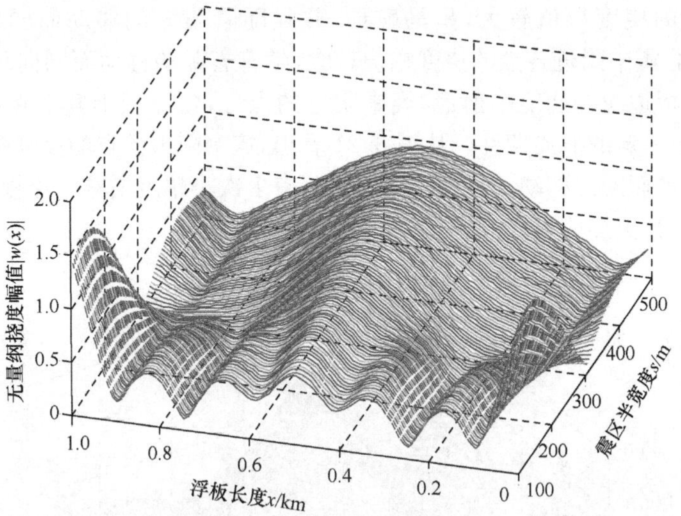

图 6-18　板的挠度幅值分布与震区半宽度的关系(ω=0.7rad/s)

6.4.5　震源中心 x_0 对 VLFS 挠度幅值的影响

基于本章的模型和理论公式，保持震区半宽度 s=200m 不变，分别选取不同的地震振动圆频率，通过改变震区形状函数中的震源中心 x_0，得到 VLFS 的挠度幅值分布曲线。

图 6-19～图 6-21 分别给出了三种振动圆频率 ω=0.1rad/s，0.3rad/s，0.7rad/s 时，震源中心 $x_0\in[200\text{m},800\text{m}]$变化时 VLFS 的挠度分布图。从图 6-19 看出，震

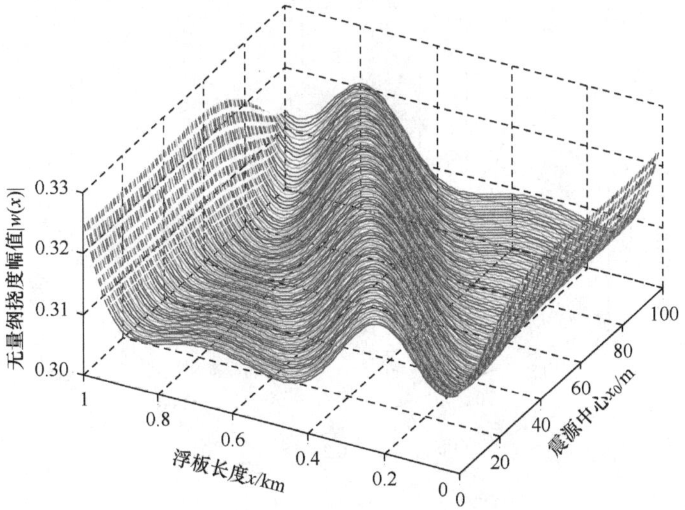

图 6-19　板的挠度幅值分布与震源位置的关系(ω=0.1rad/s)

中附近各点的挠度幅值较大，呈马鞍形，并且随着震源的移动而同向移动。从图 6-20看出，震中附近各点的挠度幅值较大，随着震源的移动而同向移动，而且波动厉害。浮板边缘的挠度幅值：除震中附近的点外，比浮板上其余点的挠度幅值大，并呈现出一定的概周期性。从图 6-21 看出，震中附近各点的挠度幅值较大，随着震源的移动而同向移动，而且波动更激烈，有多次小幅度增减。浮板边缘的挠度幅值：概周期性更加明显。

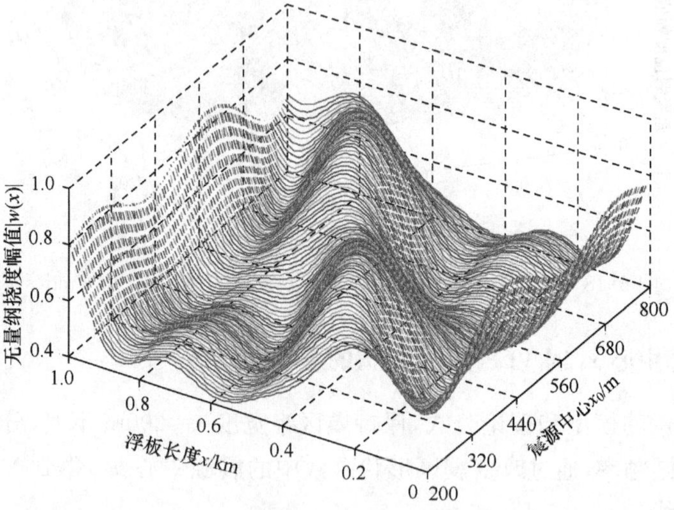

图 6-20　板的挠度幅值分布与震源位置的关系(ω=0.3rad/s)

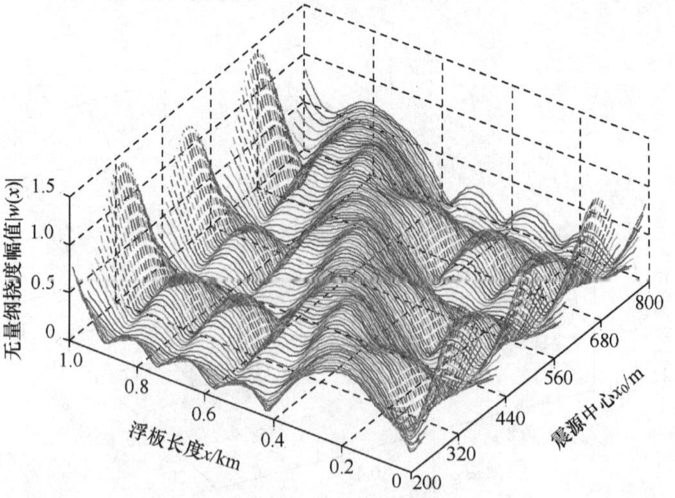

图 6-21　板的挠度幅值分布与震源位置的关系(ω=0.7rad/s)

6.4.6 水深对 VLFS 挠度幅值的影响

仍以本章前面提到的海上飞机场为例，与 VLFS 模型相关的物理参数保持不变，假设海底在区间[x_1,x_2]内突然发生周期性的地震作用，且海底在地震作用下的竖向位移 $u(x)$满足函数满足关系式(6-98)。将震源的中心位置固定在 VLFS 模型海底的 $x_0=300$m 处，震区形状函数中的震区半宽度 $s=200$m，板厚 $h=9$m 分别选取不同的地震振动圆频率，通过改变 VLFS 模型的水深，得到 VLFS 的挠度幅值分布曲线。

图 6-22～图 6-24 给出了地震振动圆频率分别为 $\omega=0.1$rad/s，0.3rad/s，0.7rad/s 时，在不同震源深度 $H_0=50$m，100m，150m 下 VLFS 的挠度分布图。从图 6-24 看出，对于水深 $H_0=50$m 情况，各点的挠度幅值都有所增大，其中震中各点和浮板边缘各点挠度幅值较大。对于水深 $H_0=100$m 情况，各点的挠度幅值都有所减小，其中震中各点和浮板边缘各点挠度幅与其余各点差别不大，整体比较平缓。从图 6-23 看出，对于水深 $H_0=50$m 情况，在 $x\in(350\sim470)$m 及 $x\in(600\sim760)$m 对应点的挠度幅值减小了，其余各点挠度幅值都有所增大，这说明部分点的挠度幅值已开始有波动的趋势。另外震中对应的挠度幅值并不是最大的，而在偏左部位。在水深 $H_0=100$m，浮板上大部分点的挠度幅值都有所减小，震中附近的点和浮板边缘附近的点对应的挠度幅降低得比较明显。从图 6-24 看出，水深 $H_0=50$m，在 $x\in(0\sim530)$m 变化比较剧烈，震中附近在 $x\in(250\sim430)$m 挠度幅值增长是明显的，同时，在 $x\in(0\sim250)$m，(430～530)m 范围的各点挠度幅值降低了。在水深 $H_0=100$m，浮板上大部分点的挠度幅值都有明显的降低，另外震中附近的挠度分布的波数减少了。

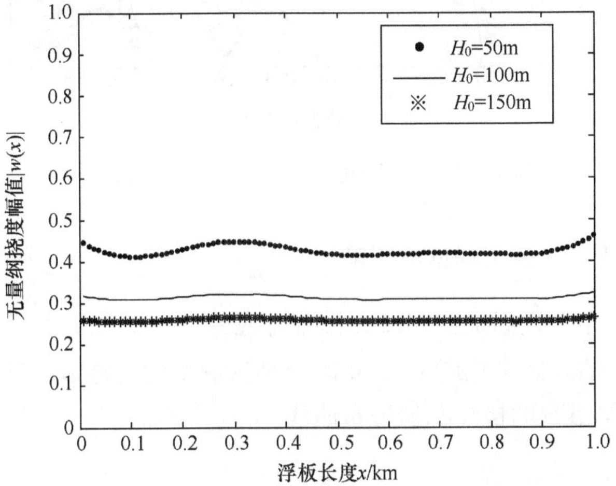

图 6-22 板的挠度幅值分布($\omega=0.1$rad/s)

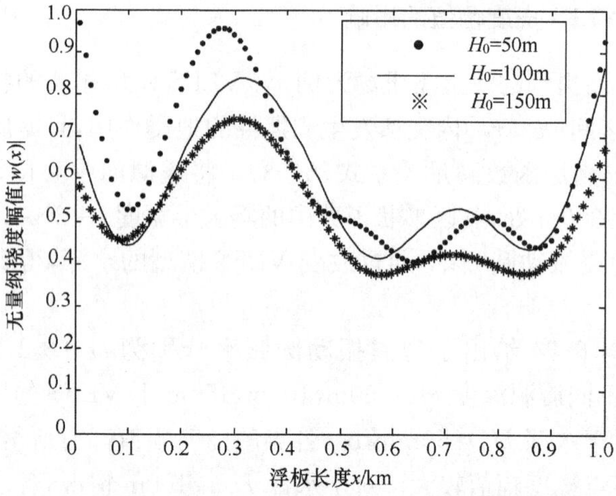

图 6-23　板的挠度幅值分布(ω=0.3rad/s)

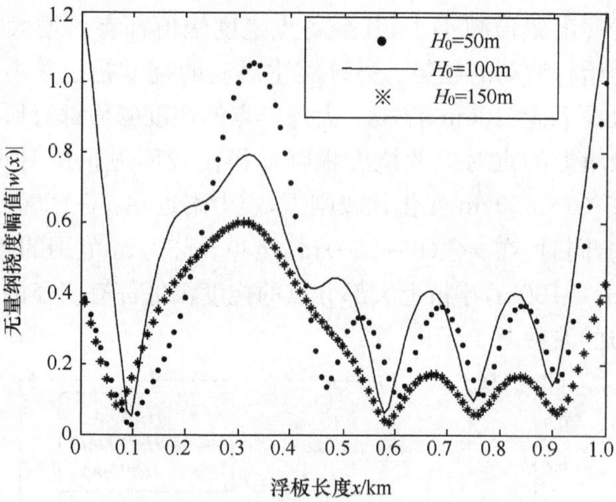

图 6-24　板的挠度幅值分布(ω=0.7rad/s)

6.4.7　板厚对 VLFS 挠度幅值的影响

将震源的中心位置固定在 VLFS 模型海底的 $x_0=300$m 处，水深 $H_0=100$m，震区形状函数中的震区半宽度 $s=200$m，分别选取不同的地震振动圆频率，通过改变板厚 h，得到 VLFS 的挠度幅值分布曲线。

图 6-25～图 6-27 分别给出了地震振动圆频率分别为 $\omega=0.1\mathrm{rad/s}$，$0.3\mathrm{rad/s}$，$0.7\mathrm{rad/s}$ 时，不同板厚 $h=9\mathrm{m}$，$18\mathrm{m}$，$27\mathrm{m}$ 的情况下 VLFS 的挠度幅值分布图。从图看出，板厚在低频 $\omega=0.1\mathrm{rad/s}$ 时对浮板挠度幅值影响较小，而对于中高频 $\omega=0.3\mathrm{rad/s}$，$0.7\mathrm{rad/s}$ 影响较大，同时，震中位置附近的动响应也波动剧烈。

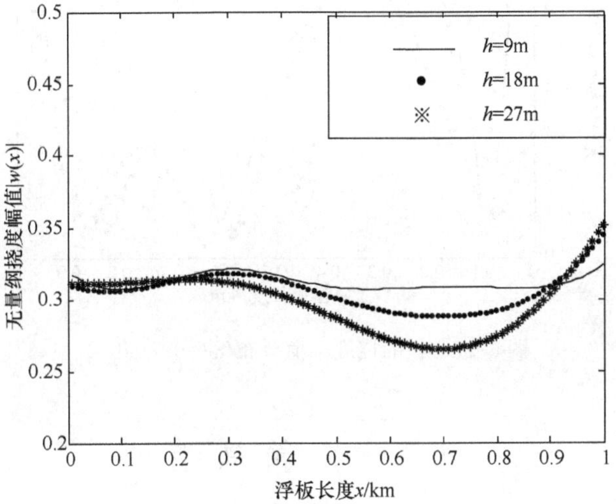

图 6-25　板的挠度幅值分布($\omega=0.1\mathrm{rad/s}$)

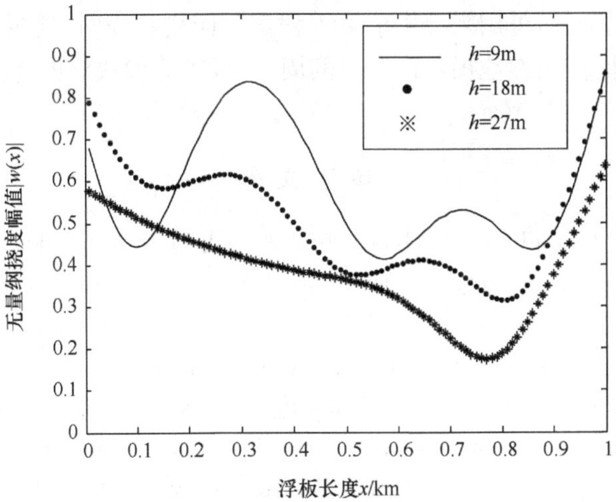

图 6-26　板的挠度幅值分布($\omega=0.3\mathrm{rad/s}$)

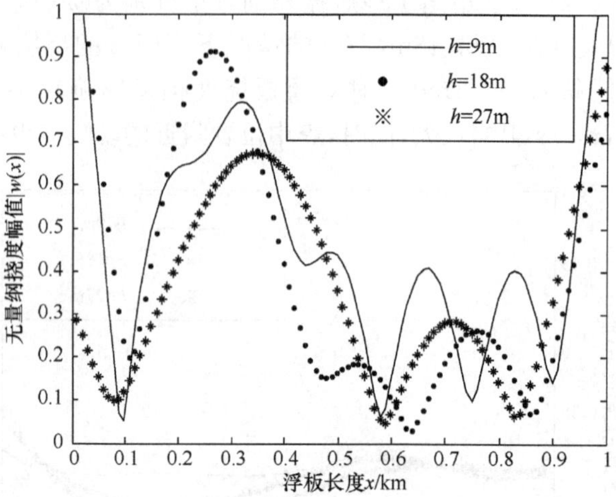

图 6-27 板的挠度幅值分布(ω=0.7rad/s)

6.5 本章总结

本章基于水波动力学和 Mindlin 厚板理论,采用 Wiener-Hopf 方法分析计算了水面浮板在周期地震波激励下的动响应问题。通过与其他文献的对比可知,本文分析方法是正确的,可用来分析求解工程实际问题。同时,通过对文献[2]中物理模型的分析计算,定性地揭示出载荷的周期、板厚等参数对板挠度幅值分布的影响规律。

参考文献

[1] Takamura H, Masuda K, Maeda H, Bessho M. A study on the estimation of the seaquake response of a floating structure considering the characteristics of seismic wave propagation in the ground and the water[J]. Marine Sci. Technol, 2003(6-7): 164-174.

[2] Tkacheva L A. Behavior of a floating elastic plate during vibrations of a bottom segment[J]. Journal of Applied Mechanics and Technical Physics, 2005, 46(6-5): 754-765.

[3] Tay Z Y, Wang C M, Utsunomiya T. Hydroelastic responses and interactions of floating fuel storage modules placed side-by-side with floating breakwaters[J]. Marine Structures, 2009, 22(6-3): 633-657.

[4] Phama D C, Wanga C M, Utsunomiyab T. Hydroelastic analysis of pontoon-type circular VLFS with an attached submerged plate. Applied Ocean Research[J], 2008, 30(6-4): 287-296.

[5] Wang C M, Tay Z Y. Very large floating structures: applications, research and development.

The Twelfth East Asia-Pacific Conference on Structural Engineering and Construction[J], 2011,14 :62-72.

[6] Karmakar D,Guedes Soares C. Scattering of gravity waves by a moored finite floating elastic plate. Applied Ocean Research[J],2012,34:135-149.

[7] Montiel F,Bennettsl L G,Squire V A. The transient response of floating elastic plates to wavemaker forcing in two dimensions. Journal of Fluids and Structures[J],2012,28:416-433.

[8] Fox C,Squire V A. Reflection and transmission characteristics at the edge of shore fast sea ice. Journal of geophysical Research[J],1990,67:4531-4547.

[9] 孙辉,崔维成,刘应中. 超大浮体在二维不均匀底部上的水弹性响应[J]. 上海交通大学学报,2003,37(6-8):1172-1175.

[10] 李文龙,谭家华. 超大型海洋浮式结构物泊系统设计研究[J]. 中国海洋平台,2003,18(6-2):13-18.

[11] 赵存宝,梁瑞芬,黄海龙,张耀辉,朱中亚. 基于厚板理论分析深水域中弹性浮板的水波响应[J]. 计算力学学报,2010,27(6-74):738-744.

[12] Bracewell R. The impulse symbol. The Fourier transform and its Applications. New York: McGraw-Hill,1999,69-97.

[13] Noble B. Methods based on the Wiener-Hopf technique for the solution of partial differential equations. Pergamon Press,London,1957.

[14] 胡海昌. 弹性力学的变分原理及其应用. 北京:科学出版社,1981.

[15] 胡嗣柱,倪光炯著. 数学物理方法. 北京:高等教育出版社,1989:316-319.

[16] Kantorovich L V,Akilov G P. Function Analysis(6-in Russian). Nauka,Moscow,1977.

第7章 组合式浮体结构的水弹性响应问题研究

7.1 概 述

超大型海洋浮体结构设计目前还没有现成的规范、准则可以遵循，一般是根据业主或军方有关专家提出的设计要求或设计参数进行设计，然后采用直接计算法和模型试验对结构的安全性进行评估。因此对超大型浮体结构进行详细的理论研究是非常有价值和意义的[1]。

同时，大型浮体结构的巨大尺寸，注定它是一种模块化结构。无论从制造加工的难易程度，维护保养角度，还是从运输、安装、安全可靠性上考虑，都要求浮体设计成模块式，通过一定的连接固定就可组装完成。浮体在海洋开发中得到了最广泛的应用，而为了能够胜任它的功能，不仅仅要求单块浮体具有良好的性能，而且要求模块间的连接要具有合理性，满足设施尽可能小的水动力学响应基本要求。这样就有必要对连接刚度以及其他特性对水弹性响应的影响规律进行系统的理论研究。

国内外许多学者利用各种方法对这类课题进行了不同程度的研究，取得了一定的研究成果。Khabakhpashev 和 Korobkin 将水动力函数和浮体动挠度函数展开为不同基本函数来表达，通过边界条件来求解方程，利用这种数值方法分别研究了组合浮体结构以及一端弹性锚泊情况的浮体结构的水波响应情况，同时对主浮体结构减振方法和规律进行了研究[2]。Riyansyah 等基于 Euler-Bernoulli 梁模型采用有限元方法(FEM)研究了两块组合浮板的水动力学响应问题，重点研究了连接刚度以及组合浮板各自尺寸对动挠度的影响规律，提出了减小浮体结构水波响应的优化方案[3]。Karmakar 等基于二维线性水波理论采用 wide-spacing 方法研究了多块组合浮板在有限深水域、无限深水域、浅水域三种情况下的水波响应情况。同时针对多块组合浮板，重点研究了连接器刚度、弹性浮板长度、水深对重力水波传播的影响规律[4]。Kohout 和 Meylan 针对浮体结构边缘处弹簧连接或铰接两种情况，采用匹配本征函数展开法和格林函数法分别研究了多块组合浮体结构水波散射问题。结果显示，浮体各部分边缘处的连接刚度对水波散射起着很重要的作用[5]。

Chen 等提出一种时域和频域混合的方法，用来分析规则波中带有柔性连接的多浮体系统的水动力响应问题。该方法的主要思想是水动力系数采用三维频域方法求解，而结构响应则是在时域内逐步迭代求解[6]。Yoon 等基于数值方法分析了水波中带有多个铰链接的浮板结构动响应，其中包括板结构中的最大弯矩和挠度。首先对水弹性响应的直接耦合方程进行了离散处理，其中对流场控制方程采用边界元方法离散，对浮板结构采用有限元方法处理。铰链接借助浮板有限单元的旋转自由度模拟。通过与波浪水槽试验对比，验证了数值方法的可靠性[7]。Gao 等研究了带有线柔性连接的箱型超大型浮体结构的水弹性响应问题，尤其重点研究了柔性连接的位置和刚度对浮板水弹性响应的影响规律，其中浮体结构的控制方程采用了 Mindlin 厚板理论描述。流场 Laplace 控制方程采用边界元方法就行了求解，浮板挠度则采用了有限元求解方法[8]。Loukogeorgaki 等开展了一项实验研究，用于测试分别在垂直和任意入射角度的规则水波和不规则水波作用下，浮动防波堤的结构响应问题(主要指模块间连接器的内力和锚链的张力)。结果表明，组合式防波堤的结构响应主要取决于入射波周期，而波高和入射角对结构响应的影响主要集中在水波低频区间，高频水波对结构响应影响很小[9]。

本章以两个箱式型浮式结构物的组合结构为例，在已经建立的浮体模型条件下，通过傅里叶变换将空间域问题转化为空间波数(周期性)问题，基于 Wiener-Hopf 方法构造问题的解[10~13]，又通过留数定理[14]，对边界条件以及控制方程的高阶导数问题进一步化简，对组合式型浮体结构参数以及其连接刚度对其水弹性响应的影响规律进行了研究。

7.2　控制方程与分析求解

7.2.1　流场速度势的控制方程及其边界条件

如图 7-1 所示，计算模型描述为：通过转动刚度为 K_T 的铰连接左右两个横截面完全相同的组合平板，可以看作一个大的平板浮在水面上。流场是理想的，不可

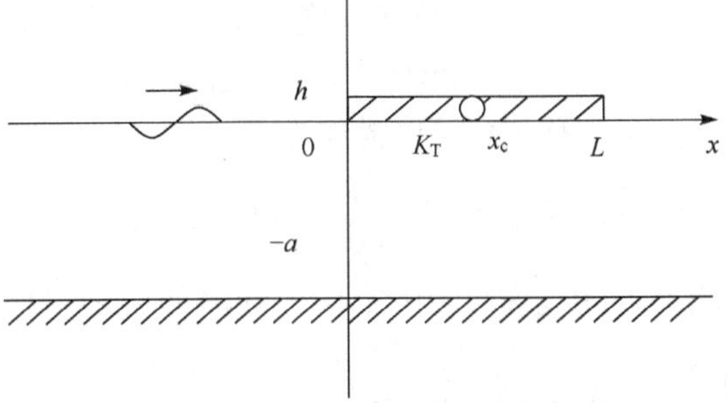

图 7-1　流场示意图

压的，并且流场有势，而且水波是线性的。流体的密度为 ρ_0，水深为 a。两块平板的密度都是 ρ，厚度都是 h，吃水深度取为 d。直角坐标系(x,y,z)的原点作为平板系统的左边界位置。两个平板总长为 L，设铰所在位置为 $x_c=\beta_c L$，左边平板的长度为 $\beta_c L$。铰连接处的转动刚度为 K_T。

为了与实际情况尽量保持统一，因此假设入射水波的波长远远大于浮板的厚度，这样就可以认为水波主要集中在流体表面下的一个薄层内，水波随着深度以指数形式衰减。假设入射波是单色水波，同时沿 x 轴正向传播的。

流体总波场的速度势可以描述为

$$\varphi=[\varphi^{(i)}+\varphi^{(s)}]e^{-i\omega t} \tag{7-1}$$

$$\varphi^{(i)}=\frac{Age^{ikx}\cosh k(z+a)}{\omega\cosh(ka)} \tag{7-2}$$

式中，φ 是流场内总的速度势；$\varphi^{(i)}$ 是入射波速度势；$\varphi^{(s)}$ 是散射波的速度势；k 是入射波的波数；A 是入射波的振幅；ω 是横向弯曲振动的圆频率；g 是重力加速度。

由场论知识可知，入射波速度势和散射波速度势叠加构成流体总波场速度势。而且根据表达式(7-1)和(7-2)，可以用幅值与时间因子 $e^{-i\omega t}$ 的乘积来表示与时间有关的物理量。

流体速度势 φ 满足 Laplace 方程的

$$\Delta\varphi=0,\ (-a<z<0) \tag{7-3}$$

基于 Mindlin 厚板动力学理论[13]，可以得到二维浮板的控制方程和自由表面满足的动力学边界条件 Bernoulli 方程

$$D\frac{\partial^4 F}{\partial x^4}-\rho J\left(1+\frac{Dh}{JC}\right)\frac{\partial^4 F}{\partial x^2\partial t^2}+\rho h\frac{\partial^2 F}{\partial t^2}+\frac{\rho^2 Jh}{C}\frac{\partial^4 F}{\partial t^4}=p \tag{7-4}$$

$$p=-\rho_0(\varphi_t+gw),\ (z=0,0<x<L)\quad \text{(Bernoulli 方程)} \tag{7-5}$$

式中，∇^2 为 Laplace 算子；w 为平板的挠度或表示水面的振动位移；F 为浮板的广义位移；g 为重力加速度；t 为时间；$D=Eh^3/12(1-\nu^2)$ 为浮板的弯曲刚度；$J=h^3/12$ 为平板的转动惯量；$C=\varepsilon Gh$ 为浮板剪切刚度；E，ν 为平板的弹性模量和泊松比；$\varepsilon=\pi^2/12$为剪切折算因子；G 为剪切弹性模量；p 是水的动压力。

可以得到板中各广义位移函数可以描述为

$$\psi_x=\frac{\partial F}{\partial x},\quad M_x=-D\frac{\partial^2 F}{\partial x^2},\quad Q_x=C\left(\frac{\partial w}{\partial x}-\psi_x\right) \tag{7-6}$$

式中，ψ_x 为板内 x 方向的转角；M_x 为板内 x 方向的弯矩；Q_x 为板内 z 方向的剪力。

平板挠度与广义函数 F 有如下关系

$$w=\left(1+\frac{\rho J}{C}\frac{\partial^2}{\partial t^2}-\frac{D}{C}\frac{\partial^2}{\partial x^2}\right)F \tag{7-7}$$

方程(7-7)的解可以用 w 和上式的 Green 函数表示为

$$F=\frac{C}{D}\int_0^L G(x,x')w(x')\mathrm{d}x' \tag{7-8}$$

式中，$G(x,x')$为方程(7-7)的 Green 函数，其有限形式可写为

$$G(x,x')=\begin{cases}\dfrac{\sinh\vartheta x}{\vartheta\sinh\vartheta L}\sinh\vartheta(L-x') & 0\leqslant x<x' \\ \dfrac{\sinh\vartheta(L-x)}{\vartheta\sinh\vartheta L}\sinh\vartheta x' & x'\leqslant x<L\end{cases}$$

式中，ϑ 为平板剪切振动的波数，$\vartheta=\sqrt{(C-\rho_0 J\omega^2)/D}$。

自由水面、平板与水的界面，以及水底的边界条件为如下形式

$$\varphi_z=0,\ (z=-a)\quad \text{（水底壁面不可穿透条件）} \tag{7-9}$$

$$\varphi_z=w_t,\ [z=0,x\in(0,L)]\text{（浮板湿表面与水表面不分离条件）} \tag{7-10}$$

$$\varphi_t+\mathrm{g}w=0,\ [z=0,x\in(-\infty,0)\cup(L,+\infty)]\text{（自由表面的动力学边界条件）} \tag{7-11}$$

两块平板两端以及连接处的边界条件，可有如下表达式

$$\frac{\mathrm{d}^2F(x)}{\mathrm{d}x^2}=0,\ (z=0,x=0,L)\text{（浮板两端的弯矩为 0）} \tag{7-12}$$

$$\frac{\mathrm{d}}{\mathrm{d}x}[w(x)-F(x)]=0,\ (z=0,x=0,L)\text{（浮板两端剪力为 0）} \tag{7-13}$$

$$w(x)\big|_{x=x_c^-}=w(x)\big|_{x=x_c^+},\ (z=0,x=x_c)\text{（左右板铰接处挠度相等）} \tag{7-14}$$

$$\frac{\mathrm{d}}{\mathrm{d}x}[w(x)-F(x)]\big|_{x=x_c^-}=\frac{\mathrm{d}}{\mathrm{d}x}[w(x)-F(x)]\big|_{x=x_c^+},\ (z=0,x=x_c)\text{（左右板铰接处剪力相等）} \tag{7-15}$$

$$-D\frac{\mathrm{d}^2F(x)}{\mathrm{d}x^2}\big|_{x=x_c^-}=-D\frac{\mathrm{d}^2F(x)}{\mathrm{d}x^2}\big|_{x=x_c^+},\ (z=0,x=x_c)\text{（左右板铰接处弯矩相等）} \tag{7-16}$$

$$-D\frac{\mathrm{d}^2F(x)}{\mathrm{d}x^2}\bigg|_{x=x_c^-}=K_\mathrm{T}\left(\frac{\mathrm{d}F}{\mathrm{d}x}\bigg|_{x=x_c^-}-\frac{\mathrm{d}F}{\mathrm{d}x}\bigg|_{x=x_c^+}\right),\ (z=0,x=x_c)\text{（铰接处弯矩等于铰的扭矩）} \tag{7-17}$$

7.2.2　无量纲化

引进以下无量纲变量：

$$\tilde{\varphi}=\frac{\varphi}{A\sqrt{\mathrm{g}l}},\tilde{x}=x/l,\tilde{x}_c=x_c/l,\tilde{z}=z/l,\tilde{p}=\frac{p}{\rho\mathrm{g}A},\tilde{t}=\omega t,\tilde{\alpha}=\alpha l,\tilde{k}=kl,\tilde{L}=L/l,$$

$$\tilde{h}=h/l,\tilde{\rho}=\rho/\rho_0,\tilde{a}=a/l,\tilde{\kappa}=\kappa l,\tilde{D}=\frac{D}{\rho_0\mathrm{g}l^4},\tilde{K}_T=\frac{K_\mathrm{T}}{\rho_0\mathrm{g}l^3}$$

式中，$l=\mathrm{g}/\omega^2$ 作为特征尺度；α 是水波传播波数。

下文全部的推导分析都采用无量纲形式，并且统一略去变量上的符号($\widetilde{\cdot}$)，不再赘述。无量纲化后的流体总波场可以表示为

$$\varphi=[\varphi^{(i)}+\varphi^{(s)}]\mathrm{e}^{-\mathrm{i}t} \tag{7-18}$$

$$\varphi^{(i)}=\frac{\mathrm{e}^{\mathrm{i}kx}\cosh[k(z+a)]}{\cosh(ka)} \tag{7-19}$$

7.2.3 散射速度势的控制方程和边界条件

根据式(7-3)，已知 Laplace 算子是线性的，散射波速度势同样满足 Laplace 方程

$$\frac{\partial^2\varphi^{(s)}}{\partial x^2}+\frac{\partial^2\varphi^{(s)}}{\partial z^2}=0,(-a<z<0) \tag{7-20}$$

根据式(7-9)，(7-18)和(7-19)得到散射波速度势的水底边界条件

$$\frac{\partial\varphi^{(s)}}{\partial z}=0,(z=-a) \tag{7-21}$$

根据边界条件(7-10)和(7-11)联立求解，并无量纲化后，可得到散射波速度是 $\varphi^{(s)}$ 在$[z=0,x\in(-\infty,0)\cup(L,\infty)]$处应满足的边界条件，

$$H(x,0)=\frac{\partial\varphi^{(s)}}{\partial z}-\varphi^{(s)}=0 \tag{7-22}$$

根据边界条件(7-10)、浮板的控制方程(7-4)、Bernoulli 方程(7-5)以及表达式(7-7)，并无量纲化后，可以得到散射波速度 $\varphi^{(s)}$ 在($z=0,0\leqslant x\leqslant L$)处应满足的边界条件为

$$H(x,0)=B\mathrm{e}^{\mathrm{i}kx} \tag{7-23}$$

式中，

$$\begin{aligned}H(x,0)=&\left\{\frac{\partial^4}{\partial x^4}+\left[\kappa^4h^2\left(\frac{1}{12}+\frac{2}{\pi^2(1-\nu)}\right)-\kappa^4\ \frac{h}{\rho}\frac{2}{\pi^2(1-\nu)}\right]\frac{\partial^2}{\partial x^2}-\kappa^4\left[1-\kappa^4\ \frac{h^4}{6\pi^2(1-\nu)}\right]\right.\\&\left.+\kappa^4\ \frac{1}{\rho h}\left[1-\kappa^4\ \frac{h^4}{6\pi^2(1-\nu)}\right]\right\}\frac{\partial\varphi^{(s)}}{\partial z}\\&-\kappa^4\ \frac{1}{\rho h}\left[1-\kappa^4\ \frac{h^4}{6\pi^2(1-\nu)}-\frac{2h^2}{\pi^2(1-\nu)}\frac{\partial^2}{\partial x^2}\right]\varphi^{(s)};\end{aligned}$$

$B=-[\beta(k)+b(k)]k\tanh(ka)+b(k)$。

7.3 应用 Wiener-Hopf 方法构建积分方程

7.3.1 因式分解

应用 Wiener-Hopf 方法[11,14]，需要将各项函数的解析域分开的，此处使用傅里叶变换，得到关于复变量波数 α 的函数

$$\Phi_L(\alpha,z)=\int_{-\infty}^{c}\mathrm{e}^{\mathrm{i}\alpha(x-c)}\varphi^{(s)}(x,z)\mathrm{d}x,\Phi_R(\alpha,z)=\int_{d}^{\infty}\mathrm{e}^{\mathrm{i}\alpha(x-d)}\varphi^{(s)}(x,z)\mathrm{d}x,$$

$$\Phi_M(\alpha,z)=\int_{\mathrm{c}}^{\mathrm{d}}\mathrm{e}^{\mathrm{i}\alpha x}\varphi^{(s)}(x,z)\mathrm{d}x,\Phi(\alpha,z)=\mathrm{e}^{\mathrm{i}\alpha\mathrm{c}}\Phi_L(\alpha,z)+\Phi_M(\alpha,z)+\mathrm{e}^{\mathrm{i}\alpha\mathrm{d}}\Phi_R(\alpha,z) \tag{7-24}$$

式中，c，d 是 $(0,L)$ 之间的任意常数；$\Phi_L(\alpha,z)$ 是定义在上半复平面 $\mathrm{Im}\alpha>0$ 上的函数；$\Phi_R(\alpha,z)$ 是定义在下半复平面 $\mathrm{Im}\alpha<0$ 上的函数。

函数 $\varphi(x,z)$ 经过空间变量 x 的 Fourier 变换，得到函数 $\Phi(\alpha,z)$ 的表达式，即

$$\Phi(\alpha,z)=\int_{-\infty}^{+\infty}\mathrm{e}^{\mathrm{i}\alpha x}\varphi^{s}(x,z)\mathrm{d}x \tag{7-25}$$

对方程(7-22)和(7-23)进行 Fourier 变换，得到 Φ 的控制方程和水底边界条件为 $\dfrac{\partial^2\Phi}{\partial z^2}-\alpha^2\Phi=0(-a<z<0)$ 和 $\dfrac{\partial\Phi}{\partial z}=0,(z=-a)$，满足此边界条件的控制方程的通解形式为

$$\Phi(\alpha,z)=Y(\alpha)\frac{\cosh[\alpha(z+a)]}{\cosh(\alpha a)} \tag{7-26}$$

式中 $Y(\alpha)$ 为待求函数。

为了实现从空间域问题到空间波数问题的转化，对边界条件表达式(7-22)的左端进行 Fourier 变换，也就是沿着 x 轴正向积分，并用 $X(\alpha)$ 来表示

$$X(\alpha)=\int_{-\infty}^{+\infty}H(x,0)\mathrm{e}^{\mathrm{i}\alpha x}\mathrm{d}x=\frac{\partial\Phi(\alpha,0)}{\partial z}-\Phi(\alpha,0) \tag{7-27}$$

考虑式(7-26)，上式可以简化为

$$X(\alpha)=Y(\alpha)\alpha\tanh(\alpha)-Y(\alpha)=[\alpha\tanh(\alpha a)-1]Y(\alpha)=K_1(\alpha)Y(\alpha) \tag{7-28}$$

式中 $K_1(\alpha)$，$K_2(\alpha)$，$K(\alpha)$ 与前面几章的定义相同。

再将边界条件表达式(7-22)左端进行分段积分可有

$$X(\alpha)=X_-(\alpha)+X_1(\alpha)+\mathrm{e}^{\mathrm{i}\alpha L}X_+(\alpha)=K_1(\alpha)Y(\alpha) \tag{7-29}$$

式中，$X_-(\alpha)=\displaystyle\int_{-\infty}^{0}\left[\frac{\partial\varphi^{(s)}(x,0)}{\partial z}-\varphi^{(s)}(x,0)\right]\mathrm{e}^{\mathrm{i}\alpha x}\mathrm{d}x$；

$$X_1(\alpha)=\int_{0}^{L}\left[\frac{\partial\varphi^{(s)}(x,0)}{\partial z}-\varphi^{(s)}(x,0)\right]\mathrm{e}^{\mathrm{i}\alpha x}\mathrm{d}x;$$

$$X_+(\alpha)=\int_{L}^{+\infty}\left[\frac{\partial\varphi^{(s)}(x,0)}{\partial z}-\varphi^{(s)}(x,0)\right]\mathrm{e}^{\mathrm{i}\alpha(x-L)}\mathrm{d}x$$

由边界条件表达式(7-22)可知，$X_-(\alpha)=X_+(\alpha)=0$，故而表达式(7-29)简化为

$$X_1(\alpha)=K_1(\alpha)Y(\alpha) \tag{7-30}$$

同理，对边界条件表达式(7-23)左端进行 Fourier 变换，也就是沿着 x 轴正向积分，并用 $J(\alpha)$ 来表达

$$J(\alpha)=\int_{-\infty}^{+\infty}H(x,0)\mathrm{e}^{\mathrm{i}\alpha x}\mathrm{d}x=[\beta(\alpha)+b(\alpha)]\frac{\partial\Phi(\alpha,0)}{\partial z}-b(\alpha)\Phi(\alpha,0) \tag{7-31}$$

考虑(7-26)，上式可以简化为

$$J(\alpha)=[\beta(\alpha)+b(\alpha)]\alpha Y(\alpha)\tanh(\alpha a)-b(\alpha)Y(\alpha)=K_2(\alpha)Y(\alpha) \tag{7-32}$$

同样，针对左板，将边界条件表达式(7-23)左端进行分段积分可有

$$J(\alpha)=J_-^1(\alpha)+J_{x_c}^1(\alpha)+e^{i\alpha x_c}J_+^1(\alpha)=K_2(\alpha)Y(\alpha) \tag{7-33}$$

式中，

$$J_-^1(\alpha)=\int_{-\infty}^{0}H(x,0)e^{i\alpha x}dx,\ J_+^1(\alpha)=\int_{x_c}^{+\infty}H(x,0)e^{i\alpha(x-x_c)}dx,$$

$$J_{x_c}^1(\alpha)=\int_0^{x_c}H(x,0)e^{i\alpha x}dx。$$

根据边界条件表达式(7-23)可知

$$\begin{aligned}J_+^1(\alpha)&=\int_{x_c}^{L}Be^{ikx}e^{i\alpha(x-x_c)}dx+\int_L^{+\infty}H(x,0)e^{i\alpha(x-x_c)}dx\\&=\frac{B}{i(\alpha+k)}[e^{i(\alpha+k)L-i\alpha x_c}-e^{ikx_c}]+\int_L^{+\infty}H(x,0)e^{i\alpha(x-x_c)}dx\end{aligned}$$

$$J_{x_c}^1(\alpha)=\int_0^{x_c}H(x,0)e^{i\alpha x}dx=\int_0^{x_c}Be^{ikx}e^{i\alpha x}dx=\frac{B[e^{i(\alpha+k)x_c}-1]}{i(\alpha+k)} \tag{7-34}$$

表达式(7-33)可化简为

$$J_-^1(\alpha)+\frac{B[e^{i(\alpha+k)x_c}-1]}{i(\alpha+k)}+e^{i\alpha x_c}J_+^1(\alpha)=K_2(\alpha)Y(\alpha) \tag{7-35}$$

同样针对右板，将边界条件表达式(7-23)的左端沿着 x 轴正向积分，得

$$J(\alpha)=e^{i\alpha x_c}J_-^2(\alpha)+J_{x_c}^2(\alpha)+e^{i\alpha L}J_+^2(\alpha)=K_2(\alpha)Y(\alpha) \tag{7-36}$$

式中，

$$J_-^2(\alpha)=\int_{-\infty}^{x_c}H(x,0)e^{i\alpha(x-x_c)}dx,\ J_+^2(\alpha)=\int_L^{+\infty}H(x,0)e^{i\alpha(x-L)}dx,$$

$$J_{x_c}^2(\alpha)=\int_{x_c}^{L}H(x,0)e^{i\alpha x}dx。$$

根据边界条件表达式(7-23)，可知

$$\begin{aligned}J_-^2(\alpha)&=\int_{-\infty}^{0}H(x,0)e^{i\alpha(x-x_c)}dx+\int_0^{x_c}Be^{ikx}e^{i\alpha(x-x_c)}dx\\&=\int_{-\infty}^{0}H(x,0)e^{i\alpha(x-x_c)}dx+\frac{B}{i(\alpha+k)}[e^{ikx_c}-e^{-i\alpha x_c}],\end{aligned}$$

$$J_{x_c}^2(\alpha)=\int_{x_c}^{L}Be^{ikx}e^{i\alpha x}dx=\frac{B[e^{i(\alpha+k)L}-e^{i(\alpha+k)x_c}]}{i(\alpha+k)} \tag{7-37}$$

故而表达式(7-36)可化简为

$$e^{i\alpha x_c}J_-^2(\alpha)+\frac{B[e^{i(\alpha+k)L}-e^{i(\alpha+k)x_c}]}{i(\alpha+k)}+e^{i\alpha L}J_+^2(\alpha)=K_2(\alpha)Y(\alpha) \tag{7-38}$$

由表达式(7-30)和式(7-35)消去 $Y(\alpha)$，再由表达式(7-30)和式(7-38)消去

$Y(\alpha)$，可得如下表达式

$$J_-^1(\alpha)+\frac{B[e^{i(\alpha+k)x_c}-1]}{i(\alpha+k)}+e^{i\alpha x_c}J_+^1(\alpha)=X_1(\alpha)K(\alpha) \tag{7-39}$$

$$e^{i\alpha x_c}J_-^2(\alpha)+\frac{B[e^{i(\alpha+k)L}-e^{i(\alpha+k)x_c}]}{i(\alpha+k)}+e^{i\alpha L}J_+^2(\alpha)=X_1(\alpha)K(\alpha) \tag{7-40}$$

根据 Wiener-Hopf 技术，进行因式分解，也就是用下式来代替 $K(\alpha)$，

$$K(\alpha)=K_+(\alpha)K_-(\alpha) \tag{7-41}$$

式中 $K_\pm(\alpha)$分别与 $\Phi_\pm(\alpha,y)$的解析区域是相同的。$\pm k$ 点和$\pm\alpha_0$ 点分别是函数 $K(\alpha)$在实轴上的极点和零点。定义两个解析域 Ω_+ 和 Ω_-，如图 7-2 所示，其中 Ω_+ 是指剔除$-\alpha_0$ 和$-k$ 点的切缝后，$\mathrm{Im}\alpha>-|k_1|$半平面的其他区域；同理，Ω_- 是指剔除 α_0 和 k 点的切缝后，$\mathrm{Im}\alpha<|k_1|$半平面的其他区域。简单推理，可以得到结论，$K_\pm(\alpha)$在各自对应的解析域 Ω_+ 和 Ω_- 内没有零点。

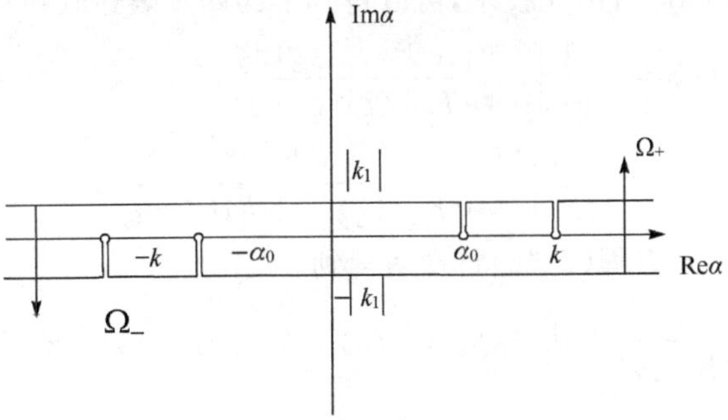

图 7-2　函数 $\Phi_\pm$ 的解析域 $\Omega_\pm$

引进如下函数

$$g(\alpha)=\frac{K(\alpha)(\alpha^2-k^2)}{(\alpha^2-\alpha_0^2)(\alpha^2-\alpha_{-1}^2)(\alpha^2-\alpha_{-2}^2)} \tag{7-42}$$

函数 $g(\alpha)$是 $K(\alpha)$在条形域$(-|\sigma_0|<\mathrm{Im}\alpha<|\sigma_0|)$剔除零点和极点后对应的整函数，式中 $\sigma_0=\min(|k_1|,|\alpha_{-1}|)$。函数 $g(\alpha)$实轴上没有零点且有界；当 α 趋近于无穷大时，函数 $g(\alpha)$趋于单位 1。因此，根据这些特点，对 $g(\alpha)$进行等价的因式分解，有如下形式

$$g(\alpha)=g_+(\alpha)g_-(\alpha),\ g_\pm(\alpha)=\exp\left[\pm\frac{1}{2\pi i}\int_{-\infty\mp i\sigma}^{\infty\mp i\sigma}\frac{\ln g(x)}{x-\alpha}\mathrm{d}x\right],(\sigma<\sigma_0) \tag{7-43}$$

基于文献[11]，在不改变原函数性质的前提下，$g(\alpha)$可展开为无穷乘积形式，

$$g_\pm(\alpha)=\sqrt{g(0)}\prod_{n=1}^{\infty}\left[\left(1\pm\frac{\alpha}{\alpha_n}\right)\exp(\mp\alpha/\alpha_n\pm\alpha/k_n)\Big/\left(1\pm\frac{\alpha}{k_n}\right)\right] \tag{7-44}$$

定义函数 $K(\alpha)$ 为

$$K_{\pm}(\alpha)=\frac{(\alpha\pm\alpha_0)(\alpha\pm\alpha_{-1})(\alpha\pm\alpha_{-2})}{\alpha\pm k}g_{\pm}(\alpha) \tag{7-45}$$

由上式可以得到 $K_+(\alpha)=K_-(-\alpha)$。

7.3.2 左板的解析域分离

将式(7-39)乘以 $\mathrm{e}^{-\mathrm{i}\alpha x_c}[K_+(\alpha)]^{-1}$，得到

$$\frac{J^1_-(\alpha)}{K_+(\alpha)}\mathrm{e}^{-\mathrm{i}\alpha x_c}+\frac{B[\mathrm{e}^{\mathrm{i}kx_c}-\mathrm{e}^{-\mathrm{i}\alpha x_c}]}{\mathrm{i}(\alpha+k)K_+(\alpha)}+\frac{J^1_+(\alpha)}{K_+(\alpha)}=X_1(\alpha)K_-(\alpha)\mathrm{e}^{-\mathrm{i}\alpha x_c} \tag{7-46}$$

为了将方程中各项函数的解析域分开，定义如下函数

$$U^1_+(\alpha)+U^1_-(\alpha)=\frac{J^1_-(\alpha)}{K_+(\alpha)}\mathrm{e}^{-\mathrm{i}\alpha x_c},\quad V^1_+(\alpha)+V^1_-(\alpha)=\frac{B\mathrm{e}^{-\mathrm{i}\alpha x_c}}{\mathrm{i}(\alpha+k)K_+(\alpha)}$$

同时，根据 Wiener-Hopf 技术，可以得到下面两个表达式：

$$U^1_{\pm}(\alpha)=\frac{\pm 1}{2\pi\mathrm{i}}\int_{-\infty\mp\mathrm{i}\sigma}^{\infty\mp\mathrm{i}\sigma}\frac{\mathrm{e}^{-\mathrm{i}\zeta x_c}J^1_-(\zeta)\mathrm{d}\zeta}{K_+(\zeta)(\zeta-\alpha)},$$

$$V^1_{\pm}(\alpha)=\frac{\mp B}{2\pi}\int_{-\infty\mp\mathrm{i}\sigma}^{\infty\mp\mathrm{i}\sigma}\frac{\mathrm{e}^{-\mathrm{i}\zeta x_c}\mathrm{d}\zeta}{K_+(\zeta)(\zeta+k)(\zeta-\alpha)},(\sigma<\sigma_0) \tag{7-47}$$

将式(7-47)代入方程(7-46)整理后得到

$$\frac{J^1_+(\alpha)}{K_+(\alpha)}+\frac{B\mathrm{e}^{\mathrm{i}kx_c}}{\mathrm{i}(\alpha+k)K_+(\alpha)}+U^1_+(\alpha)-V^1_+(\alpha)=X_1(\alpha)K_-(\alpha)\mathrm{e}^{-\mathrm{i}\alpha x_c}-U^1_-(\alpha)+V^1_-(\alpha) \tag{7-48}$$

同理，用 $K_-(\alpha)^{-1}$ 去乘式(7-39)，可得到如下方程

$$\frac{J^1_-(\alpha)}{K_-(\alpha)}+R^1_-(\alpha)-S^1_-(\alpha)-\frac{B}{\mathrm{i}(\alpha+k)K_-(\alpha)}=X_1(\alpha)K_+(\alpha)-R^1_+(\alpha)+S^1_+(\alpha) \tag{7-49}$$

式中，$R^1_+(\alpha)+R^1_-(\alpha)=\dfrac{J^1_+(\alpha)\mathrm{e}^{\mathrm{i}\alpha x_c}}{K_-(\alpha)}$；$S^1_+(\alpha)+S^1_-(\alpha)=-\dfrac{B\mathrm{e}^{\mathrm{i}(\alpha+k)x_c}}{\mathrm{i}(\alpha+k)K_-(\alpha)}$。

同时，根据 Wiener-Hopf 技术，可以得到下面表达式：

$$R^1_{\pm}(\alpha)=\frac{\pm 1}{2\pi\mathrm{i}}\int_{-\infty\mp\mathrm{i}\sigma}^{\infty\pm\mathrm{i}\sigma}\frac{\mathrm{e}^{\mathrm{i}\zeta x_c}J^1_+(\zeta)\mathrm{d}\zeta}{K_-(\zeta)(\zeta-\alpha)},$$

$$S^1_{\pm}(\alpha)=\frac{\pm B}{2\pi}\int_{-\infty\mp\mathrm{i}\sigma}^{\infty\mp\mathrm{i}\sigma}\frac{\mathrm{e}^{\mathrm{i}(\zeta+k)x_c}\mathrm{d}\zeta}{K_-(\zeta)(\zeta+k)(\zeta-\alpha)},(\sigma<\sigma_0) \tag{7-50}$$

为了保证等式左边的函数在 Ω_- 内解析，左右两边加上 $\dfrac{B}{\mathrm{i}(\alpha+k)K_+(k)}$，可得

$$\frac{J^1_-(\alpha)}{K_-(\alpha)}+R^1_-(\alpha)-S^1_-(\alpha)-\frac{B}{\mathrm{i}(\alpha+k)}\left[\frac{1}{K_-(\alpha)}-\frac{1}{K_-(-k)}\right]$$

$$=X_1(\alpha)K_+(\alpha)-R_+^1(\alpha)+S_+^1(\alpha)+\frac{B}{\mathrm{i}(\alpha+k)K_+(k)} \tag{7-51}$$

方程(7-48)左边所有函数在区域 Ω_+ 内解析的，而另一边函数都在 Ω_- 内解析的。根据 Liouville 定理，解析延拓时，方程(7-48)左边等价于一个多项式函数，它的次数可以由 $|\alpha|\to\infty$ 时函数的特性确定。根据分析定义表达式以及能量局部限制条件可知，$|\alpha|\to\infty$ 时，函数 $J_\pm^1(\alpha)$ 不大于 $O(|\alpha|^{\lambda+3})(\lambda<1)$ 阶，$X_1(\alpha)$ 不大于 $O(|\alpha|^{\lambda-1})$ 阶，同时，在无穷远处，当 $|\alpha|\to\infty$ 时，由于 $g_\pm(\alpha)\to 1$，故 $K_\pm(\alpha)$ 阶数为 $O(|\alpha|^2)$[14]。此时，可以得到结论，多项式的次数等于单位 1，可有如下表达式

$$\frac{J_+^1(\alpha)}{K_+(\alpha)}+\frac{B\mathrm{e}^{\mathrm{i}kx_c}}{\mathrm{i}(\alpha+k)K_+(\alpha)}+U_+^1(\alpha)-V_+^1(\alpha)=a_1\alpha+b_1 \tag{7-52}$$

同理，由方程(7-51)可得

$$\frac{J_-^1(\alpha)}{K_-(\alpha)}+R_-^1(\alpha)-S_-^1(\alpha)-\frac{B}{\mathrm{i}(\alpha+k)}\left[\frac{1}{K_-(\alpha)}-\frac{1}{K_-(-k)}\right]=a_2\alpha+b_2 \tag{7-53}$$

式中，a_1, b_1, a_2, b_2 是未知常数。

在波数域空间内，引进新的未知函数

$$\Psi_+^1(\alpha)=J_+^1(\alpha)+\frac{B\mathrm{e}^{\mathrm{i}kx_c}}{\mathrm{i}(\alpha+k)},\quad \Psi_-^{1*}(\alpha)=J_-^1(\alpha)-\frac{B}{\mathrm{i}(\alpha+k)} \tag{7-54}$$

式中，* 是函数 $\Psi_-^{1*}(\alpha)$ 除了在极点 $-k$ 处外，与 $J_-^1(\alpha)$ 的解析域是一样的，也就是在剔除极点 $-k$ 后的 Ω_- 区域内是解析的。

式(7-54)代入式(7-52)和(7-53)，得到

$$\frac{\Psi_+^1(\alpha)}{K_+(\alpha)}+\frac{1}{2\pi\mathrm{i}}\int_{-\infty-\mathrm{i}\sigma}^{\infty-\mathrm{i}\sigma}\frac{\mathrm{e}^{-\mathrm{i}\zeta x_c}\Psi_-^{1*}(\zeta)}{K_+(\zeta)(\zeta-\alpha)}\mathrm{d}\zeta=a_1\alpha+b_1,\ (\sigma<\sigma_0) \tag{7-55}$$

$$\frac{\Psi_-^{1*}(\alpha)}{K_-(\alpha)}+\frac{B}{\mathrm{i}(\alpha+k)K_-(-k)}-\frac{1}{2\pi\mathrm{i}}\int_{-\infty+\mathrm{i}\sigma}^{\infty+\mathrm{i}\sigma}\frac{\mathrm{e}^{\mathrm{i}\zeta x_c}\Psi_+^1(\zeta)}{K_-(\zeta)(\zeta-\alpha)}\mathrm{d}\zeta=a_2\alpha+b_2,\ (\sigma<\sigma_0) \tag{7-56}$$

7.3.3 右板的解析域分离

将式(7-40)乘以 $\mathrm{e}^{-\mathrm{i}\alpha L}[K_+(\alpha)]^{-1}$，得到

$$\frac{J_+^2(\alpha)}{K_+(\alpha)}+\frac{B\mathrm{e}^{\mathrm{i}kL}}{\mathrm{i}(\alpha+k)K_+(\alpha)}+U_+^2(\alpha)-V_+^2(\alpha)=X_1(\alpha)K_-(\alpha)\mathrm{e}^{-\mathrm{i}\alpha L}-U_-^2(\alpha)+V_-^2(\alpha) \tag{7-57}$$

式中，$U_+^2(\alpha)+U_-^2(\alpha)=\dfrac{J_-^2(\alpha)}{K_+(\alpha)}\mathrm{e}^{-\mathrm{i}\alpha(L-x_c)}$；$V_+^2(\alpha)+V_-^2(\alpha)=\dfrac{B\mathrm{e}^{\mathrm{i}(\alpha+k)x_c-\mathrm{i}\alpha L}}{\mathrm{i}(\alpha+k)K_+(\alpha)}$。

同时，根据 Wiener-Hopf 方法，可以得到下面两个表达式：

$$U_\pm^2(\alpha)=\frac{\pm 1}{2\pi\mathrm{i}}\int_{-\infty\mp\mathrm{i}\sigma}^{\infty\mp\mathrm{i}\sigma}\frac{\mathrm{e}^{-\mathrm{i}\zeta(L-x_c)}J_-^2(\zeta)\mathrm{d}\zeta}{K_+(\zeta)(\zeta-\alpha)},$$

$$V_{\pm}^{2}(\alpha)=\frac{\mp B}{2\pi}\int_{-\infty\mp i\sigma}^{\infty\mp i\sigma}\frac{e^{i(\zeta+k)x_c-i\zeta L}d\zeta}{(\zeta+k)K_{+}(\zeta)(\zeta-\alpha)},(\sigma<\sigma_0) \tag{7-58}$$

同理,用 $e^{-i\alpha x_c}K_{-}(\alpha)^{-1}$ 去乘式(7-43),可得到如下方程

$$\frac{J_{-}^{2}(\alpha)}{K_{-}(\alpha)}-\frac{Be^{ikx_c}}{i(\alpha+k)K_{-}(\alpha)}+R_{+}^{2}(\alpha)-S_{+}^{2}(\alpha)=X_1(\alpha)K_{+}(\alpha)e^{-i\alpha x_c}-R_{-}^{2}(\alpha)+S_{-}^{2}(\alpha) \tag{7-59}$$

式中,$R_{+}^{2}(\alpha)+R_{-}^{2}(\alpha)=\dfrac{J_{+}^{2}(\alpha)}{K_{-}(\alpha)}e^{i\alpha(L-x_c)}$;$S_{+}^{2}(\alpha)+S_{-}^{2}(\alpha)=-\dfrac{Be^{i(\alpha+k)L-i\alpha x_c}}{i(\alpha+k)K_{-}(\alpha)}$。

同时,根据 Wiener-Hopf 方法,可以得到下面两个表达式:

$$R_{\pm}^{2}(\alpha)=\frac{\pm 1}{2\pi i}\int_{-\infty\mp i\sigma}^{\infty\mp i\sigma}\frac{e^{i\zeta(L-x_c)}J_{+}^{2}(\zeta)d\zeta}{K_{-}(\zeta)(\zeta-\alpha)},$$

$$S_{\pm}^{2}(\alpha)=\frac{\pm B}{2\pi}\int_{-\infty\mp i\sigma}^{\infty\mp i\sigma}\frac{e^{i(\zeta+k)L-i\zeta x_c}d\zeta}{K_{-}(\zeta)(\zeta+k)(\zeta-\alpha)},(\sigma<\sigma_0) \tag{7-60}$$

同理,为了使等号左边的函数在 Ω_{-} 内解析,等号左右两边加上 $\dfrac{Be^{ikx_c}}{i(\alpha+k)K_{-}(-k)}$ 以消除奇点,可得到

$$\frac{J_{-}^{2}(\alpha)}{K_{-}(\alpha)}+R_{-}^{2}(\alpha)-S_{-}^{2}(\alpha)-\frac{Be^{ikx_c}}{i(\alpha+k)}\left[\frac{1}{K_{-}(\alpha)}-\frac{1}{K_{-}(-k)}\right]$$

$$=X_1(\alpha)K_{+}(\alpha)e^{-i\alpha x_c}-R_{+}^{2}(\alpha)+S_{+}^{2}(\alpha)+\frac{Be^{ikx_c}}{i(\alpha+k)K_{-}(-k)} \tag{7-61}$$

同前文中的描述推理相同,根据 Liouville 定理,分别由方程(7-57)和(7-61)可以得到

$$\frac{J_{+}^{2}(\alpha)}{K_{+}(\alpha)}+\frac{Be^{ikL}}{i(\alpha+k)K_{+}(\alpha)}+U_{+}^{2}(\alpha)-V_{+}^{2}(\alpha)_2=a_3\alpha+b_3 \tag{7-62}$$

$$\frac{J_{-}^{2}(\alpha)}{K_{-}(\alpha)}+R_{-}^{2}(\alpha)-S_{-}^{2}(\alpha)-\frac{Be^{ikx_c}}{i(\alpha+k)}\left[\frac{1}{K_{-}(\alpha)}-\frac{1}{K_{-}(-k)}\right]=a_4\alpha+b_4 \tag{7-63}$$

式中,a_3,b_3,a_4,b_4 是未知常数。

在波数域空间内,引进新的未知函数

$$\Psi_{+}^{2}(\alpha)=J_{+}^{2}(\alpha)+\frac{Be^{ikL}}{i(\alpha+k)},\Psi_{-}^{2*}(\alpha)=J_{-}^{2}(\alpha)-\frac{Be^{ikx_c}}{i(\alpha+k)} \tag{7-64}$$

把式(7-64)代入式(7-62)和(7-63)后,可以得到下列方程组

$$\frac{\Psi_{+}^{2}(\alpha)}{K_{+}(\alpha)}+\frac{1}{2\pi i}\int_{-\infty-i\sigma}^{\infty-i\sigma}\frac{e^{-i\zeta(L-x_c)}\Psi_{-}^{2*}(\zeta)}{K_{+}(\zeta)(\zeta-\alpha)}d\zeta=a_3\alpha+b_3,(\sigma<\sigma_0) \tag{7-65}$$

$$\frac{\Psi_{-}^{2*}(\alpha)}{K_{-}(\alpha)}+\frac{B_2e^{ikx_c}}{i(\alpha+k)K_{-}(-k)}-\frac{1}{2\pi i}\int_{-\infty+i\sigma}^{\infty+i\sigma}\frac{e^{i\zeta(L-x_c)}\Psi_{+}^{2}(\zeta)}{K_{-}(\zeta)(\zeta-\alpha)}d\zeta=a_4\alpha+b_4,(\sigma<\sigma_0) \tag{7-66}$$

7.4　引入板端边界条件

7.4.1　用第一组系数表达板端的弯矩和广义位移

根据方程(7-48)和(7-52)，并将函数 $U_{-}^{1}(\alpha)$ 和 $V_{-}^{1}(\alpha)$ 的表达式代入，可得到

$$X_1(\alpha)=\frac{e^{i\alpha x_c}}{K_-(\alpha)}\left[a_1\alpha+b_1-\frac{1}{2\pi i}\int_{-\infty+i\sigma}^{\infty+i\sigma}\frac{e^{-i\zeta x_c}\Psi_{-}^{1*}(\zeta)}{K_+(\zeta)(\zeta-\alpha)}d\zeta\right] \tag{7-67}$$

由表达式(7-26)，(7-30)，(7-67)可以得到

$$\Phi(\alpha,z)=\frac{1}{K_1(\alpha)}\frac{\cosh[\alpha(z+a)]}{\cosh(\alpha a)}\frac{e^{i\alpha x_c}}{K_-(\alpha)}\left[a_1\alpha+b_1-\frac{1}{2\pi i}\int_{-\infty+i\sigma}^{\infty+i\sigma}\frac{e^{-i\zeta x_c}\Psi_{-}^{1*}(\zeta)}{K_+(\zeta)(\zeta-\alpha)}d\zeta\right] \tag{7-68}$$

利用 Fourier 逆变换，可得到

$$\varphi^s(x,z)=\frac{1}{2\pi}\int_{-\infty}^{+\infty}\frac{e^{-i\alpha(x-x_c)}\cosh[\alpha(z+a)]}{K_-(\alpha)K_1(\alpha)\cosh(\alpha a)}\left[a_1\alpha+b_1-\frac{1}{2\pi i}\int_{-\infty+i\sigma}^{\infty+i\sigma}\frac{e^{-i\zeta x_c}\Psi_{-}^{1*}(\zeta)}{K_+(\zeta)(\zeta-\alpha)}d\zeta\right]d\alpha \tag{7-69}$$

根据式(7-69)，已知关系式 $K(\alpha)=K_+(\alpha)K_-(\alpha)=\dfrac{K_2(\alpha)}{K_1(\alpha)}$，并且根据函数奇偶性可以得到

$$\frac{\partial\varphi^{(s)}}{\partial z}(x,0)=\frac{1}{2\pi}\int_{-\infty}^{+\infty}\frac{\alpha e^{-i\alpha(x-x_c)}\tanh(\alpha a)K_+(\alpha)}{K_2(\alpha)}\left[a_1\alpha+b_1-\frac{1}{2\pi i}\int_{-\infty+i\sigma}^{\infty+i\sigma}\frac{e^{-i\zeta x_c}\Psi_{-}^{1*}(\zeta)d\zeta}{K_+(\zeta)(\zeta-\alpha)}\right]d\alpha \tag{7-70}$$

内部积分的积分路线必须完全选在 Ω_+ 和 Ω_- 的交集内。选择的积分路线去除点 α_0 和 k。根据 Jordan 引理[14]的推论建立封闭积分路径，选择 $\mathrm{Im}\alpha<\sigma$ 的下半平面内封闭的积分路径，即以半径为 $R\to\infty$ 的半圆作为封闭路径，如图 7-3 所示。可利用留数定理来计算这个积分的值。

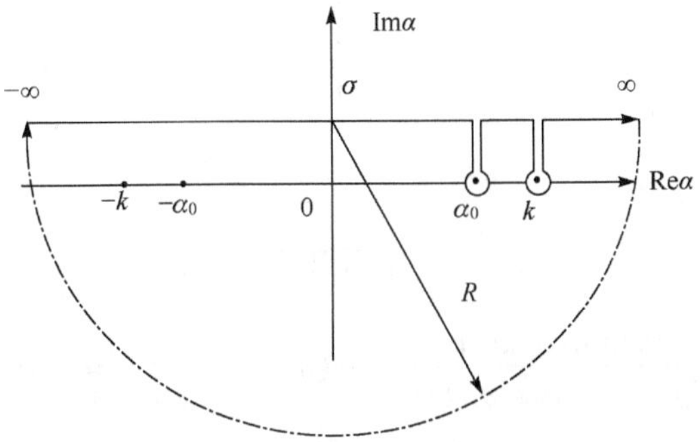

图 7-3　积分路径示意图

函数 $K_+(\zeta)$ 在点 $-\alpha_j(j=-2,-1,0,\cdots)$ 有零值，在点 $-k,-k_j(j=1,2,3,\cdots)$ 有极值。在点 $\zeta=-k$ 处，函数 $\Psi_-^{1*}(\zeta)$ 的极点可以用函数 $K_+(\zeta)$ 来抵消。所以点 $\zeta=-\alpha_j(j=-2,-1,0,\cdots)$ 和 $\zeta=\alpha$ 是这个积分值的极点，且都是一阶极点。应用留数定理得

$$\frac{1}{2\pi\mathrm{i}}\int_{-\infty+\mathrm{i}\sigma}^{\infty+\mathrm{i}\sigma}\frac{\mathrm{e}^{-\mathrm{i}\zeta x_c}\Psi_-^{1*}(\zeta)\mathrm{d}\zeta}{K_+(\zeta)(\zeta-\alpha)}=-\frac{\Psi_-^{1*}(\alpha)\mathrm{e}^{-\mathrm{i}\alpha x_c}}{K_+(\alpha)}+\sum_{j=-2}^{\infty}\frac{\Psi_-^{1*}(-\alpha_j)\mathrm{e}^{\mathrm{i}\alpha_j x_c}}{K'_+(-\alpha_j)(\alpha_j+\alpha)} \tag{7-71}$$

式中，$K'_+(-\alpha_j)$ 是函数 $K_+(\alpha)$ 在点 $-\alpha_j(j=-2,-1,0,\cdots)$ 处的导数。

将式(7-71)代入式(7-70)得到

$$\begin{aligned}\frac{\partial\varphi^{(s)}}{\partial z}(x,0)=&\frac{1}{2\pi}\int_{-\infty}^{+\infty}\frac{\alpha\mathrm{e}^{-\mathrm{i}\alpha(x-x_c)}\tanh(\alpha a)K_+(\alpha)}{K_2(\alpha)}(a_1\alpha+b_1)\mathrm{d}\alpha\\&+\frac{1}{2\pi}\int_{-\infty}^{+\infty}\frac{\alpha\mathrm{e}^{-\mathrm{i}\alpha x}\tanh(\alpha a)\Psi_-^{1*}(\alpha)}{K_2(\alpha)}\mathrm{d}\alpha\\&-\frac{1}{2\pi}\sum_{j=-2}^{\infty}\frac{\mathrm{e}^{\mathrm{i}\alpha_j x_c}\Psi_-^{1*}(-\alpha_j)}{K'_+(-\alpha_j)}\int_{-\infty}^{+\infty}\frac{\alpha\mathrm{e}^{-\mathrm{i}\alpha(x-x_c)}\tanh(\alpha a)K_+(\alpha)}{K_2(\alpha)(\alpha_j+\alpha)}\mathrm{d}\alpha\end{aligned} \tag{7-72}$$

如图 7-4 所示，外部积分的积分路径选定在 Ω_+ 和 Ω_- 交集内。保证了各个函数在这个区域都是解析的。积分路径沿着实轴从下方绕过点 α_0 和 k 并且从上方绕过点 $-\alpha_0$ 和 $-k$。根据 Jordan 引理及其推论，选择实轴以下半平面作为积分封闭路径作为第二个积分的积分路径，选择上半平面封闭积分路径作为在第一个和第三个积分的积分路径。表达式(7-72)应用留数定理，得到

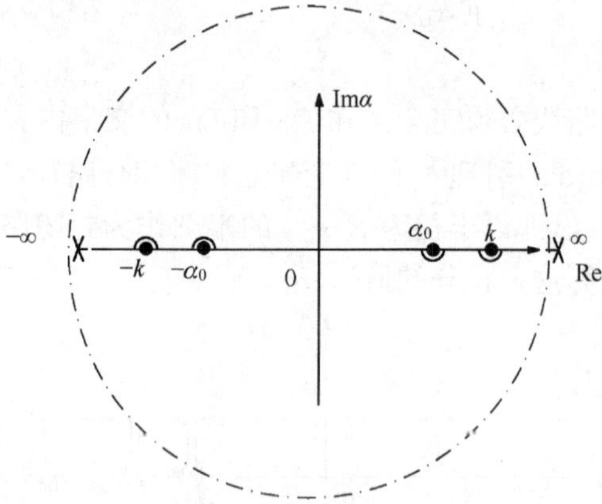

图 7-4　积分路径示意图

$$\begin{aligned}\frac{\partial\varphi^{(s)}}{\partial z}(x,0)=&\mathrm{i}\sum_{m=-2}^{\infty}\frac{\alpha_m\tanh(\alpha_m a)K_+(\alpha_m)}{K'_2(\alpha_m)}(a_1\alpha_m+b_1)\mathrm{e}^{-\mathrm{i}\alpha_m(x-x_c)}\\&-\mathrm{i}\sum_{m=-2}^{\infty}\frac{\alpha_m\tanh(\alpha_m a)\mathrm{e}^{\mathrm{i}\alpha_m x}\Psi_-^{1*}(-\alpha_m)}{K'_2(-\alpha_m)}\end{aligned}$$

$$-\mathrm{i}\sum_{m=-2}^{\infty}\frac{\alpha_m\tanh(\alpha_m a)K_+(\alpha_m)\mathrm{e}^{-\mathrm{i}\alpha_m(x-x_c)}}{K_2'(\alpha_m)}\sum_{j=-2}^{\infty}\frac{\mathrm{e}^{\mathrm{i}\alpha_j x_c}\Psi_-^{1*}(-\alpha_j)}{K'_+(-\alpha_j)(\alpha_j+\alpha_m)}-\mathrm{e}^{\mathrm{i}kx} \tag{7-73}$$

由表达式(7-19)得到

$$\frac{\partial}{\partial z}\varphi^{(i)}(x,0)=\mathrm{e}^{\mathrm{i}kx} \tag{7-74}$$

由式(7-18)、式(7-73)、式(7-74)得到

$$\begin{aligned}\frac{\partial}{\partial z}\varphi(x,0)=&\ \mathrm{i}\sum_{m=-2}^{\infty}\frac{\alpha_m\tanh(\alpha_m a)K_+(\alpha_m)}{K_2'(\alpha_m)}(a_1\alpha_m+b_1)\mathrm{e}^{-\mathrm{i}\alpha_m(x-x_c)}\\&-\mathrm{i}\sum_{m=-2}^{\infty}\frac{\alpha_m\tanh(\alpha_m a)\mathrm{e}^{\mathrm{i}\alpha_m x}\Psi_-^{1*}(-\alpha_m)}{K_2'(-\alpha_m)}\\&-\mathrm{i}\sum_{m=-2}^{\infty}\frac{\alpha_m\tanh(\alpha_m a)K_+(\alpha_m)_1\mathrm{e}^{-\mathrm{i}\alpha_m(x-x_c)}}{K_2'(\alpha_m)}\sum_{j=-2}^{\infty}\frac{\mathrm{e}^{\mathrm{i}\alpha_j x_c}\Psi_-^{1*}(-\alpha_j)}{K'_+(-\alpha_j)(\alpha_j+\alpha_m)}\end{aligned} \tag{7-75}$$

根据边界条件(7-10)，同时所有函数的时变部分用因子 $\mathrm{e}^{-\mathrm{i}t}$ 表示，可得 $\frac{\partial\varphi}{\partial z}=\frac{\partial w}{\partial t}=-\mathrm{i}w$，进而得到 $w=-\frac{\partial\varphi}{\mathrm{i}\partial z}=\mathrm{i}\frac{\partial\varphi}{\partial z}$。通过表达式(7-75)得到

$$\begin{aligned}w(x)=&\ \mathrm{i}\frac{\partial}{\partial z}\varphi(x,0)\\=&-\sum_{m=-2}^{\infty}\frac{\alpha_m\tanh(\alpha_m a)K_+(\alpha_m)}{K_2'(\alpha_m)}\left[a_1\alpha_m+b_1-\sum_{j=-2}^{\infty}\frac{\mathrm{e}^{\mathrm{i}\alpha_j x_c}\Psi_-^{1*}(-\alpha_j)}{K'_+(-\alpha_j)(\alpha_j+\alpha_m)}\right]\\&\times\mathrm{e}^{-\mathrm{i}\alpha_m(x-x_c)}+\sum_{m=-2}^{\infty}\frac{\alpha_m\tanh(\alpha_m a)\mathrm{e}^{\mathrm{i}\alpha_m x}\Psi_-^{1*}(-\alpha_m)}{K_2'(-\alpha_m)}\end{aligned} \tag{7-76}$$

根据表达式(7-8)得到

$$\begin{aligned}F(x)=&-\sum_{m=-2}^{\infty}\frac{\alpha_m\tanh(\alpha_m a)K_+(\alpha_m)}{K_2'(\alpha_m)}\left[a_1\alpha_m+b_1-\sum_{j=-2}^{\infty}\frac{\mathrm{e}^{\mathrm{i}\alpha_j x_c}\Psi_-^{1*}(-\alpha_j)}{K'_+(-\alpha_j)(\alpha_j+\alpha_m)}\right]\\&\times qN_1(\alpha_m)\mathrm{e}^{-\mathrm{i}\alpha_m(x-x_c)}+\sum_{m=-2}^{\infty}\frac{\alpha_m\tanh(\alpha_m a)\Psi_-^{1*}(-\alpha_m)}{K_2'(-\alpha_m)}qN_1(\alpha_m)\mathrm{e}^{\mathrm{i}\alpha_m x}\end{aligned} \tag{7-77}$$

7.4.2 用第二组系数表达板端的弯矩和广义位移

根据式(7-51)和式(7-53)，并将函数 $R_-^1(\alpha)$ 和 $S_-^1(\alpha)$ 的定义表达式代入可得到

$$X_1(\alpha)=\frac{1}{K_+(\alpha)}\left[a_2\alpha+b_2-\frac{B}{\mathrm{i}(\alpha+k)K_+(k)}+\frac{1}{2\pi\mathrm{i}}\int_{-\infty-\mathrm{i}\sigma}^{\infty-\mathrm{i}\sigma}\frac{\mathrm{e}^{\mathrm{i}\zeta x_c}\Psi_+^1(\zeta)\mathrm{d}\zeta}{K_-(\zeta)(\zeta-\alpha)}\right] \tag{7-78}$$

根据表达式(7-26)、式(7-30)、式(7-78)，并利用 Fourier 逆变换，可得到

$$\begin{aligned}\varphi^s(x,z) &= \frac{1}{2\pi}\int_{-\infty}^{+\infty} \mathrm{e}^{-\mathrm{i}\alpha x}\Phi(\alpha,z)\mathrm{d}\alpha \\ &= \frac{1}{2\pi}\int_{-\infty}^{+\infty} \frac{\mathrm{e}^{-\mathrm{i}\alpha x}\cosh[\alpha(z+a)]}{\cosh(\alpha a)K_+(\alpha)K_1(\alpha)}\Bigg[a_2\alpha+b_2-\frac{B}{\mathrm{i}(\alpha+k)K_+(k)} \\ &\quad +\frac{1}{2\pi\mathrm{i}}\int_{-\infty-\mathrm{i}\sigma}^{\infty-\mathrm{i}\sigma}\frac{\mathrm{e}^{\mathrm{i}\zeta x_c}\Psi_+^1(\zeta)\mathrm{d}\zeta}{K_-(\zeta)(\zeta-\alpha)}\Bigg]\mathrm{d}\alpha \end{aligned} \tag{7-79}$$

根据表达式(7-79)，且已知 $K(\alpha)=K_+(\alpha)K_-(\alpha)=\dfrac{K_2(\alpha)}{K_1(\alpha)}$，可以得到

$$\begin{aligned}\frac{\partial\varphi^{(s)}}{\partial z}(x,0) &= \frac{1}{2\pi}\int_{-\infty}^{+\infty}\frac{\alpha\mathrm{e}^{-\mathrm{i}\alpha x}\tanh(\alpha a)K_-(\alpha)}{K_2(\alpha)}\Bigg[a_2\alpha+b_2-\frac{B}{\mathrm{i}(\alpha+k)K_+(k)} \\ &\quad +\frac{1}{2\pi\mathrm{i}}\int_{-\infty-\mathrm{i}\sigma}^{\infty-\mathrm{i}\sigma}\frac{\mathrm{e}^{\mathrm{i}\zeta x_c}\Psi_+^1(\zeta)\mathrm{d}\zeta}{K_-(\zeta)(\zeta-\alpha)}\Bigg]\mathrm{d}\alpha\end{aligned} \tag{7-80}$$

对于内部积分，所求积分路线必须完全选在 Ω_+ 和 Ω_- 的交集内。选择的积分路线从去除点 $-\alpha_0$ 和 $-k$。根据 Jordan 引理建立封闭积分路径，选择 $\mathrm{Im}\alpha>-\sigma_0$ 的上半平面内封闭的积分路径，即以半径为 $R\to\infty$ 的半圆作为封闭路径，如图 7-5 所示。可利用留数定理来计算这个积分的值。

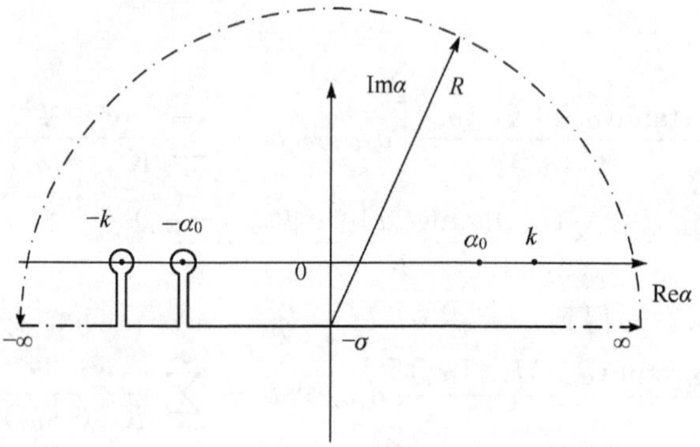

图 7-5　积分路径示意图

此积分极点有 $\zeta=\alpha$ 和 $\zeta=\alpha_j\,(j=-2,-1,0,\cdots)$，而且都是一阶极点。内部积分应用留数定理得到

$$\frac{1}{2\pi\mathrm{i}}\int_{-\infty-\mathrm{i}\sigma}^{\infty-\mathrm{i}\sigma}\frac{\mathrm{e}^{\mathrm{i}\zeta x_c}\Psi_+^1(\zeta)\mathrm{d}\zeta}{K_-(\zeta)(\zeta-\alpha)} = \frac{\mathrm{e}^{\mathrm{i}\alpha x_c}\Psi_+^1(\alpha)}{K_-(\alpha)}+\sum_{j=-2}^{\infty}\frac{\mathrm{e}^{\mathrm{i}\alpha_j x_c}\Psi_+^1(\alpha_j)}{K'_-(\alpha_j)(\alpha_j-\alpha)} \tag{7-81}$$

将式(7-81)代入式(7-82)后得到

$$\frac{\partial\varphi^{(s)}}{\partial z}(x,0) = \frac{1}{2\pi}\int_{-\infty}^{+\infty}\frac{\alpha\mathrm{e}^{-\mathrm{i}\alpha x}\tanh(\alpha a)K_-(\alpha)}{K_2(\alpha)}\left[a_2\alpha+b_2-\frac{B}{\mathrm{i}(\alpha+k)K_+(k)}\right]\mathrm{d}\alpha$$

$$+\frac{1}{2\pi}\int_{-\infty}^{+\infty}\frac{\alpha e^{-i\alpha(x-x_c)}\tanh(\alpha a)\Psi_+^1(\alpha)}{K_2(\alpha)}d\alpha$$
$$+\frac{1}{2\pi}\sum_{j=-2}^{\infty}\frac{e^{i\alpha_j x_c}\Psi_+^1(\alpha_j)}{K'_-(\alpha_j)}\int_{-\infty}^{+\infty}\frac{\alpha e^{-i\alpha x}\tanh(\alpha a)K_-(\alpha)}{K_2(\alpha)(\alpha_j-\alpha)}d\alpha \tag{7-82}$$

同上文描述以及推断，根据约当引理及其推论选择适当的积分路径，如图 7-4 所示，第一个，第二个和第三个积分分别对应选择下半平面，上半平面，下半平作为积分封闭路径。应用留数定理，得到

$$\frac{\partial\varphi^{(s)}}{\partial z}(x,0)=-i\sum_{m=-2}^{\infty}\frac{e^{i\alpha_m x}\alpha_m\tanh(\alpha_m a)K_-(-\alpha_m)}{K'_2(-\alpha_m)}$$
$$\times\left[-a_2\alpha_m+b_2-\frac{B}{i(k-\alpha_m)K_+(k)}+\sum_{j=-2}^{\infty}\frac{e^{i\alpha_j x_c}\Psi_+^1(\alpha_j)}{K'_-(\alpha_j)(\alpha_j+\alpha_m)}\right]$$
$$+i\sum_{m=-2}^{\infty}\frac{e^{-i\alpha_m(x-x_c)}\alpha_m\tanh(\alpha_m a)\Psi_+^1(\alpha_m)}{K'_2(\alpha_m)}-e^{ikx} \tag{7-83}$$

根据表达式(7-18)，(7-19)和(7-83)得到

$$\frac{\partial\varphi}{\partial z}(x,0)=-i\sum_{m=-2}^{\infty}\frac{e^{i\alpha_m x}\alpha_m\tanh(\alpha_m a)K_-(-\alpha_m)}{K'_2(-\alpha_m)}$$
$$\times\left[-a_2\alpha_m+b_2-\frac{B}{i(k-\alpha_m)K_+(k)}+\sum_{j=-2}^{\infty}\frac{e^{i\alpha_j x_c}\Psi_+^1(\alpha_j)}{K'_-(\alpha_j)(\alpha_j+\alpha_m)}\right]$$
$$+i\sum_{m=-2}^{\infty}\frac{e^{-i\alpha_m(x-x_c)}\alpha_m\tanh(\alpha_m a)\Psi_+^1(\alpha_m)}{K'_2(\alpha_m)} \tag{7-84}$$

根据边界条件(7-10)和表达式(7-84)，可得到

$$w(x)=\sum_{m=-2}^{\infty}\frac{e^{i\alpha_m x}\alpha_m\tanh(\alpha_m a)K_-(-\alpha_m)}{K'_2(-\alpha_m)}\left[-a_2\alpha_m+b_2-\frac{B}{i(k-\alpha_m)K_+(k)}\right.$$
$$\left.+\sum_{j=-2}^{\infty}\frac{e^{i\alpha_j x_c}\Psi_+^1(\alpha_j)}{K'_-(\alpha_j)(\alpha_j+\alpha_m)}\right]-\sum_{m=-2}^{\infty}\frac{e^{-i\alpha_m(x-x_c)}\alpha_m\tanh(\alpha_m a)\Psi_+^1(\alpha_m)}{K'_2(\alpha_m)} \tag{7-85}$$

根据表达式(7-8)，得到

$$F(x)=\sum_{m=-2}^{\infty}\frac{e^{i\alpha_m x}\alpha_m\tanh(\alpha_m a)K_-(-\alpha_m)}{K'_2(-\alpha_m)}qN_1(\alpha_m)\left[-a_2\alpha_m+b_2-\frac{B}{i(k-\alpha_m)K_+(k)}\right.$$
$$\left.+\sum_{j=-2}^{\infty}\frac{e^{i\alpha_j x_c}\Psi_+^1(\alpha_j)}{K'_-(\alpha_j)(\alpha_j+\alpha_m)}\right]-\sum_{m=-2}^{\infty}\frac{e^{-i\alpha_m(x-x_c)}\alpha_m\tanh(\alpha_m a)\Psi_+^1(\alpha_m)}{K'_2(\alpha_m)}qN_1(\alpha_m) \tag{7-86}$$

7.4.3　用第三组系数表达板端的弯矩和广义位移

根据表达式(7-57)和式(7-62)，并将函数 $U_-^2(\alpha)$ 和 $V_-^2(\alpha)$ 的表达式代入，可得

$$X_1(\alpha)=\frac{e^{i\alpha L}}{K_-(\alpha)}\left[a_3\alpha+b_3-\frac{1}{2\pi i}\int_{-\infty+i\sigma}^{\infty+i\sigma}\frac{e^{-i\zeta(L-x_c)}\Psi_-^{2*}(\zeta)}{K_+(\zeta)(\zeta-\alpha)}d\zeta\right] \tag{7-87}$$

根据表达式(7-26)、式(7-30)、式(7-87)，并利用 Fourier 逆变换，可得到

$$\varphi^{(s)}(x,z)=\frac{1}{2\pi}\int_{-\infty}^{+\infty}\mathrm{e}^{-\mathrm{i}\alpha x}\Phi(\alpha,z)\mathrm{d}\alpha=\frac{1}{2\pi}\int_{-\infty}^{+\infty}\frac{\mathrm{e}^{-\mathrm{i}\alpha(x-L)}\cosh[\alpha(z+a)]}{K_-(\alpha)K_1(\alpha)\cosh(\alpha a)}$$
$$\times\left[a_3\alpha+b_3-\frac{1}{2\pi\mathrm{i}}\int_{-\infty+\mathrm{i}\sigma}^{\infty+\mathrm{i}\sigma}\frac{\mathrm{e}^{-\mathrm{i}\zeta(L-x_c)}\Psi_-^{2*}(\zeta)}{K_+(\zeta)(\zeta-\alpha)}\mathrm{d}\zeta\right]\mathrm{d}\alpha \tag{7-88}$$

根据表达式(7-88)和关系式 $K(\alpha)=K_+(\alpha)K_-(\alpha)=\dfrac{K_2(\alpha)}{K_1(\alpha)}$，可得

$$\frac{\partial\varphi^{(s)}}{\partial z}(x,0)=\frac{1}{2\pi}\int_{-\infty}^{+\infty}\frac{\alpha\mathrm{e}^{-\mathrm{i}\alpha(x-L)}\tanh(\alpha a)K_+(\alpha)}{K_2(\alpha)}\Big[a_3\alpha+b_3$$
$$-\frac{1}{2\pi\mathrm{i}}\int_{-\infty+\mathrm{i}\sigma}^{\infty+\mathrm{i}\sigma}\frac{\mathrm{e}^{-\mathrm{i}\zeta(L-x_c)}\Psi_-^{2*}(\zeta)\mathrm{d}\zeta}{K_+(\zeta)(\zeta-\alpha)}\Big]\mathrm{d}\alpha \tag{7-89}$$

采用与第一组系数相同的化简思路，根据表达式(7-18)、式(7-19)、式(7-89)得到

$$\frac{\partial\varphi}{\partial z}(x,0)=\mathrm{i}\sum_{m=-2}^{\infty}\frac{\alpha_m\tanh(\alpha_m a)K_+(\alpha_m)}{K_2'(\alpha_m)}(a_3\alpha_m+b_3)\mathrm{e}^{-\mathrm{i}\alpha_m(x-L)}$$
$$-\mathrm{i}\sum_{m=-2}^{\infty}\frac{\alpha_m\tanh(\alpha_m a)\mathrm{e}^{\mathrm{i}\alpha_m(x-x_c)}\Psi_-^{2*}(-\alpha_m)}{K_2'(-\alpha_m)}$$
$$-\mathrm{i}\sum_{m=-2}^{\infty}\frac{\alpha_m\tanh(\alpha_m a)K_+(\alpha_m)\mathrm{e}^{-\mathrm{i}\alpha_m(x-L)}}{K_2'(\alpha_m)}\sum_{j=-2}^{\infty}\frac{\mathrm{e}^{\mathrm{i}\alpha_j(L-x_c)}\Psi_-^{2*}(-\alpha_j)}{K_+'(-\alpha_j)(\alpha_j+\alpha_m)} \tag{7-90}$$

根据边界条件(7-10)和式(7-90)，可得

$$w(x)=\mathrm{i}\frac{\partial\varphi}{\partial z}(x,0)$$
$$=-\sum_{m=-2}^{\infty}\frac{\alpha_m\tanh(\alpha_m a)K_+(\alpha_m)}{K_2'(\alpha_m)}\left[(a_3\alpha_m+b_3)-\sum_{j=-2}^{\infty}\frac{\mathrm{e}^{\mathrm{i}\alpha_j(L-x_c)}\Psi_-^{2*}(-\alpha_j)}{K_+'(-\alpha_j)(\alpha_j+\alpha_m)}\right]$$
$$\times\mathrm{e}^{-\mathrm{i}\alpha_m(x-L)}+\sum_{m=-2}^{\infty}\frac{\alpha_m\tanh(\alpha_m a)\mathrm{e}^{\mathrm{i}\alpha_m(x-x_c)}\Psi_-^{2*}(-\alpha_m)}{K_2'(-\alpha_m)} \tag{7-91}$$

根据表达式(7-91)得到

$$F(x)=-\sum_{m=-2}^{\infty}\frac{\alpha_m\tanh(\alpha_m a)K_+(\alpha_m)}{K_2'(\alpha_m)}$$
$$\times\left[(a_3\alpha_m+b_3)-\sum_{j=-2}^{\infty}\frac{\mathrm{e}^{\mathrm{i}\alpha_j(L-x_c)}\Psi_-^{2*}(-\alpha_j)}{K_+'(-\alpha_j)(\alpha_j+\alpha_m)}\right]qN_1(\gamma_m)\times\mathrm{e}^{-\mathrm{i}\alpha_m(x-L)}$$
$$+\sum_{m=-2}^{\infty}\frac{\alpha_m\tanh(\alpha_m a)\Psi_-^{2*}(-\alpha_m)}{K_2'(-\alpha_m)}qN_1(\alpha_m)\mathrm{e}^{\mathrm{i}\alpha_m(x-x_c)} \tag{7-92}$$

7.4.4 用第四组系数表达板端的弯矩和广义位移

根据表达式(7-61)和式(7-63)，并将函数 $R_-(\alpha)_2$ 和 $S_-(\alpha)_2$ 的表达式代入得到

$$X_1(\alpha)=\frac{\mathrm{e}^{\mathrm{i}\alpha x_c}}{K_+(\alpha)}\left[a_4\alpha+b_4-\frac{B\mathrm{e}^{\mathrm{i}kx_c}}{\mathrm{i}(\alpha+k)K_+(k)}+\frac{1}{2\pi\mathrm{i}}\int_{-\infty-\mathrm{i}\sigma}^{\infty-\mathrm{i}\sigma}\frac{\mathrm{e}^{\mathrm{i}\zeta(L-x_c)}\Psi_+^2(\zeta)\mathrm{d}\zeta}{K_-(\zeta)(\zeta-\alpha)}\right] \tag{7-93}$$

根据表达式(7-26),(7-30),(7-93),并利用 Fourier 逆变换,可得到

$$\varphi^s(x,z)=\frac{1}{2\pi}\int_{-\infty}^{+\infty}\mathrm{e}^{-\mathrm{i}\alpha x}\Phi(\alpha,z)\mathrm{d}\alpha=\frac{1}{2\pi}\int_{-\infty}^{+\infty}\frac{\mathrm{e}^{-\mathrm{i}\alpha(x-x_c)}\cosh[\alpha(z+a)]}{\cosh(\alpha a)K_+(\alpha)K_1(\alpha)}$$
$$\times\left[a_4\alpha+b_4-\frac{B\mathrm{e}^{\mathrm{i}kx_c}}{\mathrm{i}(\alpha+k)K_+(k)}+\frac{1}{2\pi\mathrm{i}}\int_{-\infty-\mathrm{i}\sigma}^{\infty-\mathrm{i}\sigma}\frac{\mathrm{e}^{\mathrm{i}\zeta(L-x_c)}\Psi_+^2(\zeta)\mathrm{d}\zeta}{K_-(\zeta)(\zeta-\alpha)}\right]\mathrm{d}\alpha \tag{7-94}$$

根据式(7-94),且已知关系式 $K(\alpha)=K_+(\alpha)K_-(\alpha)=\dfrac{K_2(\alpha)}{K_1(\alpha)}$,可以得到

$$\frac{\partial\varphi^{(s)}}{\partial z}(x,0)=\frac{1}{2\pi}\int_{-\infty}^{+\infty}\frac{\alpha\mathrm{e}^{-\mathrm{i}\alpha(x-x_c)}\tanh(\alpha a)K_-(\alpha)}{K_2(\alpha)}\left[a_4\alpha+b_4-\frac{B\mathrm{e}^{\mathrm{i}kx_c}}{\mathrm{i}(\alpha+k)K_+(k)}\right.$$
$$\left.+\frac{1}{2\pi\mathrm{i}}\int_{-\infty-\mathrm{i}\sigma}^{\infty-\mathrm{i}\sigma}\frac{\mathrm{e}^{\mathrm{i}\zeta(L-x_c)}\Psi_+^2(\zeta)\mathrm{d}\zeta}{K_-(\zeta)(\zeta-\alpha)}\right]\mathrm{d}\alpha \tag{7-95}$$

采用与第一组系数相同的化简思路,根据表达式(7-18),(7-19)和(7-95)得到

$$\frac{\partial\varphi}{\partial z}(x,0)=-\mathrm{i}\sum_{m=-2}^{\infty}\frac{\mathrm{e}^{\mathrm{i}\alpha_m(x-x_c)}\alpha_m\tanh(\alpha_m a)K_-(-\alpha_m)}{K_2'(-\alpha_m)}$$
$$\times\left[-a_4\alpha_m+b_4-\frac{B\mathrm{e}^{\mathrm{i}kx_c}}{\mathrm{i}(k-\alpha_m)K_+(k)}+\sum_{j=-2}^{\infty}\frac{\mathrm{e}^{\mathrm{i}\alpha_j(L-x_c)}\Psi_+^2(\alpha_j)}{K_-'(\alpha_j)(\alpha_j+\alpha_m)}\right]$$
$$+\mathrm{i}\sum_{m=-2}^{\infty}\frac{\mathrm{e}^{-\mathrm{i}\alpha_m(x-L)}\alpha_m\tanh(\alpha_m a)\Psi_+^2(\alpha_m)}{K_2'(\alpha_m)} \tag{7-96}$$

根据边界条件(7-10)和式(7-96),可得到

$$w(x)=\mathrm{i}\frac{\partial\varphi}{\partial z}(x,0)=\sum_{m=-2}^{\infty}\frac{\mathrm{e}^{\mathrm{i}\alpha_m(x-x_c)}\alpha_m\tanh(\alpha_m a)K_-(-\alpha_m)}{K_2'(-\alpha_m)}$$
$$\times\left[-a_4\alpha_m+b_4-\frac{B\mathrm{e}^{\mathrm{i}kx_c}}{\mathrm{i}(k-\alpha_m)K_+(k)}+\sum_{j=-2}^{\infty}\frac{\mathrm{e}^{\mathrm{i}\alpha_j(L-x_c)}\Psi_+^2(\alpha_j)}{K_-'(\alpha_j)(\alpha_j+\alpha_m)}\right]$$
$$-\sum_{m=-2}^{\infty}\frac{\mathrm{e}^{-\mathrm{i}\alpha_m(x-L)}\alpha_m\tanh(\alpha_m a)\Psi_+^2(\alpha_m)}{K_2'(\alpha_m)} \tag{7-97}$$

根据表达式(7-8)得到

$$F(x)=\sum_{m=-2}^{\infty}\frac{qN_1(\alpha_m)\mathrm{e}^{\mathrm{i}\alpha_m(x-x_c)}\alpha_m\tanh(\alpha_m a)K_-(-\alpha_m)}{K_2'(-\alpha_m)}$$
$$\times\left[-a_4\alpha_m+b_4-\frac{B\mathrm{e}^{\mathrm{i}kx_c}}{\mathrm{i}(k-\alpha_m)K_+(k)}+\sum_{j=-2}^{\infty}\frac{\mathrm{e}^{\mathrm{i}\alpha_j(L-x_c)}\Psi_+^2(\alpha_j)}{K_-'(\alpha_j)(\alpha_j+\alpha_m)}\right]$$
$$-\sum_{m=-2}^{\infty}\frac{qN_1(\alpha_m)\mathrm{e}^{-\mathrm{i}\alpha_m(x-L)}\alpha_m\tanh(\alpha_m a)\Psi_+^2(\alpha_m)}{K_2'(\alpha_m)} \tag{7-98}$$

7.4.5 用四组系数表达板端边界条件

根据 $x=0$ 时边界条件(7-12)，以及表达式(7-6)和(7-86)，得到

$$\sum_{m=-2}^{\infty}\frac{\alpha_m^3\tanh(\alpha_m a)K_-(-\alpha_m)N_1(\alpha_m)}{K_2'(-\alpha_m)}\Bigg[-a_2\alpha_m+b_2-\frac{B}{\mathrm{i}(k-\alpha_m)K_+(k)}+\sum_{j=-2}^{\infty}\frac{\mathrm{e}^{\mathrm{i}\alpha_j x_c}\Psi_+^1(\alpha_j)}{K_-'(\alpha_j)(\alpha_j+\alpha_m)}\Bigg]-\sum_{m=-2}^{\infty}\frac{\mathrm{e}^{\mathrm{i}\alpha_m x_c}\alpha_m{}^3\tanh(\alpha_m a)\Psi_+^1(\alpha_m)N_1(\alpha_m)}{K_2'(\alpha_m)}=0 \quad (7\text{-}99)$$

式中，$N_1(\alpha_m)=\dfrac{1}{\alpha_m^2+\vartheta^2}$； $N_2(\alpha_m)=\dfrac{q}{\alpha_m^2+\vartheta^2}-1$； $q=\dfrac{\pi^2(1-\nu)}{2h^2}$。

根据 $x=L$ 时边界条件(7-12)，以及表达式(7-6)和(7-92)，得到

$$\sum_{m=-2}^{\infty}\frac{\alpha_m{}^3\tanh(\alpha_m a)K_+(\alpha_m)}{K_2'(\alpha_m)}\Bigg[(a_3\alpha_m+b_3)-\sum_{j=-2}^{\infty}\frac{\mathrm{e}^{\mathrm{i}\alpha_j(L-x_c)}\Psi_-^{2*}(-\alpha_j)}{K_+'(-\alpha_j)(\alpha_j+\alpha_m)}\Bigg]N_1(\alpha_m)-\sum_{m=-2}^{\infty}\frac{\alpha_m{}^3\tanh(\alpha_m a)\Psi_-^{2*}(-\alpha_m)}{K_2'(-\alpha_m)}N_1(\alpha_m)\mathrm{e}^{\mathrm{i}\alpha_m(L-x_c)}=0 \quad (7\text{-}100)$$

根据 $x=0$ 时边界条件(7-13)，以及表达式(7-6)，(7-85)和(7-86)，得

$$\sum_{m=-2}^{\infty}\frac{\alpha_m^2\tanh(\alpha_m a)K_-(-\alpha_m)N_2(\alpha_m)}{K_2'(-\alpha_m)}\Bigg[-a_2\alpha_m+b_2-\frac{B}{\mathrm{i}(k-\alpha_m)K_+(k)}+\sum_{j=-2}^{\infty}\frac{\mathrm{e}^{\mathrm{i}\alpha_j x_c}\Psi_+^1(\alpha_j)}{K_-'(\alpha_j)(\alpha_j+\alpha_m)}\Bigg]+\sum_{m=-2}^{\infty}\frac{\alpha_m^2\mathrm{e}^{\mathrm{i}\alpha_m x_c}\tanh(\alpha_m a)\Psi_+^1(\alpha_m)N_2(\alpha_m)}{K_2'(\alpha_m)}=0 \quad (7\text{-}101)$$

根据 $x=L$ 时边界条件(7-13)，以及表达式(7-6)，(7-91)和(7-92)，得

$$\sum_{m=-2}^{\infty}\frac{\alpha_m^2\tanh(\alpha_m a)K_+(\alpha_m)}{K_2'(\alpha_m)}\Bigg[(a_3\alpha_m+b_3)-\sum_{j=-2}^{\infty}\frac{\mathrm{e}^{\mathrm{i}\alpha_j(L-x_c)}\Psi_-^{2*}(-\alpha_j)}{K_+'(-\alpha_j)(\alpha_j+\alpha_m)}\Bigg]N_2(\alpha_m)+\sum_{m=-2}^{\infty}\frac{\alpha_m^2\tanh(\alpha_m a)\Psi_-^{2*}(-\alpha_m)_2}{K_2'(-\alpha_m)}N_2(\alpha_m)\mathrm{e}^{\mathrm{i}\alpha_m(L-x_c)}=0 \quad (7\text{-}102)$$

根据边界条件(7-14)以及表达式(7-6)，(7-76)和(7-97)，得到

$$-\sum_{m=-2}^{\infty}\frac{\alpha_m\tanh(\alpha_m a)K_+(\alpha_m)}{K_2'(\alpha_m)}\Bigg[a_1\alpha_m+b_1-\sum_{j=-2}^{\infty}\frac{\mathrm{e}^{\mathrm{i}\alpha_j x_c}\Psi_-^{1*}(-\alpha_j)}{K_+'(-\alpha_j)(\alpha_j+\alpha_m)}\Bigg]+\sum_{m=-2}^{\infty}\frac{\alpha_m\tanh(\alpha_m a)\mathrm{e}^{\mathrm{i}\alpha_m x_c}\Psi_-^{1*}(-\alpha_m)}{K_2'(-\alpha_m)}=\sum_{m=-2}^{\infty}\frac{\alpha_m\tanh(\alpha_m a)K_-(-\alpha_m)}{K_2'(-\alpha_m)}\Bigg[-a_4\alpha_m+b_4-\frac{B\mathrm{e}^{\mathrm{i}kx_c}}{\mathrm{i}(k-\alpha_m)K_+(k)}+\sum_{j=-2}^{\infty}\frac{\mathrm{e}^{\mathrm{i}\alpha_j(L-x_c)}\Psi_+^2(\alpha_j)}{K_-'(\alpha_j)(\alpha_j+\alpha_m)}\Bigg]-\sum_{m=-2}^{\infty}\frac{\mathrm{e}^{-\mathrm{i}\alpha_m(x_c-L)}\alpha_m\tanh(\alpha_m a)\Psi_+^2(\alpha_m)}{K_2'(\alpha_m)} \quad (7\text{-}103)$$

根据边界条件(7-15)以及表达式(7-6)，(7-76)，(7-77)，(7-97)和(7-98)，

得到

$$\sum_{m=-2}^{\infty}\frac{\alpha_m^2\tanh(\alpha_m a)K_+(\alpha_m)N_2(\alpha_m)}{K_2'(\alpha_m)}\left[a_1\alpha_m+b_1-\sum_{j=-2}^{\infty}\frac{e^{i\alpha_j x_c}\Psi_-^{1*}(-\alpha_j)}{K'_+(-\alpha_j)(\alpha_j+\alpha_m)}\right]$$
$$+\sum_{m=-2}^{\infty}\frac{\alpha_m^2\tanh(\alpha_m a)e^{i\alpha_m x_c}\Psi_-^{1*}(-\alpha_m)N_2(\alpha_m)}{K_2'(-\alpha_m)}$$
$$=\sum_{m=-2}^{\infty}\frac{\alpha_m^2\tanh(\alpha_m a)K_-(-\alpha_m)N_2(\alpha_m)}{K_2'(-\alpha_m)}\left[-a_4\alpha_m+b_4-\frac{Be^{ikx_c}}{i(k-\alpha_m)K_+(k)}\right.$$
$$\left.+\sum_{j=-2}^{\infty}\frac{e^{i\alpha_j(L-x_c)}\Psi_+^2(\alpha_j)}{K'_-(\alpha_j)(\alpha_j+\alpha_m)}\right]+\sum_{m=-2}^{\infty}\frac{e^{-i\alpha_m(x_c-L)}\alpha_m^2\tanh(\alpha_m a)\Psi_+^2(\alpha_m)N_2(\alpha_m)}{K_2'(\alpha_m)} \tag{7-104}$$

根据边界条件(7-16)以及表达式(7-6),(7-77),和(7-98),得到

$$D\left\{-\sum_{m=-2}^{\infty}\frac{\alpha_m^{\ 3}\tanh(\alpha_m a)K_+(\alpha_m)N_1(\gamma_m)}{K_2'(\alpha_m)}\left[a_1\alpha_m+b_1-\sum_{j=-2}^{\infty}\frac{e^{i\alpha_j x_c}\Psi_-^{1*}(-\alpha_j)}{K'_+(-\alpha_j)(\alpha_j+\alpha_m)}\right]\right.$$
$$\left.+\sum_{m=-2}^{\infty}\frac{\alpha_m^{\ 3}\tanh(\alpha_m a)e^{i\alpha_m x_c}\Psi_-^{1*}(-\alpha_m)N_1(\gamma_m)}{K_2'(-\alpha_m)}\right\}$$
$$=D\left\{\sum_{m=-2}^{\infty}\frac{\alpha_m^{\ 3}\tanh(\alpha_m a)K_-(-\alpha_m)N_1(\alpha_m)}{K_2'(-\alpha_m)}\left[-a_4\alpha_m+b_4-\frac{Be^{ikx_c}}{i(k-\alpha_m)K_+(k)}\right.\right.$$
$$\left.\left.+\sum_{j=-2}^{\infty}\frac{e^{i\alpha_j(L-x_c)}\Psi_+^2(\alpha_j)}{K'_-(\alpha_j)(\alpha_j+\alpha_m)}\right]-\sum_{m=-2}^{\infty}\frac{e^{-i\alpha_m(x_c-L)}\alpha_m^{\ 3}\tanh(\alpha_m a)\Psi_+^2(\alpha_m)N_1(\alpha_m)}{K_2'(\alpha_m)}\right\} \tag{7-105}$$

根据边界条件(7-18)以及表达式(7-6),(7-76),(7-77),(7-97)和(7-98),得到

$$D\left\{-\sum_{m=-2}^{\infty}\frac{\alpha_m^{\ 3}\tanh(\alpha_m a)K_+(\alpha_m)}{K_2'(\alpha_m)}\left[a_1\alpha_m+b_1-\sum_{j=-2}^{\infty}\frac{e^{i\alpha_j x_c}\Psi_-^{1*}(-\alpha_j)}{K'_+(-\alpha_j)(\alpha_j+\alpha_m)}\right]qN_1(\alpha_m)\right.$$
$$\left.+\sum_{m=-2}^{\infty}\frac{\alpha_m^{\ 3}\tanh(\alpha_m a)\Psi_-^{1*}(-\alpha_m)}{K_2'(-\alpha_m)}qN_1(\alpha_m)e^{i\alpha_m x_c}\right\}$$
$$=K_T\left\{\sum_{m=-2}^{\infty}\frac{i\alpha_m^2\tanh(\alpha_m a)K_+(\alpha_m)}{K_2'(\alpha_m)}\left[a_1\alpha_m+b_1-\sum_{j=-2}^{\infty}\frac{e^{i\alpha_j x_c}\Psi_-^{1*}(-\alpha_j)}{K'_+(-\alpha_j)(\alpha_j+\alpha_m)}\right]qN_1(\alpha_m)\right.$$
$$\left.+\sum_{m=-2}^{\infty}\frac{i\alpha_m^2\tanh(\alpha_m a)\Psi_-^{1*}(-\alpha_m)}{K_2'(-\alpha_m)}qN_1(\alpha_m)e^{i\alpha_m x_c}\right\}$$
$$-K_T\left\{\sum_{m=-2}^{\infty}\frac{qN_1(\alpha_m)i\alpha_m^2\tanh(\alpha_m a)K_-(-\alpha_m)}{K_2'(-\alpha_m)}\left[-a_4\alpha_m+b_4-\frac{Be^{ikx_c}}{i(k-\alpha_m)K_+(k)}\right.\right.$$
$$\left.\left.+\sum_{j=-2}^{\infty}\frac{e^{i\alpha_j(L-x_c)}\Psi_+^2(\alpha_j)}{K'_-(\alpha_j)(\alpha_j+\alpha_m)}\right]+\sum_{m=-2}^{\infty}\frac{qN_1(\alpha_m)e^{-i\alpha_m(x_c-L)}i\alpha_m^2\tanh(\alpha_m a)\Psi_+^2(\alpha_m)}{K_2'(\alpha_m)}\right\} \tag{7-106}$$

7.5　无穷代数方程组

7.5.1　第一个无穷代数方程

1. 应用留数定理化简系数

根据前几章用到的色散方程，得到

$$\alpha_m^n \tanh(\alpha_m a) = -\frac{\alpha_m^{n-1} b(\alpha_m) K_1(\alpha_m)}{\beta(\alpha_m)}, (n=1,2,3) \tag{7-107}$$

将式(7-107)代入式(7-99)和(7-101)，可得关于 a_2，b_2 的两个方程

$$\sum_{m=-2}^{\infty} \frac{\alpha_m^2 b(\alpha_m) K_1(\alpha_m) K_-(-\alpha_m) N_1(\alpha_m)}{\beta(\alpha_m) K_2'(-\alpha_m)} \left[-a_2\alpha_m + b_2 - \frac{B}{\mathrm{i}(k-\alpha_m)K_+(k)} + \sum_{j=-2}^{\infty} \frac{\mathrm{e}^{\mathrm{i}\alpha_j x_c} \Psi_+^1(\alpha_j)}{K_-'(\alpha_j)(\alpha_j+\alpha_m)} \right] - \sum_{m=-2}^{\infty} \frac{\alpha_m^2 b(\alpha_m) K_1(\alpha_m) \Psi_+^1(\alpha_m) \mathrm{e}^{\mathrm{i}\alpha_m x_c} N_1(\alpha_m)}{\beta(\alpha_m) K_2'(\alpha_m)} = 0 \tag{7-108}$$

$$\sum_{m=-2}^{\infty} \frac{\alpha_m b(\alpha_m) K_1(\alpha_m) K_-(-\alpha_m) N_2(\alpha_m)}{\beta(\alpha_m) K_2'(-\alpha_m)} \left[-a_2\alpha_m + b_2 - \frac{B}{\mathrm{i}(k-\alpha_m)K_+(k)} + \sum_{j=-2}^{\infty} \frac{\mathrm{e}^{\mathrm{i}\alpha_j x_c} \Psi_+^1(\alpha_j)}{K_-'(\alpha_j)(\alpha_j+\alpha_m)} \right] + \sum_{m=-2}^{\infty} \frac{\alpha_m b(\alpha_m) K_1(\alpha_m) \Psi_+^1(\alpha_m) \mathrm{e}^{\mathrm{i}\alpha_m x_c} N_2(\alpha_m)}{\beta(\alpha_m) K_2'(\alpha_m)} = 0 \tag{7-109}$$

仍然应用留数定理进行积分和求和项之间的转化。为了保证函数的解析，保证积分路径在区域 Ω_+ 和 Ω_- 的交集内，所以积分路径沿实轴从 $-\infty$ 到 ∞，如图 7-6 和图 7-7。C_+ 是沿实轴从上面绕过点 $-k$，$-\alpha_0$，$\mathrm{i}\vartheta$，χ_3，χ_2，χ_1，从下面绕过点 k，α_0，C_+ 的正号下标表示积分路径位于原点的上面；C_- 是沿实轴从下面绕过点 k，α_0，$-\mathrm{i}\vartheta$，χ_1，χ_3，χ_4，从上面绕过点 $-k$，$-\alpha_0$，C 的负号下标表示积分路径位于原点的下面。其中，χ_1，χ_2，χ_3，χ_4 分别是 $\beta(\alpha)=0$ 的正实根、正虚根、负实根、负虚根，$\pm\mathrm{i}\vartheta$ 是 $N_1(\alpha)$ 和 $N_2(\alpha)$ 的极点。

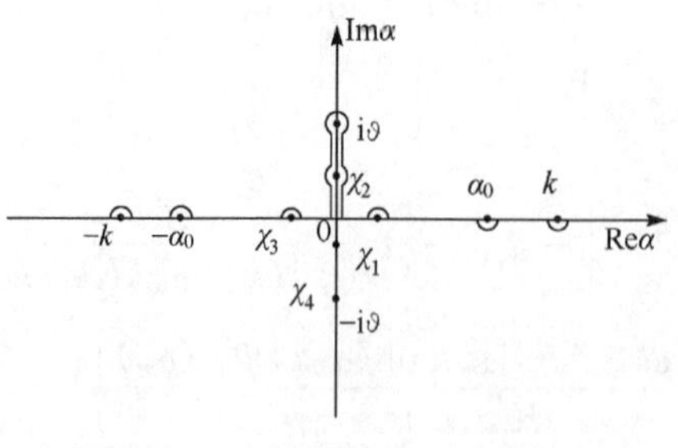

图 7-6　积分路径 C_+ 示意图

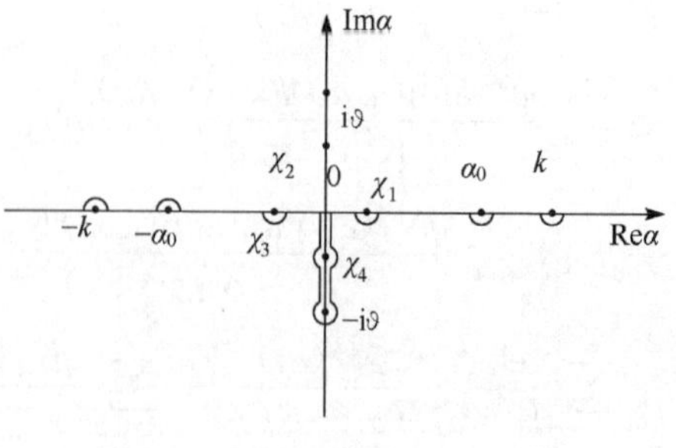

图 7-7　积分路径 C_- 示意图

表达式(7-108)的前三个求和项封闭在下半平面，积分路径为 C_-；第四个求和项封闭在上半平面，积分路径为 C_+。根据留数定理及其逆定理，得到

$$
\begin{aligned}
&\frac{1}{2\pi i}\int_{C_-}\frac{\alpha^2 b(-\alpha)K_1(-\alpha)K_-(\alpha)N_1(-\alpha)(a_2\alpha+b_2)}{\beta(-\alpha)K_2(\alpha)}d\alpha \\
&-\frac{1}{2\pi i}\int_{C_-}\frac{\alpha^2 b(-\alpha)K_1(-\alpha)K_-(\alpha)BN_1(-\alpha)}{i(k+\alpha)K_+(k)\beta(-\alpha)K_2(\alpha)}d\alpha \\
&+\sum_{j=-2}^{\infty}\frac{e^{i\alpha_j x_c}\Psi_+^1(\alpha_j)}{K'_-(\alpha_j)}\frac{1}{2\pi i}\int_{C_-}\frac{\alpha^2 b(-\alpha)K_1(-\alpha)K_-(\alpha)N_1(-\alpha)}{\beta(-\alpha)K_2(\alpha)(\alpha_j-\alpha)}d\alpha \\
&+\frac{1}{2\pi i}\int_{C_+}\frac{\alpha^2 b(\alpha)K_1(\alpha)\Psi_+^1(\alpha)e^{i\alpha_m x_c}N_1(\alpha)}{\beta(\alpha)K_2(\alpha)}d\alpha=0
\end{aligned}
\tag{7-110}
$$

由于 $K(\alpha)=K_+(\alpha)K_-(\alpha)=\dfrac{K_2(\alpha)}{K_1(\alpha)}$，且已知 $K_1(\alpha)$，$K_2(\alpha)$，$\beta(\alpha)$，$b(\alpha)$，$N_1(\alpha)$ 是偶函数，故而上式(7-110)可以化简为

$$
\begin{aligned}
&\frac{1}{2\pi i}\int_{C_-}\frac{\alpha^2 b(\alpha)N_1(\alpha)(a_2\alpha+b_2)}{\beta(\alpha)K_+(\alpha)}d\alpha-\frac{1}{2\pi i}\int_{C_-}\frac{\alpha^2 b(\alpha)BN_1(\alpha)}{i(k+\alpha)K_+(k)\beta(\alpha)K_+(\alpha)}d\alpha \\
&+\frac{1}{2\pi i}\int_{C_+}\frac{\alpha^2 b(\alpha)\Psi_+^1(\alpha)e^{i\alpha_m x_c}N_1(\alpha)}{\beta(\alpha)K(\alpha)}d\alpha \\
&+\sum_{j=-2}^{\infty}\frac{e^{i\alpha_j x_c}\Psi_+^1(\alpha_j)}{K'_-(\alpha_j)}\frac{1}{2\pi i}\int_{C_-}\frac{\alpha^2 b(\alpha)N_1(\alpha)d\alpha}{\beta(\alpha)K_+(\alpha)(\alpha_j-\alpha)}=0
\end{aligned}
\tag{7-111}
$$

同理，对(7-109)应用留数定理的逆运算并化简后得到

$$
\begin{aligned}
&\frac{1}{2\pi i}\int_{C_-}\frac{\alpha b(\alpha)N_2(\alpha)(a_2\alpha+b_2)}{\beta(\alpha)K_+(\alpha)}d\alpha-\frac{1}{2\pi i}\int_{C_-}\frac{\alpha b(\alpha)BN_2(\alpha)d\alpha}{i(k+\alpha)K_+(k)\beta(\alpha)K_+(\alpha)} \\
&+\frac{1}{2\pi i}\int_{C_+}\frac{\alpha b(\alpha)\Psi_+^1(\alpha)e^{i\alpha x_c}N_2(\alpha)}{\beta(\alpha)K(\alpha)}d\alpha \\
&+\sum_{j=-2}^{\infty}\frac{e^{i\alpha_j x_c}\Psi_+^1(\alpha_j)}{K'_-(\alpha_j)}\frac{1}{2\pi i}\int_{C_-}\frac{\alpha b(\alpha)N_2(\alpha)d\alpha}{\beta(\alpha)K_+(\alpha)(\alpha_j-\alpha)}=0
\end{aligned}
\tag{7-112}
$$

对方程(7-111)，(7-112)第四个积分应用留数定理，选取 C_- 封闭路径，封闭区域为上半平面，即封闭区域包括 $\beta(\alpha)=0$ 的四个根，$N_1(\alpha)$ 和 $N_2(\alpha)$ 的极点。得到

$$
\begin{aligned}
&\sum_{j=-2}^{\infty}\frac{e^{i\alpha_j x_c}\Psi_+^1(\alpha_j)}{K'_-(\alpha_j)}\frac{1}{2\pi i}\int_{C_-}\frac{\alpha^2 b(\alpha)N_1(\alpha)d\alpha}{\beta(\alpha)K_+(\alpha)(\alpha_j-\alpha)} \\
&=\sum_{s=1}^{4}\frac{\chi_s^2 b(\chi_s)N_1(\chi_s)}{\beta'(\chi_s)K_+(\chi_s)}\sum_{j=-2}^{\infty}\frac{e^{i\alpha_j x_c}\Psi_+^1(\alpha_j)}{K'_-(\alpha_j)(\alpha_j-\chi_s)}-\sum_{j=-2}^{\infty}\frac{e^{i\alpha_j x_c}\alpha_j{}^2 b(\alpha_j)\Psi_+^1(\alpha_j)N_1(\alpha_j)}{K'_-(\alpha_j)\beta(\alpha_j)K_+(\alpha_j)} \\
&\quad+\frac{i\vartheta b(i\vartheta)}{2\beta(i\vartheta)}\sum_{j=-2}^{\infty}\frac{e^{i\alpha_j x_c}\Psi_+^1(\alpha_j)}{K'_-(\alpha_j)}\left[\frac{1}{K_+(i\vartheta_1)(\alpha_j-i\vartheta)}-\frac{1}{K_+(-i\vartheta)(\alpha_j+i\vartheta)}\right]
\end{aligned}
\tag{7-113}
$$

$$\sum_{j=-2}^{\infty}\frac{e^{i\alpha_j x_c}\Psi_+^1(\alpha_j)}{K'_-(\alpha_j)}\frac{1}{2\pi i}\int_{C_-}\frac{\alpha b(\alpha)N_2(\alpha)d\alpha}{\beta(\alpha)K_+(\alpha)(\alpha_j-\alpha)}$$

$$=\sum_{s=1}^{4}\frac{\chi_s b(\chi_{1s})N_2(\chi_{1s})}{\beta'(\chi_s)K_+(\chi_s)}\sum_{j=-2}^{\infty}\frac{e^{i\alpha_j x_c}\Psi_+^1(\alpha_j)}{K'_-(\alpha_j)(\alpha_j-\chi_{1s})}-\sum_{j=-2}^{\infty}\frac{e^{i\alpha_j x_c}\alpha_j b(\alpha_j)N_2(\alpha_j)\Psi_+^1(\alpha_j)}{\beta(\alpha_j)K_+(\alpha_j)K'_-(\alpha_j)}$$

$$+\frac{qb(i\vartheta)}{2\beta(i\vartheta)}\sum_{j=-2}^{\infty}\frac{e^{i\alpha_j x_c}\Psi_+^1(\alpha_j)}{K'_-(\alpha_j)}\left[\frac{1}{K_+(i\vartheta)(\alpha_j-i\vartheta)}+\frac{1}{K_+(-i\vartheta)(\alpha_j+i\vartheta)}\right] \tag{7-114}$$

将方程(7-113),(7-114)各自的求和项化为积分形式,选取积分路径为 C_+,封闭在上平面。根据留数定理的逆定理,得到

$$\sum_{j=-2}^{\infty}\frac{e^{i\alpha_j x_c}\Psi_+^1(\alpha_j)}{K'_-(\alpha_j)}\frac{1}{2\pi i}\int_{C_-}\frac{\alpha^2 b(\alpha)N_1(\alpha)d\alpha}{\beta(\alpha)K_+(\alpha)(\alpha_j-\alpha)}$$

$$=\frac{1}{2\pi i}\sum_{s=1}^{4}\frac{\chi_s^2 b(\chi_s)N_1(\chi_s)}{\beta'(\chi_s)K_+(\chi_s)}\int_{C_+}\frac{e^{i\alpha x_c}\Psi_+^1(\alpha)d\alpha}{K_-(\alpha)(\alpha-\chi_{1s})}-\frac{1}{2\pi i}\int_{C_+}\frac{e^{i\alpha x_c}\alpha^2 b(\alpha)\Psi_+^1(\alpha)N_1(\alpha)}{K'_-(\alpha)\beta(\alpha)K_+(\alpha)}d\alpha$$

$$+\frac{i\vartheta b(i\vartheta)}{2\beta(i\vartheta)}\frac{1}{2\pi i}\int_{C_+}\frac{e^{i\alpha x_c}\Psi_+^1(\alpha)}{K_-(\alpha)}\left[\frac{1}{K_+(i\vartheta)(\alpha-i\vartheta)}-\frac{1}{K_+(-i\vartheta)(\alpha+i\vartheta)}\right]d\alpha \tag{7-115}$$

$$\sum_{j=-2}^{\infty}\frac{e^{i\alpha_j x_c}\Psi_+^1(\alpha_j)}{K'_-(\alpha_j)}\frac{1}{2\pi i}\int_{C_-}\frac{\alpha b(\alpha)N_2(\alpha)}{\beta(\alpha)K_+(\alpha)(\alpha_j-\alpha)}d\alpha$$

$$=\sum_{s=1}^{4}\frac{\chi_s b(\chi_s)N_2(\chi_s)}{\beta'(\chi_s)K_+(\chi_s)}\frac{1}{2\pi i}\int_{C_+}\frac{e^{i\alpha x_c}\Psi_+^1(\alpha)d\alpha}{K_-(\alpha)(\alpha-\chi_{is})}-\frac{1}{2\pi i}\int_{C_+}\frac{e^{i\alpha x_c}\alpha b(\alpha)N_2(\alpha)\Psi_+^1(\alpha)}{\beta(\alpha)K_+(\alpha)K_-(\alpha)}d\alpha$$

$$+\frac{qb(i\vartheta)}{2\beta(i\vartheta)}\frac{1}{2\pi i}\int_{C_+}\frac{e^{i\alpha x_c}\Psi_+^1(\alpha)}{K_-(\alpha)}\left[\frac{1}{K_+(i\vartheta)(\alpha-i\vartheta)}+\frac{1}{K_+(-i\vartheta)(\alpha+i\vartheta)}\right]d\alpha \tag{7-116}$$

将式(7-115),(7-116)代入方程组(7-111),(7-112)化简后得到下列方程组

$$\frac{1}{2\pi i}\int_{C_-}\frac{\alpha^2 b(\alpha)N_1(\alpha)(a_2\alpha+b_2)}{\beta(\alpha)K_+(\alpha)}d\alpha-\frac{1}{2\pi i}\int_{C_-}\frac{\alpha^2 b(\alpha)BN_1(\alpha)d\alpha}{i(k+\alpha)K_+(k)\beta(\alpha)K_+(\alpha)}$$

$$+\frac{1}{2\pi i}\sum_{s=1}^{4}\frac{\chi_s^2 b(\chi_s)N_1(\chi_s)}{\beta'(\chi_s)K_+(\chi_s)}\int_{C_+}\frac{e^{i\alpha x_c}\Psi_+^1(\alpha)d\alpha}{K_-(\alpha)(\alpha-\chi_s)}$$

$$+\frac{i\vartheta b(i\vartheta)}{2\beta(i\vartheta)}\frac{1}{2\pi i}\int_{C_+}\frac{e^{i\alpha x_c}\Psi_+^1(\alpha)}{K_-(\alpha)}\left[\frac{1}{K_+(i\vartheta)(\alpha-i\vartheta)}-\frac{1}{K_+(-i\vartheta)(\alpha+i\vartheta)}\right]d\alpha=0 \tag{7-117}$$

$$\frac{1}{2\pi i}\int_{C_-}\frac{\alpha b(\alpha)N_2(\alpha)(a_2\alpha+b_2)}{\beta(\alpha)K_+(\alpha)}d\alpha-\frac{1}{2\pi i}\int_{C_-}\frac{\alpha b(\alpha)BN_2(\alpha)d\alpha}{i(k+\alpha)K_+(k)\beta(\alpha)K_+(\alpha)}$$

$$+\sum_{s=1}^{4}\frac{\chi_s b(\chi_s)N_2(\chi_s)}{\beta'(\chi_s)K_+(\chi_s)}\frac{1}{2\pi i}\int_{C_+}\frac{e^{i\alpha x_c}\Psi_+^1(\alpha)d\alpha}{K_-(\alpha)(\alpha-\chi_s)}$$

$$+\frac{qb(\mathrm{i}\vartheta)}{2\beta(\mathrm{i}\vartheta)}\frac{1}{2\pi\mathrm{i}}\int_{C_+}\frac{\mathrm{e}^{\mathrm{i}\alpha x_c}\Psi_+^1(\alpha)}{K_-(\alpha)}\left[\frac{1}{K_+(\mathrm{i}\vartheta)(\alpha-\mathrm{i}\vartheta)}+\frac{1}{K_+(-\mathrm{i}\vartheta)(\alpha+\mathrm{i}\vartheta)}\right]\mathrm{d}\alpha=0 \tag{7-118}$$

为了求解方便,引入变量,并应用留数定理进行变量的化简,并将积分区域均封闭在上半平面,这样,可以得到下示的关于 a_2, b_2 的线性方程组

$$P_{11}a_2+P_{12}b_2-Q_1=-\sum_{s=1}^{4}\frac{\chi_s^2 b(\chi_s)N_1(\chi_s)}{\beta'(\chi_s)K_+(\chi_s)}\frac{1}{2\pi\mathrm{i}}\int_{C_+}\frac{\mathrm{e}^{\mathrm{i}\alpha x_c}\Psi_+^1(\alpha)}{K_-(\alpha)(\alpha-\chi_s)}\mathrm{d}\alpha-\frac{\mathrm{i}\vartheta b(\mathrm{i}\vartheta)}{2\beta(\mathrm{i}\vartheta)}$$

$$\times\frac{1}{2\pi\mathrm{i}}\int_{C_+}\frac{\mathrm{e}^{\mathrm{i}\alpha x_c}\Psi_+^1(\alpha)}{K_-(\alpha)}\left[\frac{1}{K_+(\mathrm{i}\vartheta)(\alpha-\mathrm{i}\vartheta)}-\frac{1}{K_+(-\mathrm{i}\vartheta)(\alpha+\mathrm{i}\vartheta)}\right]\mathrm{d}\alpha \tag{7-119}$$

$$P_{21}a_2+P_{22}b_2-Q_2=-\sum_{s=1}^{4}\frac{\chi_s b(\chi_s)N_2(\chi_s)}{\beta'(\chi_s)K_+(\chi_s)}\frac{1}{2\pi\mathrm{i}}\int_{C_+}\frac{\mathrm{e}^{\mathrm{i}\alpha x_c}\Psi_+^1(\alpha)}{K_-(\alpha)(\alpha-\chi_s)}\mathrm{d}\alpha-\frac{qb(\mathrm{i}\vartheta)}{2\beta(\mathrm{i}\vartheta)}$$

$$\times\frac{1}{2\pi\mathrm{i}}\int_{C_+}\frac{\mathrm{e}^{\mathrm{i}\alpha x_c}\Psi_+^1(\alpha)}{K_-(\alpha)}\left[\frac{1}{K_+(\mathrm{i}\vartheta)(\alpha-\mathrm{i}\vartheta)}+\frac{1}{K_+(-\mathrm{i}\vartheta)(\alpha+\mathrm{i}\vartheta)}\right]\mathrm{d}\alpha \tag{7-120}$$

式中,

$$P_{11}=\frac{1}{2\pi\mathrm{i}}\int_{C_-}\frac{\alpha^3 b(\alpha)N_1(\alpha)}{\beta(\alpha)K_+(\alpha)}\mathrm{d}\alpha$$

$$=\sum_{s=1}^{4}\frac{\chi_s{}^3 b(\chi_s)N_1(\chi_s)}{\beta'(\chi_s)K_+(\chi_s)}-\frac{\vartheta^2 b(\mathrm{i}\vartheta)}{2\beta(\mathrm{i}\vartheta)}\left[\frac{1}{K_+(\mathrm{i}\vartheta)}+\frac{1}{K_+(-\mathrm{i}\vartheta)}\right];$$

$$P_{12}=\frac{1}{2\pi\mathrm{i}}\int_{C_-}\frac{\alpha^2 b(\alpha)N_1(\alpha)}{\beta(\alpha)K_+(\alpha)}\mathrm{d}\alpha$$

$$=\sum_{s=1}^{4}\frac{\chi_s^2 b(\chi_s)N_1(\chi_s)}{\beta'(\chi_s)K_+(\chi_s)}+\frac{\mathrm{i}\vartheta b(\mathrm{i}\vartheta)}{2\beta(\mathrm{i}\vartheta)}\left[\frac{1}{K_+(\mathrm{i}\vartheta)}-\frac{1}{K_+(-\mathrm{i}\vartheta)}\right];$$

$$P_{21}=\frac{1}{2\pi\mathrm{i}}\int_{C_-}\frac{\alpha^2 b(\alpha)N_2(\alpha)}{\beta(\alpha)K_+(\alpha)}\mathrm{d}\alpha$$

$$=\sum_{s=1}^{4}\frac{\chi_s^2 b(\chi_s)N_2(\chi_s)}{\beta'(\chi_s)K_+(\chi_s)}+\frac{q\mathrm{i}\vartheta b(\mathrm{i}\vartheta)}{2\beta(\mathrm{i}\vartheta)}\left[\frac{1}{K_+(\mathrm{i}\vartheta)}-\frac{1}{K_+(-\mathrm{i}\vartheta)}\right];$$

$$P_{22}=\frac{1}{2\pi\mathrm{i}}\int_{C_-}\frac{\alpha b(\alpha)N_2(\alpha)}{\beta(\alpha)K_+(\alpha)}\mathrm{d}\alpha$$

$$=\sum_{s=1}^{4}\frac{\chi_s b(\chi_s)N_2(\chi_s)}{\beta'(\chi_s)K_+(\chi_s)}+\frac{qb(\mathrm{i}\vartheta)}{2\beta(\mathrm{i}\vartheta)}\left[\frac{1}{K_+(\mathrm{i}\vartheta)}+\frac{1}{K_+(-\mathrm{i}\vartheta)}\right];$$

$$Q_1=\frac{1}{2\pi\mathrm{i}}\int_{C_-}\frac{\alpha^2 b(\alpha)BN_1(\alpha)}{\mathrm{i}(k+\alpha)K_+(k)\beta(\alpha)K_+(\alpha)}\mathrm{d}\alpha$$

$$=\sum_{s=1}^{4}\frac{\chi_s^2 b(\chi_s)BN_1(\chi_s)}{\mathrm{i}(k+\chi_s)K_+(k)\beta'(\chi_s)K_+(\chi_s)}$$

$$+\frac{\mathrm{i}\vartheta Bb(\mathrm{i}\vartheta)}{2iK_+(k)\beta(\mathrm{i}\vartheta)}\left[\frac{1}{K_+(\mathrm{i}\vartheta)(k+\mathrm{i}\vartheta)}-\frac{1}{K_+(-\mathrm{i}\vartheta)(k-\mathrm{i}\vartheta)}\right];$$

$$Q_2 = \frac{1}{2\pi i}\int_{C_-} \frac{\alpha b(\alpha) B N_2(\alpha)}{i(k+\alpha)K_+(k)\beta(\alpha)K_+(\alpha)}d\alpha$$

$$= \sum_{s=1}^{4} \frac{\chi_s b(\chi_s) B N_2(\chi_s)}{i(k+\chi_s)K_+(k)\beta'(\chi_s)K_+(\chi_s)}$$

$$+ \frac{qBb(i\vartheta)}{2iK_+(k)\beta(i\vartheta)}\left[\frac{1}{K_+(i\vartheta)(k+i\vartheta)} + \frac{1}{K_+(-i\vartheta)(k-i\vartheta)}\right]$$

求解方程组(7-119),(7-120),可得到未知常数 a_2,b_2 的表达式

$$a_2 = \frac{P_{22}Q_1 - P_{12}Q_2}{(P_{11}P_{22} - P_{12}P_{21})}$$

$$+ \sum_{s=1}^{4} \frac{\chi_s b(\chi_s)[N_2(\chi_s)P_{12} - \chi_s N_1(\chi_s)P_{22}]}{\beta'(\chi_s)K_+(\chi_s)(P_{11}P_{22} - P_{12}P_{21})} \frac{1}{2\pi i}\int_{C_+} \frac{e^{i\alpha x_c}\Psi_+^1(\alpha)}{K_-(\alpha)(\alpha-\chi_s)}d\alpha$$

$$+ \frac{b(i\vartheta)(qP_{12} - i\vartheta P_{22})}{2\beta(i\vartheta)(P_{11}P_{22} - P_{12}P_{21})} \frac{1}{2\pi i}\int_{C_+} \frac{e^{i\alpha x_c}\Psi_+^1(\alpha)}{K_-(\alpha)K_+(i\vartheta)(\alpha-i\vartheta)}d\alpha$$

$$+ \frac{b(i\vartheta)(qP_{12} + i\vartheta P_{22})}{2\beta(i\vartheta)(P_{11}P_{22} - P_{12}P_{21})} \frac{1}{2\pi i}\int_{C_+} \frac{e^{i\alpha x_c}\Psi_+^1(\alpha)}{K_-(\alpha)K_+(-i\vartheta)(\alpha+i\vartheta)}d\alpha \quad (7\text{-}121)$$

$$b_2 = \frac{P_{21}Q_1 - P_{11}Q_2}{P_{12}P_{21} - P_{11}P_{22}}$$

$$+ \sum_{s=1}^{4} \frac{\chi_s b(\chi_s)[N_2(\chi_s)P_{11} - \chi_s N_1(\chi_s)P_{21}]}{\beta'(\chi_s)K_+(\chi_s)(P_{12}P_{21} - P_{11}P_{22})} \frac{1}{2\pi i}\int_{C_+} \frac{e^{i\alpha x_c}\Psi_+^1(\alpha)}{K_-(\alpha)(\alpha-\chi_s)}d\alpha$$

$$+ \frac{b(i\vartheta)(qP_{11} - i\vartheta P_{21})}{2\beta(i\vartheta)(P_{12}P_{21} - P_{11}P_{22})} \frac{1}{2\pi i}\int_{C_+} \frac{e^{i\alpha x_c}\Psi_+^1(\alpha)}{K_-(\alpha)K_+(i\vartheta)(\alpha-i\vartheta)}d\alpha$$

$$+ \frac{b(i\vartheta)(qP_{11} + i\vartheta P_{21})}{2\beta(i\vartheta)(P_{12}P_{21} - P_{11}P_{22})} \frac{1}{2\pi i}\int_{C_+} \frac{e^{i\alpha x_c}\Psi_+^1(\alpha)}{K_-(\alpha)K_+(-i\vartheta)(\alpha+i\vartheta)}d\alpha \quad (7\text{-}122)$$

2. 第一个无穷代数方程

将系数 a_2,b_2 的表达式代入式(7-56),可得如下方程

$$\frac{\Psi_-^{1*}(\alpha)}{K_-(\alpha)} - \frac{1}{2\pi i}\int_{-\infty+i\sigma}^{\infty+i\sigma} \frac{e^{i\zeta x_c}\Psi_+^1(\zeta)}{K_-(\zeta)(\zeta-\alpha)}d\zeta$$

$$- \sum_{s=1}^{4} \frac{\chi_s b(\chi_s)[N_2(\chi_s)(P_{12}\alpha - P_{11}) - \chi_s N_1(\chi_s)(P_{22}\alpha - P_{21})]}{\beta'(\chi_s)K_+(\chi_s)(P_{11}P_{22} - P_{12}P_{21})}$$

$$\frac{1}{2\pi i}\int_{C_+} \frac{e^{i\zeta x_c}\Psi_+^1(\zeta)}{K_-(\zeta)(\zeta-\chi_s)}d\zeta$$

$$- \frac{b(i\vartheta)[q(P_{12}\alpha - P_{11}) - i\vartheta(P_{22}\alpha - P_{21})]}{2\beta(i\vartheta)(P_{11}P_{22} - P_{12}P_{21})} \frac{1}{2\pi i}\int_{C_+} \frac{e^{i\zeta x_c}\Psi_+^1(\zeta)}{K_-(\zeta)K_+(i\vartheta)(\zeta-i\vartheta)}d\zeta$$

$$- \frac{b(i\vartheta)[q(P_{12}\alpha - P_{11}) + i\vartheta(P_{22}\alpha - P_{21})]}{2\beta(i\vartheta)(P_{11}P_{22} - P_{12}P_{21})} \frac{1}{2\pi i}\int_{C_+} \frac{e^{i\zeta x_c}\Psi_+^1(\zeta)}{K_-(\zeta)K_+(-i\vartheta)(\zeta+i\vartheta)}d\zeta$$

$$=\left[\frac{Q_1(P_{22}\alpha-P_{21})-Q_2(P_{12}\alpha-P_{11})}{(P_{11}P_{22}-P_{12}P_{21})}\right]-\frac{B}{\mathrm{i}(\alpha+k)K_-(-k)} \tag{7-123}$$

为了数值求解积分方程组，引入如下新的未知函数

$$\xi(\alpha)=\frac{\Psi_+^1(\alpha)}{K_+(\alpha)},\eta(\alpha)=\frac{\Psi_-^{1*}(\alpha)}{K_-(\alpha)},\mu(\alpha)=\frac{\Psi_+^2(\alpha)}{K_+(\alpha)},\upsilon(\alpha)=\frac{\Psi_-^{2*}(\alpha)}{K_-(\alpha)} \tag{7-124}$$

同时定义

$$\xi_j=\xi(\alpha_j),\eta_j=\eta(-\alpha_j),\mu_j=\mu(\alpha_j),\upsilon_j=\upsilon(-\alpha_j) \tag{7-125}$$

将表达式(7-124)代入方程(7-123)，取 $\alpha=-\alpha_j(j=-2,-1,0,1,\cdots)$，应用留数定理，积分项选择封闭区域为上半平面，如图 7-6 所示，而后将式(7-125)代入，得到

$$\begin{aligned}
&\eta_j-\sum_{m=-2}^{\infty}\xi_m\frac{\mathrm{e}^{\mathrm{i}\alpha_m x_c}K_+(\alpha_m)}{K'_-(\alpha_m)(\alpha_m+\alpha_j)}\\
&-\sum_{s=1}^{4}\frac{\chi_s b(\chi_s)[-N_2(\chi_s)(P_{12}\alpha_j+P_{11})+\chi_s N_1(\chi_s)(P_{22}\alpha_j+P_{21})]}{\beta'(\chi_s)K_+(\chi_s)(P_{11}P_{22}-P_{12}P_{21})}\\
&\sum_{m=-2}^{\infty}\xi_m\frac{\mathrm{e}^{\mathrm{i}\alpha_m x_c}K_+(\alpha_m)}{K'_-(\alpha_m)(\alpha_m-\chi_s)}\\
&-\frac{b(\mathrm{i}\vartheta)[-q(P_{12}\alpha_j+P_{11})+\mathrm{i}\vartheta(P_{22}\alpha_j+P_{21})]}{2\beta(\mathrm{i}\vartheta)(P_{11}P_{22}-P_{12}P_{21})}\sum_{m=-2}^{\infty}\xi_m\frac{\mathrm{e}^{\mathrm{i}\alpha_m x_c}K_+(\alpha_m)}{K'_-(\alpha_m)K_+(\mathrm{i}\vartheta)(\alpha_m-\mathrm{i}\vartheta)}\\
&-\frac{b(\mathrm{i}\vartheta)[-q(P_{12}\alpha_j+P_{11})-\mathrm{i}\vartheta(P_{22}\alpha_j+P_{21})]}{2\beta(\mathrm{i}\vartheta)(P_{11}P_{22}-P_{12}P_{21})}\sum_{m=-2}^{\infty}\xi_m\frac{\mathrm{e}^{\mathrm{i}\alpha_m x_c}K_+(\alpha_m)}{K'_-(\alpha_m)K_+(-\mathrm{i}\vartheta)(\alpha_m+\mathrm{i}\vartheta)}\\
&=\frac{-Q_1(P_{22}\alpha_j+P_{21})+Q_2(P_{11}+P_{12}\alpha_j)}{(P_{11}P_{22}-P_{12}P_{21})}-\frac{B}{\mathrm{i}(k-\alpha_j)K_-(-k)}
\end{aligned} \tag{7-126}$$

根据定义，有以下关系

$$K'_-(\alpha_m)=\frac{K'_2(\alpha_m)}{K_1(\alpha_m)K_+(\alpha_m)},K'_+(-\alpha_m)=-\frac{K'_2(\alpha_m)}{K_1(\alpha_m)K_+(\alpha_m)} \tag{7-127}$$

将式(7-127)相关表达式代入方程(7-126)，化简后得到第一个无穷代数方程

$$\eta_j+\sum_{m=-2}^{\infty}H_{jm}\xi_m=Z_{j1} \tag{7-128}$$

式中，

$$\begin{aligned}
H_{jm}=&-\frac{\mathrm{e}^{\mathrm{i}\alpha_m x_c}K_+^2(\alpha_m)K_1(\alpha_m)}{K'_2(\alpha_m)}\Bigg\{\frac{1}{(\alpha_m+\alpha_j)}\\
&+\sum_{s=1}^{4}\frac{\chi_s b(\chi_s)[\chi_s N_1(\chi_s)(P_{22}\alpha_j+P_{21})-N_2(\chi_s)(P_{12}\alpha_j+P_{11})]}{\beta'(\chi_s)K_+(\chi_s)(P_{11}P_{22}-P_{12}P_{21})(\alpha_m-\chi_s)}\\
&+\frac{b(\mathrm{i}\vartheta)}{2\beta(\mathrm{i}\vartheta)(P_{11}P_{22}-P_{12}P_{21})}\left[\frac{\mathrm{i}\vartheta(P_{22}\alpha_j+P_{21})-q(P_{12}\alpha_j+P_{11})}{K_+(\mathrm{i}\vartheta)(\alpha_m-\mathrm{i}\vartheta)}\right.\\
&\left.+\frac{-\mathrm{i}\vartheta(P_{22}\alpha_j+P_{21})-q(P_{12}\alpha_j+P_{11})}{K_-(\mathrm{i}\vartheta)(\alpha_m+\mathrm{i}\vartheta)}\right]\Bigg\};
\end{aligned}$$

$$Z_{j1}=\frac{-Q_1(P_{22}\alpha_j+P_{21})+Q_2(P_{11}+P_{12}\alpha_j)}{(P_{11}P_{22}-P_{12}P_{21})}-\frac{B}{\mathrm{i}(k-\alpha_j)K_+(k)}$$

7.5.2 第二个无穷代数方程

1. 应用留数定理化简系数

将式(7-107)代入式(7-100)和(7-102),可得到关于 a_3,b_3 的两个方程

$$\sum_{m=-2}^{\infty}\frac{\alpha_m^2 b(\alpha_m)K_1(\alpha_m)K_+(\alpha_m)N_1(\alpha_m)}{\beta(\alpha_m)K_2'(\alpha_m)}\left[a_3\alpha_m+b_3-\sum_{j=-2}^{\infty}\frac{\mathrm{e}^{\mathrm{i}\alpha_j(L-x_c)}\Psi_-^{2*}(-\alpha_j)}{K_+'(-\alpha_j)(\alpha_j+\alpha_m)}\right]$$
$$-\sum_{m=-2}^{\infty}\frac{\alpha_m^2 b(\alpha_m)K_1(\alpha_m)\Psi_-^{2*}(-\alpha_m)\mathrm{e}^{\mathrm{i}\alpha_m(L-x_c)}N_1(\alpha_m)}{\beta(\alpha_m)K_2'(-\alpha_m)}=0 \tag{7-129}$$

$$\sum_{m=-2}^{\infty}\frac{\alpha_m b(\alpha_m)K_1(\alpha_m)K_+(\alpha_m)N_2(\alpha_m)}{\beta(\alpha_m)K_2'(\alpha_m)}\left[a_3\alpha_m+b_3-\sum_{j=-2}^{\infty}\frac{\mathrm{e}^{\mathrm{i}\alpha_j(L-x_c)}\Psi_-^{2*}(-\alpha_j)}{K_+'(-\alpha_j)(\alpha_j+\alpha_m)}\right]$$
$$+\sum_{m=-2}^{\infty}\frac{\alpha_m b(\alpha_m)K_1(\alpha_m)\Psi_-^{2*}(-\alpha_m)\mathrm{e}^{\mathrm{i}\alpha_m(L-x_c)}N_2(\alpha_m)}{\beta(\alpha_m)K_2'(-\alpha_m)}=0 \tag{7-130}$$

采用与上面相同求解思路,可以得到关于 a_3,b_3 的线性方程组

$$A_{11}a_3+A_{12}b_3=\frac{1}{2\pi\mathrm{i}}\sum_{s=1}^{4}\frac{\chi_s^2 b(\chi_s)N_1(\chi_s)}{\beta'(\chi_s)K_-(\chi_s)}\int_{C_-}\frac{\mathrm{e}^{-\mathrm{i}\alpha(L-x_c)}\Psi_-^{2*}(\alpha)}{K_+(\alpha)(\chi_s-\alpha)}\mathrm{d}\alpha+\frac{1}{2\pi\mathrm{i}}\frac{\mathrm{i}\vartheta b(\mathrm{i}\vartheta)}{2\beta(\mathrm{i}\vartheta)}$$
$$\times\int_{C_-}\frac{\mathrm{e}^{-\mathrm{i}\alpha(L-x_c)}\Psi_-^{2*}(\alpha)}{K_+(\alpha)}\left[\frac{1}{K_-(\mathrm{i}\vartheta)(\mathrm{i}\vartheta-\alpha)}+\frac{1}{K_-(-\mathrm{i}\vartheta)(\alpha+\mathrm{i}\vartheta)}\right]\mathrm{d}\alpha \tag{7-131}$$

$$A_{21}a_3+A_{22}b_3=\frac{1}{2\pi\mathrm{i}}\sum_{s=1}^{4}\frac{\chi_s b(\chi_s)N_2(\chi_s)}{\beta'(\chi_s)K_-(\chi_s)}\int_{C_-}\frac{\mathrm{e}^{-\mathrm{i}\alpha(L-x_c)}\Psi_-^{2*}(\alpha)}{K_+(\alpha)(\chi_s-\alpha)}\mathrm{d}\alpha+\frac{1}{2\pi\mathrm{i}}\frac{qb(\mathrm{i}\vartheta)}{2\beta(\mathrm{i}\vartheta)}$$
$$\times\int_{C_-}\frac{\mathrm{e}^{-\mathrm{i}\alpha(L-x_c)}\Psi_-^{2*}(\alpha)}{K_+(\alpha)}\left[\frac{1}{K_-(\mathrm{i}\vartheta)(\mathrm{i}\vartheta-\alpha)}-\frac{1}{K_-(-\mathrm{i}\vartheta)(\alpha+\mathrm{i}\vartheta)}\right]\mathrm{d}\alpha \tag{7-132}$$

式中,$A_{11}=\frac{1}{2\pi\mathrm{i}}\int_{C_+}\frac{\alpha^3 b(\alpha)N_1(\alpha)}{\beta(\alpha)K_-(\alpha)}\mathrm{d}\alpha$;$A_{12}=\frac{1}{2\pi\mathrm{i}}\int_{C_+}\frac{\alpha^2 b(\alpha)N_1(\alpha)}{\beta(\alpha)K_-(\alpha)}\mathrm{d}\alpha$;

$A_{21}=\frac{1}{2\pi\mathrm{i}}\int_{C_+}\frac{\alpha^2 b(\alpha)N_2(\alpha)}{\beta(\alpha)K_-(\alpha)}\mathrm{d}\alpha$;$A_{22}=\frac{1}{2\pi\mathrm{i}}\int_{C_+}\frac{\alpha b(\alpha)N_2(\alpha)}{\beta(\alpha)K_-(\alpha)}\mathrm{d}\alpha$

求解上述方程组(7-131),(7-132),可以得到未知常数 a_3,b_3 的表达式

$$a_3=\sum_{s=1}^{4}\frac{\chi_s b(\chi_s)[\chi_s N_1(\chi_s)A_{22}-N_2(\chi_s)A_{12}]}{\beta'(\chi_s)K_-(\chi_s)(A_{11}A_{22}-A_{21}A_{12})}\frac{1}{2\pi\mathrm{i}}\int_{C_-}\frac{\mathrm{e}^{-\mathrm{i}\alpha(L-x_c)}\Psi_-^{2*}(\alpha)}{K_+(\alpha)(-\alpha+\chi_s)}\mathrm{d}\alpha$$
$$+\frac{b(\mathrm{i}\vartheta)(\mathrm{i}\vartheta A_{22}-qA_{12})}{2\beta(\mathrm{i}\vartheta)(A_{11}A_{22}-A_{21}A_{12})}\frac{1}{2\pi\mathrm{i}}\int_{C_-}\frac{\mathrm{e}^{-\mathrm{i}\alpha(L-x_c)}\Psi_-^{2*}(\alpha)}{K_+(\alpha)K_-(\mathrm{i}\vartheta)(-\alpha+\mathrm{i}\vartheta)}\mathrm{d}\alpha$$
$$+\frac{b(\mathrm{i}\vartheta)(\mathrm{i}\vartheta A_{22}+qA_{12})}{2\beta(\mathrm{i}\vartheta)(A_{11}A_{22}-A_{21}A_{12})}\frac{1}{2\pi\mathrm{i}}\int_{C_-}\frac{\mathrm{e}^{-\mathrm{i}\alpha(L-x_c)}\Psi_-^{2*}(\alpha)}{K_+(\alpha)K_-(-\mathrm{i}\vartheta)(\alpha+\mathrm{i}\vartheta)}\mathrm{d}\alpha \tag{7-133}$$

$$b_3=\sum_{s=1}^{4}\frac{\chi_s b(\chi_s)[\chi_s N_1(\chi_s)A_{21}-N_2(\chi_s)A_{11}]}{\beta'(\chi_s)K_-(\chi_s)(A_{12}A_{21}-A_{11}A_{22})}\frac{1}{2\pi \mathrm{i}}\int_{C_-}\frac{\mathrm{e}^{-\mathrm{i}\alpha(L-x_c)}\Psi_-^{2*}(\alpha)}{K_+(\alpha)(-\alpha+\chi_s)}\mathrm{d}\alpha$$
$$+\frac{b(\mathrm{i}\vartheta)(\mathrm{i}\vartheta A_{21}-qA_{11})}{2\beta(\mathrm{i}\vartheta)(A_{12}A_{21}-A_{11}A_{22})}\frac{1}{2\pi \mathrm{i}}\int_{C_-}\frac{\mathrm{e}^{-\mathrm{i}\alpha(L-x_c)}\Psi_-^{2*}(\alpha)}{K_+(\alpha)K_-(\mathrm{i}\vartheta)(-\alpha+\mathrm{i}\vartheta)}\mathrm{d}\alpha$$
$$+\frac{b(\mathrm{i}\vartheta)(\mathrm{i}\vartheta A_{21}+qA_{11})}{2\beta(\mathrm{i}\vartheta)(A_{12}A_{21}-A_{11}A_{22})}\frac{1}{2\pi \mathrm{i}}\int_{C_-}\frac{\mathrm{e}^{-\mathrm{i}\alpha(L-x_c)}\Psi_-^{2*}(\alpha)}{K_+(\alpha)K_-(-\mathrm{i}\vartheta)(\alpha+\mathrm{i}\vartheta)}\mathrm{d}\alpha \tag{7-134}$$

2. 第二个无穷代数方程

将系数 a_3, b_3 的表达式代入(7-65)可得如下方程

$$\frac{\Psi_+(\alpha)_2}{K_+(\alpha)}+\frac{1}{2\pi \mathrm{i}}\int_{-\infty-\mathrm{i}\sigma}^{\infty-\mathrm{i}\sigma}\frac{\mathrm{e}^{-\mathrm{i}\zeta(L-x_c)}\Psi_-^{2*}(\zeta)}{K_+(\zeta)(\zeta-\alpha)}\mathrm{d}\zeta$$
$$-\sum_{s=1}^{4}\frac{\chi_s b(\chi_s)[\chi_s N_1(\chi_s)(A_{22}\alpha-A_{21})-N_2(\chi_s)(A_{12}\alpha-A_{11})]}{\beta'(\chi_s)K_-(\chi_s)(A_{11}A_{22}-A_{21}A_{12})}$$
$$\frac{1}{2\pi \mathrm{i}}\int_{C_-}\frac{\mathrm{e}^{-\mathrm{i}\zeta(L-x_c)}\Psi_-^{2*}(\zeta)}{K_+(\zeta)(-\zeta+\chi_s)}\mathrm{d}\zeta$$
$$-\frac{b(\mathrm{i}\vartheta)[\mathrm{i}\vartheta(A_{22}\alpha-A_{21})-q(A_{12}\alpha-A_{11})]}{2\beta(\mathrm{i}\vartheta)(A_{11}A_{22}-A_{21}A_{12})}\frac{1}{2\pi \mathrm{i}}\int_{C_-}\frac{\mathrm{e}^{-\mathrm{i}\zeta(L-x_c)}\Psi_-^{2*}(\zeta)}{K_+(\zeta)K_-(\mathrm{i}\vartheta)(-\zeta+\mathrm{i}\vartheta)}\mathrm{d}\zeta$$
$$-\frac{b(\mathrm{i}\vartheta)[\mathrm{i}\vartheta(A_{22}\alpha-A_{21})+q(A_{12}\alpha-A_{11})]}{2\beta(\mathrm{i}\vartheta)(A_{11}A_{22}-A_{21}A_{12})}\frac{1}{2\pi \mathrm{i}}\int_{C_-}\frac{\mathrm{e}^{-\mathrm{i}\zeta(L-x_c)}\Psi_-^{2*}(\zeta)}{K_+(\zeta)K_-(-\mathrm{i}\vartheta)(\zeta+\mathrm{i}\vartheta)}\mathrm{d}\zeta=0 \tag{7-135}$$

将表达式(7-124)代入方程(7-135)，取 $\alpha=\alpha_j$ ($j=-2,-1,0,1,\cdots$)，应用留数定理，积分项选择封闭区域为下半平面，如图 7-4 所示，而后将式(7-125)代入，得到

$$\mu_j+\sum_{m=-2}^{\infty}\upsilon_m\frac{\mathrm{e}^{\mathrm{i}\alpha_m(L-x_c)}K_-(-\alpha_m)_2}{K'_+(-\alpha_m)_2(\alpha_m+\alpha_j)}$$
$$+\sum_{s=1}^{4}\frac{\chi_s b(\chi_s)[\chi_s N_1(\chi_s)(A_{22}\alpha_j-A_{21})-N_2(\chi_s)(A_{12}\alpha_j-A_{11})]}{\beta'_2(\chi_s)K_-(\chi_s)(A_{11}A_{22}-A_{21}A_{12})}$$
$$\sum_{m=-2}^{\infty}\upsilon_m\frac{\mathrm{e}^{\mathrm{i}\alpha_m(L-x_c)}K_-(-\alpha_m)}{K'_+(-\alpha_m)(\alpha_m+\chi_s)}$$
$$+\frac{b(\mathrm{i}\vartheta)[\mathrm{i}\vartheta(A_{22}\alpha_j-A_{21})-q(A_{12}\alpha_j-A_{11})]}{2\beta(\mathrm{i}\vartheta)(A_{11}A_{22}-A_{21}A_{12})}\sum_{m=-2}^{\infty}\upsilon_m\frac{\mathrm{e}^{\mathrm{i}\alpha_m(L-x_c)}K_-(-\alpha_m)}{K'_+(-\alpha_m)K_-(\mathrm{i}\vartheta)(\alpha_m+\mathrm{i}\vartheta)}$$
$$+\frac{b(\mathrm{i}\vartheta)[\mathrm{i}\vartheta(A_{22}\alpha_j-A_{21})+q(A_{12}\alpha_j-A_{11})]}{2\beta(\mathrm{i}\vartheta)(A_{11}A_{22}-A_{21}A_{12})}\sum_{m=-2}^{\infty}\upsilon_m\frac{\mathrm{e}^{\mathrm{i}\alpha_m(L-x_c)}K_-(-\alpha_m)}{K'_+(-\alpha_m)K_-(-\mathrm{i}\vartheta)(-\alpha_m+\mathrm{i}\vartheta)}=0 \tag{7-136}$$

将式(7-127)表达式代入方程(7-136)，化简后得到第二个无穷代数方程

$$\mu_j + \sum_{m=-2}^{\infty} G_{jm} \upsilon_m = 0 \tag{7-137}$$

式中，$G_{jm} = -\dfrac{e^{i\alpha_m(L-x_c)} K_+^2(\alpha_m) K_1(\alpha_m)}{K_2'(\alpha_m)} \Bigg\{ \dfrac{1}{(\alpha_m + \alpha_j)}$

$+ \sum_{s=1}^{4} \dfrac{\chi_s b(\chi_s)[\chi_s N_1(\chi_s)(A_{22}\alpha_j - A_{21}) - N_2(\chi_{2s})(A_{12}\alpha_j - A_{11})]}{\beta'(\chi_s) K_-(\chi_s)(A_{11}A_{22} - A_{12}A_{21})(\alpha_m + \chi_s)}$

$+ \dfrac{b(i\vartheta_2)}{2\beta(i\vartheta)(A_{11}A_{22} - A_{12}A_{21})} \Bigg[\dfrac{i\vartheta(A_{22}\alpha_j - A_{21}) - q(A_{12}\alpha_j - A_{11})}{K_-(i\vartheta)(\alpha_m + i\vartheta)}$

$+ \dfrac{i\vartheta(A_{22}\alpha_j - A_{21}) + q(A_{12}\alpha_j - A_{11})}{K_+(i\vartheta)(-\alpha_m + i\vartheta)} \Bigg] \Bigg\}$。

7.5.3 第三个和第四个无穷代数方程

1. 应用留数定理化简系数

表达式(7-55)取 $\alpha = \alpha_j (j = -2, -1, 0, 1, \cdots)$，并对积分项应用留数定理，选择封闭区域为下半平面，如图 7-4 所示。表达式(7-65)取 $\alpha = -\alpha_j (j = -2, -1, 0, 1, \cdots)$，并对积分项应用留数定理，选择封闭区域为上半平面，如图 7-6 所示，得

$$\frac{\Psi_+^1(\alpha_j)}{K_+(\alpha_j)} + \sum_{m=-2}^{\infty} \frac{e^{i\alpha_m x_c} \Psi_-^{1*}(-\alpha_m)}{K_+'(-\alpha_m)(\alpha_m + \alpha_j)} = a_1\alpha_j + b_1, (\sigma < \sigma_2) \tag{7-138}$$

$$\frac{\Psi_-^{2*}(-\alpha_j)}{K_-(-\alpha_j)} + \frac{B e^{ikx_c}}{i(-\alpha_j + k)K_-(-k)} - \sum_{m=-2}^{\infty} \frac{e^{i\alpha_m(L-x_c)} \Psi_+^2(\alpha_m)}{K_-'(\alpha_m)(\alpha_m + \alpha_j)} = a_4\alpha_j + b_4, (\sigma < \sigma_2) \tag{7-139}$$

2. 第三个和第四个无穷代数方程

将式(7-124)，(7-125)代入式(7-138)和(7-139)，并且根据(7-127)整理化简，得到

$$\xi_j + \sum_{m=-2}^{\infty} I_{jm}\eta_m - \alpha_j a_1 - b_1 = 0 \tag{7-140}$$

式中，$I_{jm} = \dfrac{e^{i\alpha_m x_c} K_-(-\alpha_m)}{K_+'(-\alpha_m)(\alpha_m + \alpha_j)} = \dfrac{-e^{i\alpha_m x_c} K_1(\alpha_m) K_+^2(\alpha_m)}{K_2'(\alpha_m)(\alpha_m + \alpha_j)}$。

$$\upsilon_j + \sum_{m=-2}^{\infty} J_{jm}\mu_m + \alpha_j a_4 - b_4 = V_{j1} \tag{7-141}$$

式中，$J_{jm} = \dfrac{-e^{i\alpha_m(L-x_c)} K_1(\alpha_m) K_+^2(\alpha_m)}{K_2'(\alpha_m)(\alpha_m + \alpha_j)}$；$V_{j1} = \dfrac{B e^{ikx_c}}{i(\alpha_j - k)K_-(-k)}$。

7.5.4　第五个无穷代数方程

1. 应用留数定理化简系数

将表达式(7-107)代入式(7-103)后得到

$$\sum_{m=-2}^{\infty}\frac{b(\alpha_m)K_1(\alpha_m)K_+(\alpha_m)}{\beta(\alpha_m)K_2'(\alpha_m)}\left[a_1\alpha_m+b_1-\sum_{j=-2}^{\infty}\frac{\mathrm{e}^{\mathrm{i}\alpha_j x_c}\Psi_-^{1*}(-\alpha_j)}{K'_+(-\alpha_j)(\alpha_j+\alpha_m)}\right]$$
$$-\sum_{m=-2}^{\infty}\frac{b(\alpha_m)K_1(\alpha_m)\mathrm{e}^{\mathrm{i}\alpha_m x_c}\Psi_-^{1*}(-\alpha_m)}{\beta(\alpha_m)K_2'(-\alpha_m)}=-\sum_{m=-2}^{\infty}\frac{b(\alpha_m)K_1(\alpha_m)K_-(-\alpha_m)}{\beta(\alpha_m)K_2'(-\alpha_m)}$$
$$\left[-a_4\alpha_m+b_4-\frac{B\mathrm{e}^{\mathrm{i}kx_c}}{\mathrm{i}(k-\alpha_m)K_+(k)}+\sum_{j=-2}^{\infty}\frac{\mathrm{e}^{\mathrm{i}\alpha_j(L-x_c)}\Psi_+^2(\alpha_j)}{K'_-(\alpha_j)(\alpha_j+\alpha_m)}\right]$$
$$+\sum_{m=-2}^{\infty}\frac{\mathrm{e}^{-\mathrm{i}\alpha_m(x_c-L)}b(\alpha_m)K_1(\alpha_m)\Psi_+^2(\alpha_m)}{\beta(\alpha_m)K_2'(\alpha_m)}\tag{7-142}$$

前面构造了 C_+ 和 C_- 的积分路径，同理建立积分路径 D_+ 和 D_-，如图 7-8 和图 7-9 所示。D_+ 是指沿实轴从上面绕过点 $-k$，$-\alpha_0$，χ_3，χ_2，χ_1，从下面绕过点 k，α_0；D_- 指沿着实轴从下面绕过点 k，α_0，χ_1，χ_3，χ_4，从上面绕过点 $-k$，$-\alpha_0$。

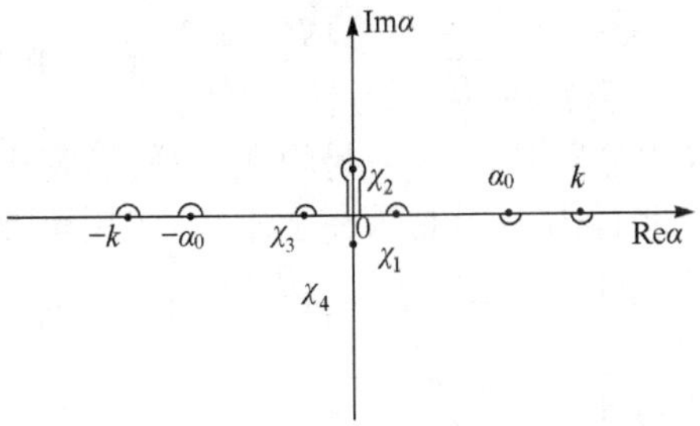

图 7-8　积分路径 D_+ 示意图

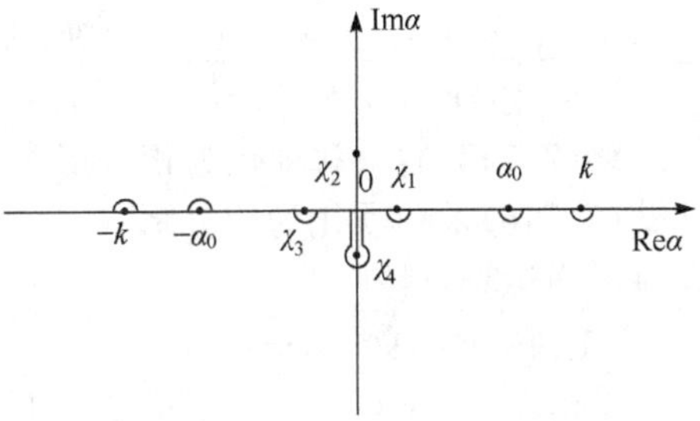

图 7-9　积分路径 D_- 示意图

对表达式(7-142)的左式应用留数定理的逆运算，第一项和第二项选取的积分路径为 D_+，封闭在上半平面。第三项选取的积分路径为 D_-，封闭在下半平面。经过转化化简后，得到

$$\text{左式}=\frac{1}{2\pi\mathrm{i}}\int_{D_+}\frac{b(\alpha)(a_1\alpha+b_1)}{\beta(\alpha)K_-(\alpha)}\mathrm{d}\alpha-\frac{1}{2\pi\mathrm{i}}\sum_{j=-2}^{\infty}\frac{\mathrm{e}^{\mathrm{i}\alpha_j x_c}\Psi_-^{1*}(-\alpha_j)}{K'_+(-\alpha_j)}\int_{D_+}\frac{b(\alpha)\mathrm{d}\alpha}{\beta(\alpha)K_-(\alpha)(\alpha_j+\alpha)}$$
$$+\frac{1}{2\pi\mathrm{i}}\int_{D_-}\frac{b(\alpha)\mathrm{e}^{-\mathrm{i}\alpha x_c}\Psi_-^{1*}(\alpha)}{\beta(\alpha)K(\alpha)}\mathrm{d}\alpha\tag{7-143}$$

同理，右式表达式的第一项，第二项和第三项选取的积分路径为 D_-，封闭在下半平面。第四项选取的积分路径为 D_+，封闭在上半平面。应用留数定理的逆运算，得

$$右式=\frac{1}{2\pi i}\int_{D_-}\frac{b(\alpha)}{\beta(\alpha)K_+(\alpha)}(a_4\alpha+b_4)d\alpha-\frac{1}{2\pi i}\int_{D_-}\frac{Be^{ikx_c}b(\alpha)d\alpha}{i(k+\alpha)K_+(k)\beta(\alpha)K_+(\alpha)}$$
$$+\sum_{j=-2}^{\infty}\frac{e^{i\alpha_j(L-x_c)}\Psi_+^2(\alpha_j)}{K'_-(\alpha_j)}\frac{1}{2\pi i}\int_{D_-}\frac{b(\alpha)d\alpha}{\beta(\alpha)(\alpha_j-\alpha)K_+(\alpha)}$$
$$+\frac{1}{2\pi i}\int_{D_+}\frac{e^{-i\alpha(x_c-L)}b(\alpha)\Psi_+^2(\alpha)}{\beta(\alpha)K(\alpha)}d\alpha \tag{7-144}$$

方程(7-143)的第二个积分项，选取 D_+ 封闭路径的封闭区域为下半平面，即封闭区域包含 $\beta(\alpha)=0$ 的四个根的情况；方程(7-144)的第三个积分项，选取 D_- 封闭路径的封闭区域为上半平面，即封闭区域包含 $\beta(\alpha)=0$ 的四个根的情况。同时利用各个函数的奇偶性，应用留数定理得到

$$-\frac{1}{2\pi i}\sum_{j=-2}^{\infty}\frac{e^{i\alpha_j x_c}\Psi_-^{1*}(-\alpha_j)}{K'_+(-\alpha_j)}\int_{D_+}\frac{b(\alpha)d\alpha}{\beta(\alpha)K_-(\alpha)(\alpha_j+\alpha)}$$
$$=\sum_{s=1}^{4}\frac{b(\chi_s)}{\beta'(\chi_s)K_-(\chi_s)}\sum_{j=-2}^{\infty}\frac{e^{i\alpha_j x_c}\Psi_-^{1*}(-\alpha_j)}{K'_+(-\alpha_j)(\alpha_j+\chi_s)}+\sum_{j=-2}^{\infty}\frac{e^{i\alpha_j x_c}b(\alpha_j)\Psi_-^{1*}(-\alpha_j)}{\beta(\alpha_j)K_-(-\alpha_j)K'_+(-\alpha_j)} \tag{7-145}$$

$$\sum_{j=-2}^{\infty}\frac{e^{i\alpha_j(L-x_c)}\Psi_+^2(\alpha_j)}{K'_-(\alpha_j)}\frac{1}{2\pi i}\int_{D_-}\frac{b(\alpha)d\alpha}{\beta(\alpha)(\alpha_j-\alpha)K_+(\alpha)}$$
$$=\sum_{s=1}^{4}\frac{b(\chi_s)}{\beta'(\chi_s)K_+(\chi_s)}\sum_{j=-2}^{\infty}\frac{e^{i\alpha_j(L-x_c)}\Psi_+^2(\alpha_j)}{K'_-(\alpha_j)(\alpha_j-\chi_s)}-\sum_{j=-2}^{\infty}\frac{e^{i\alpha_j(L-x_c)}b(\alpha_j)\Psi_+^2(\alpha_j)}{\beta(\alpha_j)K_+(\alpha_j)K'_-)(\alpha_j)} \tag{7-146}$$

将(7-145)的求和项化为积分形式，选取积分路径为 D_-，封闭在下平面；将表达式(7-146)求和项化为积分形式，选取积分路径为 D_+，封闭在上平面，应用留数定理的逆运算，得到

$$-\frac{1}{2\pi i}\sum_{j=-2}^{\infty}\frac{e^{i\alpha_j x_c}\Psi_-^{1*}(-\alpha_j)}{K'_+(-\alpha_j)}\int_{D_+}\frac{b(\alpha)d\alpha}{\beta(\alpha)K_-(\alpha)(\alpha_j+\alpha)}$$
$$=-\frac{1}{2\pi i}\sum_{s=1}^{4}\left[\frac{b(\chi_s)}{\beta'(\chi_s)K_-(\chi_s)}\times\int_{D_-}\frac{e^{-i\alpha x_c}\Psi_-^{1*}(\alpha)d\alpha}{K_+(\alpha)(-\alpha+\chi_s)}\right]-\frac{1}{2\pi i}\int_{D_-}\frac{e^{-i\alpha x_c}b(\alpha)\Psi_-^{1*}(\alpha)}{\beta(\alpha)K(\alpha)}d\alpha \tag{7-147}$$

$$\sum_{j=-2}^{\infty}\frac{e^{i\alpha_j(L-x_c)}\Psi_+^2(\alpha_j)}{K'_-(\alpha_j)}\frac{1}{2\pi i}\int_{D_-}\frac{b(\alpha)d\alpha}{\beta(\alpha)(\alpha_j-\alpha)K_+(\alpha)}$$
$$=\sum_{s=1}^{4}\left[\frac{b(\chi_s)}{\beta'(\chi_s)K_+(\chi_s)}\times\frac{1}{2\pi i}\int_{D_+}\frac{e^{i\alpha(L-x_c)}\Psi_+^2(\alpha)}{K_-(\alpha)(\alpha-\chi_s)}d\alpha\right]-\frac{1}{2\pi i}\int_{D_+}\frac{e^{-i\alpha(x_c-L)}b(\alpha)\Psi_+^2(\alpha)}{\beta(\alpha)K(\alpha)}d\alpha \tag{7-148}$$

将式(7-147)代入表达式(7-143)，(7-148)代入表达式(7-144)并整理得

$$左式=\frac{1}{2\pi i}\int_{D_+}\frac{b(\alpha)(a_1\alpha+b_1)}{\beta(\alpha)K_-(\alpha)}d\alpha-\frac{1}{2\pi i}\sum_{s=1}^{4}\frac{b(\chi_s)}{\beta'(\chi_s)K_-(\chi_s)}\int_{D_-}\frac{e^{-i\alpha x_c}\Psi_-^{1*}(\alpha)d\alpha}{K_+(\alpha)(-\alpha+\chi_s)} \tag{7-149}$$

$$右式=\frac{1}{2\pi i}\int_{D_-}\frac{b(\alpha)}{\beta(\alpha)K_+(\alpha)}(a_4\alpha+b_4)d\alpha-\frac{1}{2\pi i}\int_{D_-}\frac{Be^{ikx_c}b(\alpha)d\alpha}{i(k+\alpha)K_+(k)\beta(\alpha)K_+(\alpha)}$$
$$+\sum_{s=1}^{4}\frac{b(\chi_s)}{\beta'(\chi_s)K_+(\chi_s)}\frac{1}{2\pi i}\int_{D_+}\frac{e^{i\alpha(L-x_c)}\Psi_+^2(\alpha)}{K_-(\alpha)(\alpha-\chi_s)}d\alpha \tag{7-150}$$

将表达式(7-149),(7-150)代入表达式(7-142),根据(7-127)整理得

$$\frac{1}{2\pi i}\sum_{s=1}^{4}\frac{b(\chi_s)}{\beta'(\chi_s)K_-(\chi_s)}\int_{D_-}\frac{e^{-i\alpha x_c}\Psi_-^{1*}(\alpha)d\alpha}{K_+(\alpha)(-\alpha+\chi_s)}$$
$$+\sum_{s=1}^{4}\frac{b(\chi_s)}{\beta'(\chi_s)K_+(\chi_s)}\frac{1}{2\pi i}\int_{D_+}\frac{e^{i\alpha(L-x_c)}\Psi_+^2(\alpha)d\alpha}{K_-(\alpha)(\alpha-\chi_s)}+B_{11}a_1+B_{12}b_1+B_{13}a_4+B_{14}b_4=F \tag{7-151}$$

式中,$B_{11}=\sum_{s=1}^{4}\frac{\chi_s b(\chi_s)}{\beta'(\chi_s)K_-(\chi_s)}$;$B_{12}=\sum_{s=1}^{4}\frac{b(\chi_s)}{\beta'(\chi_s)K_-(\chi_s)}$;$B_{13}=\sum_{s=1}^{4}\frac{\chi_s b(\chi_s)}{\beta'(\chi_s)K_+(\chi_s)}$;

$B_{14}=\sum_{s=1}^{4}\frac{b(\chi_s)}{\beta'(\chi_s)K_+(\chi_s)}$;$F_1=\sum_{s=1}^{4}\frac{Be^{ikx_c}b(\chi_s)}{i(k+\chi_s)K_+(k)\beta'(\chi_s)K_+(\chi_s)}$。

2. 第五个无穷代数方程

将式(7-124)代入式(7-151),并对积分部分应用约当引理和留数定理,而后将表达式(7-125)代入,得到

$$\sum_{m=-2}^{\infty}U_{1m}\eta_m+\sum_{m=-2}^{\infty}L_{1j}\mu_j+B_{11}a_1+B_{12}b_1+B_{13}a_4+B_{14}b_4=F_1 \tag{7-152}$$

式中,$U_{1m}=\frac{e^{i\alpha_m x_c}K_1(\alpha_m)K_+^2(\alpha_m)}{K_2'(\alpha_m)}\sum_{s=1}^{4}\frac{b(\chi_s)}{\beta'(\chi_s)K_-(\chi_s)(\alpha_m+\chi_s)}$;

$L_{1j}=\frac{e^{i\alpha_m(L-x_c)}K_1(\alpha_m)K_+^2(\alpha_m)}{K_2'(\alpha_m)}\sum_{s=1}^{4}\frac{b(\chi_s)}{\beta'(\chi_s)K_+(\chi_s)_2(\alpha_m-\chi_s)}$。

7.5.5 第六个无穷代数方程

将表达式(7-107)代入式(7-104)后,得到

$$左式=\sum_{m=-2}^{\infty}\frac{\alpha_m b(\alpha_m)K_1(\alpha_m)K_+(\alpha_m)N_2(\alpha_m)}{\beta(\alpha_m)K_2'(\alpha_m)}\left[a_1\alpha_m+b_1-\sum_{j=-2}^{\infty}\frac{e^{i\alpha_j x_c}\Psi_-^{1*}(-\alpha_j)}{K'_+(-\alpha_j)(\alpha_j+\alpha_m)}\right]$$
$$+\sum_{m=-2}^{\infty}\frac{e^{i\alpha_m x_c}\alpha_m b(\alpha_m)K_1(\alpha_m)\Psi_-^{1*}(-\alpha_m)N_2(\alpha_m)}{\beta(\alpha_m)K_2'(-\alpha_m)} \tag{7-153}$$

$$右式=\sum_{m=-2}^{\infty}\frac{\alpha_m b(\alpha_m)K_1(\alpha_m)K_-(-\alpha_m)N_2(\alpha_m)}{\beta_2(\alpha_m)K_2'(-\alpha_m)}\left[-a_4\alpha_m+b_4-\frac{Be^{ikx_c}}{i(k-\alpha_m)K_+(k)}\right.$$
$$\left.+\sum_{j=-2}^{\infty}\frac{e^{i\alpha_j(L-x_c)}\Psi_+^2(\alpha_j)}{K'_-(\alpha_j)(\alpha_j+\alpha_m)}\right]+\sum_{m=-2}^{\infty}\frac{e^{-i\alpha_m(x_c-L)}\alpha_m b(\alpha_m)K_1(\alpha_m)\Psi_+^2(\alpha_m)N_2(\alpha_m)}{\beta(\alpha_m)K_2'(\alpha_m)} \tag{7-154}$$

基于上述化简思路，即利用留数定理正逆运算，对式(7-153)和(7-154)进行化简后，可得

$$\sum_{m=-2}^{\infty} M_{1m}\eta_m + \sum_{j=-2}^{\infty} N_{1j}\mu_j + B_{21}a_1 + B_{22}b_1 + B_{23}a_4 + B_{24}b_4 = F_2 \quad (7\text{-}155)$$

式中，$M_{1m} = \dfrac{e^{i\alpha_m x_c} K_1(\alpha_m) K_+^2(\alpha_m)}{K'_2(\alpha_m)} \left\{ \sum_{s=1}^{4} \dfrac{\chi_s b(\chi_s) N_2(\chi_s)}{\beta'(\chi_s) K_-(\chi_s)(\chi_s + \alpha_m)} - \dfrac{qb(i\vartheta)}{2\beta(i\vartheta)} \left[\dfrac{1}{K_-(i\vartheta)(-\alpha_m - i\vartheta)} + \dfrac{1}{K_+(i\vartheta)(-\alpha_m + i\vartheta)} \right] \right\}$；

$$N_{1j} = \frac{e^{i\alpha_j(L-x_c)} K_1(\alpha_j) K_+^2(\alpha_j)}{K'_2(\alpha_j)} \left\{ \sum_{s=1}^{4} \frac{\chi_s b(\chi_s) N_2(\chi_s)}{\beta'(\chi_s) K_+(\chi_s)(\alpha_j - \chi_s)} + \frac{qb(i\vartheta)}{2\beta(i\vartheta)} \left[\frac{1}{K_+(i\vartheta)(\alpha_j - i\vartheta)} + \frac{1}{K_+(-i\vartheta)(\alpha_j + i\vartheta)} \right] \right\};$$

$$B_{21} = -\frac{1}{2\pi i}\int_{C_+} \frac{\alpha^2 b(\alpha) N_2(\alpha)}{\beta(\alpha) K_-(\alpha)} d\alpha, B_{22} = -\frac{1}{2\pi i}\int_{C_+} \frac{\alpha b(\alpha) N_2(\alpha)}{\beta(\alpha) K_-(\alpha)} d\alpha,$$

$$B_{23} = \frac{1}{2\pi i}\int_{C_-} \frac{\alpha^2 b(\alpha) N_2(\alpha)}{\beta(\alpha) K_+(\alpha)} d\alpha,$$

$$B_{24} = \frac{1}{2\pi i}\int_{C_-} \frac{\alpha b(\alpha) N_2(\alpha)}{\beta(\alpha) K_+(\alpha)} d\alpha, F_2 = \frac{1}{2\pi i}\int_{C_-} \frac{B e^{ikx_c} \alpha b(\alpha) N_2(\alpha) d\alpha}{i(k+\alpha) K_+(k) \beta(\alpha) K_+(\alpha)}。$$

7.5.6 第七个和第八个无穷代数方程

将表达式(7-107)分别代入式(7-105)，(7-106)后得到

$$M_L = D\left\{ -\sum_{m=-2}^{\infty} \frac{q\alpha_m^2 b(\alpha_m) K_1(\alpha_m) K_+(\alpha_m) N_1(\alpha_m)}{\beta(\alpha_m) K'_2(\alpha_m)} \left[a_1\alpha_m + b_1 - \sum_{j=-2}^{\infty} \frac{e^{i\alpha_j x_c} \Psi_-^{1*}(-\alpha_j)}{K'_+(-\alpha_j)(\alpha_j + \alpha_m)} \right] + \sum_{m=-2}^{\infty} \frac{q e^{i\alpha_m x_c} \alpha_m^2 b(\alpha_m) K_1(\alpha_m) \Psi_-^{1*}(-\alpha_m) N_1(\alpha_m)}{\beta(\alpha_m) K'_2(-\alpha_m)} \right\} \quad (7\text{-}156)$$

$$K_T\Psi_L = K_T\left\{ \sum_{m=-2}^{\infty} \frac{iq\alpha_m b(\alpha_m) K_1(\alpha_m) K_+(\alpha_m) N_1(\alpha_m)}{\beta(\alpha_m) K'_2(\alpha_m)} \left[a_1\alpha_m + b_1 - \sum_{j=-2}^{\infty} \frac{e^{i\alpha_j x_c} \Psi_-^{1*}(-\alpha_j)}{K'_+(-\alpha_j)(\alpha_j + \alpha_m)} \right] + \sum_{m=-2}^{\infty} \frac{iq e^{i\alpha_m x_c} \alpha_m b(\alpha_m) K_1(\alpha_m) \Psi_-^{1*}(-\alpha_m) N_1(\alpha_m)}{\beta(\alpha_m) K'_2(-\alpha_m)} \right\} \quad (7\text{-}157)$$

$$M_R = D\left\{ \sum_{m=-2}^{\infty} \frac{q\alpha_m^2 b(\alpha_m) K_1(\alpha_m) K_-(-\alpha_m) N_1(\alpha_m)}{\beta(\gamma_m) K'_2(-\alpha_m)} \left[-a_4\alpha_m + b_4 - \frac{B e^{ikx_c}}{i(k-\alpha_m) K_+(k)} + \sum_{j=-2}^{\infty} \frac{e^{i\alpha_j(L-x_c)} \Psi_+^2(\alpha_j)}{K'_-(\alpha_j)(\alpha_j + \alpha_m)} \right] - \sum_{m=-2}^{\infty} \frac{q e^{-i\alpha_m(x_c-L)} \alpha_m^2 b(\alpha_m) K_1(\alpha_m) \Psi_+^2(\alpha_m) N_1(\alpha_m)}{\beta(\alpha_m) K'_2(\alpha_m)} \right\}$$

(7-158)

$$K_T\Psi_R = K_T\left\{\sum_{m=-2}^{\infty}\frac{\mathrm{i}q\alpha_m b(\alpha_m)K_1(\alpha_m)K_-(-\alpha_m)N_1(\alpha_m)}{\beta(\alpha_m)K_2'(-\alpha_m)}\left[-a_4\alpha_m+b_4-\frac{B\mathrm{e}^{\mathrm{i}kx_c}}{\mathrm{i}(k-\alpha_m)K_+(k)}\right.\right.$$
$$\left.\left.+\sum_{j=-2}^{\infty}\frac{\mathrm{e}^{\mathrm{i}\alpha_j(L-x_c)}\Psi_+^2(\alpha_j)}{K_-'(\alpha_j)(\alpha_j+\alpha_m)}\right]+\sum_{m=-2}^{\infty}\frac{\mathrm{i}q\mathrm{e}^{-\mathrm{i}\alpha_m(x_c-L)}\alpha_m b(\alpha_m)K_1(\alpha_m)\Psi_+^2(\alpha_m)N_1(\alpha_m)}{\beta(\alpha_m)K_2'(\alpha_m)}\right\}$$
(7-159)

式中，M_L 是左板在铰连接处的右弯矩；M_R 是右板在铰连接处的左弯矩；K_T 是铰连接的转动刚度；Ψ_L 是左板在铰连接处的转角；Ψ_R 是右板在铰连接处的转角。

基于上述化简思路，即利用留数定理正逆运算，对式(7-153)和(7-154)进行化简后，可得

$$\sum_{m=-2}^{\infty}T_{1m}\eta_m+\sum_{j=-2}^{\infty}W_{1j}\mu_j+B_{31}a_1+B_{32}b_1+B_{33}a_4+B_{34}b_4=F_3 \quad (7\text{-}160)$$

$$\sum_{m=-2}^{\infty}R_{1m}\eta_m+\sum_{j=-2}^{\infty}S_{1j}\mu_j+B_{41}a_1+B_{42}b_1+B_{43}a_4+B_{44}b_4=F_4 \quad (7\text{-}161)$$

式中，$T_{1m}=\frac{\mathrm{e}^{\mathrm{i}\alpha_m x_c}K_1(\alpha_m)K_+^2(\alpha_m)}{K_2'(\alpha_m)}\left\{\sum_{s=1}^{4}\frac{\chi_s^2 b(\chi_s)N_1(\chi_s)}{\beta'(\chi_s)K_-(\chi_s)(\chi_s+\alpha_m)}\right.$

$$\left.+\frac{\mathrm{i}\vartheta b(\mathrm{i}\vartheta)}{2\beta(\mathrm{i}\vartheta)}\left[\frac{1}{K_-(\mathrm{i}\vartheta)(\mathrm{i}\vartheta+\alpha_m)}+\frac{1}{K_-(-\mathrm{i}\vartheta)(-\alpha_m+\mathrm{i}\vartheta)}\right]\right\};$$

$$W_{1j}=\frac{\mathrm{e}^{\mathrm{i}\alpha_j(L-x_c)}K_1(\alpha_j)K_+^2(\alpha_j)}{K_2'(\alpha_j)}\left\{\sum_{s=1}^{4}\frac{\chi_s^2 b_2(\chi_s)N_1(\chi_{2s})}{\beta'(\chi_s)K_+(\chi_s)(\alpha_j-\chi_s)}\right.$$
$$\left.+\frac{\mathrm{i}\vartheta b(\mathrm{i}\vartheta)}{2\beta(\mathrm{i}\vartheta)}\left[\frac{1}{K_+(\mathrm{i}\vartheta)(\alpha_j-\mathrm{i}\vartheta)}-\frac{1}{K_+(-\mathrm{i}\vartheta)(\alpha_j+\mathrm{i}\vartheta)}\right]\right\};$$

$$B_{31}=-\frac{1}{2\pi\mathrm{i}}\int_{C_+}\frac{\alpha^3 b(\alpha)N_1(\alpha)}{\beta(\alpha)K_-(\alpha)}\mathrm{d}\alpha,\ B_{32}=-\frac{1}{2\pi\mathrm{i}}\int_{C_+}\frac{\alpha^2 b(\alpha)N_1(\alpha)}{\beta(\alpha)K_-(\alpha)}\mathrm{d}\alpha,$$

$$B_{34}=\frac{1}{2\pi\mathrm{i}}\int_{C_-}\frac{\alpha^2 b(\alpha)N_1(\alpha)}{\beta(\alpha)K_+(\alpha)}\mathrm{d}\alpha;$$

$$B_{33}=\frac{1}{2\pi\mathrm{i}}\int_{C_-}\frac{\alpha^3 b(\alpha)N_1(\alpha)}{\beta(\alpha)K_+(\alpha)}\mathrm{d}\alpha;\ F_3=\frac{1}{2\pi\mathrm{i}}\int_{C_-}\frac{B\mathrm{e}^{\mathrm{i}kx_c}\alpha^2 b(\alpha)N_1(\alpha)}{\mathrm{i}(k+\alpha)K_+(k)\beta(\alpha)K_+(\alpha)}\mathrm{d}\alpha;$$

$$B_{41}=\frac{-D}{2\pi\mathrm{i}}\int_{C_+}\frac{q\alpha^3 b(\alpha)N_1(\alpha)}{\beta(\alpha)K_-(\alpha)}\mathrm{d}\alpha-K_T\frac{1}{2\pi\mathrm{i}}\int_{C_+}\frac{\mathrm{i}q\alpha^2 b(\alpha)N_1(\alpha)}{\beta(\alpha)K_-(\alpha)}\mathrm{d}\alpha;$$

$$B_{42}=-D\frac{1}{2\pi\mathrm{i}}\int_{C_+}\frac{q\alpha^2 b(\alpha)N_1(\alpha)}{\beta(\alpha)K_-(\alpha)}\mathrm{d}\alpha-K_T\frac{1}{2\pi\mathrm{i}}\int_{C_+}\frac{\mathrm{i}q\alpha b(\alpha)N_1(\alpha)}{\beta(\alpha)K_-(\alpha)}\mathrm{d}\alpha;$$

$$B_{43}=\frac{K_T}{2\pi\mathrm{i}}\int_{C_-}\frac{\mathrm{i}q\alpha^2 b(\alpha)N_1(\alpha)}{\beta(\alpha)K_+(\alpha)}\mathrm{d}\alpha;\ B_{44}=\frac{K_T}{2\pi\mathrm{i}}\int_{D_-}\frac{\mathrm{i}q\alpha b(\alpha)N_1(\alpha)}{\beta(\alpha)K_+(\alpha)}\mathrm{d}\alpha;$$

$$F_4 = \frac{K_{\mathrm{T}}}{2\pi \mathrm{i}}\int_{C_-} \frac{qB\mathrm{e}^{\mathrm{i}kx_c}\alpha b(\alpha)N_1(\alpha)\mathrm{d}\alpha}{(k+\alpha)K_+(k)\beta(\alpha)K_+(\alpha)};$$

$$R_m = \frac{q\mathrm{e}^{\mathrm{i}\alpha_m x_c}K_1(\alpha_m)K_+^2(\alpha_m)}{K_2'(\alpha_m)}\left\{\sum_{s=1}^{4}\frac{\chi_s b(\chi_s)N_1(\chi_s)(D\chi_s+K_{\mathrm{T}}\mathrm{i})}{\beta'(\chi_s)K_-(\chi_s)(\chi_s+\alpha_m)}\right.$$

$$\left.+\frac{\mathrm{i}b(\mathrm{i}\vartheta)}{2\beta(\mathrm{i}\vartheta)}\left[\frac{(D\vartheta+K_{\mathrm{T}})}{K_-(\mathrm{i}\vartheta)(\mathrm{i}\vartheta+\alpha_m)}+\frac{(D\vartheta-K_{\mathrm{T}})}{K_-(-\mathrm{i}\vartheta)(-\alpha_m+\mathrm{i}\vartheta)}\right]\right\};$$

$$S_{1j} = \frac{K_{\mathrm{T}}\mathrm{i}q\mathrm{e}^{\mathrm{i}\alpha_j(L-x_c)}K_1(\alpha_j)K_+^2(\alpha_j)}{K'(\alpha_j)}\left\{\sum_{s=1}^{4}\frac{\chi_s b(\chi_s)N_1(\chi_s)}{\beta'(\chi_s)K_+(\chi_s)(\alpha_j-\chi_s)}\right.$$

$$\left.+\frac{b(\mathrm{i}\vartheta)}{2\beta(\mathrm{i}\vartheta)}\left[\frac{1}{K_+(\mathrm{i}\vartheta)(\alpha_j-\mathrm{i}\vartheta)}+\frac{1}{K_+(-\mathrm{i}\vartheta)(\alpha_j+\mathrm{i}\vartheta)}\right]\right\}。$$

7.5.7 无穷代数方程组的求解

为了便于求解，表达式(7-128)，(7-137)，(7-140)，(7-141)，(7-152)，(7-155)，(7-160)，(7-161)联立，可以整理成为如下无穷代数方程组

$$\begin{pmatrix}
\boldsymbol{H}_{j\times j} & \boldsymbol{E}_{j\times j} & \boldsymbol{O}_{j\times j} & \boldsymbol{O}_{j\times j} & \boldsymbol{O}_{j\times 1} & \boldsymbol{O}_{j\times 1} & \boldsymbol{O}_{j\times 1} & \boldsymbol{O}_{j\times 1}\\
\boldsymbol{O}_{j\times j} & \boldsymbol{O}_{j\times j} & \boldsymbol{E}_{j\times j} & \boldsymbol{G}_{j\times j} & \boldsymbol{O}_{j\times 1} & \boldsymbol{O}_{j\times 1} & \boldsymbol{O}_{j\times 1} & \boldsymbol{O}_{j\times 1}\\
\boldsymbol{E}_{j\times j} & \boldsymbol{I}_{j\times j} & \boldsymbol{O}_{j\times j} & \boldsymbol{O}_{j\times j} & -\boldsymbol{\alpha}_{j\times 1} & \boldsymbol{NY}_{j\times 1} & \boldsymbol{O}_{j\times 1} & \boldsymbol{O}_{j\times 1}\\
\boldsymbol{O}_{j\times j} & \boldsymbol{O}_{j\times j} & \boldsymbol{J}_{j\times j} & \boldsymbol{E}_{j\times j} & \boldsymbol{O}_{j\times 1} & \boldsymbol{O}_{j\times 1} & \boldsymbol{\gamma}_{j\times 1} & \boldsymbol{NY}_{j\times 1}\\
\boldsymbol{O}_{1\times j} & \boldsymbol{U}_{1\times j} & \boldsymbol{L}_{1\times j} & \boldsymbol{O}_{1\times j} & B_{11} & B_{12} & B_{13} & B_{14}\\
\boldsymbol{O}_{1\times j} & \boldsymbol{M}_{1\times j} & \boldsymbol{N}_{1\times j} & \boldsymbol{O}_{1\times j} & B_{21} & B_{22} & B_{23} & B_{24}\\
\boldsymbol{O}_{1\times j} & \boldsymbol{T}_{1\times j} & \boldsymbol{W}_{1\times j} & \boldsymbol{O}_{1\times j} & B_{31} & B_{32} & B_{22} & B_{34}\\
\boldsymbol{O}_{1\times j} & \boldsymbol{R}_{1\times j} & \boldsymbol{S}_{1\times j} & \boldsymbol{O}_{1\times j} & B_{41} & B_{42} & B_{43} & B_{44}
\end{pmatrix}
\begin{pmatrix}
\boldsymbol{\xi}_{j\times 1}\\ \boldsymbol{\eta}_{j\times 1}\\ \boldsymbol{\mu}_{j\times 1}\\ \boldsymbol{\upsilon}_{j\times 1}\\ a_1\\ b_1\\ a_4\\ b_4
\end{pmatrix}
=
\begin{pmatrix}
\boldsymbol{Z}_{j\times 1}\\ \boldsymbol{O}_{j\times 1}\\ \boldsymbol{O}_{j\times 1}\\ \upsilon_{j\times 1}\\ F_1\\ F_2\\ F_3\\ F_4
\end{pmatrix}
\tag{7-162}$$

式中，

$$\boldsymbol{E}_{j\times j}=\begin{pmatrix}1 & 0 & \cdots & 0\\ 0 & 1 & \cdots & 0\\ \vdots & \vdots & \ddots & \vdots\\ 0 & 0 & \cdots & 1\end{pmatrix}_{j\times j};\boldsymbol{O}_{j\times j}=\begin{pmatrix}0 & 0 & \cdots & 0\\ 0 & 0 & \cdots & 0\\ \vdots & \vdots & \ddots & \vdots\\ 0 & 0 & \cdots & 0\end{pmatrix}_{j\times j};\boldsymbol{\xi}_{j\times 1}=\begin{pmatrix}\xi_1\\ \xi_2\\ \vdots\\ \xi_j\end{pmatrix};\boldsymbol{\eta}_{j\times 1}=\begin{pmatrix}\eta_1\\ \eta_2\\ \vdots\\ \eta_j\end{pmatrix};$$

$$\boldsymbol{\mu}_{j\times 1}=\begin{pmatrix}\mu_1\\ \mu_2\\ \vdots\\ \mu_j\end{pmatrix};\boldsymbol{\upsilon}_{j\times 1}=\begin{pmatrix}\upsilon_1\\ \upsilon_2\\ \vdots\\ \upsilon_j\end{pmatrix};\boldsymbol{O}_{j\times 1}=\begin{pmatrix}O_1\\ O_2\\ \vdots\\ O_j\end{pmatrix};\boldsymbol{\alpha}_{j\times 1}=\begin{pmatrix}\alpha_1\\ \alpha_2\\ \vdots\\ \alpha_j\end{pmatrix};\boldsymbol{\gamma}_{j\times 1}=\begin{pmatrix}\gamma_1\\ \gamma_2\\ \vdots\\ \gamma_j\end{pmatrix};\boldsymbol{NY}_{j\times 1}=\begin{pmatrix}-1\\ -1\\ \vdots\\ -1\end{pmatrix}。$$

其他表达式，譬如矩阵 $\boldsymbol{H}_{j\times j}$ 中每一项表达式即为 H_{jm}，其他同理，在此不再赘述。

7.6　组合式弹性浮板的水波动响应

计算平板挠度分布，根据表达式(7-35)和(7-54)得到

$$Y(\alpha)=\frac{1}{K_2(\alpha)}\left[\Psi_+^1(\alpha)\mathrm{e}^{\mathrm{i}\alpha x_c}+\Psi_-^{1*}(\alpha)\right],(0\leqslant x\leqslant x_c) \tag{7-163}$$

同理，根据表达式(7-38)和(7-64)得到

$$Y(\alpha)=\frac{1}{K_2(\alpha)}\left[\Psi_+^2(\alpha)\mathrm{e}^{\mathrm{i}\alpha L}+\Psi_-^{2*}(\alpha)\mathrm{e}^{\mathrm{i}\alpha x_c}\right],(x_c<x\leqslant L) \tag{7-164}$$

根据表达式(7-2)，(7-26)，(7-163) 以及(7-164)，同时利用 Fourier 逆变换，分别可以得到左板和右板的散射速度势的表达式

$$\begin{aligned}\varphi^{(s)}(x,z)&=\frac{1}{2\pi}\int_{-\infty}^{+\infty}\mathrm{e}^{-\mathrm{i}\alpha x}\Phi(\alpha,z)\mathrm{d}\alpha=\frac{1}{2\pi}\int_{-\infty}^{+\infty}\frac{\mathrm{e}^{-\mathrm{i}\alpha(x-x_c)}\cosh[\alpha(z+a)]\Psi_+^1(\alpha)\mathrm{d}\alpha}{K_2(\alpha)\cosh(\alpha a)}\\&\quad+\frac{1}{2\pi}\int_{-\infty}^{+\infty}\frac{\mathrm{e}^{-\mathrm{i}\alpha x}\cosh[\alpha(z+a)]\Psi_-^{1*}(\alpha)\mathrm{d}\alpha}{K_2(\alpha)\cosh(\alpha a)},(0\leqslant x\leqslant x_c)\end{aligned} \tag{7-165}$$

$$\begin{aligned}\varphi^{(s)}(x,z)&=\frac{1}{2\pi}\int_{-\infty}^{+\infty}\mathrm{e}^{-\mathrm{i}\alpha x}\Phi(\alpha,z)\mathrm{d}\alpha=\frac{1}{2\pi}\int_{-\infty}^{+\infty}\frac{\mathrm{e}^{-\mathrm{i}\alpha(x-L)}\cosh[\alpha(z+a)]\Psi_+^2(\alpha)\mathrm{d}\alpha}{K_2(\alpha)\cosh(\alpha a)}\\&\quad+\frac{1}{2\pi}\int_{-\infty}^{+\infty}\frac{\mathrm{e}^{-\mathrm{i}\alpha(x-x_c)}\cosh[\alpha(z+a)]\Psi_-^{2*}(\alpha)\mathrm{d}\alpha}{K_2(\alpha)\cosh(\alpha a)},(x_c<x\leqslant L)\end{aligned} \tag{7-166}$$

根据表达式(7-165)和(7-166)，已知流场速度势是由入射速度和散射速度叠加得到，利用留数定理，可导出如下表达式

$$\frac{\partial}{\partial z}\varphi(x,0)=\mathrm{i}\sum_{m=-2}^{\infty}\frac{\alpha_m\tanh(\alpha_m a)}{K_2'(\alpha_m)}\left[\mathrm{e}^{-\mathrm{i}\alpha_m(x-x_c)}\Psi_+^1(\alpha_m)+\mathrm{e}^{\mathrm{i}\alpha_m x}\Psi_-^{1*}(-\alpha_m)\right],\quad(0\leqslant x\leqslant x_c) \tag{7-167}$$

$$\frac{\partial}{\partial z}\varphi(x,0)=\mathrm{i}\sum_{m=-2}^{\infty}\frac{\alpha_m\tanh(\alpha_m a)}{K_2'(\alpha_m)}\left[\mathrm{e}^{-\mathrm{i}\alpha_m(x-L)}\Psi_+^2(\alpha_m)+\mathrm{e}^{\mathrm{i}\alpha_m(x-x_c)}\Psi_-^{2*}(-\alpha_m)\right],\quad(x_c<x\leqslant L) \tag{7-168}$$

根据边界条件(7-10)，同时函数的时变部分用因子 $\mathrm{e}^{-\mathrm{i}t}$ 表示，可得 $w=\mathrm{i}\frac{\partial\varphi}{\partial z}$。可以由式(7-167)和(7-168)分别得到左板，右板的挠度表达式

$$\begin{aligned}w(x)&=\mathrm{i}\frac{\partial}{\partial z}\varphi(x,0)\\&=-\sum_{m=-2}^{\infty}\frac{\alpha_m\tanh(\alpha_m a)K_+(\alpha_m)}{K_2'(\alpha_m)}\left[\mathrm{e}^{-\mathrm{i}\alpha_m(x-x_c)}\xi_m+\mathrm{e}^{\mathrm{i}\alpha_m x}\eta_m\right],(0\leqslant x\leqslant x_c)\end{aligned} \tag{7-169}$$

$$w(x)=\mathrm{i}\frac{\partial}{\partial z}\varphi(x,0)=-\sum_{m=-2}^{\infty}\frac{\alpha_m\tanh(\alpha_m a)K_+(\alpha_m)}{K_2'(\alpha_m)}\left[\mathrm{e}^{-\mathrm{i}\alpha_m(x-L)}\mu_m+\mathrm{e}^{\mathrm{i}\alpha_m(x-x_c)}\upsilon_m\right],\quad(x_c<x\leqslant L)\tag{7-170}$$

根据表达式(7-8)和(7-170),可以得到左板,右板的广义位移表达式

$$F(x)=-\sum_{m=-2}^{\infty}\frac{qN_1(\alpha_m)\alpha_m\tanh(\alpha_m a)K_+(\alpha_m)_1}{K_2'(\alpha_m)}\left[\mathrm{e}^{-\mathrm{i}\alpha_m(x-x_c)}\xi_m+\mathrm{e}^{\mathrm{i}\alpha_m x}\eta_m\right],(0\leqslant x\leqslant x_c)\tag{7-171}$$

$$F(x)=-\sum_{m=-2}^{\infty}\frac{qN_1(\alpha_m)\alpha_m\tanh(\alpha_m a)K_+(\alpha_m)}{K_2'(\alpha_m)}\left[\mathrm{e}^{-\mathrm{i}\alpha_m(x-L)}\mu_m+\mathrm{e}^{\mathrm{i}\alpha_m(x-x_c)}\upsilon_m\right],(x_c<x\leqslant L)\tag{7-172}$$

根据表达式(7-6),可以得到左板和右板的板内的无量纲动弯矩表达式

$$M(x)=\frac{Dl}{Ld}\sum_{m=-2}^{\infty}\frac{qN_1(\alpha_m)\alpha_m^3\tanh(\alpha_m a)K_+(\alpha_m)}{K_2'(\alpha_m)}\left[\mathrm{e}^{-\mathrm{i}\alpha_m(x-x_c)}\xi_m+\mathrm{e}^{\mathrm{i}\alpha_m x}\eta_m\right],(0\leqslant x\leqslant x_c)\tag{7-173}$$

$$M(x)=\frac{Dl}{Ld}\sum_{m=-2}^{\infty}\frac{qN_1(\alpha_m)\alpha_m^3\tanh(\alpha_m a)K_+(\alpha_m)}{K_2'(\alpha_m)}\left[\mathrm{e}^{-\mathrm{i}\alpha_m(x-L)}\mu_m+\mathrm{e}^{\mathrm{i}\alpha_m(x-x_c)}\upsilon_m\right],\quad(x_c<x\leqslant L)\tag{7-174}$$

7.7 计算实例与分析讨论

7.7.1 本章计算结果与文献计算结果的对比与分析

首先,本章将采用 Mindlin 厚板理论得到的结果与文献的经典薄板理论结果进行对比,以验证理论方法的可靠性。

计算中考虑的模型采用与文献[2]中相同的物理模型,相关的物理参数如下:

弹性浮板的长度 $L=10\mathrm{m}$;铰连接坐标 x_c;铰连接坐标与板右端坐标的比值 $\beta_c=x_c/L$;弹件浮板的厚度 $h=38\mathrm{mm}$;弹性浮板的弹性模量 $E-103\mathrm{Mpa}$;泊松比 $\nu=0.3$;弹性浮板的吃水深度 $d=8.36\mathrm{mm}$;水的密度 $\rho=1000\ \mathrm{kg/m^3}$;水的深度 $a=1.1\mathrm{m}$;水与板的密度比 $\rho_0/\rho=4.5455$;同时,入射水波周期 $T=1.429\mathrm{s}$,铰接位置 $\beta_c=0.65$,铰接刚度 $K_T=0$,也就是纯铰工况。

图 7-10 和图 7-11 分别给出了基于本章方法和文献[2]中方法在上述相同工况下的挠度和弯矩幅值分布对比图。从两图中可以明显看出,两种理论计算结果的曲线形态和走势上符合的比较好,基本一致。这样直接证明本章所采用的方法具有较好的可靠性和有效性,但从整体趋势上看,Mindlin 厚板理论结果数值比经

典薄板理论结果数值稍大，这也是两种方法的细微区别之处。

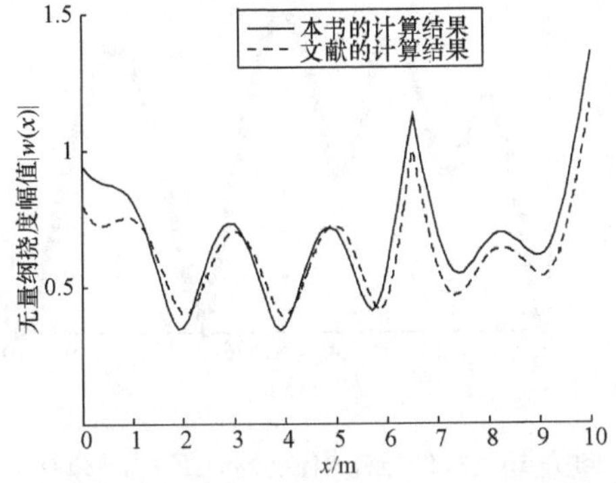

图 7-10　板的挠度幅值分布（T=1.429s）

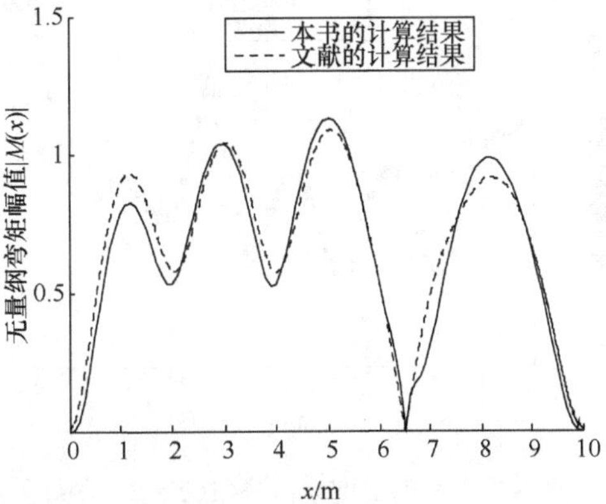

图 7-11　板的弯矩幅值分布（T=1.429s）

7.7.2　理论计算结果收敛性的验证

计算过程中，由于要对无穷代数方程组进行求解，需要验证无穷代数方程组的收敛性。基于前几章的验证思路，对上面相同物理模型进行了计算。计算中对应的铰接情况为：$\beta_c=0.65$，$K_T=0$。图 7-12～图 7-17 分别给出了不同入射波的周期$T=0.7$s，$T=1.429$s，$T=2.875$s 三种情况时，选取不同模态数计算得到的浮板挠度幅值分布曲线和浮板动弯矩幅值分布曲线的对比结果。

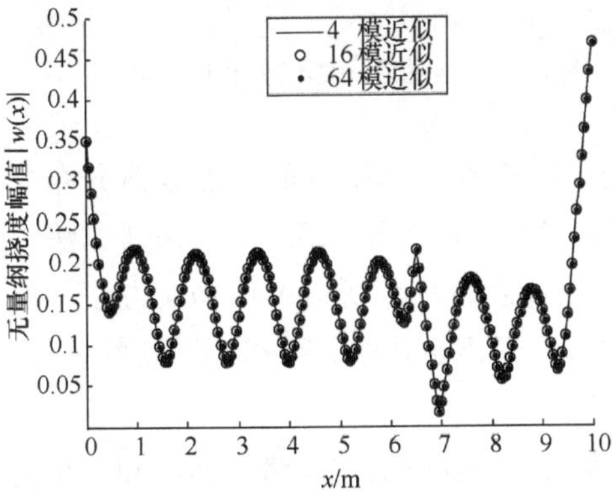

图 7-12　板的挠度幅值分布（T=0.7s）

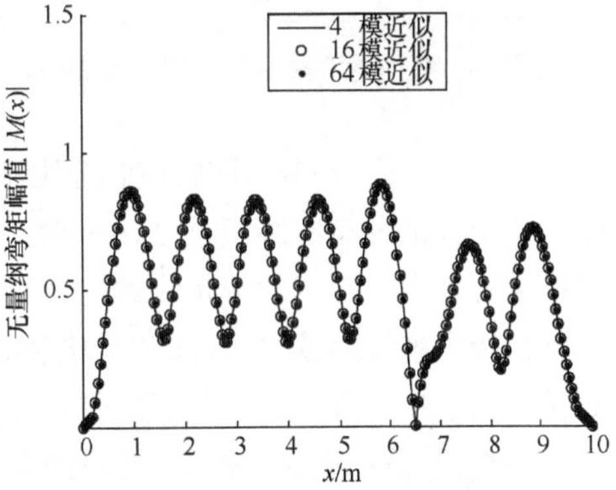

图 7-13　板的弯矩幅值分布（T=0.7s）

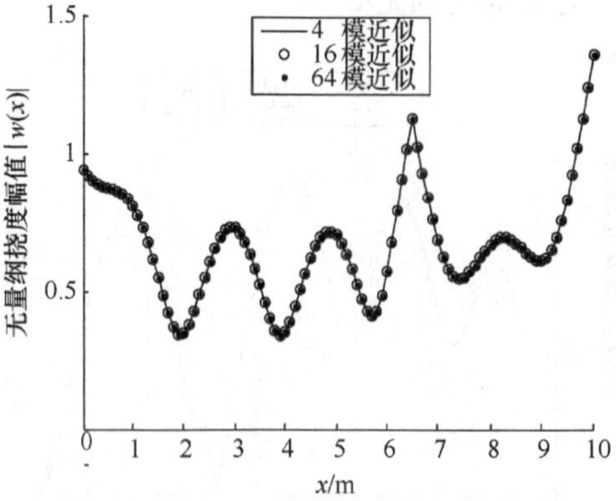

图 7-14　板的挠度幅值分布(T=1.429s)

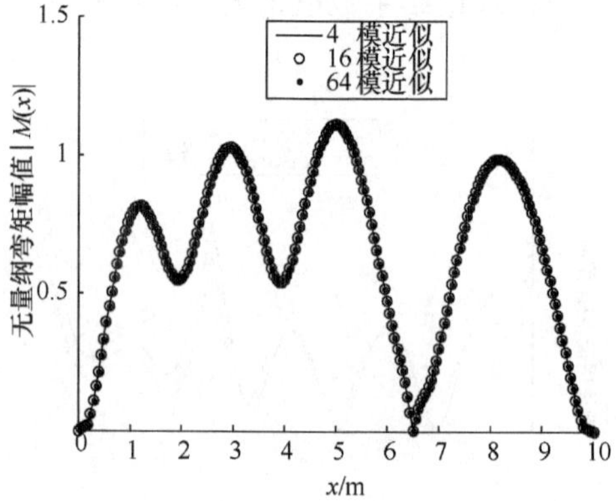

图 7-15　板的弯矩幅值分布(T=1.429s)

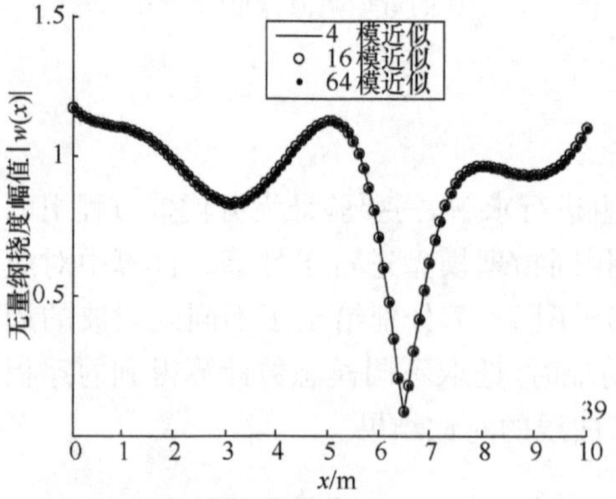

图 7-16　板的挠度幅值分布(T=2.875s)

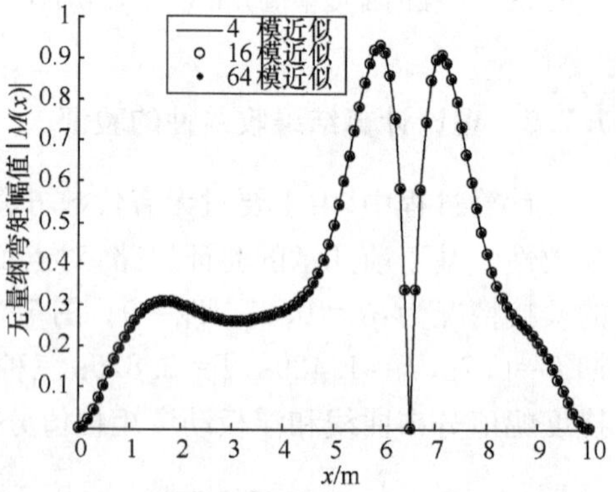

图 7-17　板的弯矩幅值分布(T=2.875s)

图 7-13～图 7-18 可以看到,选用不同模数得到的 VLFS 的挠度幅值分布曲线和弯矩幅值分布曲线都重合在一起,非常一致,这说明使用 Wiene-Hopf 方法得到的无穷代数方程组的解是收敛的,而且收敛速度较快。所以采用本文方法分析弹性浮板水弹性问题时,在求解水波色散方程时只需少量根就可得到满意的结果。直接证明了本文方法具有很好的收敛性。

另外,从图中看到,铰连接左右两端挠度和弯矩幅值的波动激烈程度和大小会有差别,这种差别随周期不同而有大小程度之分;在铰连接作用下,铰连接位置附近挠度和弯矩幅值受影响较大,是敏感区域,这个区域内挠度和弯矩幅值的变化率较大,会产生一个向上或向下的尖端,入射波周期不同,铰连接在铰连接处产生的影响不同;随着入射波周期增大,浮板挠度和弯矩幅值分布曲线的波数明显减小;随着入射波周期的增大,模态产生的差别越来越小。

7.7.3　铰连接的扭转刚度对 VLFS 挠度和弯矩幅值的影响

通过调整铰连接的扭转刚度和位置，来分析在不同入射波周期工况下，二者与 VLFS 的水弹性响应的关系。下文中，用参数 K_T（量纲为 N · m^2）来表示铰连接的转动刚度，用铰连接位置坐标与板右端坐标的比值 $\beta_c = x_c/L$（量纲为 1）来表示铰连接的位置，对应铰连接位置坐标 x_c（量纲为 m）。

首先分别针对三个入射波周期 $T=0.7$s，$T=1.429$s，$T=2.875$s，在铰连接位置不变的前提下来计算组合型弹性浮板的水弹性响应。通过改变铰连接的刚度 K_T，得到各个周期入射波作用下，VLFS 动响应的挠度幅值分布与铰连接刚度的关系曲线，以及 VLFS 弯矩幅值分布与铰连接刚度的关系曲线。

如图 7-18 和图 7-19 所示，给出了入射波周期为 $T=0.7$s，铰连接的位置 $\beta_c =$ 0.45（对应铰连接位置坐标 $x_c=4.5$m）工况下，VLFS 动响应的挠度和弯矩幅值分布随铰连接刚度 K_T 变化的关系曲线。

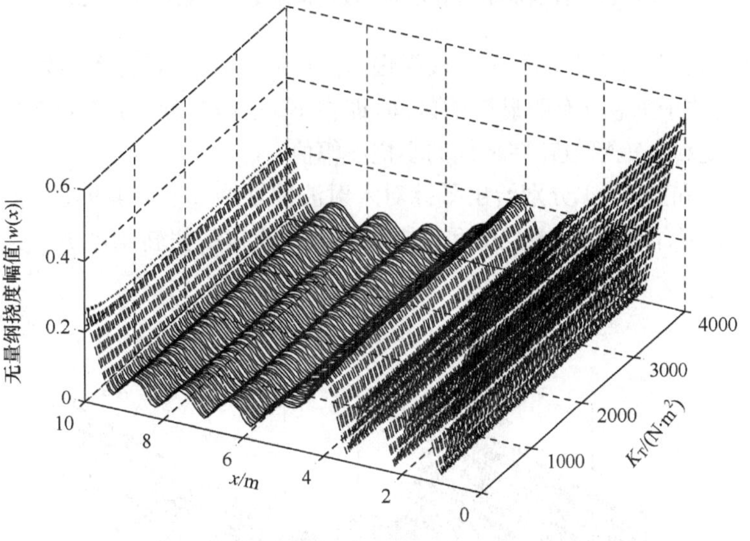

图 7-18　板的挠度幅值分布与铰连接刚度的关系（$T=0.7$s）

从图 7-18 中可以看出，对于 $K_T \in (0\ 4000\text{N} \cdot \text{m}^2)$ 变化范围内，以铰连接位置（也就是以 $x=4.5$m）为界，VLFS 上 $x \in (4.5\text{m}\ 10\text{m})$ 区间各点的挠度和弯矩幅值以及波动性的激烈程度显著小于 $x \in (0\text{m}\ 4.5\text{m})$ 的 VLFS 上各点的挠度幅值以及波动性的激烈程度；沿 K_T 轴观察 $x \in (4.5\text{m}\ 10\text{m})$ 的图像，可以看到曲面呈现一个不对称的山谷形状：$K_T \in (0\text{N} \cdot \text{m}^2 400\text{N} \cdot \text{m}^2)$ 时，挠度幅值随 K_T 的增加而逐渐减小，并且在此范围减小较快；$K_T \in (1000\text{N} \cdot \text{m}^2 4000\text{N} \cdot \text{m}^2)$ 时，幅值随 K_T 的增

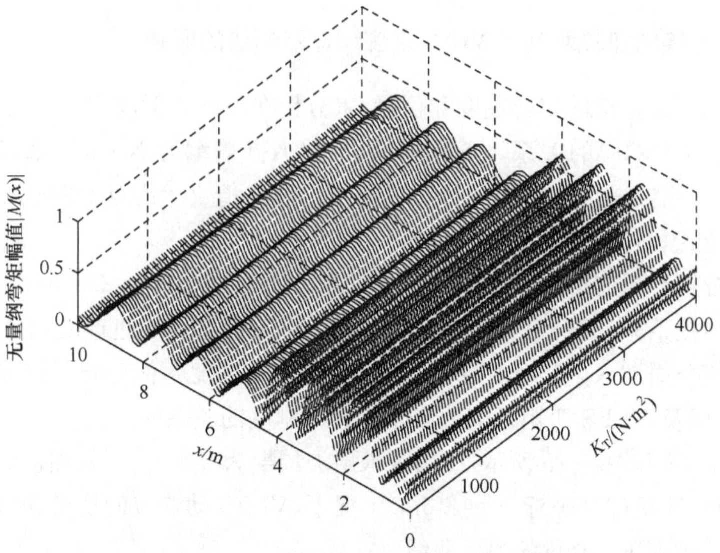

图 7-19　板的弯矩幅值分布与铰连接刚度的关系(T=0.7s)

加而逐渐增大,并且在此范围增大较缓慢,并且到最后基本已经不再发生变化。说明挠度幅值关于 K_T 具有明显影响区间,即在 $K_T \in (400N \cdot m^2 1100N \cdot m^2)$ 大致范围内,挠度和弯矩幅值存在最优的小挠度幅值。

图 7-20 和图 7-21 分别给出了针对入射波周期为 T=1.429s,铰连接位置为 β_c=0.1工况下,浮体结构上挠度和弯矩幅值随铰连接的扭转刚度 K_T 变化规律的分布图。

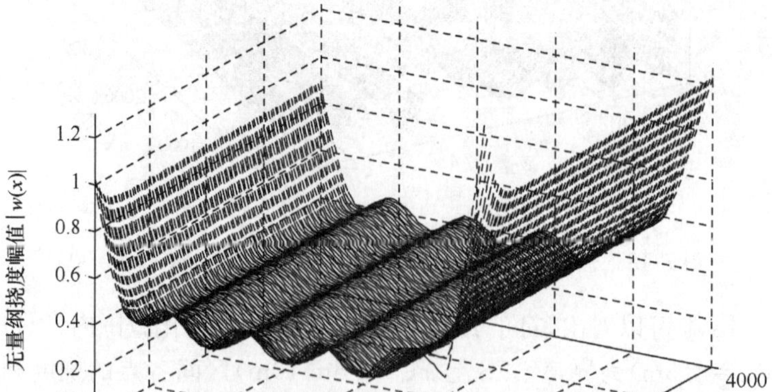

图 7-20　板的挠度幅值分布与铰连接刚度的关系(T=1.429s)

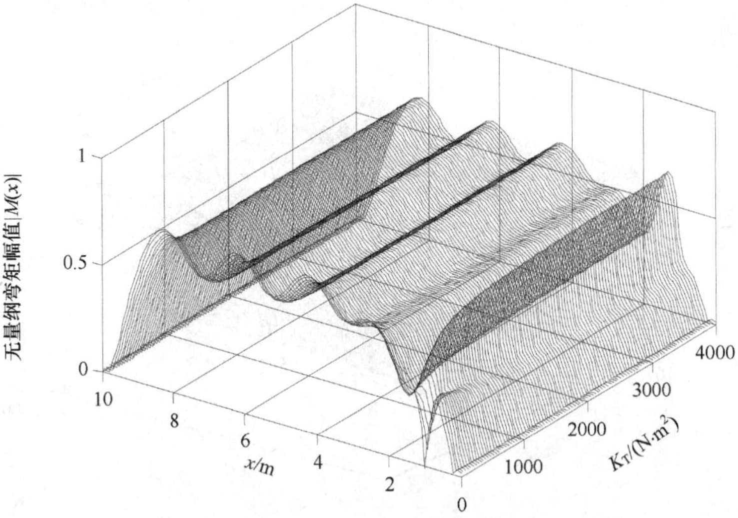

图 7-21　板的弯矩幅值分布与铰连接刚度的关系(T=1.429s)

从上述两个图中可以看出，以铰连接所在位置(也就是 $x=1\text{m}$ 为界)，VLFS 上 $x\in(1\text{m}\ 10\text{m})$ 的各点的挠度和弯矩幅值波动性的激烈程度小于 VLFS 上 $x\in(0\text{m}\ 1\text{m})$ 的各点波动性的激烈程度；对于两种幅值分布图，曲面呈现一个不对称的山谷形状，当在 $K_T\in(0\ 800\text{N}\cdot\text{m}^2)$ 范围时，挠度和弯矩幅值随 K_T 的增加而逐渐减小，并且在此范围减小较快；当在 $K_T\in(1400\text{N}\cdot\text{m}^2\ 4000\text{N}\cdot\text{m}^2)$ 时，幅值随 K_T 的增加而逐渐增大，并且在此范围增大较缓慢，到最后基本已经不再发生变化，说明 K_T 对挠度和弯矩幅值有明显影响区间，即在 $K_T\in(800\text{N}\cdot\text{m}^2\ 1400\text{N}\cdot\text{m}^2)$ 大致范围内，幅值应该存在最优值。

图 7-22 和图 7-23 分别给出了针对入射波周期为 $T=2.875\text{s}$，铰连接位置为 $\beta_c=0.3$ 工况下，浮体结构上挠度和弯矩幅值随铰连接的扭转刚度 K_T 变化规律的分布图。从上述两个图中可以看出，对于 $K_T\in(0\ 3000\text{N}\cdot\text{m}^2)$，以铰连接所在位置，VLFS 上 $x\in(3\text{m}\ 10\text{m})$ 的各点的挠度和弯矩幅值波动性的激烈程度小于 VLFS 上 $x\in(0\text{m}\ 3\text{m})$ 的各点波动性的激烈程度。与前两个短中周期入射波的情况不同，长周期波的这种差别小很多的。

7.7.4　铰连接的位置对 VLFS 挠度和弯矩幅值的影响

基于与上述同样的模型，针对三种周期 $T=0.7\text{s}, 1.429\text{s}, 2.875\text{s}$ 入射波情况及在铰连接扭转刚度不变前提下，来分析铰连接的位置对 VLFS 的挠度和弯矩幅值分布影响规律。

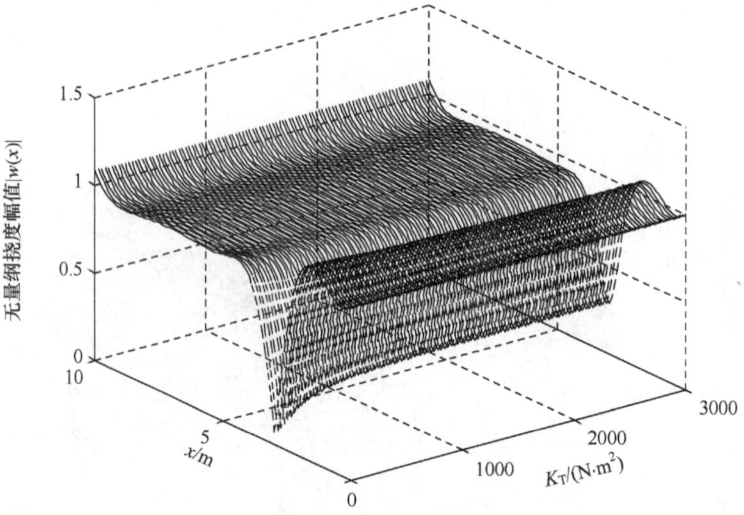

图 7-22　板的挠度幅值分布与铰连接刚度的关系(T=7.875s)

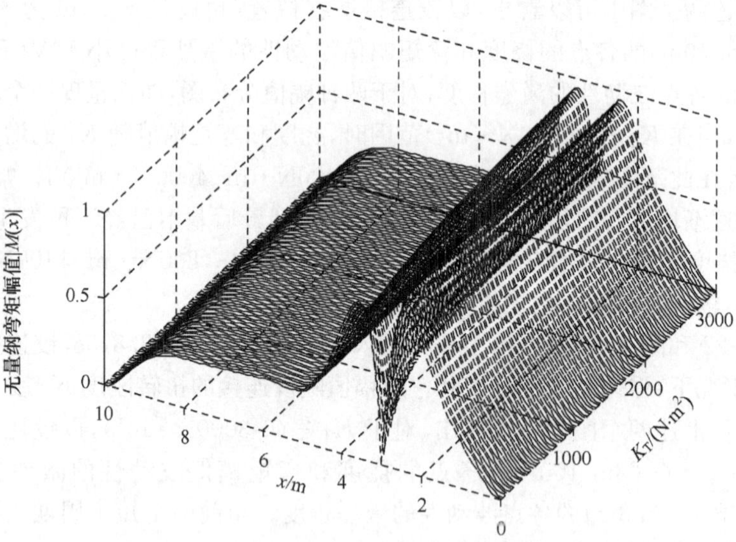

图 7-23　板的弯矩幅值分布与铰连接刚度的关系(T=7.875s)

图 7-24 和图 7-25 给出了入射波周期 T=0.7s,铰连接的转动刚度 K_T=600N·m² 情况下,不同铰连接位置 x_c 情况下 VLFS 的挠度幅值和弯矩幅值分布图。从图中可以看出,针对每一个铰链接位置 x_c,VLFS 上铰前部挠度和弯矩幅值的波动性激烈程度明显大于后部挠度幅值波动性的激烈程度。同时可以明显地看到,随着 β_c 取值的不同,对应 VLFS 的上 $x\in(10\beta_c$m 10m)范围内的各个挠度和弯矩幅值曲线

的波峰处的最大挠度幅值也呈现概周期性变化规律，并且存在波峰和波谷。

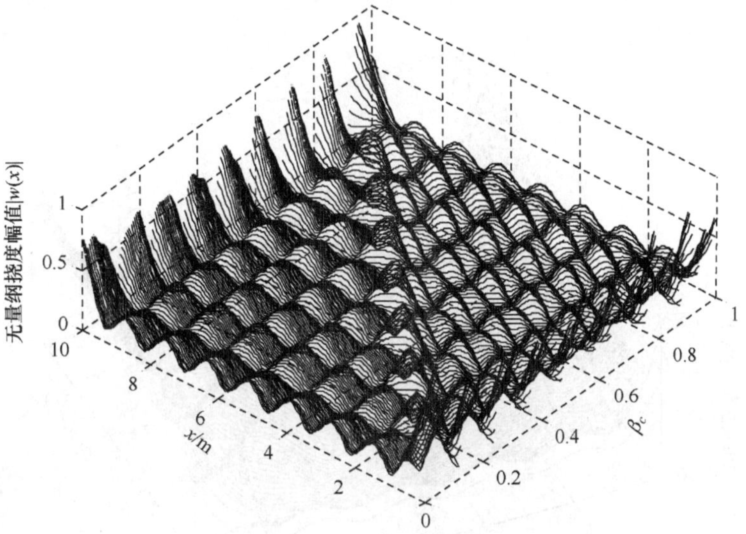

图 7-24　板的挠度幅值分布与铰连接位置的关系（$T=0.7$s）

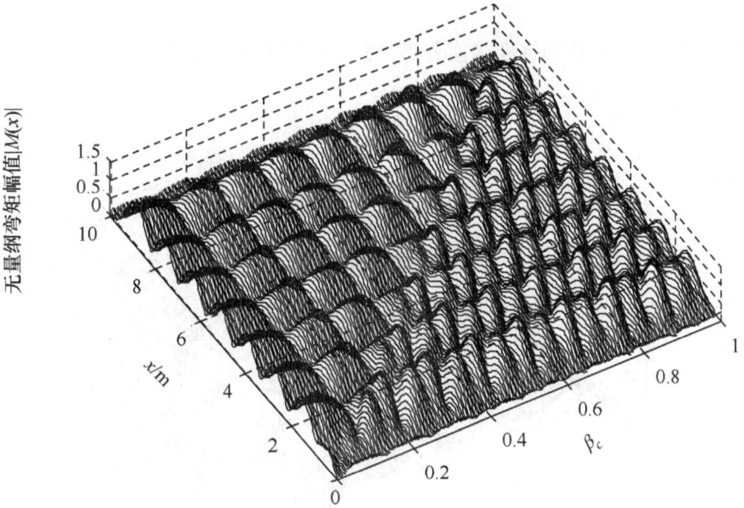

图 7-25　板的弯矩幅值分布与铰连接位置的关系（$T=0.7$s）

图 7-26 和图 7-27 给出了入射波周期 $T=1.429$s，铰连接的转动刚度 $K_T=1200\text{N}\cdot\text{m}^2$ 情况下，不同铰连接位置 x_c 情况下 VLFS 的挠度幅值和弯矩幅值分布图。从图中可以看出，针对每一个铰链接位置 x_c，VLFS 上铰前部挠度和弯矩幅值的波动性激烈程度明显大于后部挠度幅值波动性的激烈程度。同时可以明显地看到，随着 β_c 取值的不同，对应 VLFS 的上 $x\in(10\beta_c\text{m}\ 10\text{m})$ 范围内的各个挠度和

弯矩幅值曲线的波峰处的最大挠度幅值也呈现概周期性变化规律，并且存在波峰和波谷。

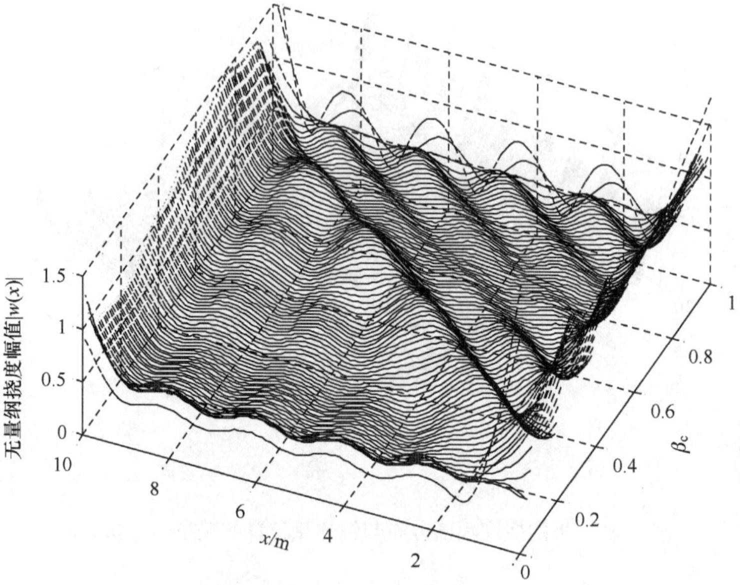

图 7-26　板的挠度幅值分布与铰连接位置的关系(T=1.429s)

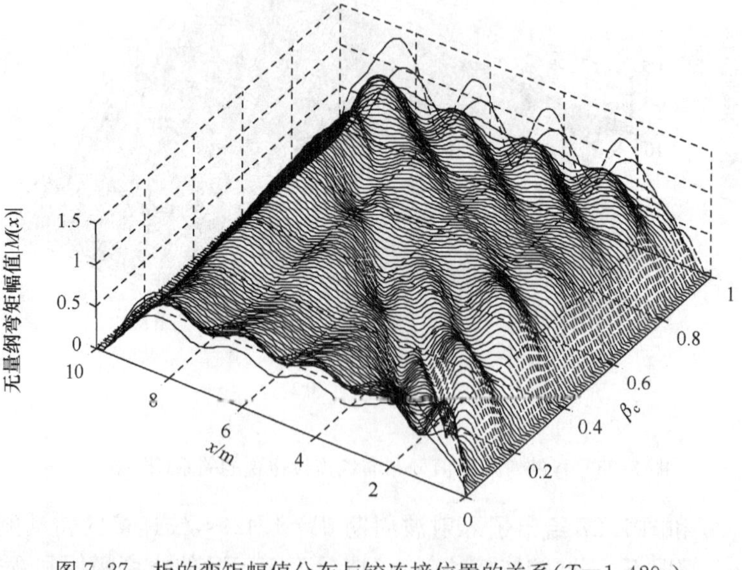

图 7-27　板的弯矩幅值分布与铰连接位置的关系(T=1.429s)

图 7-28 和图 7-29 给出了入射波周期 $T=2.875$s，铰连接的转动刚度 $K_T=700\text{N}\cdot\text{m}^2$ 情况下，不同铰连接位置 x_c 情况下 VLFS 的挠度幅值和弯矩幅值分布

图。从图中可以看出，针对每一个铰链接位置 x_c，VLFS 上铰前部挠度和弯矩幅值的波动性激烈程度稍大于后部幅值波动性的激烈程度。与中短周期入射波不同，在铰连接处附近的挠度幅值和弯矩幅值急剧减小，直到铰连接处降到最低点，铰连接附近的挠度和弯矩幅值远远小于远离铰连接处的挠度和弯矩幅值；随着 β_c 取值的不同，对应 VLFS 的上 $x \in (10\beta_c \mathrm{m}\ 10\mathrm{m})$ 范围内，得到：各个挠度幅值曲线和弯矩幅值曲线的取值基本相等，只是在接近板端处，挠度幅值有所增大，弯矩幅值有所减小。

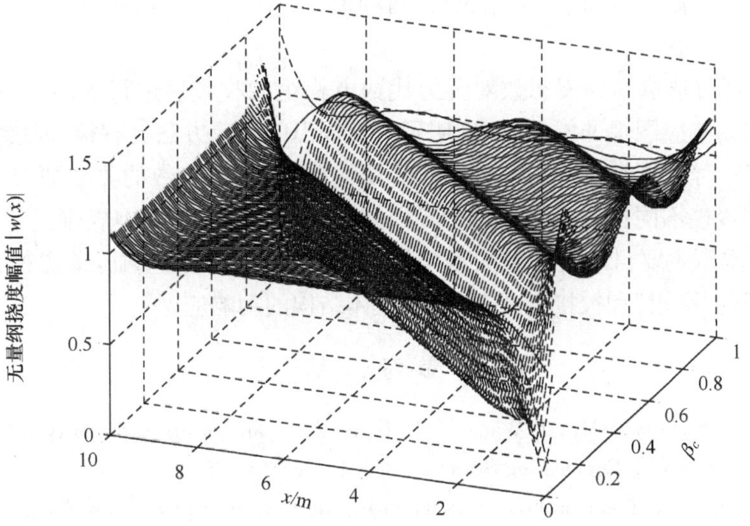

图 7-28　板的挠度幅值分布与铰连接位置的关系(T=7.875s)

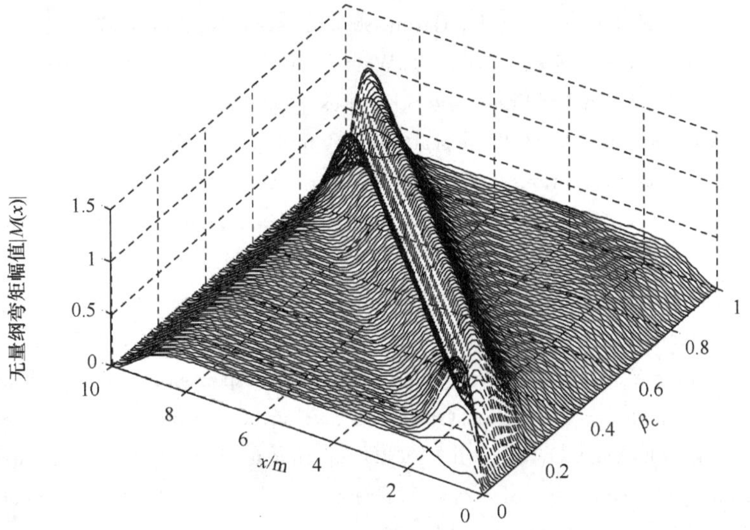

图 7-29　板的弯矩幅值分布与铰连接位置的关系(T=7.875s)

7.8 本章总结

针对不同周期入射水波激励作用下，研究了铰连接的组合式超大型浮体结构的水弹性响应问题，得到的结论如下：

(1) 采用 Wiener-Hopf 方法和厚板动力学理论构造了问题的解。通过对本章理论结果与文献[1]的理论数据比较，两种理论结果吻合得比较好，证明了本章理论方法的可靠性。

(2) 通过选取不同模态数对无穷代数方程组的收敛性进行了验证，发现各种模态数的动响应图像非常一致，证明了本文提出的理论方法具有很好收敛性。

(3) 针对三种典型周期入射水波周期情况，用调整参数的方法研究了铰连接刚度及铰连接不同位置参数对组合式浮体结构的动响应的影响规律。

(4) 本章主要目的是为超大型浮体结构减振提供理论基础，即通过在其周围设置合理的“围裙”和铰接方式，来减小主体结构的动响应。

参考文献

[1] Watanabe E, Utsunomiya T, Wang C M. Hydro-elastic anslysis of pontoon-type VLFS: a literature survey[J]. Engineering Structures, 2004, (26): 245-256.

[2] Khabakhpashev T I, Korobkin A A. Hydroelastic behaviour of compound floating plate in waves[J]. Journal of Engineering Mathematics, 2002, (44): 21-40.

[3] Riyansyah M, Wang C M, Choo Y S. Connection design for two-floating beam system for minimum hydroelastic response[J]. Marine Structures, 2010, (23): 67-87.

[4] Karmakara D, Bhattacharjeeb J, Sahoo T. Wave interaction with multiple articulated floating elastic plates[J]. Journal of Fluids and Structures, 2009, (25): 1065-1078.

[5] Kohout A L, Meylan E M H. Wave scattering by multiple floating elastic plates with spring or hinged boundary conditions[J]. Marine Structures, 2009, (22): 712-729.

[6] Chen X J, Cui W C, Shen Q. Motion responses of a flexible joint multi-body floating system to irregular waves[J]. China Ocean Engineering, 2001, 15(4): 491-498.

[7] Yoon J S , Cho S P, Jiwinangun R G, Lee P S. Hydroelastic analysis of floating plates with multiple hinge connections in regular waves. Marine Structures, 2014, 36: 65-87.

[8] Gao R P, Tay Z Y, Wang C M, Koh C G. Hydroelastic response of very large floating structure with a flexible line connection. Ocean Engineering, 2011, 38(17-18): 1957-1966.

[9] Loukogeorgaki E, Yagci O, Kabdasli M S. 3D experimental investigation of the structural response and the effectiveness of a moored floating breakwater with flexibly connected modules. Coastal Engineering, 2014, 91: 164-180.

[10] Zhao C, Hao X, Liang R. Influence of hinged conditions on the hydroelastic response of compound floating structures. Ocean Engineering, 2015, 101: 12-24.
[11] Noble B. Methods based on the Wiener-Hopf technique for the solution of partial differential equations. London: Pergamon Press, 1957.
[12] 胡海昌. 弹性力学的变分原理及其应用. 北京：科学出版社，1981.
[13] 胡嗣柱，倪光炯. 数学物理方法. 北京：高等教育出版社，1989：316-319.

第 8 章　组合式超大型浮体结构外荷载作用下水弹性响应分析

8.1　概　　述

超大型浮体结构在实际服役中会受到浮体上各式各样随机外载荷的作用，甚至一些动力设备在运转时也会给整个结构施加各种周期荷载，这样就会成为结构振动的激励源。对于这类结构物，满足使用功能和尽可能小的动响应是其在设计和制造中需要考虑的最重要因素。由于超大型浮体结构属于典型的模块化设计，模块间的连接可以采用各种连接，如铰接、栓接、销接、焊接等形式。从国内外研究成果来看，连接刚度和形式对整体结构的水动力学响应有重要影响[1~5]。本章的研究目的是为这类结构物在设计阶段，通过优化可能产生外荷载的动力设施在结构上的布局，再通过选择合理的受载模块与其他模块间的连接刚度和形式，以减小不受载模块的振动响应而提供理论依据。从国内外文献调研来看，还未发现这方面的深入理论研究。

目前，组合式超大型浮体结构的水弹性问题研究主要集中在考虑不同周期水波作用下，连接刚度、连接位置、板厚等参数对结构动响应的影响规律分析上。Fu 等采用三维水弹性理论分析了组合式浮体结构的水弹性响应问题。结构数值分析采用了有限元法。针对各种工况，选取通过柔性连接器组合起来的两个模块进行了动响应分析，并与试验结果进行了对比，发现两者较一致[1]。Wang 等针对铰接或半刚度线连接的箱型超大型浮体结构水弹性问题进行了研究。为了解耦流固耦合问题，水弹性分析时采用了频域模态展开法。求解 Laplace 方程时，借助了边界元法，而结构振动分析采用了有限元法。重点研究了扭转刚度及连接位置对结构水弹性响应的影响规律，发现通过选择合适的刚度和铰接位置可以减小水弹性响应，但减小的效果主要取决于水波波长[2]。Tavana 等对超大型浮体结构的应用情况进行了分类举例描述，从增强结构的适用性和安全性目的出发，重点介绍了减少浮体结构水弹性响应的方法[3]。Zhao 等针对两个箱式型浮式结构物的组合结构，研究了在不同周期水波作用下，铰接刚度及位置等参数对其水弹性响应的影响规律[4]。

本章以两个箱型浮式结构物的组合弹性结构为例，基于 Wiener-Hopf 方法和厚板动力学理论[4-7]，考虑结构在不同周期集中外载荷作用下，研究二维组合式浮体结构参数及其连接的刚度和位置对其水弹性响应的影响规律。

8.2　数学模型及控制方程

如图 8-1 所示，计算模型是两块等截面的平板通过扭转刚度为 K_T 的铰连接。假设流体是理想的，不可压的，并且流场有势。流场的密度为 ρ，水深为 a。因为在线性理论框架内，而且假设左右两板的截面及材料等参数完全一样，所以两个小平板完全可以看做一个大板，左板受周期集中载荷作用。直角坐标系 (x,y,z) 的原点选择在平板的左边界位置。两块平板的密度是 ρ_0，厚度是 h，吃水深度取为 d。平板的总长为 L，设铰的位置为 x_c。弹性浮板所产生的的振动是由作用在左板上面的周期分布外载荷 $q(x,t)=q_0(x)e^{i\omega t}$ 引起的，作用位置为 x_0，外载荷的频率为 ω，载荷幅值为 $q_0(x)$。

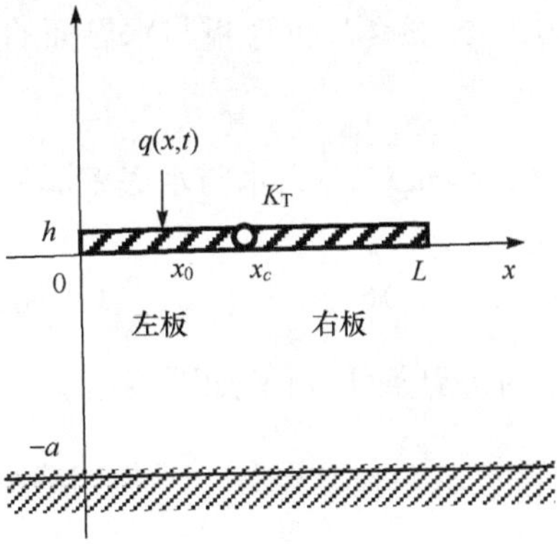

图 8-1　流场示意图

同前面几章相同，流场速度势 φ 是满足 Laplace 方程

$$\nabla^2\varphi=0 \qquad (-a<z<0) \tag{8-1}$$

左右平板的弹性波动控制方程[6]为

左板控制方程

$$D\nabla^2\nabla^2 w-\rho_0 J\frac{\partial^2}{\partial t^2}\left(1+\frac{Dh}{JC}\right)\nabla^2 w+\rho_0 h\frac{\partial^2}{\partial t^2}\left(1+\frac{\rho_0 J}{C}\frac{\partial^2}{\partial t^2}\right)w=\left(1+\frac{\rho_0 J}{C}\frac{\partial^2}{\partial t^2}-\frac{D}{C}\nabla^2\right)[p+q(x,t)] \tag{8-2a}$$

右板控制方程

$$D\nabla^2\nabla^2 w-\rho_0 J\frac{\partial^2}{\partial t^2}\left(1+\frac{Dh}{JC}\right)\nabla^2 w+\rho_0 h\frac{\partial^2}{\partial t^2}\left(1+\frac{\rho_0 J}{C}\frac{\partial^2}{\partial t^2}\right)w=\left(1+\frac{\rho_0 J}{C}\frac{\partial^2}{\partial t^2}-\frac{D}{C}\nabla^2\right)p \tag{8-2b}$$

式中，∇^2是 Laplace 算子；$\nabla^2=\partial^2/\partial x^2+\partial^2/\partial y^2$；$w$ 是平板的挠度或表示水面的振动位移；g 是重力加速度；t 是时间；D 是平板的弯曲刚度，$D=Eh^3/12(1-\nu^2)$；J 是平板的转动惯量，$J=h^3/12$；C 是剪切刚度，$C=\pi^2\mu h/12$；E,ν 是平板的弹性模量和 Poisson 比；G 是剪切弹性模量；p 表示水的动压力。

自由水面、平板与水的界面，以及水底的边界条件为如下形式

$$p=-\rho\left(\frac{\partial\varphi}{\partial t}+\mathrm{g}w\right)\qquad(z=0,\quad 0\leqslant x\leqslant L)\qquad(\text{Bernoulli 方程})\tag{8-3}$$

$$\rho\frac{\partial\varphi}{\partial t}+\rho\mathrm{g}w=0\ [z=0,x\in(-\infty,0)\cup(L,\infty)]\ (\text{自由表面的动力学边界条件})\tag{8-4}$$

$$\frac{\partial\varphi}{\partial z}=\frac{\partial w}{\partial t}\qquad(z=0,\quad 0\leqslant x\leqslant L)\ (\text{浮板与水界面的速度不穿透条件})\tag{8-5}$$

$$\frac{\partial\varphi}{\partial z}=0\qquad(z=-a)\qquad(\text{水与水底壁面的速度不穿透条件})\tag{8-6}$$

$$q(x,t)=q_0\delta(x-x_0)\mathrm{e}^{-\mathrm{i}\omega t}\qquad(\text{周期集中荷载})\tag{8-7}$$

平板两端以及连接处的边界条件，可有如下表达式

$$\frac{\mathrm{d}^2F}{\mathrm{d}x}=0\qquad(x=0,L)\quad(\text{板的两端弯矩为零})\tag{8-8}$$

$$\frac{\mathrm{d}}{\mathrm{d}x}[w(x)-F(x)]=0\qquad(x=0,L)\qquad(\text{板的两端剪力为零})\tag{8-9}$$

$$w(x)\big|_{x=x_c^-}=w(x)\big|_{x=x_c^+},(z=0,x=x_c)(\text{左板右端挠度等于右板左端挠度})\tag{8-10}$$

$$\frac{\mathrm{d}}{\mathrm{d}x}[w(x)-F(x)]\big|_{x=x_c^-}=\frac{\mathrm{d}}{\mathrm{d}x}[w(x)-F(x)]\big|_{x=x_c^+},(z=0,x=x_c)$$

$$(\text{左板右端剪力等于右板左端剪力})\tag{8-11}$$

$$-D\frac{\mathrm{d}^2F(x)}{\mathrm{d}x^2}\big|_{x=x_c^-}=-D\frac{\mathrm{d}^2F(x)}{\mathrm{d}x^2}\big|_{x=x_c^+},(z=0,x=x_c)$$

$$(\text{左板右端弯矩等于右板左端弯矩})\tag{8-12}$$

$$-D\frac{\mathrm{d}^2F(x)}{\mathrm{d}x^2}\big|_{x=x_c^-}=K_{\mathrm{T}}\left(\frac{\mathrm{d}F}{\mathrm{d}x}\bigg|_{x=x_c^-}-\frac{\mathrm{d}F}{\mathrm{d}x}\bigg|_{x=x_c^+}\right),(z=0,x=x_c)$$

$$(\text{板弯矩等于铰连接弯矩})\tag{8-13}$$

8.3 问题求解

引进以下无量纲变量

$$\tilde{\phi}=\frac{\phi}{A\sqrt{gl}},\tilde{x}=x/l,\tilde{x}_c=x_c/l,\tilde{z}=z/l,\tilde{p}=\frac{p}{\rho g A},\tilde{t}=\omega t,\tilde{\alpha}=\alpha l,\tilde{k}=kl,\tilde{L}=L/l,$$

$$l=g/\omega^2,\tilde{h}=h/l,\tilde{\rho}=\rho/\rho_0,\tilde{a}=a/l,\kappa=\left(\frac{\rho_0 h\omega^2}{D}\right)^{1/4},\tilde{\kappa}=\kappa l,\tilde{D}=\frac{D}{\rho_0 g l^4},\tilde{K}_T=\frac{K_T}{\rho_0 g l^4}$$

式中，l 是特征尺度。

以下推导分析采用无量纲，为了方便，统一略去变量上的符号$(\tilde{\cdot})$。

根据浮板的控制方程(8-2a)，方程(8-2b)、边界条件(8-3)和式(8-5)联立，并无量纲化，得到流场速度势 φ 在浮板覆盖区域处应满足的边界条件为

左板覆盖区域($z=0$ ，$0<x<x_c$)

$$H(x)=-\mathrm{i}\kappa^4\ \frac{\rho}{h}\left[1-\frac{h^4\kappa^4}{6\pi^2(1-\nu)}-\frac{2h^2}{\pi^2(1-\nu)}\frac{2}{x^2}\right]\delta(x-x_0) \tag{8-14}$$

式中，
$$H(x)=\left\{\frac{\partial^4}{\partial x^4}+\kappa^4h^2\left[\frac{1}{12}+\frac{2}{\pi^2(1-\nu)}\right]\frac{\partial^2}{\partial x^2}-\kappa^4\left(1-\frac{h^4\kappa^4}{6\pi^2(1-\nu)}\right)+\frac{\kappa^4\rho l}{h}\right.$$
$$\left.\left[1-\frac{h^4\kappa^4}{6\pi^2(1-\nu)}-\frac{2^2}{\pi^2(1-\nu)}\frac{\partial^2}{\partial x^2}\right]\right\}\frac{\partial\varphi}{\partial z}\bigg|_{z=0}-\kappa^4\ \frac{\rho}{h}\left[1-\frac{\kappa^4h^4}{6\pi^2(1-\nu)}-\frac{2h^2}{\pi^2(1-\nu)}\frac{\partial^2}{\partial x^2}\right]\varphi$$

右板覆盖区域($z=0,x_c<x<L$)

$$H(x,0)=0 \tag{8-15}$$

式中，

$$H(x,0)=\left\{\frac{\partial^4}{\partial x^4}+\left[\kappa^4h^4\left(\frac{1}{12}+\frac{2}{\pi^2(1-\nu)}\right)-\kappa^4\ \frac{h}{\rho}\frac{2}{\pi^2(1-\nu)}\right]\frac{\partial^2}{\partial x^2}-\kappa^4\left[1-\kappa^4\ \frac{h^4}{6\pi^2(1-\nu)}\right]\right.$$
$$\left.+\kappa^4\ \frac{1}{\rho h}\left[1-\kappa^4\ \frac{h^4}{6\pi^2(1-\nu)}\right]\right\}\frac{\partial\varphi}{\partial z}-\kappa^4\ \frac{1}{\rho h}\left[1-\kappa^4\ \frac{h^4}{6\pi^2(1-\nu)}-\frac{2h^2}{\pi^2(1-\nu)}\frac{\partial^2}{\partial x^2}\right]\varphi$$

由边界条件式(8-4)和式(8-5)联立，速度势 φ 在$[z=0,x\in(-\infty,0)\cup(L,\infty)]$处应满足的边界条件为

$$\frac{\partial\varphi}{\partial z}-\varphi=0 \tag{8-16}$$

8.3.1 Wiener-Hopf 法求解

应用 Wiener-Hopf 方法，同第七章相似，将空间域的问题转化为空间波数(周期性)问题，利用对速度势进行傅里叶变换，得到关于复变量波数 α 的函数：

$$\Phi_-(\alpha,z)=\int_{-\infty}^{c}\mathrm{e}^{\mathrm{i}\alpha(x-c)}\varphi(x,z)\mathrm{d}x;\quad \Phi_+(\alpha,z)=\int_{d}^{\infty}\mathrm{e}^{\mathrm{i}\alpha(x-d)}\varphi(x,z)\mathrm{d}x;$$

$$\Phi_1(\alpha,z)=\int_c^d e^{i\alpha x}\varphi(x,z)dx;\Phi(\alpha,z)=e^{i\alpha c}\Phi_-(\alpha,z)+\Phi_1(\alpha,z)+e^{i\alpha d}\Phi_+(\alpha,z) \tag{8-17}$$

式中,c,d 是常数。

由于满足边界条件$\frac{\partial^2\Phi}{\partial z^2}-\alpha^2\Phi=0(-a<z<0)$和$\frac{\partial\Phi}{\partial z}=0,(z=-a)$,其通解形式为

$$\Phi(\alpha,z)=Y(\alpha)\frac{\cosh[\alpha(z+a)]}{\cosh(\alpha a)} \tag{8-18}$$

对边界条件式(8-14)和式(8-15)的左端进行 Fourier 变换,沿着 x 轴正向积分,并用 $J(\alpha)$来表达。

$$J(\alpha)=\int_{-\infty}^{\infty}H(x)e^{i\alpha x}dx$$

$$J(\alpha)=[\beta(\alpha)+b(\alpha)]\alpha Y(\alpha)\tanh(\alpha a)-b(\alpha)Y(\alpha)=K_2(\alpha)Y(\alpha) \tag{8-19}$$

针对左板,对边界条件表达式(8-14)左端进行分段积分可有

$$J(\alpha)=J_-^1(\alpha)+J_{x_c}^1(\alpha)+e^{i\alpha x_c}J_+^1(\alpha)=K_2(\alpha)Y(\alpha) \tag{8-20}$$

式中,$J_-^1(\alpha)=\int_{-\infty}^0 H(x,0)e^{i\alpha x}dx;J_+^1(\alpha)=\int_{x_c}^{+\infty}H(x,0)e^{i\alpha(x-x_c)}dx;$

$J_{x_c}^1(\alpha)=\int_0^{x_c}H(x,0)e^{i\alpha x}dx$。

根据边界条件表达式(8-14)可知

$$J_+^1(\alpha)=\frac{B}{i(\alpha+k)}[e^{i(\alpha+k)L-i\alpha x_c}-e^{ikx_c}]+\int_L^{+\infty}H(x,0)e^{i\alpha(x-x_c)}dx,$$

$$\begin{aligned}J^1x_c&=\int_0^{x_c}H(x)e^{i\alpha x}dx=-ik^4\frac{\rho}{h}\int_{x_c}^{L}e^{i\alpha x}\left[1-\frac{h^4k^4}{6\pi^2(1-\nu)}-\frac{2h^2}{\pi^2(1-\nu)}\frac{\partial}{\partial x^2}\right]\delta(x-x_0)dx\\&=ik^4\frac{\rho}{h}\left\{\left[1-\frac{h^4k^4}{6\pi^2(1-\nu)}\right]e^{i\alpha x_0}-\frac{2h^2}{\pi^2(1-\nu)}\int_{x_c}^{L}e^{i\alpha x}\frac{\partial^2\delta(x-x_0)}{\partial x^2}dx\right\}\end{aligned} \tag{8-21}$$

上式第二项积分根据文献[9]有$\int_{x_c}^{L}e^{i\alpha x}\frac{\partial^2\delta(x-x_0)}{\partial x^2}dx=-\alpha^2e^{i\alpha x_0}$,再由式(8-20)和式(8-21),可得到

$$J_-^1(\alpha)-ib(\alpha)e^{i\alpha x_0}+e^{i\alpha x_c}J^1{}_+(\alpha)=K_2(\alpha)Y(\alpha) \tag{8-22}$$

针对右板,对边界条件表达式(8-15)的左端沿着 x 轴正向积分得

$$J(\alpha)=e^{i\alpha x_c}J_-^2(\alpha)+J_{x_c}^2(\alpha)+e^{i\alpha L}J_+^2(\alpha)=K_2(\alpha)Y(\alpha) \tag{8-23}$$

式中,$J_-^2(\alpha)=\int_{-\infty}^{x_c}H(x,0)e^{i\alpha(x-x_c)}dx;J_+^2(\alpha)=\int_L^{+\infty}H(x,0)e^{i\alpha(x-L)}dx;$

$J_{x_c}^2(\alpha)=\int_{x_c}^{L}H(x,0)e^{i\alpha x}dx$。

根据边界条件表达式(8-15),(8-23)可化简为

$$e^{i\alpha x_c}J_-^2(\alpha)+e^{i\alpha L}J_+^2(\alpha)=K_2(\alpha)Y(\alpha) \tag{8-24}$$

对边界条件表达式(8-16)的左端进行 Fourier 变换，沿着 x 轴正向积分，并用 $X(\alpha)$来表示，

$$X(\alpha)=X_-(\alpha)+X_1(\alpha)+e^{-i\alpha L}X_+(\alpha) \tag{8-25}$$

其中：$X_-(\alpha)=\int_{-\infty}^{0}\left(\frac{\partial\phi}{\partial z}-\phi\right)e^{i\alpha x}\mathrm{d}x$；$X+(\alpha)=\int_{L}^{\infty}\left(\frac{\partial\phi}{\partial z}-\phi\right)e^{i\alpha(x-L)}\mathrm{d}x$；

$X_1(\alpha)=\int_{0}^{L}\left(\frac{\partial\phi}{\partial z}-\phi\right)e^{i\alpha x}\mathrm{d}x$。

同理根据定义式，存在如下表达式

$$X(\alpha)=X_1(\alpha)=Y(\alpha)K_1(\alpha) \tag{8-26}$$

由式(8-22)和式(8-26)消去 $Y(\alpha)$，由式(8-24)和式(8-26)消去 $Y(\alpha)$，可得如下表达式

$$J_-^1(\alpha)-ib(\alpha)e^{i\alpha x_0}+e^{i\alpha x_c}J_+^1(\alpha)=X_1(\alpha)K(\alpha) \tag{8-27}$$

$$e^{i\alpha x_c}J_-^2(\alpha)+e^{i\alpha L}J_+^2(\alpha)=X_1(\alpha)K(\alpha) \tag{8-28}$$

1. *左板覆盖流场的解析域分离*

将式(8-27)乘以 $e^{-i\alpha x_c}[K_+(\alpha)]^{-1}$，得到

$$\frac{J_-^1(\alpha)}{K_+(\alpha)}e^{-i\alpha x_c}-\frac{ib(\alpha)e^{i\alpha(x_0-x_c)}}{K_+(\alpha)}+\frac{J_+^1(\alpha)}{K_+(\alpha)}=X_1(\alpha)K_-(\alpha)e^{-i\alpha x_c} \tag{8-29}$$

为了将方程中各项函数的解析域分开，定义如下函数

$$U_\pm^1(\alpha)=\pm\frac{1}{2\pi i}\int_{-\infty\mp i\sigma}^{\infty\mp i\sigma}\frac{e^{-i\zeta x_c}J_-^1(\zeta)\mathrm{d}\zeta}{K_+(\zeta)(\zeta-\alpha)},V_\pm^1(\alpha)=\frac{\mp 1}{2\pi}\int_{-\infty\mp i\sigma}^{\infty\mp i\sigma}\frac{ib(\zeta)e^{i\zeta(x_0-x_c)}\mathrm{d}\zeta}{K_+(\zeta)(\zeta-\alpha)} \tag{8-30}$$

将式(8-30)代入方程(8-29)整理后得到

$$\frac{J_+^1(\alpha)}{K_+(\alpha)}+U_+^1(\alpha)+V_+^1(\alpha)=X_1(\alpha)K_-(\alpha)e^{-i\alpha x_c}-U_-^1(\alpha)-V_-^1(\alpha) \tag{8-31}$$

同理用 $K_-(\alpha)^{-1}$去乘式(8-27)，可得

$$\frac{J_-^1(\alpha)}{K_+(\alpha)}+R_-^1(\alpha)+S_-^1(\alpha)=X_1(\alpha)K_-(\alpha)-R_+^1(\alpha)-S_+^1(\alpha) \tag{8-32}$$

式中，$R_\pm^1(\alpha)=\frac{\pm 1}{2\pi i}\int_{-\infty\mp i\sigma}^{\infty\mp i\sigma}\frac{e^{i\zeta x_c}J_+^1(\zeta)\mathrm{d}\zeta}{K_-(\zeta)(\zeta-\alpha)},S_\pm^1(\alpha)=\frac{\mp 1}{2\pi i}\int_{-\infty\mp i\sigma}^{\infty\mp i\sigma}\frac{ib(\alpha)e^{i\zeta x_0}\mathrm{d}\zeta}{K_-(\zeta)(\zeta-\alpha)}$。

方程(8-31)等号左边的函数在区域 Ω_+ 内是解析的，而等号另一边的函数都在 Ω_- 内是解析的，Ω_+、Ω_- 定义详见第 7 章。

根据 Liouville 定理，对于一个在全平面解析的多项式函数，它的次数可以由 $|\alpha|\to\infty$时函数的特性确定。根据定义式可知，当$|\alpha|\to\infty$时，函数 $J_\pm^1(\alpha)$不高于

$O(|\alpha|^{\lambda+3})(\lambda<1)$阶，$X_1(\alpha)$不高于$O(|\alpha|^{\lambda-1})$阶，并且在无穷远处，当$|\alpha|\to\infty$时，由于$g_{\pm}(\alpha)\to 1$，故$K_{\pm}(\alpha)$阶数为$O(|\alpha|^2)$[5]。可有如下表达式

$$\frac{J_{+}^{1}(\alpha)}{K_{+}(\alpha)}+U_{+}^{1}(\alpha)+V_{+}^{1}(\alpha)=a_1\alpha+b_1 \tag{8-33}$$

$$\frac{J_{-}^{1}(\alpha)}{K_{+}(\alpha)}+R_{-}^{1}(\alpha)+S_{-}^{1}(\alpha)=a_2\alpha+b_2 \tag{8-34}$$

式中，a_1,b_1,a_2,b_2是未知常数。

在波数域空间，引进新的未知函数

$$\psi_{-}(\alpha)=J_{-}^{1}(\alpha)-\mathrm{i}\mathrm{e}^{\mathrm{i}\alpha x_0},\ \psi_{+}(\alpha)=J_{+}^{1}(\alpha)-\mathrm{i}b(\alpha)\mathrm{e}^{\mathrm{i}\alpha(x_0-x_c)} \tag{8-35}$$

式(8-35)代入式(8-33)和(8-34)后，得到

$$\frac{J_{+}^{1}(\alpha)}{K_{+}(\alpha)}+\frac{1}{2\pi\mathrm{i}}\int_{-\infty-\mathrm{i}\sigma}^{\infty-\mathrm{i}\sigma}\frac{\mathrm{e}^{-\mathrm{i}\zeta x_c}\psi_{-}(\zeta)}{K_{+}(\zeta)(\zeta-\alpha)}\mathrm{d}\zeta=a_1\alpha+b_1 \tag{8-36}$$

$$\frac{J_{-}^{1}(\alpha)}{K_{-}(\alpha)}-\frac{1}{2\pi\mathrm{i}}\int_{-\infty+\mathrm{i}\sigma}^{\infty+\mathrm{i}\sigma}\frac{\mathrm{e}^{\mathrm{i}\zeta x_c}\psi_{+}(\alpha)}{K_{-}(\zeta)(\zeta-\alpha)}\mathrm{d}\zeta=a_2\alpha+b_2\quad(\sigma<\sigma_0) \tag{8-37}$$

2. 右板覆盖流场的解析域分离

将式(8-28)乘以$\mathrm{e}^{-\mathrm{i}\alpha L}[K_{+}(\alpha)]^{-1}$，得到

$$\frac{J_{+}^{2}(\alpha)}{K_{+}(\alpha)}+U_{+}^{2}(\alpha)=X_1(\alpha)K_{-}(\alpha)\mathrm{e}^{-\mathrm{i}\alpha L}-U_{-}^{2}(\alpha) \tag{8-38}$$

式中，$U_{\pm}^{2}(\alpha)=\pm\dfrac{1}{2\pi\mathrm{i}}\displaystyle\int_{-\infty\mp\mathrm{i}\sigma}^{\infty\mp\mathrm{i}\sigma}\frac{\mathrm{e}^{\mathrm{i}\zeta(x_c-L)}J_{-}^{2}(\zeta)}{K_{+}(\zeta)(\zeta-\alpha)}\mathrm{d}\zeta$。

同理，用$\mathrm{e}^{-\mathrm{i}\alpha x_c}K_{-}(\alpha)^{-1}$去乘式(8-28)，可得到如下方程

$$\frac{J_{-}^{2}(\alpha)}{K_{-}(\alpha)}+R_{-}^{2}(\alpha)=X_1(\alpha)K_{+}(\alpha)\mathrm{e}^{-\mathrm{i}\alpha x_c}-R_{+}^{2}(\alpha) \tag{8-39}$$

式中，$R_{\pm}^{2}(\alpha)=\pm\dfrac{1}{2\pi\mathrm{i}}\displaystyle\int_{-\infty\mp\mathrm{i}\sigma}^{\infty\mp\mathrm{i}\sigma}\frac{\mathrm{e}^{\mathrm{i}\zeta(L-x_c)}J_{+}^{2}(\zeta)}{K_{-}(\zeta)(\zeta-\alpha)}\mathrm{d}\zeta,(\sigma<\sigma_0)$。

基于前面相似的思路，由方程(8-38)和(8-39)可得到下面方程组

$$\frac{J_{+}^{2}(\alpha)}{K_{+}(\alpha)}+\frac{1}{2\pi\mathrm{i}}\int_{-\infty-\mathrm{i}\sigma}^{\infty-\mathrm{i}\sigma}\frac{\mathrm{c}^{-\mathrm{i}\zeta(L-x_g)}J_{-}^{2}(\zeta)}{K_{+}(\zeta)(\zeta-\alpha)}\mathrm{d}\zeta=a_3\alpha+b_3\quad(\sigma<\sigma_0) \tag{8-40}$$

$$\frac{J_{-}^{2}(\alpha)}{K_{-}(\alpha)}-\frac{1}{2\pi\mathrm{i}}\int_{-\infty+\mathrm{i}\sigma}^{\infty+\mathrm{i}\sigma}\frac{\mathrm{e}^{\mathrm{i}\zeta(L-x_c)}J_{+}^{2}(\zeta)}{K_{-}(\zeta)(\zeta-\alpha)}\mathrm{d}\zeta=a_4\alpha+b_4\quad(\sigma<\sigma_0) \tag{8-41}$$

式中，a_3,b_3,a_4,b_4是未知常数。

3. 用未知系数表达板端的弯矩和广义位移

为了求解未知常数a_1和b_1，根据方程(8-31)和(8-33)，

$$X_1(\alpha)K_-(\alpha)\mathrm{e}^{-\mathrm{i}\alpha x_c}-U_-^1(\alpha)+V_-^1(\alpha)=a_1\alpha+b_1 \tag{8-42}$$

将函数 $U_-^1(\alpha)$ 和 $V_-^1(\alpha)$ 的定义表达式代入上式可得到

$$X_1(\alpha)=\frac{\mathrm{e}^{\mathrm{i}\alpha x_c}}{K_-(\alpha)}\left[a_1\alpha+b_1-\frac{1}{2\pi\mathrm{i}}\int_{-\infty+\mathrm{i}\sigma}^{\infty+\mathrm{i}\sigma}\frac{\mathrm{e}^{-\mathrm{i}\zeta x_c}\psi_-(\zeta)}{K_+(\zeta)(\zeta-\alpha)}\mathrm{d}\zeta\right] \tag{8-43}$$

根据式(8-18)、式(8-26)、式(8-43)，同时利用 Fourier 逆变换，并对上式 z 求偏导

$$\frac{\partial\phi(x,0)}{\partial z}=\frac{1}{2\pi}\int_{-\infty}^{\infty}\frac{\mathrm{e}^{-\mathrm{i}\alpha(x-x_c)}K_+(\alpha)\alpha\tanh(a\alpha)}{K_2(\alpha)}\left[a_1\alpha+b_1-\frac{1}{2\pi\mathrm{i}}\int_{-\infty-\mathrm{i}\sigma}^{\infty-\mathrm{i}\sigma}\frac{\mathrm{e}^{-\mathrm{i}\zeta x_c}\psi_-(\alpha)\mathrm{d}\zeta}{K_+(\alpha)(\zeta-\alpha)}\right]\mathrm{d}\alpha \tag{8-44}$$

在外部积分中，积分路线必须完全选在 Ω_+ 和 Ω_- 的交集内。选择的积分路线去除点 α_0 和 k。在内部积分中，根据 Jordan 引理的推论建立封闭积分路径，选择 $\mathrm{Im}\alpha<\sigma$ 的下半平面内封闭的积分路径，即以半径为 $R\to\infty$ 的半圆作为封闭路径，如图 8-2 所示。求解积分的值可利用留数定理。

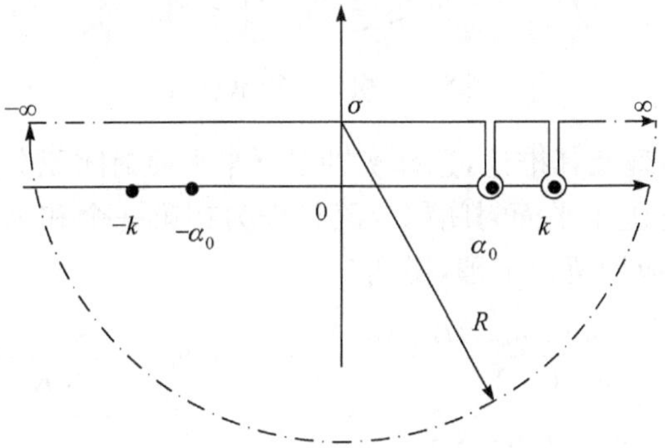

图 8-2 积分路径示意图

函数 $K_+(\zeta)$ 在点 $-\alpha_j\,(j=-2,-1,0,\cdots)$ 有零值，在点 $-k,-k_j\,(j=1,2,3,\cdots)$ 有极值。所以点 $\zeta=-\alpha_j\,(j=-2,-1,0,\cdots)$ 和 $\zeta=\alpha$ 是这个积分值的极点，且都是一阶极点。因此有

$$\frac{1}{2\pi\mathrm{i}}\int_{-\infty-\mathrm{i}\sigma}^{\infty-\mathrm{i}\sigma}\frac{\mathrm{e}^{-\mathrm{i}\zeta x_c}\psi_-(\alpha)}{K_+(\alpha)(\zeta-\alpha)}\mathrm{d}\zeta=-\frac{\psi_-(\alpha)\mathrm{e}^{-\mathrm{i}\alpha x_c}}{K_+(\alpha)}+\sum_{j=-2}^{\infty}\frac{\psi_-(-\alpha_j)\mathrm{e}^{\mathrm{i}\alpha_j x_c}}{K_+'(-\alpha_j)(\alpha_j+\alpha)} \tag{8-45}$$

式中，$K_+'(-\alpha_j)$ 是函数 $K_+(\alpha)$ 在点 $-\alpha_j\,(j=-2,-1,0,\cdots)$ 处的导数，将其代入式(8-44)，得到

$$\begin{aligned}\frac{\partial\phi(x,0)}{\partial z}=&\frac{1}{2\pi}\int_{-\infty}^{\infty}\frac{\alpha\mathrm{e}^{-\mathrm{i}\alpha(x-x_c)}K_+(\alpha)\tanh(\alpha)}{K_2(\alpha)}(a_1\alpha+b_1)\mathrm{d}\alpha\\&+\frac{1}{2\pi}\int_{-\infty}^{\infty}\frac{\mathrm{e}^{-\mathrm{i}\alpha x}\psi_-(\alpha)\alpha\tanh(a\alpha)}{K_2(\alpha)}\mathrm{d}\alpha\end{aligned}$$

$$-\frac{1}{2\pi}\sum_{-\infty}^{\infty}\frac{e^{i\alpha_j x_c}\psi_-(-\alpha_j)}{K_+(-\alpha_j)}\int_{-\infty}^{\infty}\frac{e^{i\alpha(x-x_c)}K_+(\alpha)\alpha\tanh(a\alpha)}{K_2(\alpha)(\alpha_j+\alpha)}d\alpha \tag{8-46}$$

如图 8-3 所示，积分路径沿着实轴从下方绕过点 α_0 和 k 并且从上方绕过点 $-\alpha_0$ 和 $-k$。

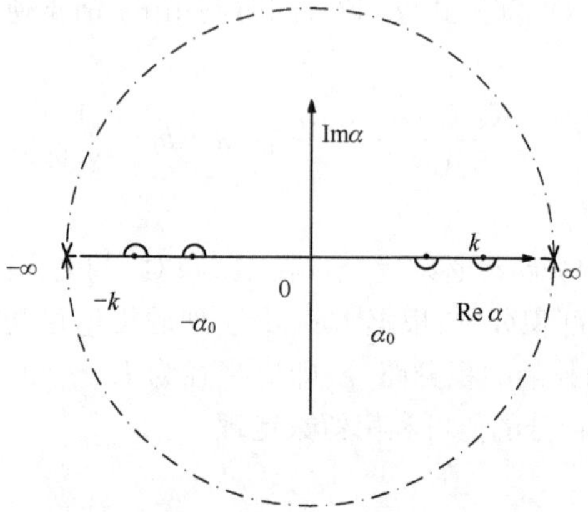

图 8-3　积分路径示意图

根据 Jordan 引理及其推论，选择实轴以下半平面封闭积分路径作为第二个积分的积分路径，选择上半平面封闭积分路径作为在第一个和第三个积分的积分路径。表达式(8-45)应用留数定理，得到

$$\frac{\partial\phi}{\partial z}=i\sum_{m=-2}^{\infty}\frac{e^{-i\alpha_m(x-x_c)}\alpha_m\tanh(\alpha_m a)K_+(\alpha_m)}{K_2{}'(\alpha_m)}\left[a_1\alpha_m+b_1-\sum_{j=-2}^{\infty}\frac{e^{i\alpha_j x_c}\psi_-(-\alpha_j)}{K_+{}'(-\alpha_j)(\alpha_m+\alpha_j)}\right]-i\sum_{m=-2}^{\infty}\frac{e^{i\alpha_m x}\alpha_m\tanh(\alpha_m a)\psi_-(-\alpha_m)}{K_2{}'(-\alpha_m)} \tag{8-47}$$

所有函数的时变部分用因子 e^{-it} 表示，可得 $\frac{\partial\varphi}{\partial z}=\frac{\partial w}{\partial t}=-i\omega$，进而可得到

$$\begin{aligned}w(x)&=i\frac{\partial\varphi}{\partial z}(x,0)\\&=-\sum_{m=-2}^{\infty}\frac{e^{-i\alpha_m(x-x_c)}\alpha_m\tanh(\alpha_m a)K_+(\alpha_m)}{K_2{}'(\alpha_m)}\left[a_1\alpha_m+b_1-\sum_{j=-2}^{\infty}\frac{e^{i\alpha_j x_c}\psi_-(-\alpha_j)}{K_+{}'(-\alpha_j)(\alpha_m+\alpha_j)}\right]\\&\quad+\sum_{m=-2}^{\infty}\frac{e^{i\alpha_m x}\alpha_m\tanh(\alpha_m a)\psi_-(-\alpha_m)}{K_2{}'(-\alpha_m)}\end{aligned} \tag{8-48}$$

由公式(8-2a)得

$$\begin{aligned}F(x)=&-\sum_{m=-2}^{\infty}\frac{e^{-i\alpha_m(x-x_c)}K_+(\alpha_m)\alpha_m\tanh(a\alpha_m)}{K'_2(\alpha_m)}\\&\times\left[a_1\alpha_m+b_1-\sum_{j=-2}^{\infty}\frac{e^{i\alpha_j x_c}\psi_-(-\alpha_j)}{K'_+(-\alpha_j)(\alpha_j+\alpha_m)}\right]\frac{Cl^2}{D(\gamma^2+\alpha_m^2)}\end{aligned}$$

$$+\sum_{m=-2}^{\infty}\frac{e^{i\alpha_m x}\psi_-(-\alpha_m)\alpha_m\tanh(a\alpha_m)}{K_2'(-\alpha_m)}\frac{Cl^2}{D(\gamma^2+\alpha_m^2)} \tag{8-49}$$

相似的求解方法，用第二、三、四组系数分别表示板端的挠度和广义位移。

$$w(x)=i\frac{\partial\varphi(x,0)}{\partial z}=\sum_{m=-2}^{\infty}\frac{e^{i\alpha_m x}K_-(-\alpha_m)\alpha_m\tanh(a\alpha_m)}{K_2'(-\alpha_m)}$$
$$\left[-a_2\alpha_m+b_2+\sum_{j=-2}^{\infty}\frac{e^{i\alpha_j x_c}\psi_+(\alpha_j)}{K_-'(\alpha_j)(\alpha_j+\alpha_m)}\right]$$
$$-\sum_{m=-2}^{\infty}\frac{\alpha_m\tanh(a\alpha_m)\psi+(\alpha_m)e^{-i\alpha_m(x-x_c)}}{K_2'(\alpha_m)} \tag{8-50}$$

$$F(x)=\sum_{m=-2}^{\infty}\frac{e^{i\alpha_m x}K_-(-\alpha_m)\alpha_m\tanh(a\alpha_m)}{K_2'(-\alpha_m)}$$
$$\left[-a_2\alpha_m+b_2+\sum_{j=-2}^{\infty}\frac{e^{i\alpha_j x_c}\psi_+(\alpha_j)}{K_-'(\alpha_j)(\alpha_j+\alpha_m)}\right]\frac{Cl^2}{D(\gamma^2+\alpha_m^2)}$$
$$-\sum_{m=-2}^{\infty}\frac{e^{-i\alpha_m(x-x_c)}\psi_+(\alpha_m)\alpha_m\tanh(a\alpha_m)}{K_2'(\alpha_m)}\frac{Cl^2}{D(\gamma^2+\alpha_m^2)} \tag{8-51}$$

$$w(x)=-\sum_{m=-2}^{\infty}\frac{e^{-i\alpha_m(x-L)}K_+(\alpha_m)\alpha_m\tanh(a\alpha_m)}{K_2'(\alpha_m)}(a_3\alpha_m+b_3)$$
$$+\sum_{m=-2}^{\infty}\frac{e^{i\alpha_m(x-x_c)}J_-^2(-\alpha_m)\alpha_m\tanh(a\alpha_m)}{K_2'(-\alpha_m)}$$
$$+\sum_{m=-2}^{\infty}\frac{e^{-i\alpha_m(x-L)}K_+(\alpha_m)\alpha_m\tanh(a\alpha_m)}{K_2'(\alpha_m)}\sum_{j=-2}^{\infty}\frac{e^{i\alpha_j(L-x_c)}J_-^2(-\alpha_j)}{K_+'(-\alpha_j)(\alpha_j+\alpha_m)} \tag{8-52}$$

$$F(x)=-\sum_{m=-2}^{\infty}\frac{e^{-i\alpha_m(x-L)}K_+(\alpha_m)\alpha_m\tanh(a\alpha_m)}{K_2'(\alpha_m)}$$
$$\left[a_3\alpha_m+b_3-\sum_{j=-2}^{\infty}\frac{e^{i\alpha_j(L-x_c)}J_-^2(-\alpha_j)}{K_+'(-\alpha_j)(\alpha_j+\alpha_m)}\right]\frac{Cl^2}{D(\gamma^2+\alpha_m^2)}$$
$$+\sum_{m=-2}^{\infty}\frac{e^{i\alpha_m(x-x_c)}J_-^2(-\alpha_m)\alpha_m\tanh(a\alpha_m)}{K_2'(-\alpha_m)}\frac{Cl^2}{D(\gamma^2+\alpha_m^2)} \tag{8-53}$$

$$w(x)=i\frac{\partial\phi(x,0)}{\partial z}=\sum_{m=-2}^{\infty}\frac{e^{i\alpha_m(x-x_c)}\alpha_m K_-(\alpha_m)\tanh(a\alpha_m)}{K_2'(\alpha_m)}$$
$$\left[-a_4\alpha_m+b_4+\sum_{j=-2}^{\infty}\frac{e^{i\alpha_j(L-x_c)}J_+^2(\alpha_j)}{K_-'(\alpha_j)(\alpha_j+\alpha_m)}\right]$$
$$-\sum_{m=-2}^{\infty}\frac{\alpha_m\tanh(a\alpha_m)J_+^2(\alpha_m)e^{-i\alpha_m(x-L)}}{K_2'(\alpha_m)} \tag{8-54}$$

$$F(x)=\sum_{m=-2}^{\infty}\frac{e^{i\alpha_m(x-x_c)}\alpha_m K_-(\alpha_m)\tanh(a\alpha_m)}{K_2'(\alpha_m)}$$

$$\left[-a_4\alpha_m+b_4+\sum_{j=-2}^{\infty}\frac{e^{i\alpha_j(L-x_c)}J_+^2(\alpha_j)}{K'_-(\alpha_j)(\alpha_j+\alpha_m)}\right]\times\frac{Cl^2}{D(\gamma^2+\alpha_m^2)}$$
$$-\sum_{m=-2}^{\infty}\frac{\alpha_m\tanh(a\alpha_m)J_+^2(\alpha_m)e^{-i\alpha_m(x-L)}}{K'_2(\alpha_m)}\frac{Cl^2}{D(\gamma^2+\alpha_m^2)} \tag{8-55}$$

4. 用四组系数表示板端边界条件

根据 $x=0$ 时边界条件(8-8),以及表达式(8-51),得到

$$\sum_{m=-2}^{\infty}\frac{K_-(-\alpha_m)\alpha_m^3\tanh(a\alpha_m)N_1(\alpha_m)}{K'_2(-\alpha_m)}\left[-a_2\alpha_m+b_2+\sum_{j=-2}^{\infty}\frac{e^{i\alpha_jx_c}\psi_+(\alpha_j)}{K'_-(\alpha_j)(\alpha_j+\alpha_m)}\right]-\sum_{m=-2}^{\infty}\frac{e^{i\alpha_mx_c}\psi_+(\alpha_m)\alpha_m^3\tanh(a\alpha_m)N_1(\alpha_m)}{K'_2(\alpha_m)}=0 \tag{8-56}$$

根据 $x=L$ 时边界条件(8-8),以及表达式(8-58),得到

$$\sum_{m=-2}^{\infty}\frac{K_+(\alpha_m)\alpha_m^3\tanh(a\alpha_m)N_1(\alpha_m)}{K'_2(\alpha_m)}\left[a_3\alpha_m+b_3-\sum_{j=-2}^{\infty}\frac{e^{i\alpha_j(L-x_c)}J_-^2(-\alpha_j)}{K'_+(-\alpha_j)(\alpha_j+\alpha_m)}\right]+\sum_{m=-2}^{\infty}\frac{e^{i\alpha_m(L-x_c)}J_-^2(-\alpha_m)\alpha_m^3\tanh(a\alpha_m)N_1(\alpha_m)}{K'_2(-\alpha_m)}=0 \tag{8-57}$$

式中,$N_1(\alpha_m)=(\alpha_m^2+\gamma^2)^{-1}$;$N_2(\alpha_m)=uN_1(\alpha_m)-1$;$u=Cl^2/D$。

根据 $x=0$ 时边界条件(8-9),以及式(8-50)和式(8-51),得

$$\sum_{m=-2}^{\infty}\frac{K_-(-\alpha_m)\alpha_m^2\tanh(a\alpha_m)N_2(\alpha_m)}{K'_2(-\alpha_m)}\left[-a_2\alpha_m+b_2+\sum_{j=-2}^{\infty}\frac{e^{i\alpha_jx_c}\psi_+(\alpha_j)}{K'_-(\alpha_j)(\alpha_j+\alpha_m)}\right]+\sum_{j=-2}^{\infty}\frac{e^{i\alpha_jx_c}\psi_+(\alpha_j)}{K'_-(\alpha_j)(\alpha_j+\alpha_m)}]+\sum_{m=-2}^{\infty}\frac{e^{i\alpha_mx_c}\psi_+(\alpha_m)\alpha_m^2\tanh(a\alpha_m)N_2(\alpha_m)}{K'_2(\alpha_m)}=0 \tag{8-58}$$

根据 $x=L$ 时边界条件(8-9),以及式(8-57)和式(8-58),得

$$\sum_{m=-2}^{\infty}\frac{K_+(\alpha_m)\alpha_m^2\tanh(a\alpha_m)N_2(\alpha_m)}{K'_2(\alpha_m)}\left[a_3\alpha_m+b_3-\sum_{j=-2}^{\infty}\frac{e^{i\alpha_j(L-x_c)}J_-^2(-\alpha_j)}{K'_+(-\alpha_j)(\alpha_j+\alpha_m)}\right]+\sum_{m=-2}^{\infty}\frac{e^{i\alpha_m(L-x_c)}J_-^2(-\alpha_m)\alpha_m^2\tanh(a\alpha_m)N_2(\alpha_m)}{K'_2(-\alpha_m)}=0 \tag{8-59}$$

根据边界条件(8-10)以及式(8-48)和式(8-59),得到

$$-\sum_{m=-2}^{\infty}\frac{K_+(\alpha_m)\alpha_m\tanh(a\alpha_m)}{K'_2(\alpha_m)}\left[a_1\alpha_m+b_1-\sum_{j=-2}^{\infty}\frac{e^{i\alpha_jx_c}\psi_-(-\alpha_j)}{K'_+(-\alpha_j)(\alpha_j+\alpha_m)}\right]-\sum_{j=-2}^{\infty}\frac{e^{i\alpha_jx_c}\psi_-(-\alpha_j)}{K'_+(-\alpha_j)(\alpha_j+\alpha_m)}]+\sum_{m=-2}^{\infty}\frac{e^{i\alpha_mx_c}\psi_-(-\alpha_m)\alpha_m\tanh(a\alpha_m)}{K'_2(-\alpha_m)}$$
$$=\sum_{m=-2}^{\infty}\frac{K_-(-\alpha_m)\alpha_m\tanh(a\alpha_m)}{K'_2(-\alpha_m)}\left[-a_4\alpha_m+b_4+\sum_{j=-2}^{\infty}\frac{e^{i\alpha_j(L-x_c)}J_+^2(\alpha_j)}{K'_-(\alpha_j)(\alpha_j+\alpha_m)}\right]$$

$$-\sum_{m=-2}^{\infty}\frac{\alpha_m\tanh(a\alpha_m)J_+^2(\alpha_m)e^{i\alpha_m(L-x_c)}}{K_2'(\alpha_m)} \tag{8-60}$$

根据边界条件(8-11)以及式(8-48),式(8-49),式(8-59)和式(8-60),得到

$$\begin{aligned}&\sum_{m=-2}^{\infty}\frac{K_+(\alpha_m)\alpha_m^2\tanh(a\alpha_m)N_2(\alpha_m)}{K_2'(\alpha_m)}\left[a_1\alpha_m+b_1-\sum_{j=-2}^{\infty}\frac{e^{i\alpha_j x_c}\psi_-(-\alpha_j)}{K'_+(-\alpha_j)(\alpha_j+\alpha_m)}\right]\\&+\sum_{m=-2}^{\infty}\frac{\psi_-(-\alpha_m)\alpha_m^2\tanh(a\alpha_m)N_2(\alpha_m)e^{i\alpha_m x_c}}{K'_2(-\alpha_m)}\\=&\sum_{m=-2}^{\infty}\frac{K_-(-\alpha_m)\alpha_m^2\tanh(a\alpha_m)N_2(\alpha_m)}{K_2'(-\alpha_m)}\left[-a_4\alpha_m+b_4+\sum_{j=-2}^{\infty}\frac{e^{i\alpha_j(L-x_c)}J_+^2(\alpha_j)}{K'_-(\alpha_j)(\alpha_j+\alpha_m)}\right]\\&+\sum_{m=-2}^{\infty}\frac{\alpha_m^2\tanh(a\alpha_m)J_+^2(\alpha_m)e^{i\alpha_m(L-x_c)}N_2(\alpha_m)}{K_2'(\alpha_m)}\end{aligned} \tag{8-61}$$

根据边界条件(8-12)以及式(8-49)和式(8-60),得到

$$\begin{aligned}&D\left\{-\sum_{m=-2}^{\infty}\frac{K_+(\alpha_m)\alpha_m^3\tanh(a\alpha_m)uN_1(\alpha_m)}{K_2'(\alpha_m)}\left[a_1\alpha_m+b_1-\sum_{j=-2}^{\infty}\frac{e^{i\alpha_j x_c}\psi_-(-\alpha_j)}{K'_+(-\alpha_j)(\alpha_j+\alpha_m)}\right]\right.\\&\left.+\sum_{m=-2}^{\infty}\frac{\psi_-(-\alpha_m)\alpha_m^3\tanh(a\alpha_m)uN_1(\alpha_m)e^{i\alpha_m x_c}}{K'_2(-\alpha_m)}\right\}\\=&D\left\{\sum_{m=-2}^{\infty}\frac{K_-(-\alpha_m)\alpha_m^3\tanh(a\alpha_m)uN_1(\alpha_m)}{K_2'(-\alpha_m)}\left[-a_4\alpha_m+b_4+\sum_{j=-2}^{\infty}\frac{e^{i\alpha_j(L-x_c)}J_+^2(\alpha_j)}{K'_-(\alpha_j)(\alpha_j+\alpha_m)}\right]\right.\\&\left.-\sum_{m=-2}^{\infty}\frac{\alpha_m^3\tanh(a\alpha_m)J_+^2(\alpha_m)uN_1(\alpha_m)e^{i\alpha_m(L-x_c)}}{K_2'(\alpha_m)}\right\}\end{aligned} \tag{8-62}$$

根据边界条件(8-13)以及式(8-48),式(8-49),式(8-59)和式(8-60),得到

$$\begin{aligned}&D\left\{-\sum_{m=-2}^{\infty}\frac{K_+(\alpha_m)\alpha_m^3\tanh(a\alpha_m)uN_1(\alpha_m)}{K_2'(\alpha_m)}\left[a_1\alpha_m+b_1-\sum_{j=-2}^{\infty}\frac{e^{i\alpha_j x_c}\psi_-(-\alpha_j)}{K'_+(-\alpha_j)(\alpha_j+\alpha_m)}\right]\right.\\&\left.+\sum_{m=-2}^{\infty}\frac{\psi_-(-\alpha_m)\alpha_m^3\tanh(a\alpha_m)uN_1(\alpha_m)e^{i\alpha_m x_c}}{K'_2(-\alpha_m)}\right\}\\=&K_T\left\{\sum_{m=-2}^{\infty}\frac{i\alpha_m^2K_+(\alpha_m)\tanh(a\alpha_m)uN_1(\alpha_m)}{K_2'(\alpha_m)}\left[a_1\alpha_m+b_1-\sum_{j=-2}^{\infty}\frac{e^{i\alpha_j x_c}\psi_-(-\alpha_j)}{K'_+(-\alpha_j)(\alpha_j+\alpha_m)}\right]\right.\\&\left.+\sum_{m=-2}^{\infty}\frac{i\alpha_m^2e^{i\alpha_m x_c}\psi_-(-\alpha_m)\tanh(a\alpha_m)uN_1(\alpha_m)}{K'_2(-\alpha_m)}\right\}\\&-K_T\left\{\sum_{m=-2}^{\infty}\frac{i\alpha_m^2K_-(-\alpha_m)\tanh(a\alpha_m)uN_1(\alpha_m)}{K_2'(-\alpha_m)}\left[-a_4\alpha_m+b_4+\sum_{j=-2}^{\infty}\frac{e^{i\alpha_j(L-x_c)}J_+^2(\alpha_j)}{K'_-(\alpha_j)(\alpha_j+\alpha_m)}\right]\right.\\&\left.+\sum_{m=-2}^{\infty}\frac{i\alpha_m^2\tanh(a\alpha_m)J_+^2(\alpha_m)e^{i\alpha_m(L-x_c)}uN_1(\alpha_m)}{K_2'(\alpha_m)}\right\}\end{aligned} \tag{8-63}$$

5. 无穷代数方程组

采用与第 7 章相类似化简思路,对上面 8 个方程进行化简,可得

$$\begin{pmatrix} \boldsymbol{H}_{j\times j} & \boldsymbol{E}_{j\times j} & \boldsymbol{O}_{j\times j} & \boldsymbol{O}_{j\times j} & \boldsymbol{O}_{j\times 1} & \boldsymbol{O}_{j\times 1} & \boldsymbol{O}_{j\times 1} & \boldsymbol{O}_{j\times 1} \\ \boldsymbol{O}_{j\times j} & \boldsymbol{O}_{j\times j} & \boldsymbol{E}_{j\times j} & \boldsymbol{G}_{j\times j} & \boldsymbol{O}_{j\times 1} & \boldsymbol{O}_{j\times 1} & \boldsymbol{O}_{j\times 1} & \boldsymbol{O}_{j\times 1} \\ \boldsymbol{E}_{j\times j} & \boldsymbol{I}_{j\times j} & \boldsymbol{O}_{j\times j} & \boldsymbol{O}_{j\times j} & -\boldsymbol{\alpha}_{j\times 1} & \boldsymbol{NY}_{j\times 1} & \boldsymbol{O}_{j\times 1} & \boldsymbol{O}_{j\times 1} \\ \boldsymbol{O}_{j\times j} & \boldsymbol{O}_{j\times j} & \boldsymbol{J}_{j\times j} & \boldsymbol{E}_{j\times j} & \boldsymbol{O}_{j\times 1} & \boldsymbol{O}_{j\times 1} & \alpha_{j\times 1} & \boldsymbol{NY}_{j\times 1} \\ \boldsymbol{O}_{1\times j} & \boldsymbol{U}_{1\times j} & \boldsymbol{L}_{1\times j} & \boldsymbol{O}_{1\times j} & B_{11} & B_{12} & B_{13} & B_{14} \\ \boldsymbol{O}_{1\times j} & \boldsymbol{M}_{1\times j} & \boldsymbol{N}_{1\times j} & \boldsymbol{O}_{1\times j} & B_{21} & B_{22} & B_{23} & B_{24} \\ \boldsymbol{O}_{1\times j} & \boldsymbol{T}_{1\times j} & W_{1\times j} & \boldsymbol{O}_{1\times j} & B_{31} & B_{32} & B_{33} & B_{34} \\ \boldsymbol{O}_{1\times j} & \boldsymbol{R}_{1\times j} & \boldsymbol{S}_{1\times j} & \boldsymbol{O}_{1\times j} & B_{41} & B_{42} & B_{43} & B_{44} \end{pmatrix} \begin{pmatrix} \boldsymbol{\zeta}_{j\times 1} \\ \boldsymbol{\eta}_{j\times 1} \\ \boldsymbol{\mu}_{j\times 1} \\ \boldsymbol{\upsilon}_{j\times 1} \\ a_1 \\ b_1 \\ a_4 \\ b_4 \end{pmatrix} = \begin{pmatrix} \boldsymbol{Z}_{j\times 1} \\ \boldsymbol{F}_{j\times 1} \\ \boldsymbol{O}_{j\times 1} \\ \boldsymbol{V}_{j\times 1} \\ \boldsymbol{O}_{1\times j} \\ \boldsymbol{O}_{1\times j} \\ \boldsymbol{O}_{1\times j} \\ \boldsymbol{O}_{1\times j} \end{pmatrix} \tag{8-64}$$

式中，

$$\boldsymbol{E}_{j\times j} = \begin{pmatrix} 1 & 0 & \cdots & 0 \\ 0 & 1 & \cdots & 0 \\ \vdots & \vdots & \ddots & \vdots \\ 0 & 0 & \cdots & 1 \end{pmatrix}_{j\times j};\boldsymbol{O}_{j\times j} = \begin{pmatrix} 0 & 0 & \cdots & 0 \\ 0 & 0 & \cdots & 0 \\ \vdots & \vdots & \ddots & \vdots \\ 0 & 0 & \cdots & 0 \end{pmatrix}_{j\times j};\boldsymbol{\xi}_{j\times 1} = \begin{pmatrix} \xi_1 \\ \xi_2 \\ \vdots \\ \xi_j \end{pmatrix};$$

$$\boldsymbol{\eta}_{j\times 1} = \begin{pmatrix} \eta_1 \\ \eta_2 \\ \vdots \\ \eta_j \end{pmatrix};\boldsymbol{\mu}_{j\times 1} = \begin{pmatrix} \mu_1 \\ \mu_2 \\ \vdots \\ \mu_j \end{pmatrix};\boldsymbol{\upsilon}_{j\times 1} = \begin{pmatrix} \upsilon_1 \\ \upsilon_2 \\ \vdots \\ \upsilon_j \end{pmatrix};\boldsymbol{O}_{j\times 1} = \begin{pmatrix} 0_1 \\ 0_2 \\ \vdots \\ 0_j \end{pmatrix};\boldsymbol{\alpha}_{j\times 1} = \begin{pmatrix} \alpha_1 \\ \alpha_2 \\ \vdots \\ \alpha_j \end{pmatrix};$$

$$\boldsymbol{NY}_{j\times 1} = \begin{pmatrix} -1 \\ -1 \\ \vdots \\ -1 \end{pmatrix};\boldsymbol{E}_{j\times j} = \begin{pmatrix} 1 & 0 & \cdots & 0 \\ 0 & 1 & \cdots & 0 \\ \vdots & \vdots & \ddots & \vdots \\ 0 & 0 & \cdots & 1 \end{pmatrix}_{j\times j};\boldsymbol{O}_{j\times j} = \begin{pmatrix} 0 & 0 & \cdots & 0 \\ 0 & 0 & \cdots & 0 \\ \vdots & \vdots & \ddots & \vdots \\ 0 & 0 & \cdots & 0 \end{pmatrix}_{j\times j};$$

$$\boldsymbol{\xi}_{j\times 1} = \begin{pmatrix} \xi_1 \\ \xi_2 \\ \vdots \\ \xi_j \end{pmatrix};\boldsymbol{\eta}_{j\times 1} = \begin{pmatrix} \eta_1 \\ \eta_2 \\ \vdots \\ \eta_j \end{pmatrix};\boldsymbol{\mu}_{j\times 1} = \begin{pmatrix} \mu_1 \\ \mu_2 \\ \vdots \\ \mu_j \end{pmatrix};\boldsymbol{\upsilon}_{j\times 1} = \begin{pmatrix} \upsilon_1 \\ \upsilon_2 \\ \vdots \\ \upsilon_j \end{pmatrix};\boldsymbol{O}_{j\times 1} = \begin{pmatrix} 0_1 \\ 0_2 \\ \vdots \\ 0_j \end{pmatrix};\boldsymbol{\alpha}_{j\times 1} = \begin{pmatrix} \alpha_1 \\ \alpha_2 \\ \vdots \\ \alpha_j \end{pmatrix};$$

$$\boldsymbol{NY}_{j\times 1} = \begin{bmatrix} -1 \\ -1 \\ \vdots \\ -1 \end{bmatrix};Z_{j1} = -\frac{\mathrm{i}b(\alpha_j)\mathrm{e}^{\mathrm{i}\alpha_j(x_0-L)}}{K_+(\alpha_j)};$$

$$P_{11} = \frac{1}{2\pi\mathrm{i}}\int_{C_-}\frac{\alpha^3 b(\alpha)N_1(\alpha)\mathrm{d}\alpha}{\beta(\alpha)K_+(\alpha)};P_{12} = \frac{1}{2\pi\mathrm{i}}\int_{C_-}\frac{\alpha^2 b(\alpha)N_1(\alpha)\mathrm{d}\alpha}{\beta(\alpha)K_+(\alpha)};$$

$$P_{21} = \frac{1}{2\pi\mathrm{i}}\int_{C_-}\frac{\alpha^2 b(\alpha)N_2(\alpha)\mathrm{d}\alpha}{\beta(\alpha)K_+(\alpha)};P_{22} = \frac{1}{2\pi\mathrm{i}}\int_{C_-}\frac{\alpha b(\alpha)N_2(\alpha)\mathrm{d}\alpha}{\beta(\alpha)K_+(\alpha)};$$

$$H_{jm}=-\frac{e^{i\alpha_m x_c}K_+^2(\alpha_m)K_1(\alpha_m)}{K_2'(\alpha_m)}$$
$$\times\left\{\frac{1}{\alpha_m+\alpha_j}+\sum_{s=1}^{4}\frac{\chi s b(\chi s)[\chi s N_1(\chi s)(P_{22}\alpha_j+P_{21})-N_2(\chi s)(P_{12}\alpha_j+P_{11})]}{\beta'(\chi s)K_+(\chi s)(P_{11}P_{22}-P_{12}P_{21})(\alpha_m-\chi s)}\right.$$
$$+\frac{b(i\gamma)[-u(P_{12}\alpha_j+P_{11})+i\gamma(P_{22}\alpha_j+P_{21})]}{2\beta(i\gamma)(P_{11}P_{22}-P_{12}P_{21})K_+(i\gamma)(\alpha_m-i\gamma)}$$
$$\left.+\frac{b(i\gamma)[-u(P_{12}\alpha_j+P_{11})-i\gamma(P_{22}\alpha_j+P_{21})]}{2\beta(i\gamma)(P_{11}P_{22}-P_{12}P_{21})K_-(i\gamma)(\alpha_m+i\gamma)}\right\};$$

$$G_{jm}=\frac{e^{i\alpha_m(L-x_c)}K_1(\alpha_m)K_+^2(\alpha_m)}{K_2'(\alpha_m)}$$
$$\times\left\{\frac{1}{\alpha_m+\alpha_j}+\sum_{s=1}^{4}\frac{\chi s b(\chi s)[\chi s N_1(\chi s)(A_{22}\alpha_j-A_{21})-N_2(\chi s)(A_{12}\alpha_j-A_{11})]}{\beta'(\chi s)K_-(\chi s)(A_{11}A_{22}-A_{12}A_{21})(\alpha_m+\chi s)}\right.$$
$$+\frac{b(i\gamma)[i\gamma(A_{22}\alpha_j-A_{21})-u(A_{12}\alpha_j-A_{11})]}{2\beta(i\gamma)(A_{11}A_{22}-A_{12}A_{21})K_-(i\gamma)(\alpha_m+i\gamma)}$$
$$\left.+\frac{b(i\gamma)[i\gamma(A_{22}\alpha_j-A_{21})+u(A_{12}\alpha_j-A_{11})]}{2\beta(i\gamma)(A_{11}A_{22}-A_{12}A_{21})K_-(-i\gamma)(i\gamma-\alpha_m)}\right\}$$

$$A_{11}=\frac{1}{2\pi i}\int_{C_+}\frac{\alpha^3 b(\alpha)N_1(\alpha)}{\beta(\alpha)K_-(\alpha)}d\alpha;A_{12}=\frac{1}{2\pi i}\int_{C_+}\frac{\alpha^2 b(\alpha)N_1(\alpha)}{\beta(\alpha)K_-(\alpha)}d\alpha;$$

$$A_{21}=\frac{1}{2\pi i}\int_{C_+}\frac{\alpha^2 b(\alpha)N_2(\alpha)}{\beta(\alpha)K_-(\alpha)}d\alpha;$$

$$A_{22}=\frac{1}{2\pi i}\int_{C_+}\frac{\alpha b(\alpha)N_2(\alpha)}{\beta(\alpha)K_-(\alpha)}d\alpha;I_{jm}=\frac{e^{i\alpha_m x_c}K_+^2(\alpha_m)K_1(\alpha_m)}{K_2'(\alpha_m)(\alpha_m+\alpha_j)};$$

$$V_{j1}=-\frac{ib(\alpha_j)e^{i\alpha_j(x_0-x_c)}}{K_+(\alpha_j)};$$

$$J_{jm}=-\frac{e^{i\alpha_m(L-x_c)}K_+^2(\alpha_m)K_1(\alpha_m)}{K_2'(\alpha_m)(\alpha_m+\alpha_j)};B_{11}=-\frac{1}{2\pi i}\int_{D_+}\frac{\alpha b(\alpha)d\alpha}{\beta(\alpha)K_-(\alpha)};B_{12}$$
$$=-\frac{1}{2\pi i}\int_{D_+}\frac{b(\alpha)d\alpha}{\beta(\alpha)K_-(\alpha)};$$

$$B_{13}=\frac{1}{2\pi i}\int_{D_-}\frac{\alpha b(\alpha)d\alpha}{\beta(\alpha)K_+(\alpha)};$$

$$U_{1m}=\frac{e^{i\alpha_m x_c}K_1(\alpha_m)K_+^2(\alpha_m)}{K_2{}'(\alpha_m)}\sum_{s=1}^{4}\frac{b(\chi s)}{\beta'(\chi s)K_-(\chi s)(\chi s+\alpha_m)};$$

$$L_{1j}=\frac{e^{i\alpha_j(L-x_c)}K_+^2(\alpha_j)K_1(\alpha_j)}{K_2'(\alpha_j)}\sum_{s=1}^{4}\frac{b(\chi s)}{\beta'(\chi s)K_+(\chi s)(\alpha_j-\chi s)};$$

$$B_{14}=\frac{1}{2\pi\mathrm{i}}\int_{D-}\frac{b(\alpha)\mathrm{d}\alpha}{\beta(\alpha)K_{+}(\alpha)};$$

$$B_{21}=-\frac{1}{2\pi\mathrm{i}}\int_{C+}\frac{\alpha^{2}b(\alpha)N_{2}(\alpha)}{\beta(\alpha)K_{-}(\alpha)}\mathrm{d}\alpha;B_{22}=-\frac{1}{2\pi\mathrm{i}}\int_{C+}\frac{\alpha b(\alpha)N_{2}(\alpha)}{\beta(\alpha)K_{-}(\alpha)}\mathrm{d}\alpha;$$

$$B_{23}=\frac{1}{2\pi\mathrm{i}}\int_{C-}\frac{\alpha^{2}b(\alpha)N_{2}(\alpha)}{\beta(\alpha)K_{+}(\alpha)}\mathrm{d}\alpha;$$

$$B_{24}=\frac{1}{2\pi\mathrm{i}}\int_{C-}\frac{\alpha b(\alpha)N_{2}(\alpha)}{\beta(\alpha)K_{+}(\alpha)}\mathrm{d}\alpha;B_{31}=-\frac{1}{2\pi\mathrm{i}}\int_{C+}\frac{\alpha^{3}b(\alpha)N_{1}(\alpha)\mathrm{d}\alpha}{\beta(\alpha)K_{-}(\alpha)};$$

$$B_{32}=-\frac{1}{2\pi\mathrm{i}}\int_{C+}\frac{\alpha^{2}b(\alpha)N_{1}(\alpha)\mathrm{d}\alpha}{\beta(\alpha)K_{-}(\alpha)};B_{33}=\frac{1}{2\pi\mathrm{i}}\int_{C-}\frac{\alpha^{3}b(\alpha)N_{1}(\alpha)\mathrm{d}\alpha}{\beta(\alpha)K_{+}(\alpha)};$$

$$B_{34}=\frac{1}{2\pi\mathrm{i}}\int_{C-}\frac{\alpha^{2}b(\alpha)N_{1}(\alpha)\mathrm{d}\alpha}{\beta(\alpha)K_{+}(\alpha)};B_{41}=-\frac{D}{2\pi\mathrm{i}}\int_{C+}\frac{\alpha^{3}b(\alpha)N_{1}(\alpha)}{\beta(\alpha)K_{-}(\alpha)}\mathrm{d}\alpha;$$

$$B_{42}=-\frac{D}{2\pi\mathrm{i}}\int_{C+}\frac{\alpha^{2}b(\alpha)N_{1}(\alpha)}{\beta(\alpha)K_{-}(\alpha)}\mathrm{d}\alpha-\frac{K_{\mathrm{T}}}{2\pi\mathrm{i}}\int_{C+}\frac{\mathrm{i}\alpha b(\alpha)N_{1}(\alpha)}{\beta(\alpha)K_{-}(\alpha)}\mathrm{d}\alpha;$$

$$B_{43}=-\frac{K_{\mathrm{T}}}{2\pi\mathrm{i}}\int_{C-}\frac{\mathrm{i}\alpha^{2}b(\alpha)N_{1}(\alpha)\mathrm{d}\alpha}{\beta(\alpha)K_{+}(\alpha)};$$

$$B_{44}=-\frac{K_{\mathrm{T}}}{2\pi\mathrm{i}}\int_{C-}\frac{\mathrm{i}\alpha b(\alpha)N_{1}(\alpha)\mathrm{d}\alpha}{\beta(\alpha)K_{+}(\alpha)};\xi_{j}=\xi(\alpha_{j}),\eta_{j}=\eta(-\alpha_{j}),\mu_{j}=\mu(\alpha_{j}),\upsilon_{j}=\upsilon(-\alpha_{j});$$

$$M_{1m}=\frac{\mathrm{e}^{\mathrm{i}\alpha_{m}x_{\mathrm{c}}}K_{1}(\alpha_{m})K_{+}^{2}(\alpha_{m})}{K_{2}'(\alpha_{m})}$$

$$\times\left\{\sum_{s=1}^{4}\frac{\chi s b(\chi s)N_{2}(\chi s)}{\beta'(\chi s)K_{-}(\chi s)(\alpha_{m}+\chi s)}+\frac{ub(\mathrm{i}\gamma)}{2\beta(\mathrm{i}\gamma)}\left[\frac{1}{K_{-}(\mathrm{i}\gamma)(\alpha_{m}+\mathrm{i}\gamma)}-\frac{1}{K_{+}(\mathrm{i}\gamma)(\mathrm{i}\gamma-\alpha_{m})}\right]\right\};$$

$$N_{ij}=\frac{\mathrm{e}^{\mathrm{i}\alpha_{j}(L-x_{\mathrm{c}})}K_{+}^{2}(\alpha_{j})K_{1}(\alpha_{j})}{K_{2}'(\alpha_{j})}$$

$$\times\left\{\sum_{s=1}^{4}\frac{\chi s b(\chi s)N_{2}(\chi s)}{\beta'(\chi s)K+(\chi s)(\alpha_{j}-\chi s)}+\frac{ub(\mathrm{i}\gamma)}{2\beta(\mathrm{i}\gamma)}\left[\frac{1}{K_{+}(\mathrm{i}\gamma)(\alpha_{j}-\mathrm{i}\gamma)}+\frac{1}{K_{-}(\mathrm{i}\gamma)(\alpha_{j}+\mathrm{i}\gamma)}\right]\right\};$$

$$T_{1m}=\frac{\mathrm{e}^{\mathrm{i}\alpha_{m}x_{\mathrm{c}}}K_{+}^{2}(\alpha_{m})K_{1}(\alpha_{m})}{K_{2}'(\alpha_{m})}$$

$$\times\left\{\sum_{s=1}^{4}\frac{\chi s^{\,2}b(\chi s)N_{1}(\chi s)}{\beta'(\chi s)K_{-}(\chi s)(\chi s+\alpha_{m})}+\frac{\mathrm{i}\gamma b(\mathrm{i}\gamma)}{2\beta(\mathrm{i}\gamma)}\left[\frac{1}{K_{-}(\mathrm{i}\gamma)(\alpha_{m}+\mathrm{i}\gamma)}+\frac{1}{K_{+}(\mathrm{i}\gamma)(\mathrm{i}\gamma-\alpha_{m})}\right]\right\};$$

$$W_{1j}=\frac{\mathrm{e}^{\mathrm{i}\alpha_{j}(L-x_{\mathrm{c}})}K_{+}^{2}(\alpha_{j})K_{1}(\alpha_{j})}{K_{2}'(\alpha_{j})}$$

$$\times\left\{\sum_{s=1}^{4}\frac{\chi s^{\,2}b(\chi s)N_{1}(\chi s)}{\beta'(\chi s)K_{+}(\chi s)(\alpha_{j}-\chi s)}+\frac{\mathrm{i}\gamma b(\mathrm{i}\gamma)}{2\beta(\mathrm{i}\gamma)}\left[\frac{1}{K_{+}(\mathrm{i}\gamma)(\alpha_{j}-\mathrm{i}\gamma)}-\frac{1}{K_{-}(\mathrm{i}\gamma)(\alpha_{j}+\mathrm{i}\gamma)}\right]\right\};$$

$$R_{1m}=\frac{\mathrm{e}^{\mathrm{i}\alpha_{m}x_{\mathrm{c}}}K_{+}^{2}(\alpha_{m})K_{1}(\alpha_{m})}{K_{2}'(\alpha_{m})}$$

$$\times\left\{\sum_{s=1}^{4}\frac{\chi s^{2}b(\chi s)N_1(\chi s)(D\chi s+\mathrm{i}K_{\mathrm{T}})}{\beta'(\chi s)K_-(\chi s)(\chi s+\alpha_m)}+\frac{\mathrm{i}b(\mathrm{i}\gamma)}{2\beta(\mathrm{i}\gamma)}\left[\frac{D\gamma+K_{\mathrm{T}}}{K_-(\mathrm{i}\gamma)(\alpha_m+\mathrm{i}\gamma)}+\frac{D\gamma-K_{\mathrm{T}}}{K_+(\mathrm{i}\gamma)(\mathrm{i}\gamma-\alpha_m)}\right]\right\};$$

$$S_{1j}=-K_{\mathrm{T}}\frac{\mathrm{e}^{\mathrm{i}\alpha_j(L-x_c)}K_+^2(\alpha_j)K_1(\alpha_j)}{K_2'(\alpha_j)}$$

$$\times\left\{\sum_{s=1}^{4}\frac{\mathrm{i}\chi s b(\chi s)N_1(\chi s)}{\beta'(\chi s)K_+(\chi s)(\alpha_j-\chi s)}+\frac{\mathrm{i}b(\mathrm{i}\gamma)}{2\beta(\mathrm{i}\gamma)}\left[\frac{1}{K_+(\mathrm{i}\gamma)(\alpha_j-\mathrm{i}\gamma)}+\frac{1}{K_-(\mathrm{i}\gamma)(\alpha_j+\mathrm{i}\gamma)}\right]\right\}$$

8.3.2　组合式弹性浮板的水波动响应

计算平板挠度分布，根据式(8-22)和式(8-35)得到

$$Y(\alpha)=\frac{1}{K_2(\alpha)}\left[\psi_-(\alpha)+\mathrm{i}b(\alpha)\mathrm{e}^{\mathrm{i}\alpha x_0}+\mathrm{e}^{\mathrm{i}\alpha x_c}\psi_+(\alpha)\right]\ (0\leqslant x\leqslant x_c)\tag{8-65}$$

同理，根据式(8-24)和式(8-38)得到

$$Y(\alpha)=\frac{1}{K_2(\alpha)}\left[\mathrm{e}^{\mathrm{i}\alpha x_c}J_-^2(\alpha)+\mathrm{e}^{\mathrm{i}\alpha L}J_+^2(\alpha)\right](x_c<x\leqslant L)\tag{8-66}$$

根据式(8-18)，式(8-70) 以及式(8-71)，利用 Fourier 逆变换，分别可以得到左板和右板的速度势的表达式

$$\begin{aligned}\varphi(x,z)=&\frac{1}{2\pi}\int_{-\infty}^{\infty}\frac{\mathrm{e}^{-\mathrm{i}\alpha x}\cosh[\alpha(z+a)]\psi_-(\alpha)\mathrm{d}\alpha}{\cosh(\alpha a)K_2(\alpha)}\\&+\frac{1}{2\pi}\int_{-\infty}^{\infty}\frac{\mathrm{i}b(\alpha)\mathrm{e}^{-\mathrm{i}\alpha(x-x_0)}\cosh[\alpha(z+a)]\mathrm{d}\alpha}{\cosh(\alpha a)K_2(\alpha)}\\&+\frac{1}{2\pi}\int_{-\infty}^{\infty}\frac{\mathrm{e}^{-\mathrm{i}\alpha(x-x_c)}\cosh[\alpha(z+a)]\psi_+(\alpha)\mathrm{d}\alpha}{\cosh(\alpha a)K_2(\alpha)},(0\leqslant x\leqslant x_c)\end{aligned}\tag{8-67}$$

$$\begin{aligned}\varphi(x,z)=&\frac{1}{2\pi}\int_{-\infty}^{\infty}\frac{\mathrm{e}^{-\mathrm{i}\alpha(x-x_c)}\cosh[\alpha(z+a)]J_-^2(\alpha)\mathrm{d}\alpha}{\cosh(\alpha a)K_2(\alpha)}\\&+\frac{1}{2\pi}\int_{-\infty}^{\infty}\frac{\mathrm{e}^{-\mathrm{i}\alpha(x-L)}\cosh[\alpha(z+a)]J_+^2(\alpha)\mathrm{d}\alpha}{\cosh(\alpha a)K_2(\alpha)}\ (x_c<x\leqslant L)\end{aligned}\tag{8-68}$$

式(8-72)，式(8-73)对 $z=0$ 求偏导数，利用留数定理得

$$\begin{aligned}\frac{\partial\phi(x,0)}{\partial z}=&\mathrm{i}\sum_{m=-2}^{\infty}\frac{\alpha_m\tanh(\alpha_m a)}{K_2'(\alpha_m)}\\&\{\mathrm{i}b(\alpha_m)\mathrm{e}^{\mathrm{i}\alpha_m|x-x_0|}+K_+(\alpha_m)[\xi_m\mathrm{e}^{-\mathrm{i}\alpha_m(x-x_c)}+\eta_m\mathrm{e}^{\mathrm{i}\alpha_m x}]\}\ (0\leqslant x\leqslant x_c)\end{aligned}\tag{8-69}$$

$$\begin{aligned}\frac{\partial\phi(x,0)}{\partial z}=&\mathrm{i}\sum_{m=-2}^{\infty}\frac{\alpha_m\tanh(\alpha_m a)K_+(\alpha_m)}{K_2'(\alpha_m)}\\&[\mu_m\mathrm{e}^{-\mathrm{i}\alpha_m(x-L)}+\upsilon_m\mathrm{e}^{\mathrm{i}\alpha_m(x-x_c)}]\ (x_c<x\leqslant L)\end{aligned}\tag{8-70}$$

根据边界条件式(8-5),可得左板和右板的挠度表达式

$$w(x) = \mathrm{i}\frac{\partial\varphi(x,0)}{\partial z}$$
$$= -\sum_{m=-2}^{\infty}\frac{\alpha_m\tanh(\alpha_m a)}{K_2{}'(\alpha_m)}$$
$$\times\{\mathrm{i}b(\alpha_m)\mathrm{e}^{\mathrm{i}\alpha_m|x-x_0|}+K_+(\alpha_m)[\xi_m\mathrm{e}^{-\mathrm{i}\alpha_m(x-x_c)}+\eta_m\mathrm{e}^{\mathrm{i}\alpha_m x}]\}(0\leqslant x\leqslant x_c) \tag{8-71}$$

$$w(x) = \mathrm{i}\frac{\partial\varphi(x,0)}{\partial z} = -\sum_{m=-2}^{\infty}\frac{\alpha_m\tanh(\alpha_m a)K_+(\alpha_m)}{K_2{}'(\alpha_m)}$$
$$[\mu_m\mathrm{e}^{-\mathrm{i}\alpha_m(x-L)}+\upsilon_m\mathrm{e}^{\mathrm{i}\alpha_m(x-x_c)}](x_c<x\leqslant L) \tag{8-72}$$

根据式(8-1b)和式(8-76),式(8-77),分别可以得到左板,右板的广义位移表达式

$$F(x) = -\sum_{m=-2}^{\infty}\frac{uN_1(\alpha_m)\alpha_m\tanh(a\alpha_m)K_+(\alpha_m)}{K_2'(\alpha_m)}$$
$$\times\{\mathrm{i}b(\alpha_m)\mathrm{e}^{\mathrm{i}\alpha_m|x-x_0|}+K_+(\alpha_m)[\xi_m\mathrm{e}^{-\mathrm{i}\alpha_m(x-x_c)}+\eta_m\mathrm{e}^{\mathrm{i}\alpha_m x}]\}(0\leqslant x\leqslant x_c) \tag{8-73}$$

$$F(x) = -\sum_{m=-2}^{\infty}\frac{uN_1(\alpha_m)\alpha_m\tanh(a\alpha_m)K_+(\alpha_m)}{K_2'(\alpha_m)}[\mu_m\mathrm{e}^{-\mathrm{i}\alpha_m(x-L)}+\upsilon_m\mathrm{e}^{\mathrm{i}\alpha_m(x-x_c)}](x_c\leqslant x\leqslant L) \tag{8-74}$$

根据表达式(2-1c),可以得到左板和右板的板内的无量纲动弯矩表达

$$w(x) = \frac{Dl}{Ld}\sum_{m=-2}^{\infty}\frac{u\alpha_m{}^3\tanh(\alpha_m a)N_1(\alpha_m)}{K_2'(\alpha_m)}$$
$$\{\mathrm{i}b(\alpha_m)\mathrm{e}^{\mathrm{i}\alpha_m|x-x_0|}+K_+(\alpha_m)[\xi_m\mathrm{e}^{-\mathrm{i}\alpha_m(x-x_c)}+\eta_m\mathrm{e}^{\mathrm{i}\alpha_m x}]\}\ (0\leqslant x\leqslant x_c) \tag{8-75}$$

$$w(x) = \frac{Dl}{Ld}\sum_{m=-2}^{\infty}\frac{u\alpha_m{}^3\tanh(\alpha_m a)N_1(\alpha_m)}{K_2'(\alpha_m)}[\mu_m\mathrm{e}^{-\mathrm{i}\alpha_m(x-L)}+\upsilon_m\mathrm{e}^{\mathrm{i}\alpha_m(x-x_c)}](x_c<x\leqslant L) \tag{8-76}$$

8.4 计算实例与分析讨论

8.4.1 本章计算结果与文献计算结果的对比与分析

首先,针对组合超大型浮体结构受不同周期集中荷载情况,本章将采用 Mindlin 厚板理论得到的结果与文献结果进行对比,直接验证理论方法的可靠性。

计算中采用与文献[10]中相同的物理模型，物理参数如下：浮板的长度 $L=10\text{m}$；铰连接坐标 $x_c=6\text{m}$；浮板厚度 $h=38\text{mm}$；浮板的弹性模量 $E=103\text{Mpa}$；泊松比 $\nu=0.3$；弹性浮板的吃水深度 $d=8.36\text{mm}$；水的密度 $\rho=1\ 000\text{kg/m}^3$；水的深度 $a=1.1\text{m}$；水与板的密度比 $\rho_0/\rho=4.5455$；铰连接刚度 $K_T=\infty$。外载荷激励周期分别为 $T=2.875\text{s}$，1.429s。

图 8-4～图 8-7 给出了本章计算结果和文献[10]中结果在上述相同工况下的挠度和弯矩幅值分布对比图。从图中明显可以看出，在周期 2.875s，1.429s 下挠度和弯矩幅值分布曲线的形态和走势吻合的比较好。对比结果说明本文所采用的方法具有良好的可靠性和有效性，可以用来预测其他参数下的动力行为。

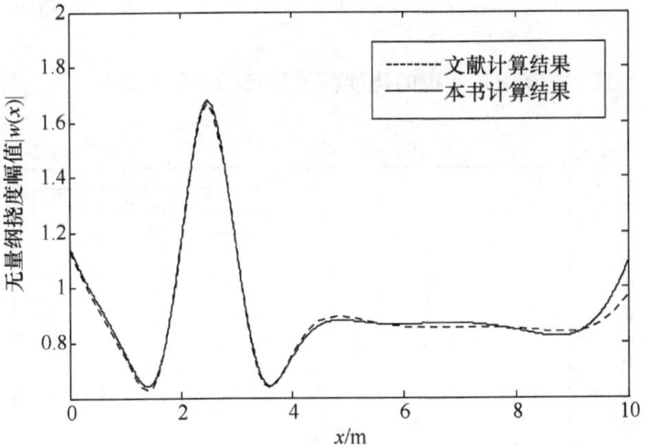

图 8-4　板的挠度幅值分布（$T=2.875\text{s}$）

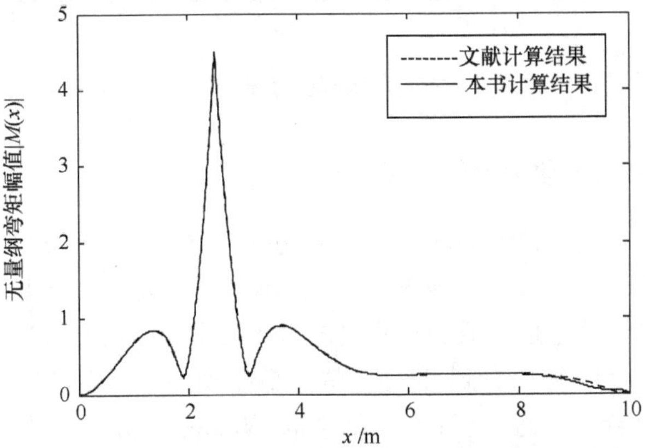

图 8-5　板的弯矩幅值分布（$T=2.875\text{s}$）

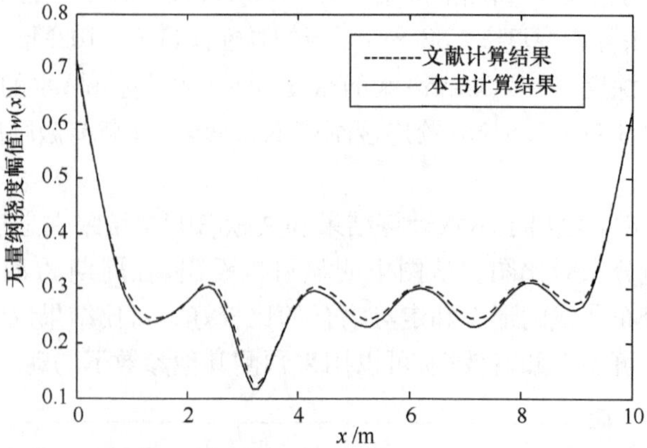

图 8-6　板的挠度幅值分布（$T=1.429$s）

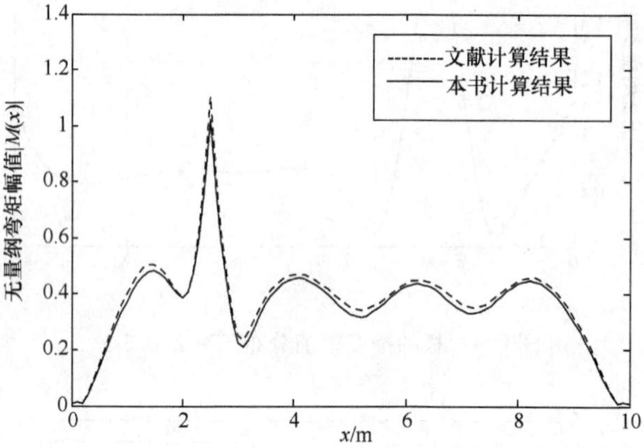

图 8-7　板的弯矩幅值分布（$T=1.429$s）

8.4.2　理论计算结果收敛性的验证

对无穷线性代数方程组的收敛性进行分析。图 8-8～图 8-10 分别给出了不同周期 $T=2.875$s，$T=1.429$s 两种情况时，不同模态数下计算得到的浮板挠度幅值分布曲线和浮板动弯矩幅值分布曲线的对比结果，其中铰连接刚度 $K_T=0$。

图 8-8～图 8-11 可以看到，选用不同模数得到的 VLFS 的挠度和弯矩幅值分布曲线都大致重合在一起，这说明本章采取 Wiene-Hopf 方法得到的无穷代数方程组的解是收敛的，并且收敛速度较快。

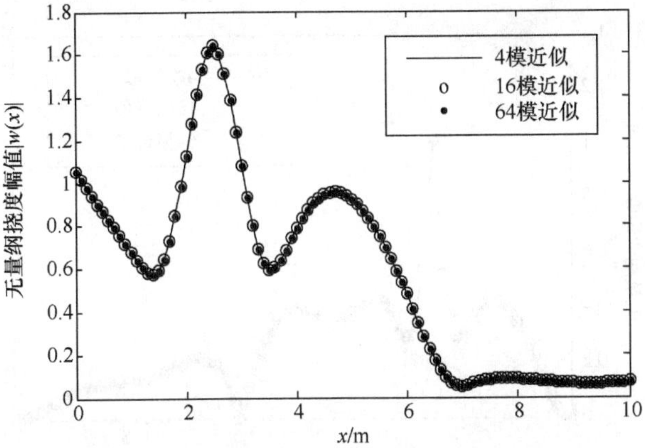

图 8-8　板的弯矩幅值分布(T=2.875s)

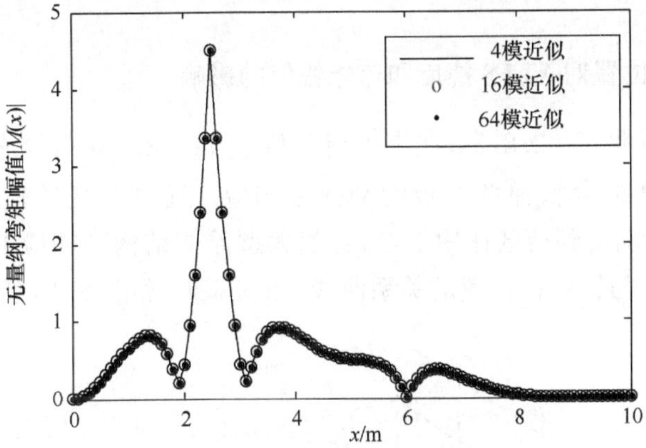

图 8-9　板的弯矩幅值分布(T=2.875s)

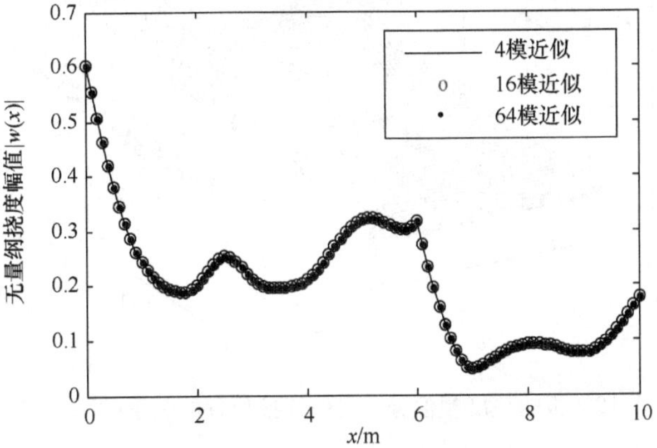

图 8-10　板的挠度幅值分布(T=1.429s)

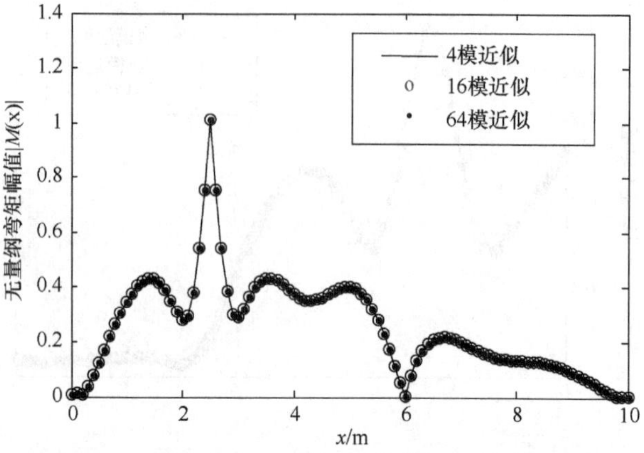

图 8-11　板的弯矩幅值分布($T=1.429$s)

8.4.3　铰连接位置对 VLFS 挠度和弯矩幅值的影响

首先针对周期 $T=2.875$s，在集中荷载位置 $x_0=2.5$m 和铰连接刚度 $K_T=0$ 的前提下来计算组合型弹性浮板的动弹性响应。通过改变铰连接的位置 $x_c=(2.8\text{m},9\text{m})$，分别得到荷载作用下，组合超大型浮体结构动响应的挠度幅值分布和弯矩幅值分布与铰连接位置的关系曲线，如图 8-12 和图 8-13 所示。

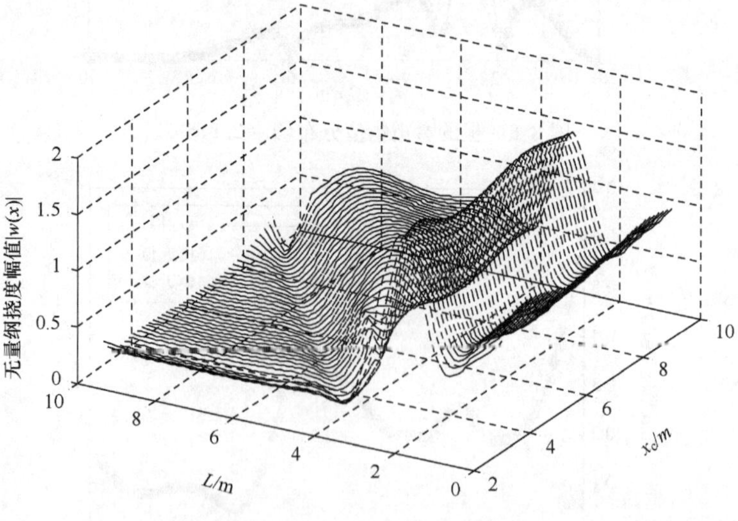

图 8-12　板的挠度幅值分布与铰连接位置的关系($T=2.875$s)

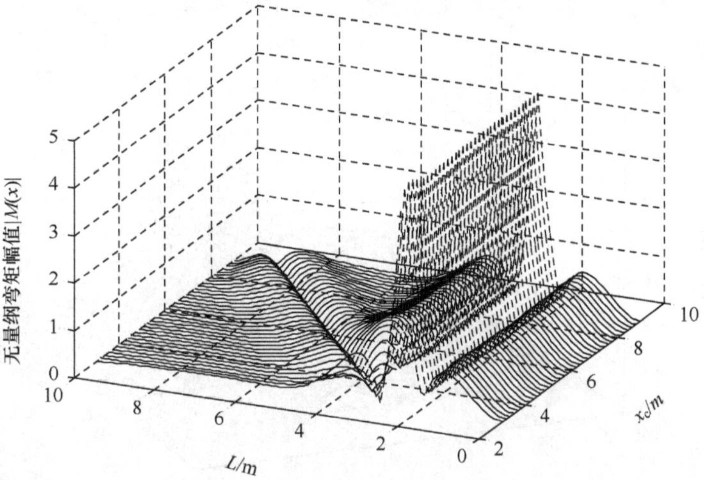

图 8-13　板的弯矩幅值分布与铰连接位置的关系(T=2.875s)

从图 8-12～图 8-15 中,固定铰连接刚度值及集中荷载位置,随着铰连接位置的改变,在周期荷载的影响下,在受荷载部分区域挠度幅值的波动较为明显,而弯矩幅值的变化不明显。同时在铰连接位置 x_c=2.8m 时,铰连接位置处为敏感区域,有明显的变化。在荷载作用点的地方是凸起的,分别为挠度幅值和弯矩幅值的最大值。

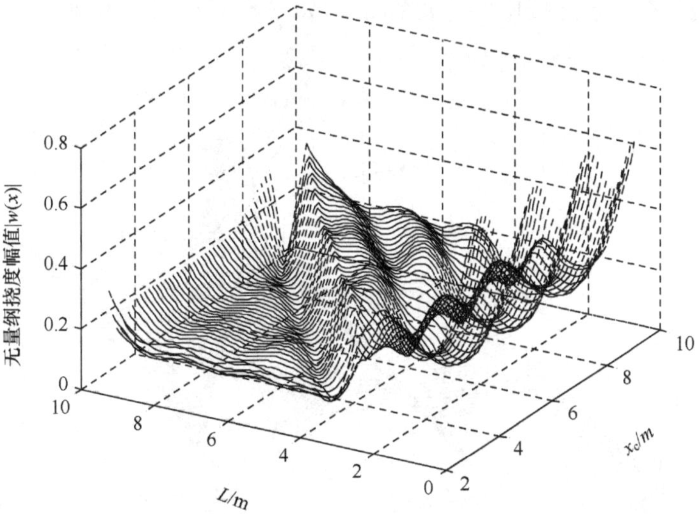

图 8-14　板的挠度幅值分布与铰连接位置的关系(T=1.429s)

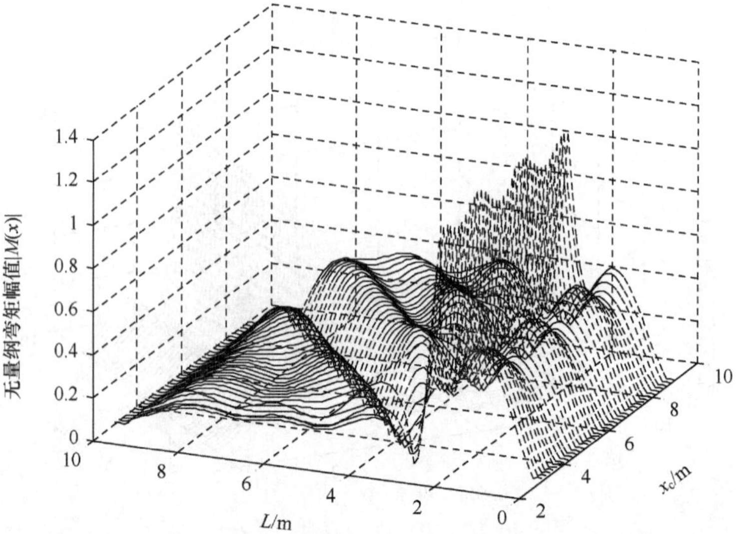

图 8-15 板的弯矩幅值分布与铰连接位置的关系(T=1.429s)

8.4.4 集中荷载位置对 VLFS 挠度和弯矩幅值的影响

分别针对载荷周期为 T=2.875s,1.429s 情况,在铰连接位置 x_c=6m 和铰连接刚度 K_T=0 的前提下来计算组合型弹性浮板的动弹性响应。通过改变集中荷载的位置 x_0=(1m,5m),分别得到荷载作用下,浮体结构动响应的挠度幅值分布和弯矩幅值分布与铰连接位置的关系曲线,如图 8-16~图 8-19 所示。

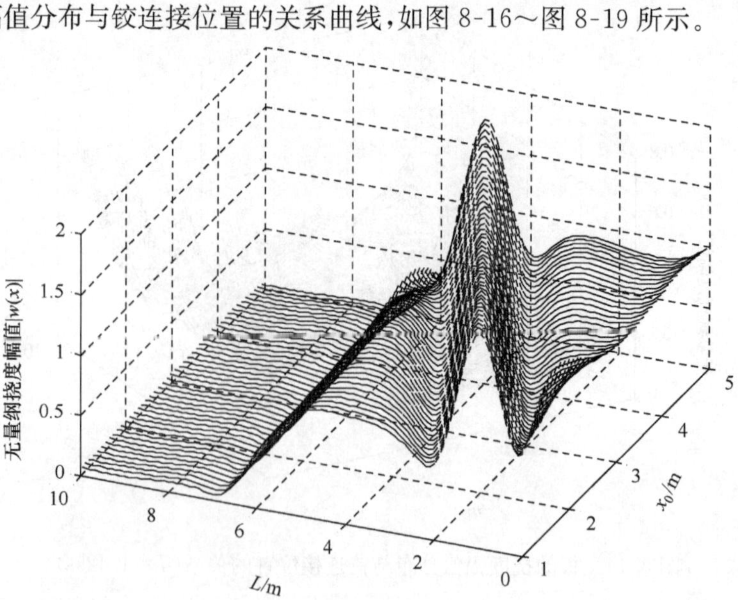

图 8-16 板的挠度幅值分布与荷载位置的关系(T=2.875s)

从图 8-16～图 8-19 中可以看出,随着集中荷载作用点位置的不同,在周期荷载的影响下,挠度幅值和弯矩幅值的最大值呈现周期性变化,铰连接右边浮板的挠度幅值和弯矩幅值几乎没有变化,说明集中荷载位置的改变对铰连接右边浮板的影响不大。对于长周期 $T=2.875$s 情况下,浮板的挠度和弯矩幅值变化不明显;而对于较短周期 $T=1.429$s,浮板的挠度和弯矩幅值的变化较为明显,同时铰连接左边浮板的挠度和弯矩幅值的波动剧烈程度明显大于铰连接右边浮板的波动剧烈程度。

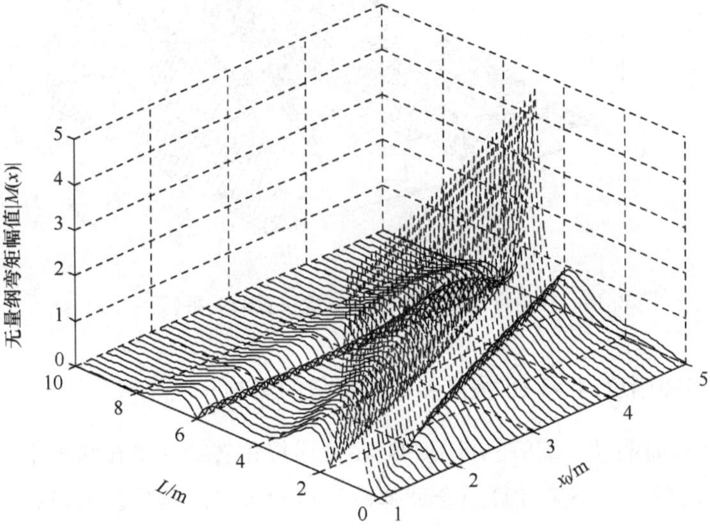

图 8-17　板的弯矩幅值分布与荷载位置的关系($T=2.875$s)

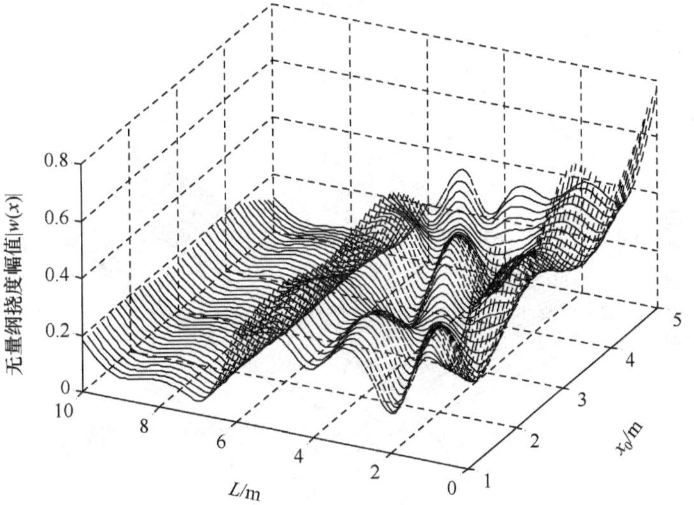

图 8-18　板的挠度幅值分布与荷载位置的关系($T=1.429$s)

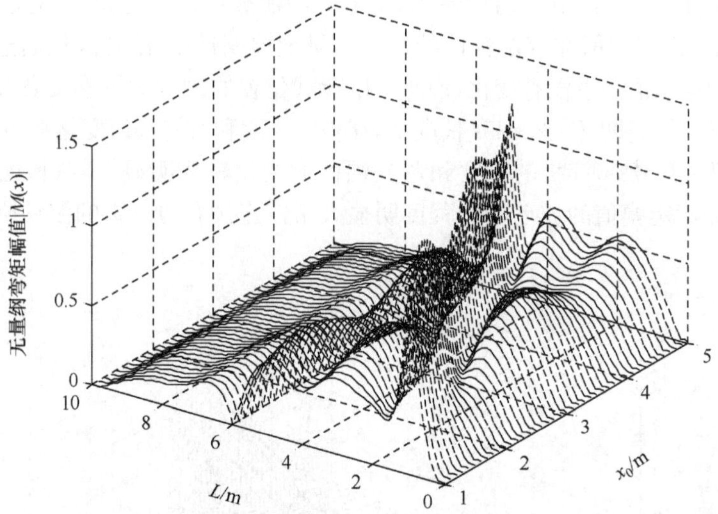

图 8-19 板的弯矩幅值分布与荷载位置的关系(T=1.429s)

8.4.5 铰连接刚度对 VLFS 挠度和弯矩幅值的影响

分别针对周期 $T=2.875$s,1.429s,在铰连接位置 $x_c=3$m 和集中荷载作用位置 $x_0=2.5$m 的前提下来计算组合型弹性浮板的水弹性响应。通过改变铰连接刚度值的大小,即通过改变 β_c 来得到组合超大型浮体结构动响应的挠度幅值分布和弯矩幅值分布与铰连接位置的关系曲线,如图 8-20～图 8-23 所示。

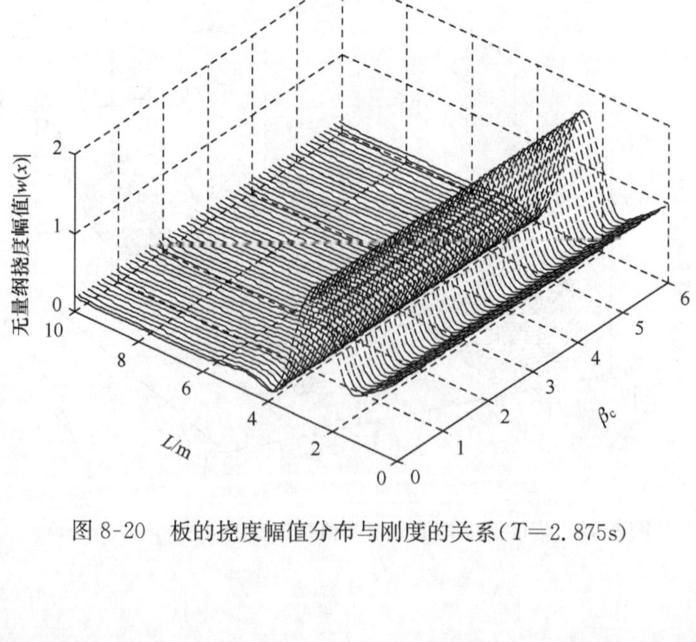

图 8-20 板的挠度幅值分布与刚度的关系(T=2.875s)

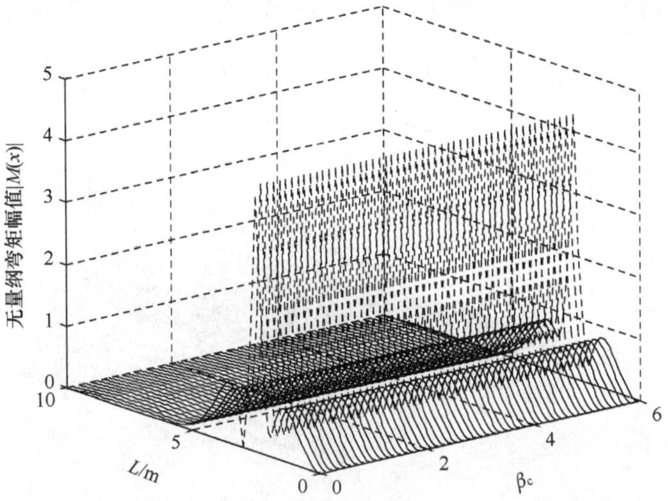

图 8-21　板的弯矩幅值分布与刚度的关系(T=2.875s)

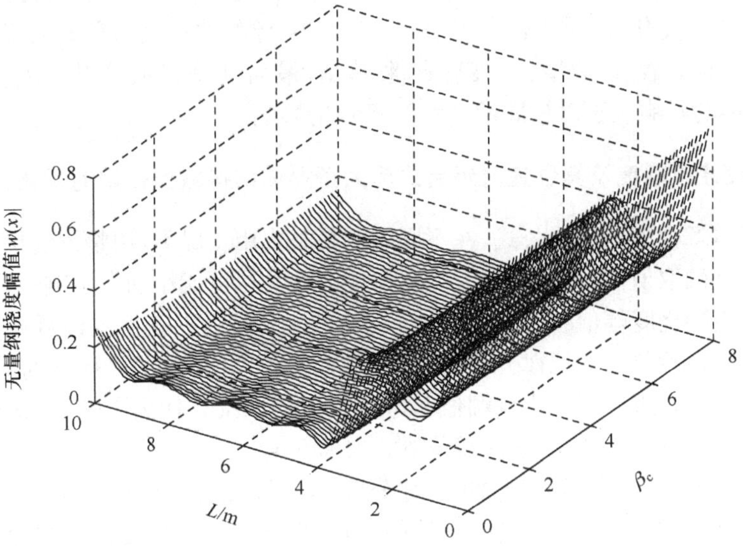

图 8-22　板的挠度幅值分布与刚度的关系(T=1.429s)

从图中可以看出,固定铰连接位置和集中荷载位置,改变铰连接刚度与浮板刚度的比值 β_c,可以得到:随着铰连接刚度的不同,在周期荷载作用下,浮板的挠度和弯矩幅值开始随着 β_c 的增大而减小,当减小到一定值时,又随着 β_c 的减小而增大,说明存在某一 β_c,令浮板的挠度和弯矩幅值最小;对于长周期 T=2.875s 情况下,

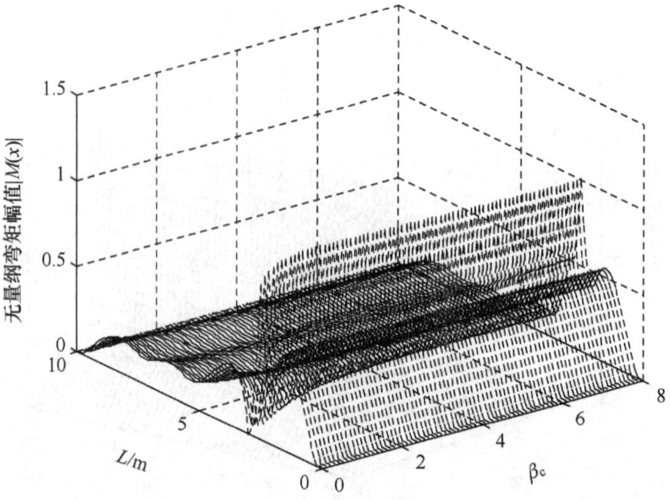

图 8-23 板的挠度幅值分布与刚度的关系(T=1.429s)

浮板的挠度和弯矩幅值的大小开始有微小的变化,随着 β_c 的增大,变化越来越小,最后几乎没有变化;而对于较短周期 T=1.429s,浮板的挠度和弯矩幅值开始有明显的变化,但随着 β_c 的增大,变化越来越小,最后几乎没有变化。对较短周期 T=1.429s的影响大于对长周期 T=2.875s 的影响。

8.4.6 铰连接刚度及其位置对组合式超大型浮体结构减振作用的优化分析

根据本章模型和理论公式,在不同周期荷载作用工况下,调整铰连接的位置和铰连接刚度的取值,使得组合超大型浮体能够满足尽可能小动力学响应,使得铰连接右边浮板的挠度幅值和弯矩幅值达到相对较小的值,以获得定性规律。由于前面在对集中荷载位置的规律分析时,针对周期 T=2.875s,1.429s 外荷载下,荷载位置对铰连接右边浮板的挠度幅值和弯矩幅值几乎没有什么影响,故荷载位置对浮板的影响可以先不考虑,取荷载位置 x_0=2.5m。

根据本章前面对铰连接位置的规律分析,分别针对周期为 T=2.875s,1.429s 外荷载情况,取刚度 K_T=0,调整铰连接的位置,得到对应的挠度幅值和弯矩幅值分布曲线,如图 8-24～图 8-27 所示。

图 8-24～图 8-27 分别分析了铰连接位置在 x_c=2.8 m,3 m,4 m 时的挠度幅值和弯矩幅值变化规律,综合二者规律,分析铰连接刚度对浮板的影响时,将铰连接位置定为 x_c=3 m。

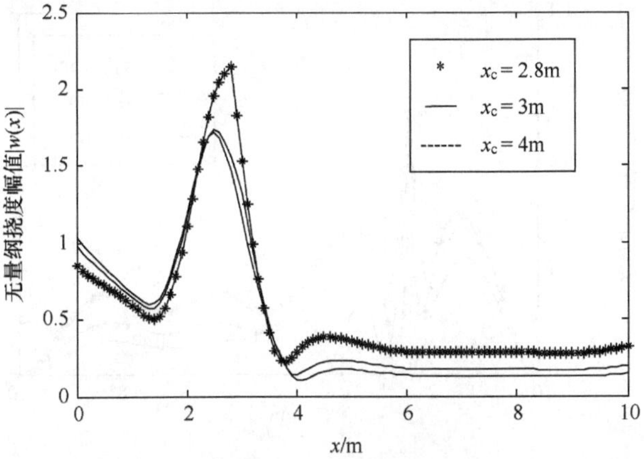

图 8-24　板的挠度幅值分布(T=2.875s)

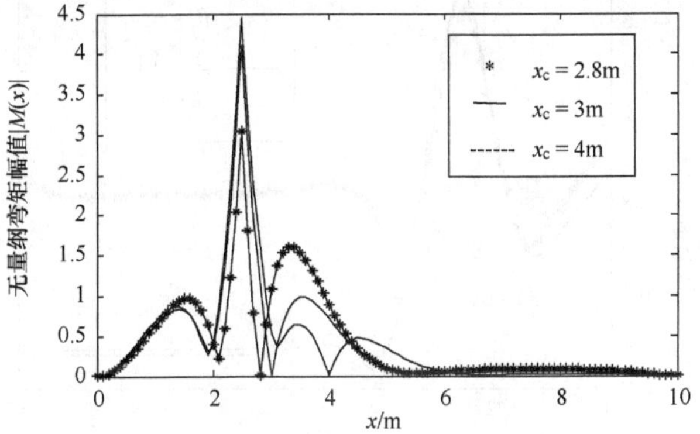

图 8-25　板的弯矩幅值分布(T=2.875s)

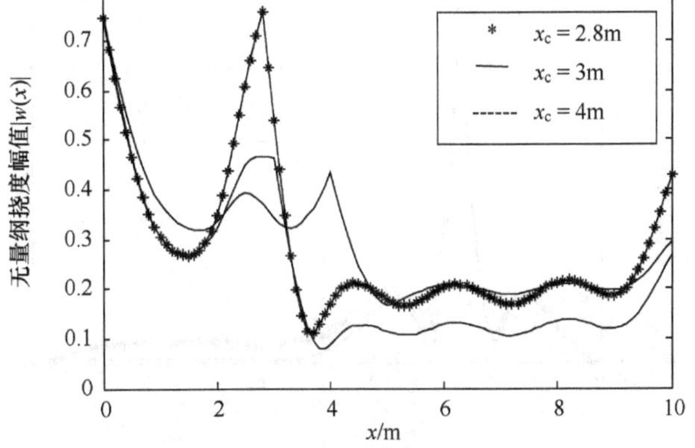

图 8-26　板的挠度幅值分布(T=1.429s)

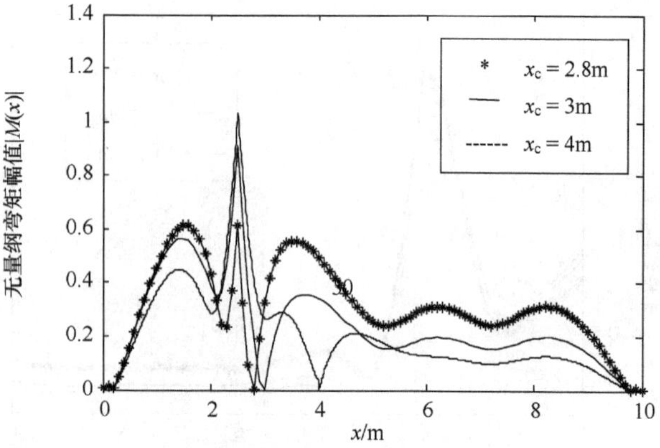

图 8-27　板的弯矩幅值分布($T=1.429$s)

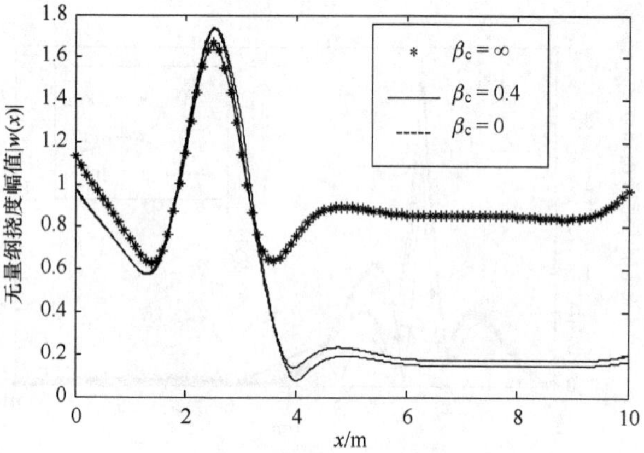

图 8-28　板的挠度幅值分布($T=2.875$s)

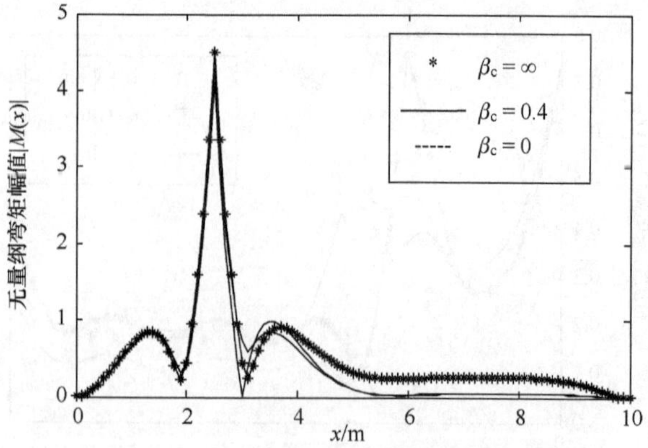

图 8-29　板的弯矩幅值分布($T=2.875$s)

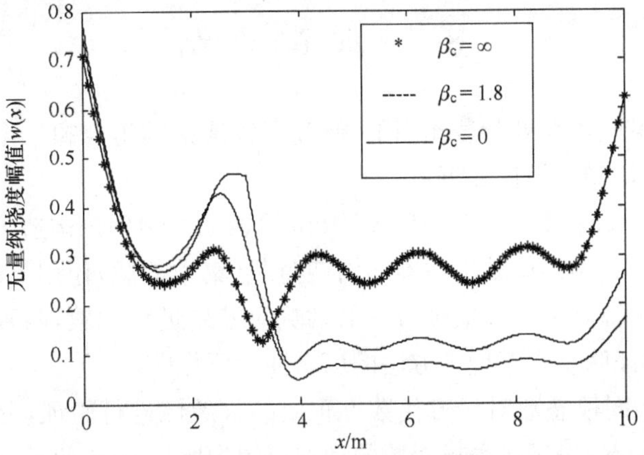

图 8-30　板的挠度幅值分布($T=1.429$s)

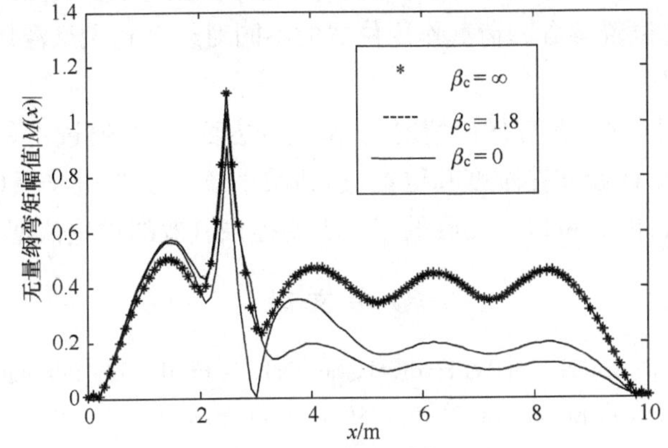

图 8-31　板的弯矩幅值分布($T=1.429$s)

从图 8-28 和图 8-29 中对比三种刚度值得挠度和弯矩幅值，可以看出当 $\beta_c=\infty$ 时的铰连接右边浮板的挠度和弯矩幅值最大，当 $\beta_c=0$ 铰连接右边浮板的挠度幅值和弯矩幅值明显减小。当 $\beta_c=0.4$ 时铰连接右边浮板的挠度幅值和弯矩幅值均为最小，对比 $\beta_c=0$ 时，减小的不明显。从图 8-30 和图 8-31 中，对比三种刚度值得挠度和弯矩幅值，可以看出当 $\beta_c=\infty$时的铰连接右边浮板的挠度幅值和弯矩幅值最大；当 $\beta_c=0$，虽然铰连接左边浮板的挠度幅值和弯矩幅值均有微小的增大，但是铰连接右边浮板的挠度幅值和弯矩幅值明显减小；当 $\beta_c=1.8$ 时，铰连接左边浮板的挠度幅和弯矩幅值有极微小的增大，铰连接右边浮板的挠度幅值和弯矩幅值均为最小，对比 $\beta_c=0$ 时，有一定的减小。对比长周期 $T=2.875$s 荷载来说，周期 $T=1.429$s 荷载的减小更为明显。

8.5 本章总结

本章针对不同周期外荷载作用下，研究了铰连接的组合超大型浮体结构的水弹性响应问题，得到的结论如下：

（1）采用 Wiener-Hopf 方法和 Mindlin 厚板动力学理论构造了问题的解。研究静水中组合超大型浮体结构在不同周期荷载（集中荷载）作用下的水弹性响应。通过对本文理论计算结果与文献[10]的动响应结果进行比较，两种理论结果符合得比较好，直接证明了本章理论方法的可靠性和可行性。

（2）选取不同模态数对无穷代数方程组的收敛性进行验证，分析挠度幅值和弯矩幅值分布情况，发现各种模态数的动响应图像比较一致，证明了本章的计算方法具有很好收敛性，间接证明了本章方法的正确性。

（3）针对两种典型周期外荷载作用情况，用控制参数的方法研究了铰连接刚度及铰连接不同位置参数和荷载作用位置的不同对组合超大型浮体结构的水弹性响应的影响规律。

（4）针对不同周期荷载作用情况，从减振的方面考虑，通过本章计算方法进行优化分析，合理设计铰连接刚度和位置，达到减小铰连接右边浮板（无荷载作用模块）的动响应的目的。可以为实际的工程需要提供有效的理论依据。

参考文献

[1] Fu S, Moan T, Chen X, Cui W. Hydroelastic analysis of flexible floating interconncernted structures[J]. Ocean Engineering, 2007, 34(11-12): 1516-1531.

[2] Wang C M, Muhammd R, Choo Y S. Reducing hydroelastic response of interconnected floating beams using semi-rigid connections. 29th International Conference on Ocean, Offshore and Arctic Engineering, 2010, 3: 203-211.

[3] Tavana H, Khanjani M J. Reducing hydroelastic response of very large floating structure: a literature review. International Journal of Computer Applications, 2013, 71(5): 13-17.

[4] Zhao C, Hao X, Liang R. Influence of hinged conditions on the hydroelastic response of compound floating structures. Ocean Engineering, 2015, 101: 12-24.

[5] Noble B. Methods based on the Wiener-Hopf technique for the solution of partial differential equations. Pergamon Press, London, 1957.

[6] 胡海昌. 弹性力学的变分原理及其应用. 北京：科学出版社，1981.

[7] 胡嗣柱，倪光炯. 数学物理方法. 北京：高等教育出版社，1989：316-319.

[8] Tkacheva L A. Action of a periodic load on an elastic floating plate. Fluid Dynamics，2005，40(2)：282-296.

[9] Bracewell R. The Impulse symbol. The Fourier Transform and Its Applications. New York：McGraw-Hill，1999：69-97.

[10] 赵存宝，魏英杰，张嘉钟．弹性浮板在周期集中荷载下的水弹性响应[J]. 工程力学，2008，25(7)：223-228.

索　引

B
半解析解　21,50,69
不同约束情况减振效果对比　108
C
超大型浮体结构　1
D
端部弹性约束　90
地震作用模型　117
单色入射水波　21,48
E
二维问题　21,153,201
F
反射和透射系数　40
浮板动力学特性　67
浮板动响应　47,67,152,200
浮板厚度影响　41,148
浮箱型 VLFS　7
J
铰链接　153,201
铰接参数优化　226
L
流固耦合　4
M
模态　43
N
挠度幅值分布　41,62
扭转刚度　153,201
P
频域法　6
S
势流理论　21
水波色散方程　24
水弹性力学　4
W
未知常数　28,74
无穷乘积　27
无穷代数方程组收敛性　43,189
弯矩幅值分布　41,62
无限水深模型　47
Y
有限水深模型　21
因式分解　51
有限长浮板　21,48,68
约束弹簧刚度　94
Z
主体结构减震　188 216
最佳约束　110
周期集中外载荷　69,200
周期分布外载荷　85
震源参数　135
组合式浮体结构　152,200
其他
Laplace 方程　21,116
Mindlin 厚板动力学理论　20
Wiener-Hopf　25